面向21世纪高等学校计算机类专业规划教材

ARM-Linux嵌入式系统开发基础

主 编 孙 弋

副主编 朱周华 刘新良

西安电子科技大学出版社

内 容 简 介

本书针对ARM-Linux嵌入式系统开发进行了系统的介绍，并从产品开发的角度详细介绍了嵌入式产品开发的流程及相关基础知识。内容主要包括嵌入式产品开发流程、嵌入式开发环境、编程原理、Bootloader、内核配置及启动流程、文件系统等，并在最后一章以串口和A/D接口应用为例简述了数据传送设备的开发过程。

本书内容翔实丰富、结构合理，可作为高等院校嵌入式系统相关课程用书，同时也可以作为嵌入式认证的培训教材。

★本书配有电子教案，需要的老师可与出版社联系，免费提供。

图书在版编目(CIP)数据

ARM-Linux嵌入式系统开发基础 / 孙弋主编. —西安：西安电子科技大学出版社，2008.8(2015.2重印)
面向21世纪高等学校计算机类专业规划教材

ISBN 978-7-5606-2072-5

Ⅰ.A…　Ⅱ.孙…　①微处理器，ARM—高等学校—教材　②Linux操作系统—高等学校—教材
Ⅳ.TP332　TP316.89

中国版本图书馆CIP数据核字(2008)第109121号

策　　划　戚文艳
责任编辑　张　玮　戚文艳
出版发行　西安电子科技大学出版社(西安市太白南路2号)
电　　话　(029)88242885　88201467　邮　编　710071
http://www.xduph.com　　E-mail: xdupfxb001@163.com
经　　销　新华书店
印刷单位　陕西天意印务有限责任公司
版　　次　2008年8月第1版　2015年2月第2次印刷
开　　本　787毫米×1092毫米　1/16　印　张　20.5
字　　数　485千字
印　　数　4001～5000册
定　　价　35.00元
ISBN 978-7-5606-2072-5/TP・1067
XDUP 2364001-2

前　言

随着电子技术的发展和SOC片上系统应用领域的不断扩展，嵌入式系统已经在消费、电子、军事和医疗卫生中得到了广泛应用，并且将来会在更广泛的领域中占据更多的市场份额。

本书从嵌入式产品的基本开发流程、产品项目流程控制入手，对嵌入式系统的产品开发基础知识展开描述，期望通过本书使读者不仅了解嵌入式系统的基本概念，还能掌握一些产品的开发方法。

本书共分为8章，各章的主要内容如下:

第1章介绍了嵌入式系统的现状和主流的嵌入式操作系统，详细描述了嵌入式系统产品开发的特点和设计流程、嵌入式产品的软/硬件划分、硬件详细设计及软件设计，最后对嵌入式开发电路基础、电子电路抗干扰设计基础和嵌入式系统电源管理技术这三个方面进行了介绍。

第2章介绍了嵌入式微处理器的结构和类型，并以本书所用到的ARM9 S3C2410X微处理器为例，详细描述其各寄存器的特性，并以ViVi中的代码为例介绍其寄存器的设置。

第3章介绍了Linux C编译调试的基础知识，包括Vi和Emacs编辑器的使用、GNU GCC编译器的主要选项、GNU make的基本概念以及GDB调试工具使用的基本概念及技巧。

第4章主要针对Linux C的多线程编程的基本概念，具体包括线程、进程、进程间的通信机制及互斥锁、信号灯等进行了详细的描述。通过本章的学习，读者可基本了解Linux操作系统的多线程编程概念。

第5章描述了嵌入式系统开发中十分重要的Bootloader软件，介绍了Bootloader软件的基本原理和工作流程，并以ViVi和U-Boot为例详细介绍了相关Bootloader软件在ARM9 S3C2410X上的开发应用。

第6章和第7章是本书的核心部分，介绍了嵌入式Linux内核和嵌入式文件系统的基本概念和相关开发技术。第6章主要包括嵌入式Linux的版本控制和代码结构、ARM-Linux系统的内存管理、进程管理与调度、中断响应与处理机制、模块化机制、内核的配置、内核启动分析，并对内核移植作了简单描述。

针对嵌入式文件系统，第7章从文件系统的基本概念、嵌入式Linux的MTD驱动技术、虚拟文件系统等方面系统地描述了嵌入式文件系统，并详细描述了基于Flash存储器的嵌入式文件系统 JFFS2、YAFFS、CramFS 的基本概念，最后着重描述了 Busybox 软件在嵌入式文件系统建立中的应用。

第 8 章针对目前应用中最常见的串口通信和 A/D 接口应用开发，以短距离无线传输具体的应用为例详细介绍了串口及 A/D 接口开发过程，并提供了具体代码和详细的开发流程，供读者参考。

本书由孙弋博士主编，朱周华和刘新良任副主编，廖晓群编写了本书部分内容，研究生刘南、任博涵、李剑桥、赵立军、孙媛媛等参与了编写并完成了部分文字录入及图表绘制。同时本书也参考了国内外众多学者的研究成果，在此表示感谢。

由于本书编者水平有限，疏漏在所难免，希望读者批评指正。

编　者

2008 年 5 月于西安

目　录

第 1 章　嵌入式系统开发基础

根据电气工程师协会的定义，嵌入式系统(Embedded System)是用来控制或者监视机器、装置、工厂等大规模系统的设备。一般认为嵌入式系统是以应用为中心，以计算机技术为基础，其软/硬件可裁剪，可满足应用系统对功能、可靠性、成本、体积、功耗的严格要求的专用计算机系统。嵌入式系统一般由嵌入式微处理器、外围硬件设备、嵌入式操作系统以及用户应用程序四个部分组成，用于实现对其他设备的控制、监视或管理等功能。

作为专用的计算机系统，嵌入式系统同 PC 系统相比具有以下特点：

(1) 嵌入式系统功耗低、体积小、专用性强。嵌入式系统与 PC 系统的最大不同就是嵌入式 CPU 大多工作在为特定用户群设计的系统中，能够把 PC 系统中许多由板卡完成的任务集成在芯片内部，从而使系统设计趋于小型化。

(2) 嵌入式系统中的软件一般都固化在存储器芯片或单片机芯片中，以提高执行速度和系统可靠性。

(3) 嵌入式系统的硬件和软件都经过精心设计，系统精简，其操作系统一般和应用软件集成在一起。

(4) 软件代码质量要求高。

(5) 嵌入式系统开发需要专门的开发工具和开发环境。

近年来微电子技术迅猛发展，嵌入式处理器的性能速度也随之有很大的提高，嵌入式系统领域发生了翻天覆地的变化。特别是网络的普及，嵌入式与互联网成为热门的应用领域。技术的进步可以使嵌入式系统具备网络功能，并将它们与 Internet 或企业内联网连接起来。这种特性增强了嵌入式系统多方面的实用性，也进一步扩展了嵌入式系统的应用领域。

美国著名的未来学家尼葛洛庞帝曾预言，嵌入式系统是继 PC 和 Internet 之后最伟大的发明。如今该领域的发展验证了这个预言的正确性。现在嵌入式系统正处于高速发展阶段，未来几年，这种发展和竞争将愈演愈烈。

将嵌入式系统的应用按照市场领域划分，可以分为以下几类：

- 消费类电子产品。
- 控制系统和工业自动化。
- 机器人领域。
- 数据/无线通信。

在企业专用解决方案方面，如物流管理、条码扫描、移动信息采集等领域中，小型手持嵌入式系统也将发挥巨大的作用。在自动控制领域，嵌入式系统不仅可以用于 ATM 机、自动售货机、工业控制等专用设备，并且和移动通信设备、GPS、娱乐相结合后可以发挥更大的作用。

嵌入式系统由于硬件的限制，其硬件资源较为紧张，如 CPU 主频较低、内存较小、以小容量的 Flash 存储器替代磁盘等。在使用电池的系统中，嵌入式系统还要实现低功耗，因而具备较长时间的续航能力。

1.1 嵌入式系统概述

1.1.1 典型的嵌入式操作系统

目前国际上使用的嵌入式操作系统主要可分为实时操作系统和非实时操作系统两类。对于时间要求严格的系统，可称之为实时系统。实时系统的一个重要特点就是对时间要求非常严格。如果实时系统不能在某个预定的时间内响应某个事件，系统将会出错。特别是航天、军工领域必须使用实时操作系统。

从 20 世纪 80 年代开始，市场上出现各种各样的商用嵌入式操作系统，这些操作系统大部分都是为专有系统开发的，从而逐步演化成了现在多种形式的商用嵌入式操作系统百家争鸣的局面。这些操作系统有 Linux、μC/OS、Windows CE、VxWorks、Palm OS 和 QNX 等。

1. Linux

在所有的操作系统中，Linux 是发展最快、应用最广泛的系统之一。Linux 本身的种种特性使其成为嵌入式开发的首选。在进入市场的前两年中，嵌入式 Linux 的设计通过广泛应用而获得巨大的成功。随着嵌入式 Linux 技术的成熟，以其按应用要求可定制系统、支持多数硬件平台等特性，已由早期的试用阶段迈进到逐渐成为嵌入式市场的主流。

根据 IDC 的报告，Linux 已经成为全球第二大操作系统。Linux 发展如此之快的另一个主要原因是产品的成本。在激烈的市场竞争中，只拥有先进的技术是远远不够的，如何减少产品的投入也是需要重点考虑的问题。免费的 Linux 为厂商节约了一大笔开支，特别是对于经济实力不强的公司来说。

目前 Linux 内核的最新版本已经达到 2.6.xx。

2. μC/OS

μC/OS 是一个典型的实时操作系统。该系统从 1992 年开始发展，目前流行的是第二个版本，即 μC/OSⅡ。其特点可以概括为以下几个方面：公开源代码，代码结构清晰、明了，注释详细，组织有条理，可移植性好，可裁剪，可固化，内核属于抢占式，最多可以管理 60 个任务。自从清华大学邵贝贝教授将 Jean J.Labrosse 的《μC/OS: the Real Time Kernel》一书翻译后，在国内掀起 μC/OSⅡ的学习热潮，特别是在教育研究领域(μC/OS 系统在教育研究领域是免费的)。该系统短小精悍，是研究和学习实时操作系统的首选。

3. Windows CE

Windows CE 是微软公司的产品，是从整体上为有限资源的平台设计的多线程、完整优先权、多任务的操作系统。Windows CE 采用模块化设计，并对于从掌上电脑到专用的工控电子设备进行定制。此操作系统的基本内核需要至少 200 KB ROM 存储器。从游戏机到现在大部分的高价掌上电脑都采用了 Windows CE 作为操作系统，其缺点是系统软件价格过高，影响整个产品的成本控制。

4. VxWorks

VxWorks 是 WindRiver(风河)公司专门为实时嵌入式系统设计开发的操作系统软件，为程序员开发提供了高效的实时任务调度、中断管理、实时的系统资源以及实时的任务间通信。应用程序员可以将尽可能多的精力放在应用程序本身，而不必再去关心系统资源的管理。该系统主要应用在单板机、数据网络(以太网交换机、路由器)和通信等多方面。

5. Palm OS

Palm OS 是一种 32 位的嵌入式操作系统，用于掌上电脑。此系统是 3Com 公司的 PalmComputing 部开发的(Palm Computing 目前已经独立成为一家公司)，它运行在一个抢占式的多任务内核之上，同一时刻用户界面仅仅允许一个应用程序被打开，与同步软件 Hotsync 结合可以使掌上电脑与 PC 上的信息实现同步，把台式机的功能扩展到了手掌上。同其他嵌入式操作系统相比，Palm OS 具有更大的灵活性和移动性，是一款非常流行的掌上电脑操作系统。

6. QNX

QNX 是一款实时操作系统，由加拿大 QNX 软件系统有限公司开发，广泛应用于自动化、控制、机器人科学、电信、数据通信、航空航天、计算机网络系统、医疗仪器设备、交通运输、安全防卫系统、POS 机、零售机等任务关键型应用领域。20 世纪 90 年代后期，QNX 系统在高速增长的 Internet 终端设备、信息家电及掌上电脑等领域也得到了广泛应用。

1.1.2 Linux 系统

Linux 在 1991 年诞生于芬兰。大学生 Linus Torvalds 由于没有足够的钱购买昂贵的商用操作系统，于是自己编写了一个小的操作系统内核，这就是 Linux 的前身。Linus Torvalds 将操作系统的源代码在 Internet 上公布，受到了计算机爱好者的热烈欢迎。各种各样的计算机高手不断地为它添加新的特性，并不断地提高它的稳定性。1994 年，Linux 1.0 正式发布。现在，Linux 已经成为一个功能强劲的 32 位操作系统。

1. 嵌入式 Linux 的特点

嵌入式系统以应用为中心，以计算机为基础，软/硬件可裁剪，适用于对功能、可靠性、成本、功耗严格要求的专用计算机系统。实时性是嵌入式系统的基本要求，嵌入式 Linux 是指将 Linux 经过裁剪小型化后固化在存储器中，应用于特定嵌入式场合的专用 Linux 操作系统。嵌入式 Linux 的开发和研究已经成为目前操作系统领域的一个热点。专用嵌入式操作系统与嵌入式 Linux 操作系统的比较见表 1-1。

表 1-1　专用嵌入式实时操作系统与嵌入式 Linux 操作系统的比较

	专用嵌入式实时操作系统	嵌入式 Linux 操作系统
版权费	每生产一件产品需交纳一份版权费	免费
购买费用	数十万元(RMB)	免费
技术支持	由开发商独家提供有限的技术支持	全世界的自由软件开发者提供支持
网络特性	另加数十万元(RMB)购买	免费且性能优异
软件移植	难(因为是封闭系统)	易，代码开放(有许多应用软件支持)
应用产品开发周期	长(因为可参考的代码有限)	短，新产品上市迅速(因为有许多公开的代码可以参考和移植)
实时性能	好	须改进，可用 PT_Linux 等模块加以弥补
稳定性	较好	较好，但在高性能系统中须改进

Linux 的特点如下：

第一，Linux 系统具有层次结构且内核完全开放。Linux 是由很多体积小且性能高的微内核系统组成的。在内核代码完全开放的前提下，不同领域和不同层次的用户可以根据应用需求方便地对内核进行改造，低成本地设计和开发出满足需要的嵌入式系统。

第二，强大的网络支持功能。Linux 诞生于 Internet 时代并具有 Unix 的特性，保证了它支持所有标准 Internet 协议，并且可以利用 Linux 的网络协议栈将其开发成为嵌入式的 TCP/IP 网络协议栈。此外，Linux 还支持 Ext2、FAT16、FAT32、Romfs 等文件系统，为开发嵌入式系统应用打下了很好的基础。

第三，Linux 具备一整套工具链，自行建立嵌入式系统的开发环境和交叉运行环境，可以跨越嵌入式系统开发中仿真工具的障碍。Linux 也符合 IEEE POSIX.1 标准，使应用程序具有较好的可移植性。

传统的嵌入式开发的程序调试和调试工具是用在线仿真器(ICE)实现的。它通过取代目标板的微处理器，给目标程序提供一个完整的仿真环境，完成监视和调试程序；但一般价格比较昂贵，只适合做非常底层的调试。使用嵌入式 Linux，一旦软/硬件能够支持正常的串口功能，即使不用仿真器，也可以通过串口很好地进行开发和调试工作，从而节省一笔不小的开发费用。嵌入式 Linux 为开发者提供了一套完整的工具链(Tool Chain)。它利用 GNU 的 GCC 做编译器，用 GDB、KGDB、XGDB 做调试工具，能够很方便地实现从操作系统到应用软件各个级别的调试。

第四，Linux 具有广泛的硬件支持特性。无论是 RISC 还是 CISC，32 位还是 64 位等各种处理器平台，Linux 都能很好地运行。Linux 通常使用的微处理器是 Intel X86 芯片家族，但它同样能运行于 Motorola 公司的 68K 系列 CPU 和 IBM、Apple、Motorola 公司的 PowerPC CPU，以及 Intel 公司的 StrongARM CPU 等处理器。Linux 支持各种主流硬件设备和最新硬件技术，甚至可以在没有存储管理单元(MMU)的处理器上运行。这意味着嵌入式 Linux 将具有更广泛的应用前景。

2．系统软件操作平台

Linux 作为嵌入式操作系统是完全可行的，因为 Linux 提供了完成嵌入功能的基本内核和所需要的所有用户界面，能处理嵌入式任务和用户界面。Linux 作为嵌入式系统，具有易移植、内核稳定、功能强大、易于开发等特点。

嵌入式 Linux 系统需要三个基本元素：系统引导(用于机器加电后的系统定位引导)、Linux 微内核(内存管理、程序管理)、初始化进程。但假如要成为完整的操作系统并且保持小型化，还必须加上硬件驱动程序、硬件接口程序和应用程序组。

Linux 系统开发一般基于 GNU 的 GCC 编译器，作为 GNU 工具链的一部分，与 GDB 源调试器一起工作。它提供了开发嵌入式 Linux 系统的所有软件工具。

3. 嵌入式 Linux 系统开发模式

嵌入式系统通常是一个资源受限的系统，直接在嵌入式系统的硬件平台上编写软件比较困难，有时甚至是不可能的。目前，一般采用的办法是，先在通用计算机上编写程序，然后通过交叉编译，生成目标平台上可运行的二进制代码格式，最后下载到目标平台上的特定位置上运行，具体步骤如下：

(1) 建立嵌入式 Linux 交叉开发环境。目前，常用的交叉开发环境主要有开放和商业两种类型。开放的交叉开发环境的典型代表是 GNU 工具链，目前已经能够支持 X86、ARM、MIPS、PowerPC 等多种处理器。商业的交叉开发环境主要有 Metrowerks CodeWarrior、ARM Software Development Toolkit、SDS Cross Compiler、WindRiver Tornado、Microsoft Embedded Visual C 等。交叉开发环境是指编译、链接和调试嵌入式应用软件的环境，它与运行嵌入式应用软件的环境有所不同，通常采用宿主机/目标机模式。

(2) 交叉编译和链接。在完成嵌入式软件的编码之后，就要进行编译和链接，以生成可执行代码。由于开发过程大多是在 Intel 公司 X86 系列 CPU 的通用计算机上进行的，而目标环境的处理器芯片却大多为 ARM、MIPS、PowerPC、DragonBall 等系列的微处理器，这就要求在建立好的交叉开发环境中进行交叉编译和链接。

例如，在基于 ARM 体系结构的 GCC 交叉开发环境中，arm-linux-gcc 为交叉编译器，arm-linux-ld 为交叉链接器。通常情况下，并不是每一种体系结构的嵌入式微处理器都只对应于一种交叉编译器和交叉链接器。如对于 M68K 体系结构的 GCC 交叉开发环境而言，就对应于多种不同的编译器和链接器。假如使用的是 COFF 格式的可执行文件，那么在编译 Linux 内核时，需要使用 m68k-coff-gcc 和 m68k-coff-ld，而在编译应用程序时则需要使用 m68k-coff-pic-gcc 和 m68k-coff-pic-ld。编写好的嵌入式软件经过交叉编译和交叉链接后，通常会生成两种类型的可执行文件：用于调试的可执行文件和用于固化的可执行文件。

(3) 交叉调试。

① 硬件调试。假如不采用在线仿真器，可以让 CPU 直接在其内部实现调试功能，并通过在开发板上引出的调试端口发送调试命令和接收调试信息，完成调试过程。目前，Motorola 公司提供的开发板上使用的是 DBM 调试端口，而 ARM 公司提供的开发板上使用的则是 JTAG 调试端口。使用合适的软件工具与这些调试端口进行连接，可以获得与 ICE 类似的调试效果。

② 软件调试。在嵌入式 Linux 系统中对 Linux 系统内核进行调试时，可以先在 Linux 内核中设置一个调试桩(Debug Stub)，用作调试过程中和宿主机之间的通信服务器。然后，可以在宿主机中通过调试器的串口与调试桩进行通信，并通过调试器控制目标机上 Linux 内核的运行。

嵌入式上层应用软件的调试可以使用本地调试和远程调试两种方法。假如采用的是本地调试，首先要将所需的调试器移植到目标系统中，然后就可以直接在目标机上运行调试器来调试应用程序了；假如采用的是远程调试，则需要移植一个调试服务器到目标系统中，并通过它与宿主机上的调试器共同完成应用程序的调试。在嵌入式 Linux 系统的开发中，远程调试时目标机上使用的调试服务器通常是 GDB Server，而宿主机上使用的调试器则是 GDB，两者相互配合共同完成调试过程。

(4) 系统测试。在整个软件系统编译过程中，嵌入式系统的硬件一般采用专门的测试仪器进行测试，而软件则需要有相关的测试技术和测试工具支持，并要采用特定的测试策略。测试技术指的是软件测试的专门途径，以及能够更加有效地运用这些途径的特定方法。在嵌入式软件测试中，经常要在基于目标机的测试和基于宿主机的测试之间做出折中。基于目标机的测试需要消耗较多的开发成本，而基于宿主机的测试虽然代价较小，但是在仿真环境中进行的，难以完全反映软件运行时的实际情况。从这两种环境下的测试可以发现不同的软件缺陷，从而可对目标机环境和宿主机环境下的测试内容进行合理取舍。嵌入式软件测试中经常用到的测试工具主要有内存分析工具、性能分析工具、覆盖分析工具、缺陷跟踪工具等，在这里不加详述。

以下即为一个典型开发工具的使用流程：

① 写入或植入引导代码。

② 编写串口打印字符串代码。

③ 将 GDB 目标码移植至工作串口，可与另一台运行 GDB 程序的 Linux 主机系统对话。

④ 利用 GDB 使硬件和软件初始化代码在 Linux 内核启动时工作。

⑤ Linux 内核启动，串口成为 Linux 控制口并用于后续开发。

⑥ 假如在目标硬件上已运行了完整的 Linux 内核，即可开始调试用户的应用进程。

1.2 嵌入式系统设计基础

1.2.1 嵌入式系统设计的特点

嵌入式系统设计的主要任务是定义系统的功能、决定系统的架构，并将功能映射到架构。这里的架构既包括软件系统架构也包括硬件系统架构。嵌入式系统的设计方法跟一般的硬件设计、软件开发的方法不同，是采用硬件和软件协同设计的方法，开发过程涉及软件领域的知识、硬件领域的综合知识，甚至还涉及机械等方面的知识，设计者必须熟悉并能自如地运用这些领域的各种技术，才能使设计的系统达到最优。

与通常的系统设计相比，嵌入式系统的设计具有以下几个特点：

(1) 软/硬件协同并行开发。软/硬件协同并行开发就是在整个设计的生命周期内，软件和硬件的设计一直保持并行，在设计过程中两者交织在一起，互相支持，互相提供开发的平台。传统方法中则将软/硬件的设计分开独立进行，然后独立进行硬件和软件设计，最后才进行软/硬件的集成。系统是否满足用户需求只有等到软/硬件集成之后进行测试才能知道。

(2) 嵌入式系统是面向特定应用的系统。嵌入式 CPU 与通用型 CPU 最大的不同在于，嵌入式 CPU 大多工作在为特定用户群设计的系统中，它通常都具有低功耗、小体积、高集成度等特点，能够把通用 PC 中许多由板卡完成的任务集成在芯片内部，从而有利于嵌入式系统设计趋于小型化，同时跟网络的耦合也越来越紧密。

(3) 嵌入式系统设计采用交叉开发环境。嵌入式系统的开发通常采用“宿主机/目标机”交叉开发方式(如图 1-1 所示)。首先，利用宿主机上丰富的资源以及良好的开发环境来开发和仿真调试目标机上的软件，生成编译好的目标文件，再通过 JTAG 口、UTAR 接口或者以太网接口将交叉编译生成的目标代码传输并下载到目标机上，并用交叉调试器在实时内核/操作系统或监控程序的支持下进行实时分析和调试，最后，目标机在目标环境下运行。

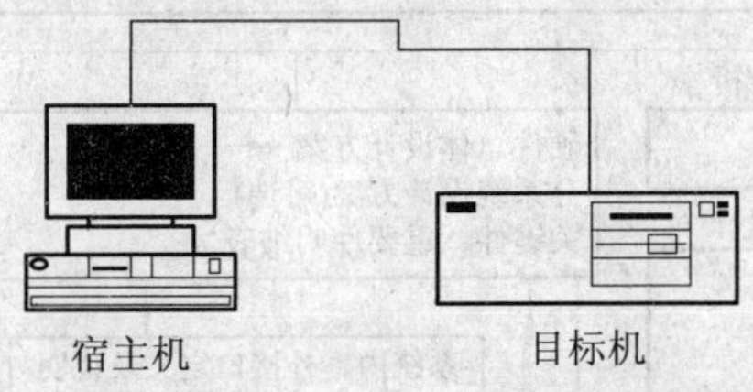

图 1-1　宿主机/目标机开发方式

宿主机(Host)是一台通用计算机，一般由 PC 机承担。它通过串行接口或网络连接与目标机进行通信。宿主机上的软/硬件资源比较丰富，具有各种各样的开发调试工具，如 GNU 的嵌入式开发工具套件等。这些辅助的开发工具和丰富的硬件资源能够保证系统的开发效率。

目标机(Target)常在嵌入式系统的开发过程期间使用。目标机可以是嵌入式系统的实际运行环境，也可以是能替代实际环境的仿真系统。通常目标机的体积较小，集成度高，外围设备丰富，备有键盘、触摸屏等，以及 LCD、LED 等输入/输出设备。由于目标机的硬件资源有限，在嵌入式系统目标机上运行的软件通常需要根据具体应用进行裁减和配置。

1.2.2 嵌入式系统的设计流程

嵌入式系统的设计和开发流程一般分为以下几个阶段：产品定义(即系统需求分析阶段、规格说明阶段)、硬件和软件划分、迭代与实现、详细的硬件与软件设计、硬件与软件集成、系统测试、系统维护与升级。各个阶段通常需要不断的反复和修改，直到完成最终设计目标。

电子信息产品系统的设计流程如图 1-2(a)所示。

对于嵌入式产品的开发与研制可以完全按照电子产品的开发流程进行，通过图 1-2(b)所示的文档管理体系实现产品开发的嵌入式系统的设计过程，在各阶段内部及各阶段之间会发生大量的迭代与优化，前一步的设计缺陷会直接导致后面阶段的设计任务无法完成，从而必须重新进行产品定义设计，这就会造成生产成本的提高，增加产品的开发时间。主要原因在于前期的需求分析工作一定要精细，确保准确无误，尽量减少开发过程中的需求变更。下面对各阶段给出具体的描述。

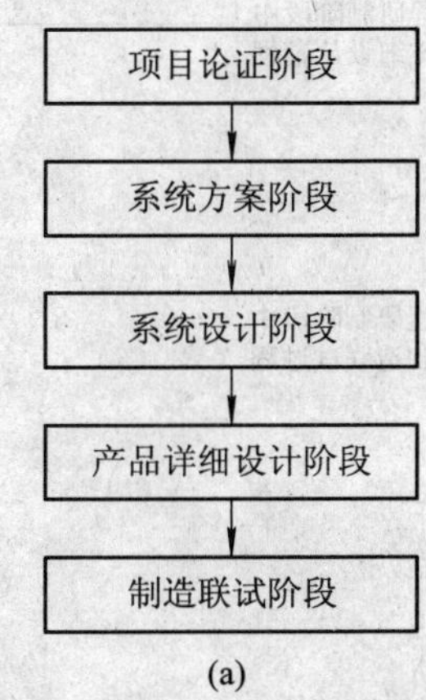

图 1-2(a)　嵌入式系统的设计流程

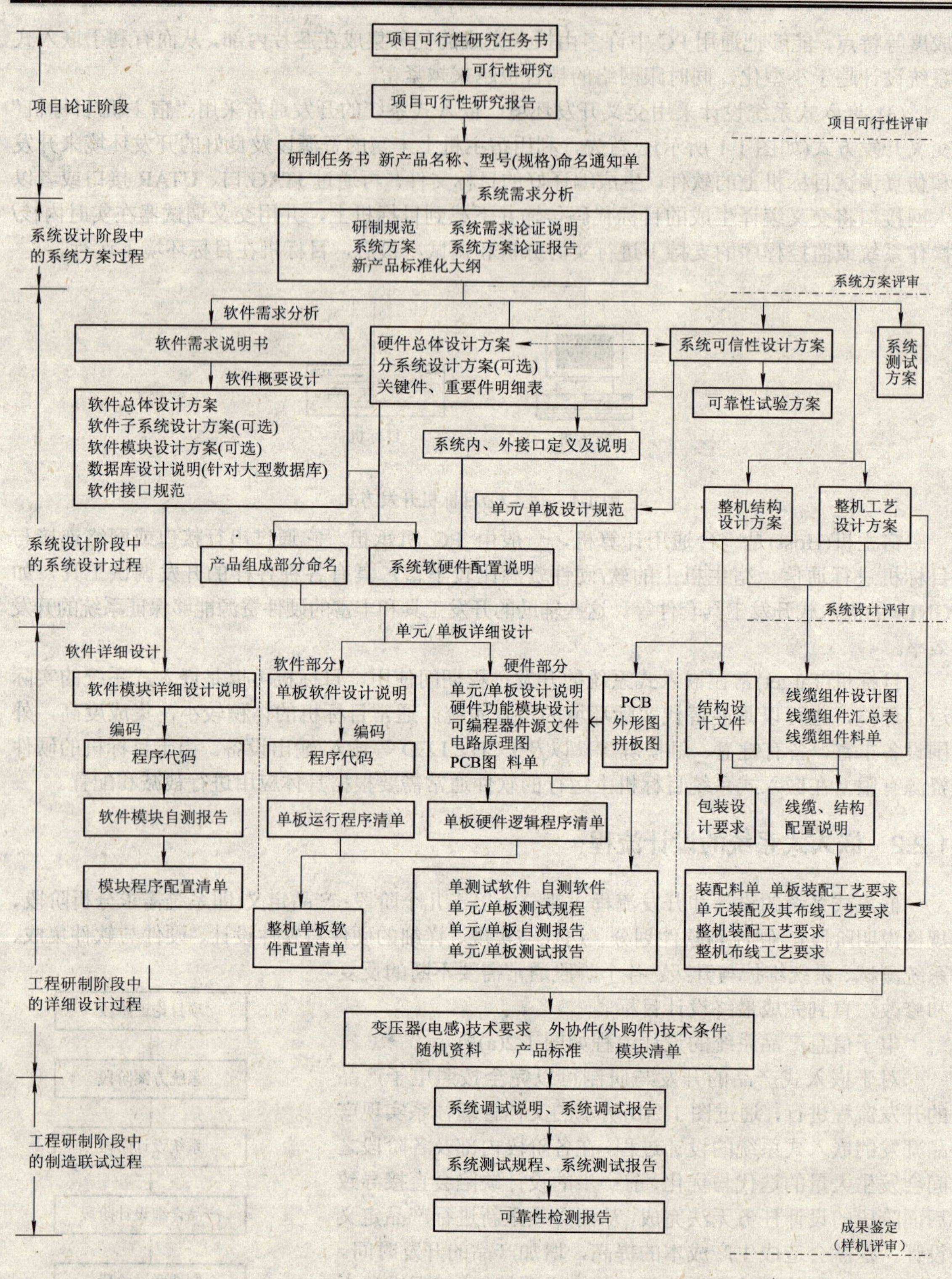

(b)

图 1-2(b) 电子信息产品研发过程文档体系

1．项目论证阶段

项目论证阶段需要完成项目的可行性分析并形成可行性研究报告。

2．系统方案阶段

项目论证评审后进入系统方案阶段，本阶段对产品需求加以分析、细化，并抽象出需要完成的功能列表，明确定义所要完成的任务。由于嵌入式设计分为硬件与软件设计两个部分，设计人员必须确定系统的哪些功能由硬件完成，哪些功能由软件完成，这种选择称为“划分决策”，即软件与硬件的划分。本阶段最终形成产品研发的系统方案、研制规范、需求分析说明和系统方案论证报告。

产品功能包括系统的基本功能，如输入/输出、操作方式等；产品的性能相当于一般软件工程的非功能性需求，它包括系统性能、成本、功耗、体积、重量等因素。为了使产品定义更加清晰明确，可以使用一个产品需求分析表格(如表 1-2 所示)，它将系统的功能和性能需求综合起来。

表 1-2　需求分析表格

项　目	描　　述
名　称	对于所完成项目的总体描述
目　的	满足系统要求的描述
输入/输出	系统输入/输出的数据类型、数据特征和输入/输出的设备类型
功　能	详细描述系统功能、系统数据的流向等
性　能	系统所要求处理的速度、实时性和实用性
生产成本	主要是硬件构件和人员人力成本
功　耗	依靠电池供电的嵌入式系统设备必须考虑功耗问题
结　构	最终的产品因为使用的领域不同而存在很大差异，对系统的结构设计有一定的了解，有助于对系统体系结构的设计

本阶段的需求分析工作对于产品的开发成败至关重要，因此必须严格控制产品需求变更，任何的需求变更都可能导致研发周期和研发成本的巨大增加。

3．系统设计阶段

在通过系统方案评审后，进入系统设计阶段，软件开发部分完成软件需求分析，形成软件需求分析说明书。经过软件概要设计后，形成软件总体设计方案、软件开发接口规范等文档。硬件部分完成硬件总体设计方案(包括产品可信性设计)、系统内外接口定义及说明、单板设计规范(复杂产品)等。

4．产品详细设计阶段

产品设计阶段主要是完成软/硬件的详细设计，编制代码，形成软件各模块的设计说明，完成硬件部分各单板的原理图、PCB 和料单，同时还要完成产品的结构设计。

5．制造联试阶段

完成产品详细设计后，进入产品制造联试阶段，本阶段完成产品的系统调试和可靠性测试，并形成相应的系统调试报告和可靠性测试报告。

经过以上阶段，产品样机的研制即完成。

此后将进入产品的小批量生产和中试阶段，以及产品的生产流程，这不再是本书的研究内容。

1.2.3　嵌入式系统的软/硬件划分

随着芯片设计和制造技术的发展，微处理器的运算速度得到了很大提高，因此很多传统上必须由硬件实现的功能现在可以使用软件实现。与此同时，近年来，FPGA 技术的发展和大容量、低成本的新型 FPGA 的出现，为高性能的数字控制系统提供了新的实现方法。

有软/硬件划分需要的功能都是那些既可以用软件实现又可以用硬件实现的功能，具体到实际的物理系统中，就是那些既可以用微处理器系统实现也可以用 FPGA 或模拟元件实现的功能。

在软/硬件划分的问题上，一般遵循以下几个原则：

(1) 性能原则。不管使用软件还是硬件实现特定的功能，首先要满足性能要求，这是最重要的。

(2) 性价比原则。对于嵌入式系统产品，很大比例的产品为成本敏感型的消费类电子产品，对于该系统来说，最重要的是分析对于同一个功能，实现低成本产品开发以满足市场竞争的需要。

(3) 资源利用率原则。目前新型的微处理器往往集成了大量的外围元件，如串行接口、计数器、PWM 和 A/D 等，也就是常说的片上系统(System On Chip，SOC)，在性能相同的情况下，其价格比分立系统低廉。因此，很多系统面临的情况是使用了 SOC 芯片以后，不但可以实现那些符合高性价比原则的功能，还会有一些剩余的资源，由于微处理器所运行的控制软件的性能与微处理器的使用率有关，当使用率越低时，软件相应的速度会越快，或者可以以较低速度来运行微处理器。而且 FPGA 的运行速度与逻辑资源也有关系，逻辑资源利用率越低，可以运行的速度越快。而数字系统的运行速度与可靠性是有直接关系的。当运行速度接近极限速度时，可靠性就会降低，因此适当保留一定的提速空间对于提高系统的可靠性是有很大帮助的，同样也有利于将来的性能升级和维护。

这三个原则之间不是相互独立的，而是相互影响的，具体实施时要综合考虑这几个原则，从而做出最优的选择。

1.2.4　嵌入式系统的产品硬件详细设计

硬件是嵌入式系统运行的载体，也是嵌入式系统的基础，嵌入式系统硬件为嵌入式系统软件提供了执行环境，限定了嵌入式系统软件能够访问的资源。嵌入式系统所能完成的功能首先从硬件上得以体现。嵌入式系统的硬件设计是在嵌入式系统软/硬件划分的基础上，对划分为硬件部分的功能单元所进行的设计。通常，嵌入式系统的产品硬件详细设计包含以下几个部分。

1. 嵌入式系统硬件选择

嵌入式系统硬件的选择包括硬件平台和嵌入式处理器的选择。

l) 选择硬件平台

(1) 重用已有的系统实现的功能相似的模块。

(2) 首先考虑是否能用单处理器实现。

(3) 如果需要用多个处理器，最好选用能够满足需求的最少数量实现。

(4) 在多处理器设计中，把控制和管理用一个处理器实现，这样可简化操作。系统中其他处理器分别处理系统中的工作负载(例如数字信号处理)。

2) 选择处理器

嵌入式系统硬件的核心部件是嵌入式处理器。在选择处理器时主要考虑以下几方面的因素：

(1) 处理器性能。处理器的性能取决于多个方面的因素，如处理器的时钟频率、内部寄存器的大小、指令字的长度等。对于许多需要使用处理器的嵌入式系统设计来说，目标不是在于挑选速度最快的处理器，而是在于选取能够满足系统要求的处理器。

(2) 处理器技术指标。目前许多嵌入式处理器都集成了外围设备的功能，从而减少了芯片的数量，增强了系统的功能，降低了整个系统的开发费用。但必须首先考虑的是，系统所要求的硬件能否无需过多的胶合逻辑就可以连接到处理器上，其次是考虑该处理器的一些支持芯片，如 DMA 控制器、内存管理器、中断控制器、串行设备和时钟等的配置。

(3) 处理器功耗。嵌入式微处理器最大并且增长最快的市场是手持设备、电子记事本、PDA、手机、GPS 导航器、智能家电等消费类电子产品。这些产品中应用的微处理器的典型特点是性能高、功耗低。这也是嵌入式系统重要的特点。如果用于工业控制，则对这方面的考虑较弱。

(4) 软件支持工具。选择合适的软件开发工具对系统的开发效率会起到很重要的作用。

(5) 处理器是否内置调试工具。处理器如果内置调试工具，可以大大缩小调试周期，降低调试的难度。

2．硬件功能模块划分

完成嵌入式系统硬件选择之后，即可进行系统硬件功能模块的划分，主要是对系统硬件资源进行合理的布局。硬件布局是针对于不同的硬件模块、硬件模块与嵌入式处理器之间的连接关系和模块之间的连接关系对硬件位置所做的调整。具体布局原则及模块划分原则在后面详细描述。

3．硬件的可信性设计

系统的相当一部分可靠性体现在硬件设计的可信性上，如果硬件不能可靠稳定地运行，会影响整个嵌入式系统的稳定运行。因此，有必要人为地加入硬件保护电路、硬件检测电路或硬件复位电路，来保证硬件可靠地运行。

1.2.5　嵌入式系统的软件设计

嵌入式系统的软件设计不同于 Windows 环境下的软件编程流程，在嵌入式软件开发交叉开发过程中有主机和目标机。主机是指执行编译、链接、定址过程的计算机；目标机是指运行嵌入式软件的硬件平台。首先须把应用程序转换成可以在目标机上运行的二进制代码。这一过程包含三个步骤：编译、链接、定址。编译过程由交叉编译器实现。所谓交叉编译器，就是运行在一个计算机平台上并为另一个平台产生代码的编译器。编译过程产生的所有目标文件被链接成一个目标文件，称为链接过程。定址过程会把物理存储器地址指定给目标文件的每个相对偏移处。该过程生成的文件就是可以在嵌入式平台上执行的二进制文件。

在软/硬件划分阶段之后，进入到了软/硬件分别实现阶段。嵌入式软件设计是实现嵌入式系统功能的关键，根据嵌入式软件的特点和实际当中嵌入式系统的具体要求，在进行嵌入式系统软件设计时，通常要考虑以下几个因素或达到其提出的要求。

1．嵌入式软件平台的选择

1) 平台选择

① 实时性要求。

② 该平台的开发工具支持。

③ 平台的设备驱动程序支持(是否能够提供用户开发的设备驱动程序)。

④ 平台的通信协议支持，如平台是否支持 TCP/IP、HTTP、UDP 等。

2) 操作系统选择

硬件方案确定之后，操作系统的选择就相对容易一些了。硬件的不同将影响操作系统的选择，通常操作系统的选择需要考虑到以下几个方面：

(1) 操作系统本身所提供的开发工具。

(2) 操作系统向硬件接口移植工作量。

(3) 操作系统对内存等硬件资源的要求。

(4) 开发人员是否熟悉此操作系统及其提供的系统 API。

(5) 操作系统是否提供硬件的驱动程序，如网卡驱动程序等。

(6) 操作系统是否具有可剪裁性。

3) 编程语言的选择

编程语言的选择主要考虑以下因素：

(1) 通用性。

(2) 可移植性程度。

(3) 执行效率。

(4) 可维护性。

4) 集成开发环境考虑的因素

集成开发环境(IDE)应考虑以下因素：

(1) 系统调试器的功能。

(2) 支持库函数。

(3) 编译器开发商是否具备持续升级编译器的能力。

(4) 连接程序对多种文件格式和符号格式的支持能力。

5) 硬件调试工具的选择

常用的硬件调试工具有以下几种：

(1) 实时在线仿真器(ICE)。用户从仿真插头向 ICE 看，ICE 应是一个可被控制的 MCU。ICE 是通过一根短电缆连接到目标系统上的。该电缆的一端有一个插件，插到处理器的插座上，而处理器则插到这个插件上。ICE 支持常规的调试操作，如单步运行、断点、反汇编、内存检查、源程序级的调试等。

(2) 驻留监控软件。驻留监控软件在目标板上运行，PC 机端调试软件可以通过并口、串口、网口与之交互，以完成程序执行、存储器及寄存器读/写、断点设置等任务。

(3) ROM 仿真器。ROM 仿真器用于插入目标上 ROM 插座，仿真 ROM 芯片。可以将程序下载到 ROM 仿真器中，然后调试目标上的程序，就如同程序烧结在 PROM 中一样，从而避免了每次修改程序后直接烧结的麻烦。

(4) JTAG 仿真器。仿真器通过 ARM 芯片的 JTAG 边界扫描口与 ARM 核进行通信，不占用目标板的资源，是目前使用最广泛的调试手段。

6) 软件组件的选择

有些软件组件是免费的，有些软件组件是授权的。授权软件组件的费用一般都很高，但大都经过严格的测试，可靠性高，调试时间短。现在也有一些免费的自由软件组件，它们的性能、可靠性也很好。因此开发人员在选择的时候要加以权衡，确定最优方案。

2．软件的实时性设计

对于有实时性要求尤其是在控制领域的应用，即系统对于一个激励要在规定的时间内做出反应的应用系统，在嵌入式系统软件设计时，要充分考虑实时性要求，对任务按照实时性分类，分别进行设计。

3．软件的可行性设计

嵌入式应用的可靠性要求，除硬件必须具备的可靠性之外，软件的可靠性也必不可少。在软件设计中要充分考虑软件运行条件，减少程序错误执行的可能，在程序运行错误的情况下能够进行排错处理，并重新恢复软件的正确执行。

4．软件的可扩展设计

软件的可扩展设计是指在系统升级或者软件进一步开发时，新编写的程序能够很容易地插入到原来的程序中，可以不必改写(或较少改写)原来的代码。这样有利于系统功能的扩展和升级。

5．嵌入式软件开发流程

嵌入式应用软件的开发，综合硬件、软件、人力资源等，并进行适当的项目管理以实现目标应用对功能和性能的需求。

如图 1-3 所示，整个软件的开发流程可分为在软/硬件划分确定硬件驱动接口、软件功能模块按照实时性划分、各软件功能模块的代码生成、软件功能模块的集成调试、代码固化及固化后的调试。

(1) 在软/硬件划分阶段确定硬件驱动接口。在软/硬件划分阶段确定硬件驱动层，确定硬件驱动的软件接口，所有嵌入式系统软件都要在这个硬件驱动层基础之上来实现。

(2) 软件功能模块按照实时性划分。此阶段是将系统软件总体划分为实时部分和分时部分。由于实时和分时部分的要求不同，因此这样划分可以按照不同的要求，分别对实时部分和分时部分进行实现，在满足要求的情况下，简化了整个系统的实时性设计。

(3) 各软件功能模块代码生成。此阶段将对系统各

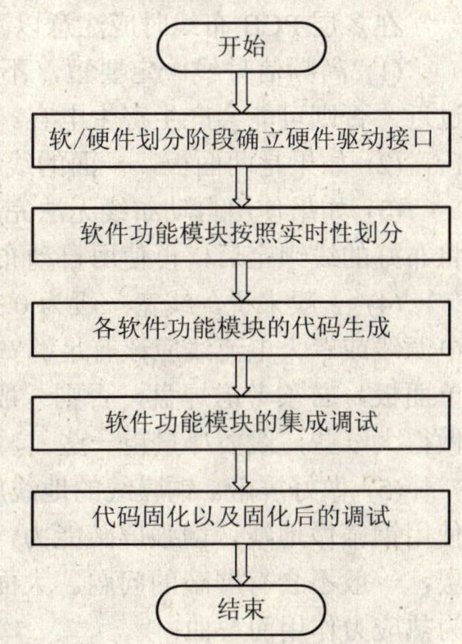

图 1-3　嵌入式软件设计流程

个功能模块分别进行实现，是具体的代码编写和生成阶段。

(4) 软件功能模块集成调试。在系统各功能模块编写完成后，要对功能模块进行集成调试，发现功能模块设计时的问题，以及各模块间的协调问题。

(5) 代码固化以及固化后的调试。在以上所有阶段完成后，进入代码的固化及固化后的调试阶段。此时将系统代码移植到目标机上并进行固化，再脱离调试环境进行运行。

1.2.6 嵌入式开发电路基础

1. PCB 设计基础原理

印制电路板(Printed Circuit Board，PCB)是电子产品的基石。任何电子产品都是由形形色色的电子元件组成的，而这些电子元件的载体和相互连接所依靠的正是电路板。不断发展的 PCB 技术使电子产品的设计和装配走向标准化、规模化、自动化，并使得电子产品体积减小，成本降低，可靠性和稳定性提高，装配、维修简单。

PCB 是由印制电路加上基板构成的。PCB 相关的概念如下：

印制：采用某种方法，在一个表面上再现图形和符号的工艺，它包括通常意义的印刷。

印制线路：采用印制法在基板上制成的导电图形，包括印制导线、焊盘等。

印制元件：采用印制法在基板上制成的电路元件符号。

印制电路：采用印制法得到的电路。

印制电路板：完成了印制电路和印制线路加工的板子。

对于 PCB 的分类，有很多种方法。按照 PCB 的层数来分，一般分为单面板、双面板和多层板；按照机械性能区分，一般分为刚性板、柔性板；按基材材料区分，可分为纸基板、玻璃布基板、复合材料基板和特种材料基板等。一般电子电器、通信雷达和大型通信产品的 PCB 多是刚性、多层玻璃基材板；一些手机终端或小型电子设备采用柔性板。

2. 多层 PCB 设计所遵循的基本原则

在多层 PCB 布线时应注意以下事项：

(1) 高频信号线一定要短，不可以有尖角(90°直角)，两根线之间不宜平行、距离不宜过近，否则可能会产生寄生电容。

(2) 如果是两面板，一面的线布成横线，一面的线布成竖线，尽量不要布成斜线。

(3) 如果使用自动布线无法完成所有布线，建议设计者首先手工将比较复杂的线布好，将布好的线锁定后，再使用自动布线功能，一般就可以完成全部布线。

(4) 一般来说，线宽一般为 0.3 mm，间隔也为 0.3 mm，这个长度约为 8～10 mil。但是电源线或者大电流线应该有足够宽度，一般需要 60～80 mil。焊盘一般应为 64 mil。如果是单面板，必须考虑焊盘，否则一般来说生产单面板的工艺都很差，所以单面板的焊盘尽量做得大一些，线要尽量粗一些。

(5) 做好屏蔽。铜膜线的地线应该在电路板的周边，同时将电路上可以利用的空间全部使用铜箔做地线，增强屏蔽能力，并且防止寄生电容。多层板因为内层作为电源层和地线层，一般不会有屏蔽的问题。大面积敷铜应改用网格状，以防止焊接时板子产生气泡和因为热应力作用而弯曲。

(6) 焊盘的内孔尺寸如表 1-3 所示，必须从元件引线直径、公差尺寸、镀层厚度、孔径公差及孔金属化电镀层厚度等方面考虑，通常情况下以金属引脚直径加上 0.2 mm 作为焊盘的内孔直径。例如，电阻的金属引脚直径为 0.5 mm，则焊盘孔直径为 0.7 mm，而焊盘外径应该为焊盘孔径加 1.2 mm，最小应该为焊盘孔径加 1.0 mm。当焊盘直径为 1.5 mm 时，为了增加焊盘的抗剥离强度，可采用方形焊盘。对于孔直径小于 0.4 mm 的焊盘，焊盘外径/焊盘孔直径为 0.5～3 mm。对于孔直径 2 mm 的焊盘，焊盘外径/焊盘孔直径为 1.5～2 mm。焊盘一般应该补成泪滴状，这样线与焊盘的连接强度会大大增强。

表 1-3　常用焊盘尺寸　mm

焊盘孔直径	焊盘外径	焊盘孔直径	焊盘外径
0.4	1.5	1.0	2.5
0.5	1.5	1.2	3.0
0.6	2.0	1.6	3.5
0.8	2.0	2.0	4

(7) 地线的共阻抗干扰。电路图上的地线表示电路中的零电位，并用作电路中其他各点的公共参考点，在实际电路中由于地线(铜膜线)阻抗的存在，必然会带来共阻抗干扰，因此在布线时，不能将具有地线符号的点随便连接在一起，这可能引起有害的耦合而影响电路的正常工作。

3. PCB 设计中的可靠性设计原则

目前，用于各类电子设备和系统的电子器材仍然以 PCB 为主要装配方式。实践证明，即使电路原理图设计正确，如果 PCB 设计不当，也会对电子设备的可靠性产生不利影响。例如，如果 PCB 上的两条细平行线靠得很近，则会形成信号波形的延迟，在传输线的终端形成反射噪声。因此，在设计 PCB 的时候，应注意采用正确的方法。

1) 地线设计

在电子设备中，接地是控制干扰的重要方法之一。如能将接地和屏蔽正确结合起来使用，就可解决大部分干扰问题。电子设备中地线结构大致有系统地、机壳地(屏蔽地)、数字地(逻辑地)和模拟地等。在地线设计中应注意以下几点：

(1) 正确选择单点接地与多点接地。在低频电路中，信号的工作频率小于 1 MHz，它对布线和元件间的电感影响较小，而接地电路形成的环流对干扰影响较大，因而应采用一点接地。当信号工作频率大于 10 MHz 时，地线阻抗变得很大，此时应尽量降低地线阻抗，应采用就近多点接地。当工作频率在 1～10 MHz 时，如果采用一点接地，其地线长度不应超过波长的 1/20，否则应采用多点接地法。

(2) 将数字电路与模拟电路分开。电路板上既有高速逻辑电路，又有线性电路，应使它们尽量分开，而两者的地线不要相混，分别与电源端地线相连，要尽量加大线性电路的接地面积。

(3) 尽量加粗接地线。若接地线很细，接地电位则随电流的变化而变化，致使电子设备的定时信号电平不稳，抗噪声性能变坏。因此应将接地线尽量加粗，使它能通过三倍于 PCB 的允许电流。如有可能，接地线的宽度应大于 3 mm。

(4) 将接地线构成闭环路。设计只由数字电路组成的 PCB 的地线系统时，将接地线做成闭环路可以明显提高抗噪声能力。

2) 电磁兼容性设计

电磁兼容性是指电子设备在各种电磁环境中仍能够协调、有效地进行工作的能力。电磁兼容性设计的目的是使电子设备既能抑制各种外来的干扰，使电子设备在特定的电磁环境中能够正常工作，又能减少电子设备本身对其他电子设备的电磁干扰。

(1) 选择合理的导线宽度。由于瞬变电流在印制线条上所产生的冲击干扰主要是由印制导线的电感成分造成的，因此应尽量减小印制导线的电感量。印制导线的电感量与其长度成正比，与其宽度成反比，因而短而细的导线对抑制干扰是有利的。时钟引线、行驱动器或总线驱动器的信号线常常载有大的瞬变电流，印制导线要尽可能地短。对于分立元件电路，印制导线宽度在 1.5 mm 左右时，即可完全满足要求；对于集成电路，印制导线宽度可在 0.1～1.0 mm 之间选择。

(2) 采用正确的布线策略。采用平行主线可以减少导线电感，但使导线之间的互感和分布电容增加，如果布局允许，最好采用并字形网状布线结构，具体的做法是 PCB 的一面横向布线，另一面纵向布线，然后在交叉孔处用金属化孔相连。

为了抑制 PCB 导线之间的串扰，在设计布线时应尽量避免长距离的平行走线，尽可能拉开线与线之间的距离，信号线与地线及电源线尽可能不交叉。在一些对干扰十分敏感的信号线之间布地隔离，可以有效地抑制串扰。

为了避免高频信号通过印制导线时产生电磁辐射，在 PCB 布线时，还应注意以下几点：

① 尽量减少印制导线的不连续性，例如导线宽度不要突变，导线的拐角应大于 90°，禁止环状走线等。

② 时钟信号引线最容易产生电磁辐射干扰，走线时应与地线回路相靠近，驱动器应紧挨着连接器。

③ 总线驱动器应紧挨其欲驱动的总线。对于那些离开 PCB 的引线，驱动器应紧紧挨着连接器。

④ 数据总线的布线应每两根信号线之间夹一根接地线。最好是紧紧挨着最不重要的地址引线放置地回路，因为后者常载有高频电流。

⑤ 在 PCB 布置高速、中速和低速逻辑电路时，应按照图 1-4 方式排列元件。

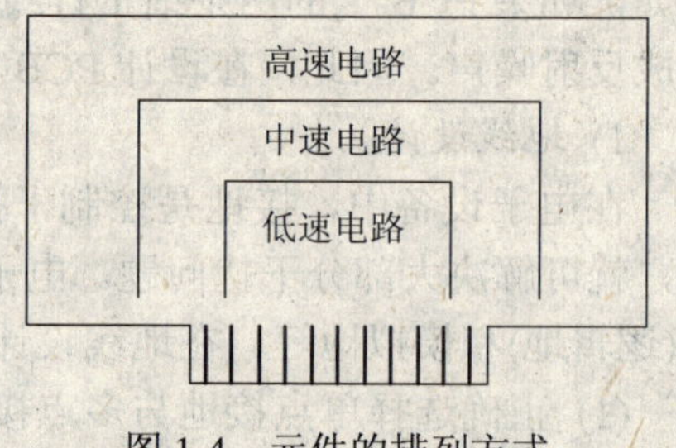

图 1-4　元件的排列方式

(3) 抑制反射干扰。为了抑制出现在印制线条终端的反射干扰，应尽可能缩短印制线的长度和采用慢速电路。必要时可加终端匹配，即在传输线的末端对地和电源端各加接一个相同阻值的匹配电阻。根据经验，对一般速度较快的 TTL 电路，其印制线条长于 10 cm 以上时就应采用终端匹配措施。匹配电阻的阻值应根据集成电路的输出驱动电流及吸收电流的最大值来决定。

3) 去耦电容配置

在直流电源回路中，负载的变化会引起电源噪声。例如在数字电路中，当电路状态转换时，就会在电源线上产生一个很大的尖峰电流，形成瞬变的噪声电压。配置去耦电容可以抑制因负载变化而产生的噪声，是印制电路板的可靠性设计的一种常规做法。配置原则如下：

(1) 电源输入端跨接一个 10～100 pF 的电解电容器，如果 PCB 的位置允许，采用 100 μF

以上的电解电容器的抗干扰效果会更好。

(2) 为每个集成电路芯片配置一个 0.01 pF 的陶瓷电容器。如遇到 PCB 空间小而装不下时，可每 4～10 个芯片配置一个 1～10 pF 的钽电解电容器，这种元件的高频阻抗特别小，在 500 KHz～20 MHz 范围内阻抗小于 1 Ω，而且漏电流很小(0.5 μA 以下)。

(3) 对于噪声能力弱、关断时电流变化大的器件和 ROM、RAM 等存储型器件，应在芯片的电源线(VCC)和地线(GND)间直接接入去耦电容。去耦电容的引线不能过长，特别是高频旁路电容不能带引线。

4) PCB 的尺寸与器件的布置

PCB 大小要适中，过大时印制线条长，阻抗增加，易受临近线条干扰。

在元件布置方面与其他逻辑电路一样，应把相互有关的元件尽量靠近，这样可以获得较好的抗噪声效果，如图 1-5 所示。时钟发生器、晶振和 CPU 的时钟输入端都易产生噪声，故须集中放置。易产生噪声的元件、小电流电路、大电流电路等应尽量远离逻辑电路，如有可能，采用数块 PCB 实现。

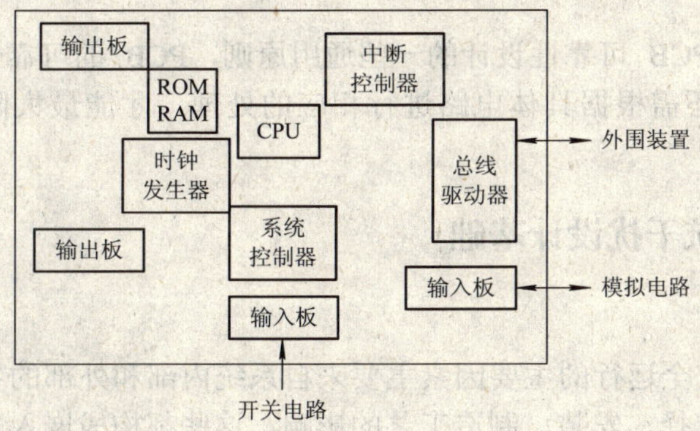

图 1-5　元件的布置

5) 散热设计

从有利于散热的角度出发，PCB 最好是直立安装，板与板之间的距离一般不应小于 2 cm，而且器件在 PCB 上的排列方式应遵循一定的规则：

对于采用自主对流空气冷却的设备，最好是将集成电路(或其他元件)按纵长方式排列，如图 1-6 所示；对于采用强制空气冷却的设备，最好是将集成电路(或其他元件)按横长方式排列，如图 1-7 所示。

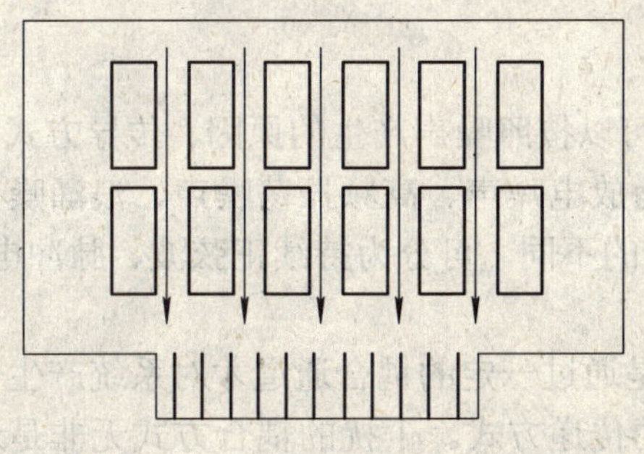

图 1-6　纵长方式排列

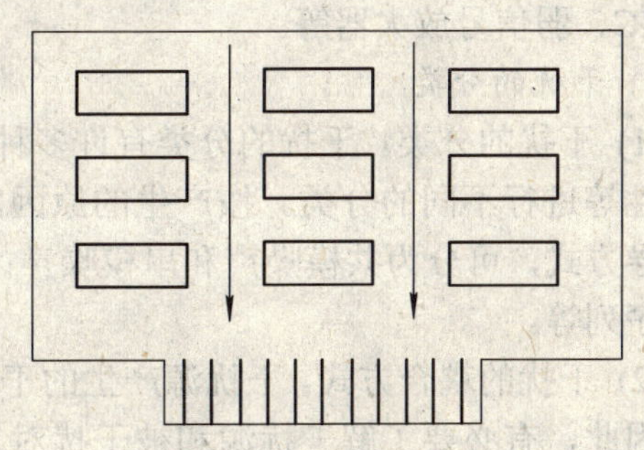

图 1-7　横长方式排列

(1) 同一块 PCB 上的元件应尽可能按其发热量大小及散热程度分区排列，发热量小或耐热性差的元件(如小信号晶体管、小规模集成电路、电解电容等)放在冷却气流的最上游(入口处)，发热量大或耐热性好的元件(如功率晶体管、大规模集成电路等)放在冷却气流的最下游。

(2) 在水平方向上，大功率元件尽量靠近 PCB 边沿布置，以便缩短传热路径；在垂直方向上，大功率元件尽量靠近 PCB 上方布置，以便减少这些元件工作时对其他元件温度的影响。

(3) 对温度比较敏感的元件最好安置在温度最低的区域(如设备的底部)，千万不要将它放在发热器件的正上方，多个元件最好是在水平面上交错布局。

(4) 设备内 PCB 的散热主要依靠空气流动，所以在设计时要研究空气流动路径，合理配置器件或 PCB。空气流动时总是趋向于阻力小的地方流动，所以在 PCB 上配置元件时，要避免在某个区域内有较大的空域。整机中多块 PCB 的配置也应注意同样的问题。

采用合理的器件排列方式，可以有效地降低印制电路的温升，从而使元件及设备的故障率明显下降。

以上所述只是 PCB 可靠性设计的一些通用原则，PCB 的可靠性与具体电路有着密切的关系，在设计中还需根据具体电路进行相应的处理，才能最大限度地保证 PCB 的可靠性。

1.2.7 电子电路抗干扰设计基础

1．硬件抗干扰

影响系统可靠安全运行的主要因素主要来自系统内部和外部的各种电气干扰，并受系统结构设计、元件选择、安装、制造工艺的影响。这些都构成嵌入式系统的干扰因素，导致嵌入式系统运行失控。

对嵌入式系统形成干扰的基本要素有：

- 干扰源。干扰源指产生干扰的元件、设备或信号，如雷电、继电器、可控硅、电机、高频时钟等都可能成为干扰源。
- 传播路径。传播路径指干扰从干扰源传播到敏感器件的通路或媒介。典型的干扰传播路径是导线的传导和空间的辐射。
- 敏感器件。敏感器件指容易被干扰的对象，如 A/D 转换器、D/A 转换器、单片机、数字 IC、弱信号放大器等。

1) 干扰的分类

(1) 干扰的分类。干扰的分类有许多种，通常可以按照噪声产生的原因、传导方式、波形特性等进行不同的分类。按产生的原因，可分为放电噪声、高频振荡噪声、浪涌噪声；按传导方式，可分为共模噪声和串模噪声；按波形的不同，可分为持续正弦波、脉冲电压、脉冲序列等。

(2) 干扰的耦合方式。干扰源产生的干扰信号是通过一定的耦合通道才对系统产生作用的。因此，有必要了解干扰源和被干扰对象之间的传递方式。干扰的耦合方式无非是通过导线、空间、公共线等，细分下来，主要有以下几种。

① 直接耦合：这是最直接的方式，也是系统中存在最普遍的一种方式。比如干扰信号通过电源线侵入系统。对于这种形式，最有效的方法就是加入去耦电路。

② 公共阻抗耦合：这也是常见的耦合方式，这种形式常常发生在两个电路电流有共同通路的情况下。为了防止这种耦合，通常在电路设计上就要考虑，使干扰源和被干扰对象间没有公共阻抗。

③ 电容耦合：又称电场耦合或静电耦合，是由于分布电容的存在而产生的耦合。

④ 电磁感应耦合：又称磁场耦合，是由于分布电磁感应而产生的耦合。

⑤ 漏电耦合：这种耦合是纯电阻性的，绝缘不好时就会发生。

2) 常用硬件抗干扰技术

针对形成干扰的三个要素，采取的抗干扰主要有以下几种手段。

(1) 抑制干扰源。抑制干扰源的常用措施如下：

① 继电器线圈增加续流二极管，消除断开线圈时产生的反电动势干扰。仅加续流二极管会使继电器的断开时间滞后，增加稳压二极管后继电器在单位时间内可动作更多的次数。

② 在继电器接点两端并接火花抑制电路(一般是 RC 串联电路，电阻一般选几千欧到几十千欧，电容选 0.01 μF)，减小电火花影响。

③ 电机加滤波电路，注意电容、电感引线要尽量短。

④ 电路板上每个 IC 要并接一个 0.01～0.1 μF 的高频电容，以减小 IC 对电源的影响。注意高频电容的布线，连线应靠近电源端并尽量粗短，否则，等于增大了电容的等效串联电阻，会影响滤波效果。

⑤ 可控硅两端并接 RC 抑制电路，减小可控硅产生的噪声(这个噪声严重时可能会把可控硅击穿)。

(2) 切断干扰传播路径。干扰按传播路径可分为传导干扰和辐射干扰两类。

所谓传导干扰，是指通过导线传播到敏感元件的干扰。高频干扰噪声和有用信号的频带不同，可以通过在导线上增加滤波器的方法切断高频干扰噪声的传播；有时也可加隔离光耦来解决。电源噪声的危害最大，要特别注意处理。

所谓辐射干扰，是指通过空间辐射传播到敏感元件的干扰。一般的解决方法是空间隔离干扰源与敏感元件，即用地线把它们隔离并对敏感元件部分加屏蔽罩。

切断干扰传播路径的常用措施如下：

① 充分考虑电源对嵌入式系统的影响。电源抗干扰措施到位，整个电路的抗干扰性能会有很大提高。嵌入式系统对电源噪声很敏感，要给嵌入式系统电源加滤波电路或稳压器，以减小电源噪声对嵌入式系统的干扰。比如，可以利用磁珠和电容组成滤波电路，当然条件要求不高时也可用低阻值电阻(100 Ω)代替磁珠。

② 对于用来控制电机等噪声器件的嵌入式微处理器 I/O 接口，在 I/O 接口与噪声源之间应加隔离。

③ 注意晶振布线。晶振与嵌入式微处理器引脚尽量靠近，用地线把时钟区隔离起来，晶振外壳接地并固定。

④ 电路板合理分区，如强、弱信号，数字、模拟信号。尽可能把干扰源(如电机、继电器)与敏感元件(如单片机)空间隔离。

⑤ 用地把数字区与模拟区隔离。数字地与模拟地要分离，最后在一点接于电源地。A/D、D/A 芯片布线也以此为原则。

⑥ 嵌入式微处理器和大功率器件的地线要单独接地，以减小相互干扰。大功率器件尽可能放在电路板边缘。

⑦ 在嵌入式微处理器的 I/O 接口、电源线、电路板连接线等关键地方使用抗干扰元件，如磁珠、磁环、电源滤波器、屏蔽罩，可显著提高电路的抗干扰性能。

3) 敏感元件的抗干扰能

提高敏感元件的抗干扰性能是指从敏感元件考虑尽量减少对干扰噪声的拾取，以及从不正常状态尽快恢复的方法。

提高敏感元件抗干扰性能的常用措施如下：

(1) 布线时尽量减少回路环的面积，以降低感应噪声。

(2) 布线时，电源线和地线要尽量粗。除减小压降外，更重要的是降低耦合噪声。

(3) 对于嵌入式微处理器闲置的 I/O 接口，不要悬空、接地或接电源。其他 IC 的闲置端在不改变系统逻辑的情况下接地或接电源。

(4) 对嵌入式微处理器使用电源监控及看门狗电路，可大幅度提高整个电路的抗干扰性能。在速度能满足要求的前提下，尽量降低嵌入式微处理器的晶振和选用低速数字电路。

(5) IC 器件尽量直接焊在电路板上，少用 IC 座。

(6) 控制线加上拉电阻。

4) 其他常用抗干扰措施

(1) 交流端用电感电容滤波，去掉高频、低频干扰脉冲。

(2) 变压器双隔离措施，即变压器初级输入端串接电容，初、次级线圈间屏蔽层与初级间电容中心接点接大地，次级外屏蔽层接 PCB，这是硬件抗干扰的关键手段。次级加低通滤波器，以吸收变压器产生的浪涌电压。

(3) 采用集成式直流稳压电源，提供过流、过压、过热等保护。

(4) I/O 接口采用光电、磁电、继电器等隔离方式，同时去掉公共地。

(5) 通信线用双绞线设计，排除平行互感。

(6) A/D 转换通过隔离放大器或采用现场转换以减少误差。

(7) 外壳接地以解决人身安全及防止外界电磁场干扰。

(8) 加复位电压检测电路，防止复位不充分时 CPU 开始工作，尤其像 EEPROM 等元件，复位不充分会改变 EEPROM 的内容。

(9) PCB 工艺抗干扰方法：

① 电源线加粗，尽可能短距离走线，合理走线、接地，三总线分开以减少互感振荡。

② CPU、RAM、ROM 等主芯片，VCC 与 GND 之间接电解电容及瓷片电容，去掉高、低频干扰信号。

③ 独立系统结构，减少接插件与连线，提高可靠性，减少故障率。

④ 集成块与插座接触可靠，用双簧插座，最好集成块直接焊在 PCB 上，防止元件接触不良故障。

有条件的话应采用四层以上 PCB，中间两层为电源及地，用以隔离信号。

1.2.8　嵌入式系统电源管理技术

1. 嵌入式系统电源

对于嵌入式系统，电源可以选择交流电源插座或由电池供电。

1) 交流电源

对于便携性要求不高的嵌入式系统，使用交流电源是最佳的供电方式。从电子设备商处外购的交流电适配器，通常提供+5～+12V DC 不等的输出电压，提供的电流可以高达数安培。

2) 电池

对于便携性要求高的嵌入式系统，电池使用方便，容易携带，但需要选择合适的电压和足够的电流。只有电池选择恰当、系统设计合理，才能保证嵌入式系统的正常工作，并有足够的续航能力。例如，一个很小的基于 PIC 或 AVR 的微处理器系统能够运转两年之久而仅仅耗费一节 AA 电池，而当设计不合理时，系统则会在很短时间耗尽电池。选择电池时，不仅要考虑其平均电流量，还要考虑到其峰值电流。因为一个嵌入式系统正常工作时可能只需要 20 mA 的恒定电流，但它在开机等峰值负载时需要 100 mA 的较大电流。

3) 稳压器

稳压器是一个把输入的 DC 电压(通常为一个输入电压的范围)转换为固定输出 DC 电压的半导体设备，它主要用来为系统提供恒定的电压。

一个固定参考电压对系统的正常工作还是很重要的。很多设备，如 A/D 转换器使用参考电压实现相应的功能。

另外，稳压器有助于去除电源的噪声，给从外部电源供电的嵌入式系统提供了一定程度的保护和隔离。如果系统靠电池供电运行，那么系统变化着的电流结合电池内部阻抗的作用，将产生一个变化的电压，使嵌入式系统不能正常工作，稳压器就可以防止这种问题的发生。下面介绍 DC-DC 转换器的稳压器类型，它可以接收不稳定的 DC 电压，而输出一个稳定的 DC 电压。

DC-DC 转换器有以下三种类型：

(1) 线性稳压器，产生较输入电压低的电压。

(2) 开关稳压器，能升高电压、降低电压或翻转输入电压。

(3) 分降压或翻转输入电压，其电流驱动能力有限。

任何变压器的转换过程都不具有 100%的效率，稳压器本身也有静态电流消耗。静态电流越大，稳压器的功耗越大，电源效率越低。在选择稳压器时，应尽量选择既能满足嵌入式系统电压和电流的要求，又具有低静态电流的变压器。

线性稳压器体积小、价格便宜、噪声小且使用方便，其输入/输出使用退耦电容来过滤，该电容除了有助于平稳电压以外，还有利于去除电源中的瞬间短时脉冲波形干扰。

2. 嵌入式系统电源管理

对于绝大多数的便携式设备而言，低功耗和节能设计十分重要。例如笔记本电脑依靠电池供电时，就会进入低功耗工作模式；PDA 停止使用一段时间后，显示屏将变暗，设备甚至进入睡眠状态。便携式设备的低功耗设计是通过电源管理技术实现的。

1) 电源管理技术

操作系统除了能通过嵌入式处理器内核启用空闲模式进行电源管理之外，还可以实现更多的电源管理支持。在应用中，大量功率被周边设备所消耗，可能是片上器件，也可能是外部设备。此外存储器也会消耗大量功率。任何电源管理方法都应当具备管理外设功耗的功能。此外，电压与功耗之间的平方关系意味着理想高效的方法是在较低要求电压和较低时钟速率上执行代码，而不是先以最高的时钟速率执行然后再转为空闲。嵌入式系统中常用的电源管理技术分别如下：

(1) 系统上电模式。微处理器及其片上外设一般均以最高时钟速率上电启动，但有些资源的供电启动还不需要。在启动时，系统必须为应用提供一种调节系统的机制，从而关闭不必要的电源消耗器件。

(2) 空闲模式。CMOS 电路中的有效功耗只有在电路进行时钟计时的情况下才会发生。通过关闭不需要的时钟，可以消除不必要的有效功耗。在等待外部事件时，大多数微处理器都融入了暂时终止 CPU 有效功耗的机制。

(3) 电压与频率缩放模式。有效功耗与切换频率成线性比例，但与电源电压平方成正比。经较低的频率运行应用与在全时钟频率上运行该应用并转入闲置相比，并不能节约多少功率，通过降低电压则可以大大降低功耗。

在嵌入式系统中的低功耗设计主要注意如下问题：

● 系统中 CPU 以外的其他电路器件尽可能选用静态功耗低的器件，如选用 CMOS 电路芯片。

● 外部设备的选择也要尽可能支持低功耗设计。

● 设计外部中断唤醒电路，使 CPU 在等待时进入休眠模式或待机模式，需要时由外部中断信号唤醒。

● 软件的低功耗设计。

2) 降低功耗的设计技术

电路的设计与元件的选取是同时或交叉进行的。不同的设计者可以设计出不同的电路，虽然功能相同，但电路功耗却往往相距甚大。电路设计和元件选取考虑的因素很多，具体如下：

(1) 采用低功耗器件。几乎所有 TTL 工艺的逻辑电路、单片机、存储器以及外围电路都有相应 CMOS 工艺的低功耗器件，采用这些器件是降低系统功耗最直接的方法。

(2) 采用高集成度专用器件。例如 VoIP 终端，很多公司已经推出基于单芯片、内部集成了通信协议的专用单芯片方案，如果产品还采用通用处理器搭建，显然功耗高。

(3) 动态调整处理器的时钟频率和电压。在系统指标允许的情况下，选用低频率器件有助于降低系统功耗。处理器根据当前的工作负载，运行在不同的性能等级上。

第 2 章　嵌入式微处理器及 ARM9 硬件开发平台

嵌入式系统开发与硬件平台紧密相连，没有硬件支持的嵌入式开发是不完整的。本章将学习基于 ARM 处理器的嵌入式开发硬件平台，为后面章节的学习打好硬件基础。本章主要介绍 ARM 公司的历史和主流的 ARM 处理器系列 S3C2410X 处理器的主要特点及寄存器定义。

2.1　嵌入式微处理器

2.1.1　嵌入式微处理器的类型

嵌入式微处理器是指应用在嵌入式计算机系统中的微处理器。与通用计算机系统的 CPU 相比，嵌入式微处理器具有品种多、体积小、成本低、集成度高的特点。从 1971 年 Intel 公司推出第一块微处理器芯片 4004 到今天，嵌入式微处理器已经有 30 多年的发展历史。

如图 2-1 所示，嵌入式硬件系统一般由嵌入式微处理器、存储器和输入/输出部分组成。其中嵌入式微处理器是嵌入式硬件系统的核心，通常由三大部分组成：控制单元、算术逻辑单元和寄存器。

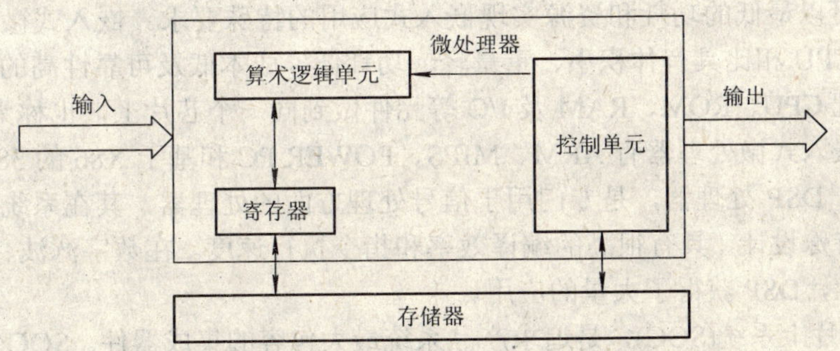

图 2-1　嵌入式硬件系统的基本结构

各部分的主要功能如下：

(1) 控制单元：主要负责取指、译码和取操作数等基本操作，并发送主要的控制指令。控制单元中包括两个重要的寄存器：程序计数器(PC)和指令寄存器(IR)。程序计数器用于记录下一条程序指令在内存中的位置，以便控制单元能到正确的内存处取指；指令寄存器负责存放被控制单元所取的指令，通过译码，产生必要的控制信号送到算术逻辑单元完成相关的数据处理。

(2) 算术逻辑单元：算术逻辑单元分为两部分，一部分是算术运算单元，主要处理数值型数据，完成数学运算，如加、减、乘、除或数值的比较；另一部分是逻辑运算单元，主要处理逻辑运算，如 AND、OR、XOR 或 NOT 等运算。

(3) 寄存器：用于存储暂时性的数据，主要是由存储器中所得到的数据(这些数据被送到算术逻辑单元中进行处理)和算术逻辑单元中处理好的数据。

嵌入式微处理器的字长宽度可为 4 位、8 位、16 位、32 位和 64 位。一般把 16 位及以下的称为嵌入式微控制器，32 位及以上的称为嵌入式微处理器。

如果按集成度划分，嵌入式微处理器系统可分为两种：一种是微处理器内部仅包含单纯的中央处理器单元，称为一般用途型微处理器；另一种则是将 CPU、ROM、RAM 及 I/O 等部件集成到同一个芯片上，称为单芯片微控制器。

如果按用途划分，嵌入式微处理器可分为以下几类：

(1) 嵌入式微控制器(MCU)，又称为单片机。微控制器的片上外设资源一般比较丰富，适合于控制领域，因此称为微控制器。微控制器芯片内部集成有 ROM/EPROM、RAM、总线、总线逻辑、定时/计数器、看门狗、I/O、串行口、脉宽调制输出(PWM)、A/D、D/A、Flash、EEPROM 等各种必要功能和外设。和嵌入式微处理器相比，微控制器的最大特点是单片化，体积大大减小，从而使功耗和成本下降，可靠性提高。由于嵌入式微控制器低廉的价格、优良的功能，因此品种和数量最多，比较有代表性的包括 8051、MCS-251、MCS-96/196/296、C166/167、68K 系列以及 MCU8XC930/931、C540、C541，并且支持 I^2C、CAN-BUS、LCD 及众多专用嵌入式微控制器和兼容系列。目前嵌入式微控制器占嵌入式系统约 70%的市场份额。

(2) 嵌入式微处理器(EMPU)，它由通用计算机中的 CPU 发展而来。它的特征是具有 32 位以上的处理器，较高的性能，当然其价格也相应较高。但与计算机 CPU 不同的是，在实际嵌入式应用中，EMPU 只保留和嵌入式应用紧密相关的功能硬件，去除其他的冗余功能部分，这样就可以最低的功耗和资源实现嵌入式应用的特殊要求。嵌入式微处理器与用于桌面计算机的 CPU 相比具有体积小、重量轻、功耗低、成本低及可靠性高的优点。通常嵌入式微处理器把 CPU、ROM、RAM 及 I/O 等元件做到同一个芯片上，也称为单板计算机。当前，主要的嵌入式微处理器有 ARM、MIPS、POWER PC 和基于 X86 的 386EX 等。

(3) 嵌入式 DSP 处理器，是专门用于信号处理方面的处理器，其在系统结构和指令算法方面进行了特殊设计，具有很高的编译效率和指令执行速度。在数字滤波、FFT、频谱分析等各种仪器上，DSP 获得了大量的应用。

(4) 嵌入式片上系统(SOC)，是追求产品系统最大包容的集成器件。SOC 最大的特点是成功实现了软/硬件无缝结合，直接在处理器片内嵌入操作系统的代码模块。而且 SOC 具有极高的综合性，在一个硅片内部运用 VHDL 等硬件描述语言，可实现一个复杂的系统。用户不需要再像传统的系统设计一样，绘制庞大复杂的电路板，一点点地连接焊制，只需要使用精确的语言，综合时序设计，直接在器件库中调用各种通用处理器的标准，然后通过仿真，之后就可以直接交付芯片厂商进行生产。SOC 的绝大部分系统构件都是在系统内部，整个系统就特别简洁，不仅减小了系统的体积和功耗，而且提高了系统的可靠性，提高了设计生产效率。

2.1.2 典型 32 位 ARM 微处理器的结构和特点

32 位微处理器采用 32 位的地址和数据总线，其地址空间达到了 4 G。目前主流的 32 位嵌入式微处理器系列主要有 ARM 系列、MIPS 系列、PoweRPC 系列等。属于这些系列的嵌入式微处理器产品，有千种以上。

1. ARM 概述

ARM(Advanced RISC Machine)公司是一家专门从事芯片 IP 设计与授权业务的英国公司，其产品有 ARM 内核以及外围接口。ARM 内核是一种 32 位 RISC 微处理器，具有功耗低、性价比高和代码密度高等特点。

ARM 微处理器核技术广泛用于便携式通信产品、手持运算、多媒体和嵌入式解决方案等领域，已成为 AISC 标准。ARM 处理器核是系统中的引擎，它从存储器读取 ARM 或 Thumb 的指令并执行这些指令。ARM 微处理器体系结构目前被公认为是嵌入式应用领域领先的 32 位嵌入式 RISC 微处理器结构。自诞生至今，ARM 体系结构发展并定义了 7 种不同的版本。从版本 1 到版本 7，ARM 体系的指令集功能不断扩展。ARM 处理器系列中的各种处理器，虽然在实现技术、应用场合和性能方面都不相同，但只要支持相同的 ARM 体系版本，那么基于它们的应用软件就都是兼容的。

目前基于 ARM 核的处理器有以下几类：ARM7 系列处理器；ARM9 系列处理器，ARM9E 系列处理器，ARM 10E 系列处理器，ARM11 系列处理器，SecurCore 系列处理器，OPtimoDE 数据引擎内核；MPCore 多处理器系列处理器；Intel 公司的 StrongARM/XScale 系列处理器。

目前，70%的移动电话、大量的游戏机、手持 PC 和机顶盒等都已采用了 ARM 处理器，许多一流的芯片厂商都是 ARM 的授权用户，如 Intel、三星等公司。

作为一种 RISC 体系结构的微处理器，ARM 处理器具有 RISC 体系结构的典型特征，同时具有以下特点：

- 每条数据处理指令都控制算术逻辑单元 ALU 和移位器，以使 ALU 和移位器获得最大的利用率。
- 具有自动递增和自动寻址模式，以优化程序中的循环。
- 可同时执行 Load 和 Store 多条指令，以增加数据吞吐量。
- 所有指令都可以条件执行，以执行吞吐量。

这些对基本 RISC 体系结构的增强，使得 ARM 处理器可以在高性能、小代码尺寸、低功耗和小芯片面积之间获得良好的平衡。

2. ARM 的数据类型

字(Word)：在 ARM 体系结构中，字的长度为 32 位，而在 8 位/16 位处理器体系结构中，字的长度一般为 16 位。

半字(Half-word)：在 ARM 体系结构中，半字的长度为 16 位，与 8 位/16 位处理器体系结构中字的长度一致。

字节 (Byte)：在 ARM 体系结构和 8 位/16 位处理器体系结构中，字节的长度均为 8 位。

3. ARM 的运行模式

ARM 处理器有 7 种运行模式，如表 2-1 所示。大多数应用程序在 User 模式下执行，当特定的异常出现时，进入相应的 6 种异常模式之一。每种模式都有某些附加的寄存器保存相应的状态。除 User 模式外，其他模式都被称为特权模式，可以存取系统中的任何资源。

User 模式下程序不能访问某些受保护的资源，也不能直接改变 CPU 的模式，而只能通过异常的形式来改变 CPU 的当前运行模式。软件可以控制 CPU 模式的改变，外部中断也可以引起模式的改变。

表 2-1 ARM 处理器的 7 种运行模式

处理器模式	说 明
用户模式(User)	正常程序执行模式，用于应用程序
异常模式(FIQ)	快速中断处理，用于支持高速数据传送通道处理
异常模式(IRQ)	用于一般中断处理
异常模式(Supervisor)	特权模式，用于操作系统处理
异常模式 (Abort)	存储器保护异常处理
异常模式 (Undefined)	未定义指令异常处理
系统模式(System)	运行特权操作系统任务(ARMv4 以上版本)

4. 寄存器结构

ARM 微处理器共有 37 个 32 位寄存器，其中 31 个为通用寄存器，6 个为状态寄存器。但是这些寄存器不能被同时访问，具体哪些寄存器是可编程访问的，取决于微处理器的工作状态及具体的运行模式。但在任何时候，通用寄存器 R14～R0、程序计数器 R15(或 PC)、一个或两个状态寄存器都是可访问的。

(1) R0～R15。ARM 中的通用寄存器是 R0～R15(R15 也是 PC)。它们可以被划分为以下三类：

① 未分组的寄存器 R0～R7。对于所有的模式，R0～R7 所对应的物理寄存器都是相同的。这 8 个寄存器是真正意义上的通用寄存器，ARM 体系结构中对它们没有作任何特殊的假设，它们的功能都是等同的。在中断或者异常处理程序中一般都需要对这几个寄存器进行保存。

② 分组的寄存器 R8～R14。程序访问的物理寄存器取决于当前的处理器模式。若要访问特定的物理寄存器而不依赖于当前的处理器模式，则要使用规定的名字。R8～R12 有两组物理寄存器：一组是 FIQ 模式；另一组是除 FIQ 以外的其他模式。R13～R14 有 6 个组的物理寄存器，一组用于用户模式和系统模式，其他 5 组分别用于 5 种异常模式。R13(也被称为 SP 指针)被用做栈指针，通常在系统初始化时需要对所有模式的 SP 指针赋值；当 CPU 在不同的模式时，栈指针会被自动切换成相应模式下的值。R14 有两个用途：一是在调用子程序时用于保存调用返回地址；二是在发生异常时用于保存异常返回地址。

③ 程序计数器 R15(或 PC)。R15 虽然可以用作通用寄存器，但是有一些指令在使用 R15 时存在特殊限制，若不注意，执行的结果将是不可预料的。

(2) CPSR。CPSR(当前程序状态寄存器)在所有的模式下都是可以读/写的。它主要包含条件标志、中断标志、当前处理器的模式、其他的一些状态和控制标志。

31	30	29	28	27 … 8	7	6	5	4	3	2	1	0
N	Z	C	V	DNM (RAZ)	I	F	T	M4	M3	M2	M1	M0

CPSR 的格式如下：

① 条件标志包括 N、Z、C、V。

N 表示 Negative，负标志。

Z 表示 Zero，零标志。

C 表示 Carry，进位标志。

V 表示 overflow，溢出标志。

② 中断标志包括 I 和 F。

I 置 1 表示禁止 IRQ 中断的响应，置 0 表示允许 CPU 响应 IRQ 中断。

F 置 1 表示禁止 FIQ 中断的响应，置 0 表示允许 CPU 响应 FIQ 中断。

③ ARM/Thumb 控制标志：T。

T 置 0 表示执行 32 位的 ARM 指令。

T 置 1 表示执行 16 位的 Thumb 指令。

④ 模式控制位 M0～M4，见表 2-2。

表 2-2　模式控制位 M0～M4

M[4:0]	模　式	可 用 寄 存 器
0b10000	User	PC, R14～R0,CPSR
0b10001	FIQ	PC, R14_fiq～R8fiq, R7～R0,CPSR,SPSR_fiq
0b10010	IRQ	PC, R14_irq, R13_irq,R12～R0,CPSR SPSR_irq
0b10011	Supervisor	PC, R14_svc, R13_ svc,R12～R0,CPSR SPSR_ svc
0b10111	Abort	PC, R14_ abt,R13_ abt,R12～R0,CPSR SPSR_ abt
0b11011	Undefined	PC, R14_und, R13_ und,R12～R0,CPSR SPSR_ und
0b11111	System	PC, R14～R0,CPSR

5. 指令集

CPU 指令集是硬件和软件之间的一个重要的分水岭。根据分层的思想，指令集向上要支持编译器，向下要方便实现硬件设计。ARM 是典型的 RISC 体系，根据 RISC 的设计思想，其指令集的设计应该尽可能地简单。和 CISC 体系相比，ARM 可以通过一系列简单的指令来实现复杂指令的功能。

ARM 的指令集包括 6 种典型的指令：分支指令，如 B、BL 等；数据处理指令，如 ADD、SUB、AND 等；转移指令，如 MRS、MSR 等；Load Store 数据移动指令，如 LDR 等；协处理器指令，如 LDC、STC 等；异常处理指令，如 SWI 等。

ARM 指令集是一个非常优秀的指令集，具有以下特点：

(1) 所有 ARM 指令都是 32 位定长，在内存中以 4 字节边界保存(地址最后两位为 0)，这样方便译码电路和流水线的实现。ARM 内核一般也支持一种 16 位的指令集 Thumb。Thumb 指令集的功能是 32 位 ARM 指令集的功能子集，它在处理器中仍然要扩展为标准的 32 位 ARM 指令运行。用户采用 16 位 Thumb 指令集最大的好处就是可以获得更高的代码密度和降低功耗。

(2) Load-Store 体系结构。ARM 指令集属于 RISC 体系。RISC 体系的特征是：一般指令只能把内部寄存器和立即数作为操作数，只有 Load-StoRe 类型的数据移动指令才可以访问内存，在内存和寄存器之间转移数据。

(3) 由于硬件上有桶形(Barrel)移位器，因此 ARM 可以在一条指令中用一个指令周期完成一个移位操作和一个 ALU(算术逻辑)操作。

(4) 任何指令的高 4 位都是条件指示位，根据 CPSR 中的 N、Z、C、V 决定该指令是否执行。这样可以方便高级语言的编译器设计，很容易实现分支和循环。

(5) 具有功能很强的加载和存储(Load-Store)多个寄存器的指令：LDM 和 STM。当发生过程调用或中断处理时，只用一条指令就能把当前多个寄存器的内容保护到内存堆栈中。

6．异常

异常是由内部或外部原因引起的。当异常发生时，CPU 自动到指定的向量地址读取指令或地址并且执行。

对于 X86 CPU，当有异常发生时，CPU 到指定的向量地址读取要执行的程序的地址，跳转到相应的地址并执行；而对于 ARM CPU，当有异常发生时，CPU 通过向量地址读取指令并执行，也就是说，ARM 的向量地址存放的是一条指令(一般是一条跳转指令)。

ARM 将引起异常的类型分为 7 种，如表 2-3 所列。

表 2-3　ARM 的异常类型

异常种类	模式	优先级	一般向量地址	高向量地址
Reset	Supervisor	1	0x00000000	0xFFFF0000
Undefined Instruction	Undefined	6	0x00000004	0xFFFF0004
Software Interrupt	Supervisor	6	0x00000008	0xFFFF0008
Ptefetch Abort	Abort	5	0x0000000C	0xFFFF000C
Data Abort	Abort	2	0x00000010	0xFFFF0010
IRQ(interrupt)	IRQ	4	0x00000018	0xFFFF0018
FIQ(fast interrupt)	FIQ	3	0x0000001C	0xFFFF001C

7．内存和 I/O 地址

ARM 的寻址空间是线性地址空间，最大为 4 G。ARM 支持大端和小端的内存数据方式，可以通过硬件的方式设置端模式。

I/O 端口的编址方法(即地址安排方式)有两种：I/O 映射编址和存储器映射编址。

(1) I/O 映射编址。如图 2-2 所示，I/O 映射编址采用 I/O 端口与内存单元分开编址，互不影响。I/O 单元与内存单元都有自己独立的地址空间，通过专门的输入指令(IN)和输出指令(OUT)来完成 I/O 操作。其优点是 I/O 单元不占用内存空间，易区分 I/O 程序；缺点是只用 I/O 指令访问 I/O 端口，功能有限且要采用专用 I/O 周期和专用 I/O 控制线，使微处理器复杂化。X86 体系的微处理器大多采用 I/O 映射编址方式。

(2) 存储器映射编址。如图 2-3 所示，存储器映射编址采用 I/O 端口的地址与内存地址统一编址方式，I/O 单元与内存单元共享同一地址空间。这种编址方式不区分存储器地址空间和 I/O 端口地址空间，把所有的 I/O 端口都当作是存储器的一个单元对待，每个接口芯片都安排一个或几个与存储器统一编号的地址号，也不设专门的输入/输出指令，所有传送和访问存储器的指令都可用来对 I/O 端口操作。其优点是可采用丰富的内存操作指令访问 I/O

单元，无需单独的 I/O 地址译码电路，无需专用的 I/O 指令；缺点是外设占用内存空间，不易区分 I/O 程序，ARM 微处理器大多采用存储器映射编码方式。

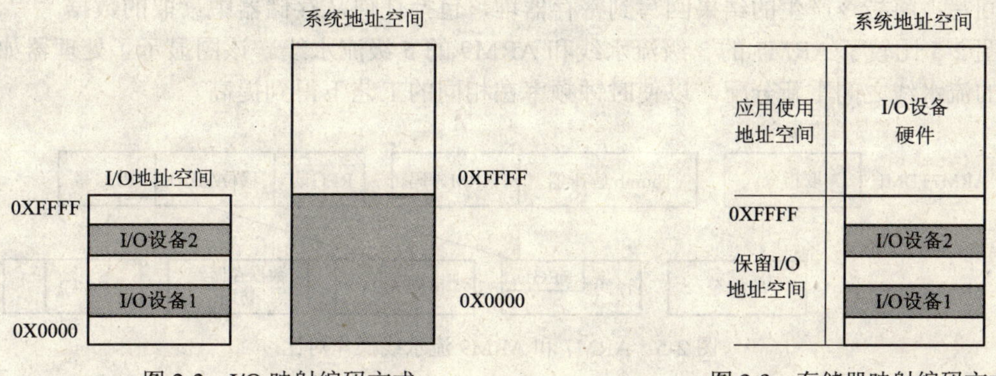

图 2-2　I/O 映射编码方式　　　　图 2-3　存储器映射编码方式

2.2　ARM9 微处理器简介

目前市场上的主流 ARM 处理器都使用 ARM7 或 ARM9 内核。本书所采用的博创公司开发平台使用了基于 ARM9 核心的处理器，因此本节重点介绍三星 S3C2410 ARM9 处理器。

2.2.1　ARM9 与 ARM7 处理器的比较

与 ARM7TDMI 相比，ARM9TDMI 核将处理器的功能显著提高到更高、更强的水平。ARM9TDMI 也支持 Thumb 指令集，并支持片上调试，最显著的区别是流水线从 3 级增加到 5 级。ARM9 使用 5 级流水线是受 StrongARM 流水线的启发而设计的，并针对 StrongARM 的某些不足加以改进，从而获得了更好的性能。ARM7 的流水线操作如图 2-4 所示。

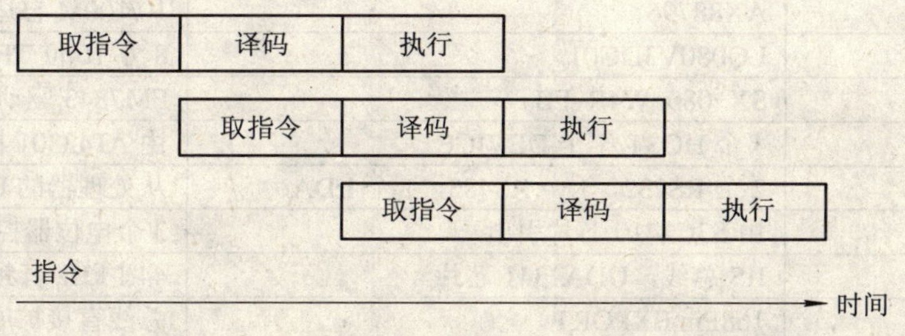

图 2-4　ARM7 的流水线操作

到 ARM7 为止，上述的 3 级流水线性价比很高，随着对性能的要求不断提高，使用原有的 3 级流水线无法满足要求，因此 ARM9 处理器使用了 5 级流水线，同时具有分开的指令和数据存储器，减少了在每个时钟周期内必须完成的最大工作，进而允许使用更高的时钟频率。5 级流水线具体如下：

取指：从存储器中取出指令，并将其放入指令流水线。

译码：对指令进行译码。

执行：把一个操作数移位，产生 ALU 的结果。

缓冲/数据：如果需要，则访问数据存储器；否则 ALU 的结果只是简单地缓冲一个时钟周期，以便所有的指令具有同样的流水线流程。

回写：将指令产生的结果回写到寄存器堆，包括任何从存储器中读取的数据。

图 2-5 比较了 ARM7 的 3 级流水线和 ARM9 的 5 级流水线。该图显示了处理器如何在增加的流水线之间重新分配，以使时钟频率在相同的工艺下得到提高。

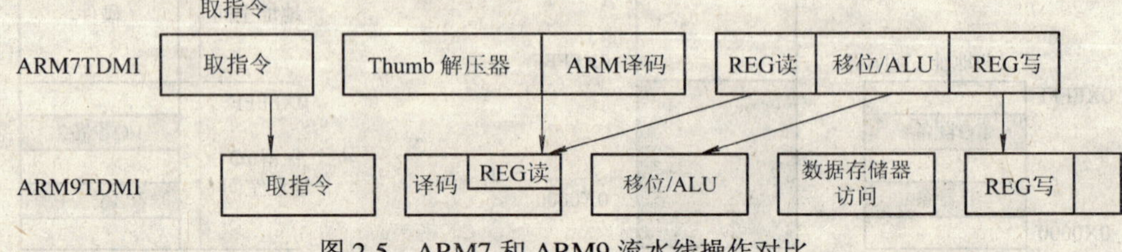

图 2-5　ARM7 和 ARM9 流水线操作对比

2.2.2　三星 S3C2410X ARM9 处理器寄存器详解

本书所采用的硬件平台是基于 ARM 体系结构，由北京博创兴业科技有限公司开发的 UP-NetARM2410-S 实验仪器。UP-NetARM2410-S 的 CPU 为具有 ARM920T 内核的三星 S3c2410 芯片，由于有 MMU 可以运行标准的 ARM-LINUX 内核。UP-NetARM2410-S 及相关产品的资料可以访问博创公司的网站 www.up-tech.com 获得。本节以 UP-NetARM2410-S 为例，详细介绍 S3C2410X ARM9 处理器寄存器。

UP-NetARM2410-S 开发箱的硬件配置如表 2-4 所示。S3C2410 结构图如图 2-6 所示。

表 2-4　UP-NetARM2410-S 的硬件配置

配置名称	型　号	说　明
CPU	ARM920T 结构芯片三星 S3C2410X	工作频率 203 MHz
Flash	SAMSUNG　K9F1208	64M NAND
SDRAM	HY57V561620AT-H	32M×2=64M
EtherNet 网卡	AX88796	10/100M 自适应
LCD	LQ080V3DG01	8 寸 16 位 TFT
触摸屏	SX-080-W4R-FB	FM7843 驱动
USB 接口	4 个 HOST /1 个 DEVICE	由 AT43301 构成 USB HUB
UART/IrDA	2 个 RS232，1 个 RS485，1 个 IrDA	从处理器的 UART2 引出
AD	由 S3C2410 芯片引出	3 个电位器控制输入
AUDIO	IIS 总线，UDA1341 芯片	44.1 kHz 音频
扩展卡插槽	168Pin EXPORT	总线直接扩展
GPS_GPRS 扩展板	SIMCOM 的 SIM300-E 模块	支持双道语音通信
IDE/CF 卡插座	笔记本硬盘，CF 卡	
PCMCIA 和 SD 卡插座		
PS2	PC 键盘和鼠标	由 ATMEGA8 单片机控制
IC 卡座	AT24CXX 系列	由 ATMEGA8 单片机控制
DC/STEP 电机	DC 由 PWM 控制，STEP 由 74HC573 控制	
CAN BUS	由 MCP2510 和 TJA1050 构成	
DA	MAX504	一个 10 位 DAC 端口
调试接口	JTAG	14 针、20 针

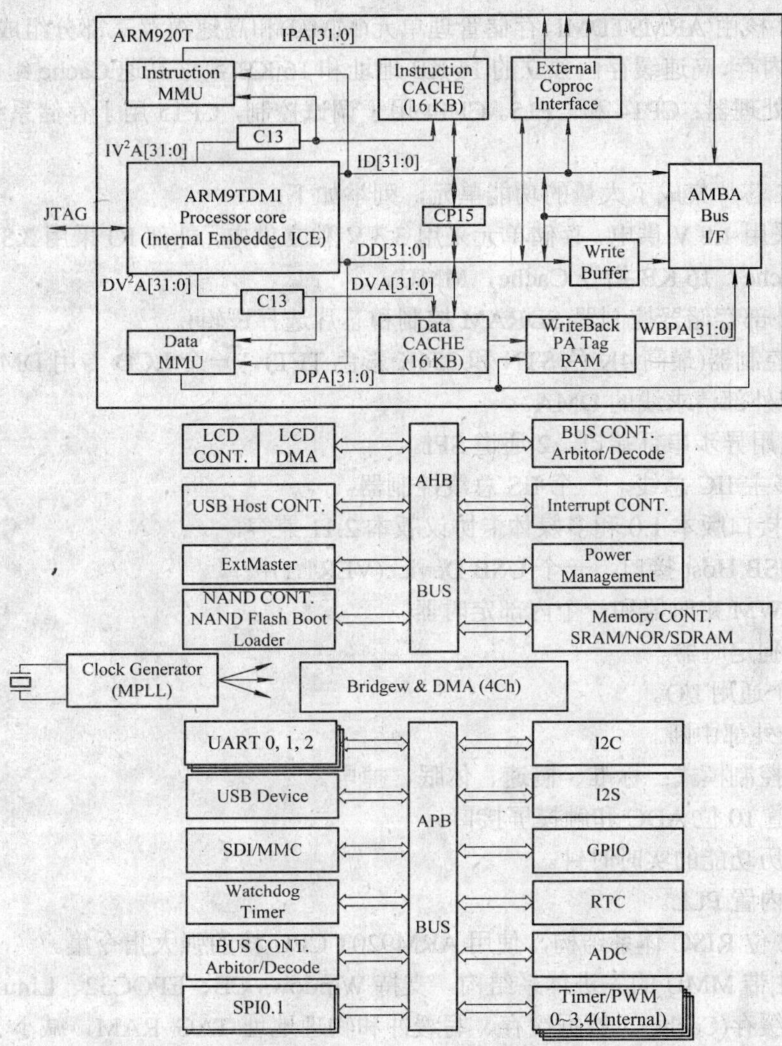

图 2-6　S3C2410X 芯片结构

S3C2410 272-FBGA 封装，如图 2-7 所示。

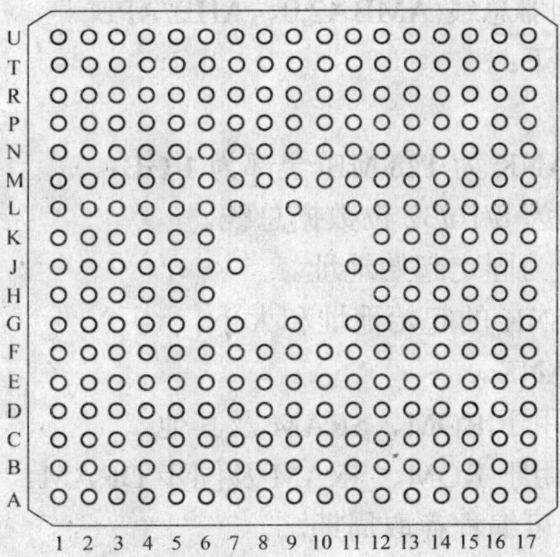

图 2-7　S3C2410 物理封装

ARM920T 核由 ARM9TDMI、存储管理单元(MMU)和高速缓存三部分组成。其中，MMU 可以管理虚拟内存，高速缓存由独立的 16 KB 地址和 16 KB 数据高速 Cache 组成。ARM920T 有两个内部协处理器：CP14 和 CP15。CP14 用于调试控制，CP15 用于存储系统控制以及测试控制。

S3C2410X 芯片集成了大量的功能单元，列举如下：

(1) 内核采用 1.8 V 供电，存储单元采用 3.3 V 独立供电，外部 IO 采用 3.3 V 独立供电，16 KB 数据 Cache，16 KB 指令 Cache，MMU。

(2) 内置外部存储器控制器(SDRAM 控制和芯片选择逻辑)。

(3) LCD 控制器(最高 4K 色 STN 和 256K 彩色 TFT)，一个 LCD 专用 DMA。

(4) 4 路带外部请求线的 DMA。

(5) 3 个通用异步串行端口，2 通道 SPI。

(6) 一个多主 IIC 总线，一个 IIS 总线控制器。

(7) SD 主接口版本 1.0 和多媒体卡协议版本 2.11 兼容。

(8) 2 个 USB Host 接口，一个 USB Device(VER1.1)接口。

(9) 4 个 PWM 定时器和一个内部定时器。

(10) 看门狗定时器。

(11) 117 个通用 I/O。

(12) 24 个外部中断。

(13) 电源控制模式：标准、慢速、休眠、掉电。

(14) 8 通道 10 位 ADC 和触摸屏接口。

(15) 带日历功能的实时时钟。

(16) 芯片内置 PLL。

(17) 16/32 位 RISC 体系结构，使用 ARM920T CPU 核的强大指令集。

(18) ARM 带 MMU 的先进体系结构，支持 Windows CE、EPOC32、Linux。

(19) 指令缓存(Cache)、数据缓存、写缓冲和物理地址 TAG RAM，减小了对主存储器带宽和性能的影响。

(20) ARM920T CPU 核支持 ARM 调试体系结构。

(21) 内部先进的位控制器总线(AMBA2.0、AHB/APB)。

系统管理方面的特点如下：

(1) 小端/大端支持。

(2) 地址空间：每个 BANK 为 128 MB(全部为 1 GB)。

(3) 每个 BANK 可编程为 8/16/32 位数据总线。

(4) BANK 0～BANK 6 为固定起始地址。

(5) BANK 7 可编程 BANK 的起始地址和大小。

(6) 共有 8 个存储器 BANK。

(7) 6 个存储器 BANK 用于 ROM、SRAM 及其他。

(8) 2 个存储器 BANK 用于 ROM、SRAM 及同步 DRAM。

(9) 每个存储器 BANK 可编程存取周期。

(10) 支持等待信号，用以扩展总线周期。

(11) 支持 SDRAM 掉电模式下的自刷新。

(12) 支持不同类型的 ROM，如用于启动 NOR/NAND Flash、EEPROM 及其他。

在时钟方面，S3C2410X 芯片集成了一个具有日历功能的 RTC 和具有 PLL(MPLL 和 UPLL)的芯片时钟发生器。MPLL 产生主时钟，能够使处理器工作频率最高达到 203 MHz。这个工作频率能够使处理器轻松运行 Win CE、Linux 等操作系统，以及进行较为复杂的信息处理。UPLL 产生实现主从 USB 功能的时钟。

S3C2410X 将系统的存储空间分成 8 组(BANK)，每组的大小是 128 MB，共 1 GB。BANK0～BANK6 的开始地址是固定的，用于 ROM 或 SRAM。BANK6 和 BANK7 用于 ROM、SRAM 或 SDRAM，这两个组可编程且大小相同。BANK7 的开始地址是 BANK6 的结束地址，灵活可变。所有内存块的访问周期都可编程。S3C2410X 采用 nGCS［7：0］，8 个通用片选信号选择这些组。

S3C2410X 支持从 NAND Flash 启动，NAND Flash 具有容量大、比 NOR Flash 价格低等特点。系统采用 NAND Flash 与 SDRAM 组合，可以获得非常高的性价比。S3C2410X 具有三种启动方式，可通过 OM［1：0］管脚进行选择：

OM[1：0]＝00 时处理器从 NAND Flash 启动

OM[1：0]＝01 时处理器从 16 位 ROM 启动

OM[1：0]＝10 时处理器从 32 位 ROM 启动

用户可以将引导代码和操作系统镜像存放在外部的 NAND Flash 中，并从 NAND Flash 启动。当处理器在这种模式下电复位时，内置的 NAND Flash 将访问控制接口，并将引导代码自动加载到内部 SRAM(此时该 SRAM 定位于起始地址空间 0x00000000，容量为 4 KB)并且运行。之后，SRAM 中的引导程序将操作系统镜像加载到 SDRAM 中，操作系统就能够在 SDRAM 中运行。启动完毕后，4 KB 的启动 SRAM 就可以用于其他用途。如果从其他方式启动，启动 ROM 就要定位于内存的起始地址空间 0x00000000，处理器直接在 ROM 上运行启动程序，而 4 KB 的启动 SRAM 被定位于内存地址的 0x40000000 处。

S3C2410X 对于片内的各个部件采用了独立的电源供给方式：内核采用 1.8 V 供电；存储单元采用 3.3 V 独立供电，对于一般 SDRAM 可以采用 3.3 V，对于移动 SDRAM 可以采用 V_{DD}=1.8/2.5 V 供电；V_{DDQ}=3.0/3.3 V 供电；I/O 采用独立 3.3 V 供电。

1．内存控制器

寄存器的状态决定硬件如何工作，所以控制某个硬件时，一定要熟悉每个相关的寄存器。简单而言，S3C2410X 处理器的工作频率可达到 203 MHz，该频率是通过寄存器配置获得的。开发人员通过修改内部寄存器的值，可以使 S3C2410X 工作在不同频率下。

下面将列出 S3C2410X 处理器的一些寄存器，以及这些寄存器在软件上的定义。

1) 寄存器的设置

S3C2410X 的内存控制器为外部内存访问提供了内存控制信号。

(1) 总线宽度和等待控制寄存器见表 2-5。

表 2-5　总线宽度和等待控制寄存器

寄存器	地址	读/写	说　明	复位后的值
BWSCON	0x48000000	读/写	总线宽度和等待控制寄存器	0x000000

(2) 组控制寄存器见表 2-6。

表 2-6　组控制寄存器

寄存器	地址	读/写	说　明	复位后的值
BANKCON0	0x48000004	读/写	BANK0 控制寄存器	0x0700
BANKCON1	0x48000008	读/写	BANK1 控制寄存器	0x0700
BANKCON2	0x4800000c	读/写	BANK2 控制寄存器	0x0700
BANKCON3	0x48000010	读/写	BANK3 控制寄存器	0x0700
BANKCON4	0x48000014	读/写	BANK4 控制寄存器	0x0700
BANKCON5	0x48000018	读/写	BANK5 控制寄存器	0x0700
BANKCON6	0x4800001c	读/写	BANK6 控制寄存器	0x18008
BANKCON7	0x48000020	读/写	BANK7 控制寄存器	0x18008

(3) REFRESH 控制寄存器见表 2-7。

表 2-7　REFRESH 控制寄存器

寄存器	地址	读/写	说　明	复位后的值
REFRESH	0x48000024	读/写	SDRAM 控制寄存器	0xac0000

(4) BANKSIZE 寄存器见表 2-8。

表 2-8　BANKSIZE 寄存器

寄存器	地址	读/写	说　明	复位后的值
BANKSIZE	0x48000028	读/写	可变的组大小寄存器	0x0

(5) SDRAM 模式寄存器(MRSR)见表 2-9。

表 2-9　SDRAM 模式寄存器

寄存器	地址	读/写	说　明	复位后的值
MRSRB6	0x48000028	读/写	BANK6 的模式设置寄存器	xxx
MRSRB7	0x48000028	读/写	BANK7 的模式设置寄存器	xxx

2) 寄存器的定义

ViVi 的 s3c2410.h 文件中定义了上述寄存器的值，具体如下：

```
/*Memory Controller*/
#define MEM_CTL_BASE    0x48000000
#define bMEMCTL(Nb)         __REGl(MEM_CTL_BASE+(Nb))
/* Offset */
#define oBWSCON            0x00        /*R/ W ,Bus width and wait status ctrl reg. */
#define oBANKCON0          0x04        /*R/ W ,Bank 0 control reg. */
#define oBANKCONl          0x08        /* R/ W , Bank l control reg. */
#define oBANKCON2          0x0C        /* R/ W , Bank 2 control feg. */
```

```
#define oBANKCON3     0xl0     /* R/ W , Bank 3 control reg. */
#define oBANKCON4     0xl4     /* R/ W , Bank 4 control reg. */
#define oBANKCON5     0xl8     /* R/ W , Bank 5 control reg. */
#define oBANKCON6     0xlC     /* R/ W , Bank 6 control reg. */
#define oBANKCON7     0x20     /* R/ W , Bank 7 control reg. */
#define oREFRESH      0x24     /* R/ W , SDRAM refresh control register */
#define oBANKSIZE     0x28     /* R/ W , Flexible Bank size register */
#define oMRSRB6       0x2C     /* R/ W , Mode register set register Bank 6 */
#define oMRSRB7       0x30     /* R/ W , ModC register set register Bank 7 */
/* Registers */
#define BWSCON        bMEMCTL(oBWSCON)
#define BANKCON0      bMEMCTL(oBANKCON0)
#define BANKCON1      bMEMCTL(oBANKCON1)
#define BANKCON2      bMEMCTL(oBANKCON2)
#define BANKCON3      bMEMCTL(oBANKCON3)
#define BANKCON4      bMEMCTL(oBANKCON4)
#define BANKCON5      bMEMCTL(oBANKCON5)
#define BANKCON6      bMEMCTL(oBANKCON6)
#define BANKCON7      bMEMCTL(oBANKCON7)
#define REFRESH       bMEMCTL (oREFRESH )
#define BANKSIZE      bMEMCTL (oBANKSIZE )
#define MRSRB6        bMEMCTL(oMRSRB6)
#define MRSRB7        bMEMCTL(oMRSRB7)
```

2．NAND Flash 控制器

S3C2410X 处理器的启动代码可以在外部的 NAND Flash 上执行。启动时，NAND Flash 的前 4 KB(地址为 0x00000000，OM［1：0］＝0)将被装载到 SDRAM 中被称做 Steppingstone 的地址中，然后开始执行这段代码。启动以后，该 4 KB 的空间可用做其他用途。访问流程如图 2-8 所示。

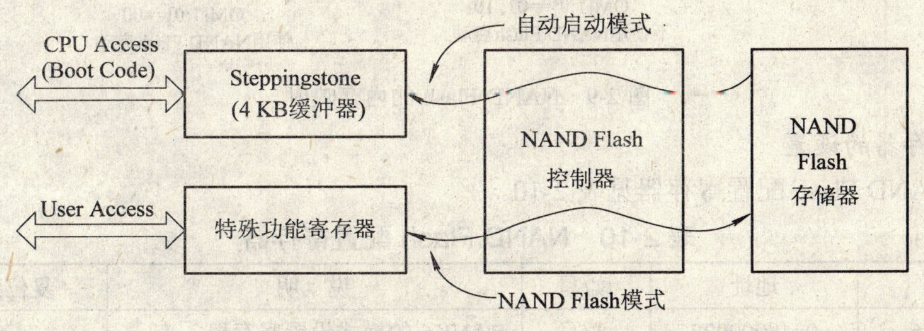

图 2-8　NAND Flash 访问流程

自动启动模式如下：

- 复位。
- 把 NAND Flash 的前 4 KB 复制到 Steppingstone 处。
- Steppingstone 映射到 nGCS0。
- CPU 执行 Steppingstone 中的代码。

NAND Flash 模式如下：

- 通过 NFCONF 寄存器设置 NAND Flash 配置。
- 把 NAND Flash 命令写入 NFCMD 寄存器。
- 把 NAND Flash 地址写入 NFADDR 寄存器。
- 通过 NFSTAT 寄存器检测 NAND Flash 状态时读/写数据。读操作以前或者编程操作以后应该检查 R/nB 信号。

NAND Flash 的内存映射如图 2-9 所示。

地址	OM[1:0]==01, 10 不使用NAND Flash启动	OM[1:0]==00 使用NAND Flash启动
0xFFFF_FFFF ～ 0x6000_0000	未使用	未使用
0x6000_0000 ～ 0x4800_0000	专用功能寄存器区	专用功能寄存器区
0x4000_0FFF ～ 0x4000_0000	BootSRAM (4 KB)	未使用
0x3800_0000	SDRAM (BANK7, nGCS7)	SDRAM (BANK7, nGCS7)
0x3000_0000	SDRAM (BANK6, nGCS6)	SDRAM (BANK6, nGCS6)
0x2800_0000	SROM (BANK5, nGCS5)	SROM (BANK5, nGCS5)
0x2000_0000	SROM (BANK4, nGCS4)	SROM (BANK4, nGCS4)
0x1800_0000	SROM (BANK3, nGCS3)	SROM (BANK3, nGCS3)
0x1000_0000	SROM (BANK2, nGCS2)	SROM (BANK2, nGCS2)
0x0800_0000	SROM (BANK1, nGCS1)	SROM (BANK1, nGCS1)
0x0000_0000	SROM (BANK0, nGCS0)	BootSRAM (4 KB)

图 2-9　NAND Flash 的内存映射

1) 寄存器的设置

(1) NAND Flash 配置寄存器见表 2-10。

表 2-10　NAND Flash 配置寄存器

寄存器	地址	读/写	说　明	复位后的值
MRSRB6	0x48000028	读/写	BANK6 的模式设置寄存器	xxx
MRSRB7	0x48000028	读/写	BANK7 的模式设置寄存器	xxx

(2) NAND Flash 命令设置寄存器见表 2-11。

表 2-11　NAND Flash 命令设置寄存器

寄存器	地址	读/写	说　明	复位后的值
NFCMD	0x4E000004	读/写	设置 NAND Flash 命令	—

(3) NAND Flash 地址设置寄存器见表 2-12。

表 2-12　NAND Flash 地址设置寄存器

寄存器	地址	读/写	说　明	复位后的值
NFADDR	0x4E000008	读/写	设置 NAND Flash 地址	—

(4) NAND Flash 数据寄存器见表 2-13。

表 2-13　NAND Flash 数据寄存器

寄存器	地址	读/写	说　明	复位后的值
NFDATA	0x4E00000c	读/写	NAND Flash 数据寄存器	—

(5) NAND Flash 操作状态寄存器见表 2-14。

表 2-14　NAND Flash 操作状态寄存器

寄存器	地址	读/写	说　明	复位后的值
NFSRAT	0x4E000010	读/写	NAND Flash 操作状态	

(6) NAND Flash ECC 寄存器见表 2-15。

表 2-15　NAND Flash ECC 寄存器

寄存器	地址	读/写	说　明	复位后的值
NFECC	0x4E000014	读/写	NAND Flash ECC 寄存器	—

2) 寄存器的定义

和 NAND Flash 相关的寄存器定义在\vivi-srcVnclude\s3c2410.h 文件中(如没有特别指出，后面提到的 S3C2410H 就是指该目录下的 s3c2410.h 文件)，具体如下：

```
#define bNAND_CTL(Nb)        __REG(0x4e00000+(Nb))
#define NFCONF               bNAND_CTL(0x00)
#define NFCMD                bNAND_CTL(0x04)
#define NFADDR               bNAND_CTL(0x08)
#define NFDATA               bNAND_CTL(0x0c)
#define NFSTAT               bNAND_CTL(0x10)
#define NFECC                bNAND_CTL(0x14)
```

3．时钟和电源管理

S3C2410X 可以生成三种时钟信号，分别是 CPU 使用的 FCLK、AHB 总线使用的 HCLK 和 APB 总线使用的 PCLK。同时，S3C2410X 有两个锁相环，一个用于前面提到的 FCLK、HCLK 和 PCLK，称为 MPLL；另一个用于 USB 设备，称为 UPLL。

1) HCLK、PCLK 和 FCLK 的使用

S3C2410X 支持 HCLK、PCLK 和 FCLK 的分频选择，其比率是通过 HDIVN、PDIVN 寄存器控制的，见表 2-16。

表 2-16　使用 HCLK、PCLK 和 FCLK

HDIVN	PDIVN	FCLK	HCLK	PCLK	比率
0	0	FCLK	FCLK	FCLK	1：1：1(默认值)
0	1	FCLK	FCLK	FCLK/2	1：1：2
1	0	FCLK	FCLK/2	FCLK/2	1：2：2
1	1	FCLK	FCLK/2	FCLK/4	1：2：4(推荐值)

2) 时钟源的选择

时钟源的选择见表 2-17

表 2-17　时钟源的选择

0M[3：2]	MPLL 状态	UPLL 状态	主时钟源	USB 时钟源
00	ON	ON	Crystal	Crystal
01	ON	ON	Crystal	EXTCLK
10	ON	ON	EXTCLK	Crystal
11	ON	ON	EXTCLK	EXTCLK

S3C2410X 通过四种电源管理模式有效地控制功耗。这四种模式分别是 NORMAL 模式、SLOW 模式、IDLE 模式和 POWER_OFF 模式。这四种模式的转换关系如图 2-10 所示。嵌入式产品对功耗极为敏感，特别对于手持设备来说更是如此。系统的功耗可以通过电源模式变化获得很好的控制，因此掌握处理器的电源模式转换非常重要。电源模式可以通过手册查到，其转换条件可以通过软件进行控制。一个典型的例子是手机屏幕背光：若 5 s 内不按任何键，则关闭显示屏的背光。

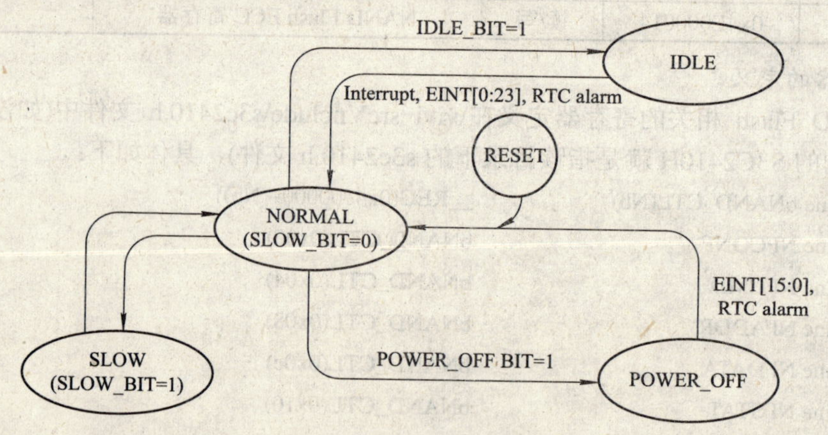

图 2-10　S3C2410X 的电源管理模式转换关系图

3) 寄存器的设置

(1) LOCK 计数寄存器见表 2-18。

表 2-18　LOCK 计数寄存器

寄存器	地址	读/写	说　明	复位后的值
LOCKTIME	0x4C000000	读/写	PLL 计数器	0x00FFFFFF

(2) 锁相环控制寄存器见表 2-19。

表 2-19　锁相环控制寄存器

寄存器	地址	读/写	说　明	复位后的值
MPLLCON	0x4C000004	读/写	MPLL 的配置寄存器	0x0005C080
UPLLCON	0x4C000008	读/写	UPLL 的配置寄存器	0x00028080

(3) 时钟控制寄存器见表 2-20。

表 2-20　时钟控制寄存器

寄存器	地址	读/写	说　明	复位后的值
CLKCON	0x4C00000C	读/写	时钟信号生成的控制寄存器	0x7FFF0

(4) 慢时钟控制寄存器见表 2-21。

表 2-21　慢时钟控制寄存器

寄存器	地址	读/写	说　明	复位后的值
CLKSLOW	0x4C000010	读/写	SLOW 时钟的控制寄存器	0x00000004

(5) 时钟分频控制寄存器见表 2-22

表 2-22　时钟分频控制寄存器

寄存器	地址	读/写	说　明	复位后的值
CLKDIVN	0x4C000014	读/写	时钟分频的控制寄存器	0x00000000

4) 寄存器的定义

和时钟、电源管理相关的寄存器定义在 s3c2410.h 文件中，具体如下：

```
/* Clock and Power Management */
#define CLK_CTL_BASE   0x4C000000
#define bCLKCTL(Nb)        _REGl(CLK_CTL_BASE + (Nb))
/* Offset */
#define oLOCKTIME      0x00      /*R/ W ,PLL lock time count register */
#define oMPLLCON       0x04      /* R/ W , MPLL conflguration register */
#define oUPLLCON       0x08      /* R/ W , UPLL configuration register */
#define oCLKCON        0x0C      /* R/ W , Clock generator control reg. */
#define oCLKSLOW       0x10      /* R/ W , Slow clock contrOl register */
#define oCLKDIVN       0x14      /* R/ W , Clock divider control */
/* Registers */
#define LOCKTIME    bCLKCTL(oLOCKTIME)
#define MPLLCON     bCLK C TL(oMPLLCON )
#define UPLLCON     bC LKCTL (oUPLLCON )
#define CLKCON      bCLKCTL(oCLKCON)
#define CLKSLOW     bCLKCTL(oCLKSLOW )
#define CLKDIVN     bCLKCTL(oCLKDIVN)
```

4．DMA

S3C2410X 支持四通道 DMA 控制器。使用 DMA 的最大好处是无须 CPU 的干预就可以进行数据传输。DMA 操作可以通过软件或者硬件进行初始化。

1) DMA 通道的请求源

DMA 通道的请求源见表 2-23。

表 2-23 DMA 通道的请求源

	Source0	Source1	Source2	Source3	Source4
通道 0	nXDREQ0	UART0	SDI	Timer	USB 设备 EP1
通道 1	nXDREQ1	UART1	I2SSDI	SPI0	USB 设备 EP2
通道 2	I2SSDO	I2SSDI	SDI	Timer	USB 设备 EP3
通道 3	UART2	SDI	SDI1	Timer	USB 设备 EP4

表中，nXDREQ0 和 nXDREQ1 代表两个外部源，I2SSDO 和 I2SSDI 分别代表 IIS 的传输和发送。

2) DMA 寄存器的设置

每一个 DMA 通道有 9 个控制寄存器(4 个通道共计 36 个寄存器)， 6 个用来控制 DMA 传输，其他 3 个用来监视 DMA 控制器的状态。

(1) DMA 初始化源寄存器见表 2-24。

表 2-24 DMA 初始化源寄存器

寄存器	地址	读/写	说 明	复位后的值
DISRC0	0x4b000000	读/写	DMA0 初始化源寄存器	0x00000000
DISRC1	0x4b000040	读/写	DMA1 初始化源寄存器	0x00000000
DISRC2	0x4b000080	读/写	DMA2 初始化源寄存器	0x00000000
DISRC3	0x4b0000c0	读/写	DMA3 初始化源寄存器	0x00000000

(2) DMA 初始化源控制寄存器见表 2-25。

表 2-25 DMA 初始化源控制寄存器

寄存器	地址	读/写	说 明	复位后的值
DISRCC0	0x4b000004	读/写	DMA0 初始化源控制寄存器	0x00000000
DISRCC1	0x4b000044	读/写	DMA1 初始化源控制寄存器	0x00000000
DISRCC2	0x4b000084	读/写	DMA2 初始化源控制寄存器	0x00000000
DISRCC3	0x4b0000c4	读/写	DMA3 初始化源控制寄存器	0x00000000

(3) DMA 初始化目的寄存器见表 2-26。

表 2-26 DMA 初始化目的寄存器

寄存器	地址	读/写	说 明	复位后的值
DIDST0	0x4b000008	读/写	DMA0 初始化目的寄存器	0x00000000
DIDST1	0x4b000048	读/写	DMA1 初始化目的寄存器	0x00000000
DIDST2	0x4b000088	读/写	DMA2 初始化目的寄存器	0x00000000
DIDST3	0x4b0000c8	读/写	DMA3 初始化目的寄存器	0x00000000

(4) DMA 初始化目的控制寄存器见表 2-27。

表 2-27　DMA 初始化目的控制寄存器

寄存器	地址	读/写	说　明	复位后的值
DIDSTC0	0x4b00000c	读/写	DMA0 初始化目的控制寄存器	0x00000000
DIDSTC1	0x4b00004c	读/写	DMA1 初始化目的控制寄存器	0x00000000
DIDSTC2	0x4b00008c	读/写	DMA2 初始化目的控制寄存器	0x00000000
DIDSTC3	0x4b0000cc	读/写	DMA3 初始化目的控制寄存器	0x00000000

(5) DMA 控制寄存器见表 2-28。

表 2-28　DMA 控制寄存器

寄存器	地址	读/写	说　明	复位后的值
DCON0	0x4b000010	读/写	DMA0 控制寄存器	0x00000000
DCON1	0x4b000050	读/写	DMA1 控制寄存器	0x00000000
DCON2	0x4b000090	读/写	DMA2 控制寄存器	0x00000000
DCON3	0x4b0000d0	读/写	DMA3 控制寄存器	0x00000000

(6) DMA 状态寄存器见表 2-29。

表 2-29　DMA 状态寄存器

寄存器	地址	读/写	说　明	复位后的值
DSTAT0	0x4b000014	读	DMA0 计数寄存器	000000h
DSTAT1	0x4b000054	读	DMA1 计数寄存器	000000h
DSTAT2	0x4b000094	读	DMA2 计数寄存器	000000h
DSTAT3	0x4b0000d4	读	DMA3 计数寄存器	000000h

(7) DMA 通用源寄存器见表 2-30。

表 2-30　DMA 通用源寄存器

寄存器	地址	读/写	说　明	复位后的值
DCSRC0	0x4b000018	读	DMA0 通用源寄存器	0x00000000
DCSRC1	0x4b000058	读	DMA1 通用源寄存器	0x00000000
DCSRC2	0x4b000098	读	DMA2 通用源寄存器	0x00000000
DCSRC3	0x4b0000d8	读	DMA3 通用源寄存器	0x00000000

(8) DMA 通用目的寄存器见表 2-31。

表 2-31　DMA 通用目的寄存器

寄存器	地址	读/写	说　明	复位后的值
DCDST0	0x4b00001c	读	DMA0 通用目的寄存器	0x00000000
DCDST1	0x4b00005c	读	DMA1 通用目的寄存器	0x00000000
DCDST2	0x4b00009c	读	DMA2 通用目的寄存器	0x00000000
DCDST3	0x4b0000dc	读	DMA3 通用目的寄存器	0x00000000

(9) DMA 掩码触发寄存器见表 2-32。

表 2-32　DMA 掩码触发寄存器

寄存器	地址	读/写	说　明	复位后的值
DMASKTRIG0	0x4b000020	读/写	DMA0 掩码触发寄存器	000
DMASKTRIG1	0x4b000060	读/写	DMA1 掩码触发寄存器	000
DMASKTRIG2	0x4b0000a0	读/写	DMA2 掩码触发寄存器	000
DMASKTRIG3	0x4b0000e0	读/写	DMA3 掩码触发寄存器	000

3) 寄存器的定义

和 DMA 相关的寄存器定义在\include\asm-ARM\arch-s3c2410\s3c2410.h 文件中，具体如下：

```
/* DMA */
#define DMA_CTL_BASE    0x4b000000
#define bDMA_CTL(Nb,x)    _REG(DMA_CTL_BASE+(0x40*Nb)+(x))
/* DMA channel 0 */
#define DISRC0          bDMA_CTL(0,0x00)
#define DISRCC0         bDMA_CTL(0,0x04)
#define DIDST0          bDMA_CTL(0,0x08)
#define DIDSTC0         bDMA_CTL(0,0x0C)
#define DCON0           bDMA_CTL(0,0x10)
#define DSTAT0          bDMA_CTL(0,0x14)
#define DCSRC0          bDMA_CTL(0,0x18)
#define DCDST0          bDMA_CTL(0,0x1C)
#define DMTRIG0         bDMA_CTL(0,0x20)
/* DMA channel 1 */
#define DISRC1          bDMA_CTL(1,0x00)
#define DISRCC1         bDMA_CTL(1,0x04)
#define DIDST1          bDMA_CTL(1,0x08)
#define DIDSTC1         bDMA_CTL(1,0x0C)
#define DCON1           bDMA_CTL(1,0x10)
#define DSTAT1          bDMA_CTL(1,0x14)
#define DCSRC1          bDMA_CTL(1,0x18)
#define DCDST1          bDMA_CTL(1,0x1C)
#define DMTRIG1         bDMA_CTL(1,0x20)
/* DMA channel 2 */
#define DISRC2          bDMA_CTL(2,0x00)
#define DISRCC2         bDMA_CTL(2,0x04)
#define DIDST2          bDMA_CTL(2,0x08)
#define DIDSTC2         bDMA_CTL(2,0x0C)
```

```
#define DCON2        bDMA_CTL(2,0x10)
#define DSTAT2       bDMA_CTL(2,0x14)
#define DCSRC2       bDMA_CTL(2,0x18)
#define DCDST2       bDMA_CTL(2,0x1C)
#define DMTRIG2      bDMA_CTL(21,0x20)
/* DMA channel 3 */
#define DISRC3       bDMA_CTL(3,0x00)
#define DISRCC3      bDMA_CTL(3,0x04)
#define DIDST3       bDMA_CTL(3,0x08)
#define DIDSTC3      bDMA_CTL(3,0x0C)
#define DCON3        bDMA_CTL(3,0x10)
#define DSTAT3       bDMA_CTL(3,0x14)
#define DCSRC3       bDMA_CTL(3,0x18)
#define DCDST3       bDMA_CTL(3,0x1C)
#define DMTRIG3      bDMA_CTL(3,0x20)
```

5. 输入/输出口

S3C2410X 有 117 个通用 I/O 口(PORT A～PORT H)。这些 I/O 口为系统编程提供了极大的方便。

1) 寄存器的设置

(1) PORT A 控制寄存器见表 2-33。

表 2-33　PORT A 控制寄存器

寄存器	地址	读/写	说　明	复位后的值
GPACON	0x56000000	读/写	配置 PORT A 的管脚	0x7FFFFF
GPADA1	0x56000004	读/写	PORT A 数据寄存器	未定义
保留	0x56000008	—	保留	未定义
保留	0x5600000c	—	保留	未定义

(2) PORT B 控制寄存器见表 2-34。

表 2-34　PORT B 控制寄存器

寄存器	地址	读/写	说　明	复位后的值
GPBCON	0x56000010	读/写	配置 PORT B 的管脚	0x0
GPBDAT	0x56000014	读/写	PORT B 数据寄存器	未定义
GPBUP	0x56000018	读/写	禁止 PORT B 上拉	0x0
保留	0x5600001c	—	保留	未定义

(3) PORT C 控制寄存器见表 2-35。

表 2-35　PORT C 控制寄存器

寄存器	地址	读/写	说　明	复位后的值
GPCCON	0x56000020	读/写	配置 PORT C 的管脚	0x0
GPCDAT	0x56000024	读/写	PORT C 数据寄存器	未定义
GPCUP	0x56000028	读/写	禁止 PORT C 上拉	0x0
保留	0x5600002c	—	保留	未定义

(4) PORT D 控制寄存器见表 2-36。

表 2-36　PORT D 控制寄存器

寄存器	地址	读/写	说　明	复位后的值
GPDCON	0x56000030	读/写	配置 PORT D 的管脚	0x0
GPDDAT	0x56000034	读/写	PORT D 数据寄存器	未定义
GPDUP	0x56000038	读/写	禁止 PORT D 上拉	0XF000
保留	0x5600003c	—	保留	未定义

(5) PORT E 控制寄存器见表 2-37。

表 2-37　PORT E 控制寄存器

寄存器	地址	读/写	说　明	复位后的值
GPECON	0x56000040	读/写	配置 PORT E 的管脚	0x0
GPEDAT	0x56000044	读/写	PORT E 数据寄存器	未定义
GPEUP	0x56000048	读/写	禁止 PORT E 上拉	0X0
保留	0x5600004c	—	保留	未定义

(6) PORT F 控制寄存器见表 2-38

表 2-38　PORT F 控制寄存器

寄存器	地址	读/写	说　明	复位后的值
GPFCON	0x56000050	读/写	配置 PORT F 的管脚	0x0
GPFDAT	0x56000054	读/写	PORT F 数据寄存器	未定义
GPFUP	0x56000058	读/写	禁止 PORT F 上拉	0X0
保留	0x5600005c	—	保留	未定义

(7) PORT G 控制寄存器见表 2-39。

表 2-39　PORT G 控制寄存器

寄存器	地址	读/写	说　明	复位后的值
GPGCON	0x56000060	读/写	配置 PORT G 的管脚	0x0
GPGDAT	0x56000064	读/写	PORT G 数据寄存器	未定义
GPGUP	0x56000068	读/写	禁止 PORT G 上拉	0X0
保留	0x5600006c	—	保留	未定义

(8) PORT H 控制寄存器见表 2-40。

表 2-40　PORT H 控制寄存器

寄存器	地址	读/写	说　明	复位后的值
GPHCON	0x56000070	读/写	配置 PORT H 的管脚	0x0
GPHDAT	0x56000074	读/写	PORT H 数据寄存器	未定义
GPHUP	0x56000078	读/写	禁止 PORT H 上拉	0X0
保留	0x5600007c	—	保留	未定义

(9) 其他控制寄存器见表 2-41。

表 2-41　其他控制寄存器

寄存器	地址	读/写	说　明	复位后的值
MISCCR	0x56000080	读/写	其他	0x10330

(10) DCLK 控制寄存器见表 2-42。

表 2-42　DCLK 控制寄存器

寄存器	地址	读/写	说　明	复位后的值
DCLKCON	0x56000084	读/写	DCLK0/1 寄存器	0x0

(11) 外部中断控制寄存器见表 2-43。

表 2-43　外部中断控制寄存器

寄存器	地址	读/写	说　明	复位后的值
EXTINT0	0x56000088	读/写	外部中断控制寄存器 0	0x0
EXTINT1	0x5600008c	读/写	外部中断控制寄存器 1	0x0
EXTINT2	0x56000090	读/写	外部中断控制寄存器 2	0x0

(12) 外部中断过滤寄存器见表 2-44。

表 2-44　外部中断过滤寄存器

寄存器	地址	读/写	说　明	复位后的值
EINTFLT0	0x56000094	读/写	保留	
EINTFLT1	0x56000098	读/写	保留	
EINTFLT2	0x5600009c	读/写	外部中断控制寄存器 2	0x0
EINTFLT3	0x560000a0	读/写	外部中断控制寄存器 3	0x0

(13) 外部中断掩码寄存器见表 2-45。

表 2-45　外部中断掩码寄存器

寄存器	地址	读/写	说　明	复位后的值
EINTMASK	0x560000a4	读/写	外部中断掩码寄存器	0x00FFFFF0

(14) 外部中断悬挂寄存器见表 2-46。

表 2-46　外部中断悬挂寄存器

寄存器	地址	读/写	说　明	复位后的值
EINTPEND	0x560000a8	读/写	外部中断悬挂寄存器	0x0

(15) 通用状态寄存器见表 2-47。

表 2-47　通用状态寄存器

寄存器	地址	读/写	说　明	复位后的值
GSTATUS0	0x560000a8	读	外部管脚状态	未定义
GSTATUS1	0x560000b0	读	芯片 ID 号	0x32410000
GSTATUS2	0x560000b4	读/写	复位状态	0x1
GSTATUS3	0x560000b8	读/写	Inform 寄存器	0x0
GSTATUS4	0x560000bc	读/写	Inform 寄存器	0x0

2) 寄存器的定义

和 GPIO 相关的寄存器定义在 s3c2410.h 文件中，具体如下：

```
/*GPIO*/
#define GPIO_CTL_BASE          0x56000000
#define bGPIO(p,o)             _REG1(GPIO_CTL_BASE+(p)+(o))
/* Offset */
#define oGPIO_CON              0x0   / * R/W,Configures the Pins of the poft */
#define oGPIO_DAT              0x4   /* R/W, Data registeT fOr port */
#define oGPIO_UP               0x8   /* R/W, Pull-up disabe regster */
#define oGPIO_RESERVED         0xC   /* R/W, Reserved */
#define oGPIO_A                0x00
#define oGPIO_B                0x10
#define oGPIO_C                0x20
#define oGPIO_D                0x30
#define oGPIO_E                0x40
#define oGPIO_F                0x50
#define oGPIO_G                0x60
#define oGPIO_H                0x70
#define oMISCCR                0x80  /* R/W, Miscel1aneous control register */
#define oDCLKCON               0x84  /* R/W, DCLK0/l control register */
#define oEXTINT0               0x88  /* R/W, External interrupt control reg. 0 */
#define oEXTINT1               0x8C  /* R/W, External interrupt control reg. 1 */
#define oEXTINT2               0x90  /* R/W, External interrupt control reg. 2 */
#define OEINTFLT0              0x94  /* R/W, Reserved */
#define OEINTFLT1              0x98  /* R/W, Reserved */
#define OEINTFLT2              0X9C  /* R/W External interrupt control reg. 2 */
#define OEINTFLT3              0xA0  /* R/W External interrupt control reg. 3 */
#define oEINTMASK              0xA4  /* R/W External interrupt mask register */
#define oEINTPEND              0xA8  /* R/W External interrupt pending reg. */
/* Registers */
#define GPACON                 bGPlO(oGPlO_A, oGPIO_CON)
#define GPADAT                 bGPlO(oGPlO_A, oGPIO_DAT)
#define GPBCON                 bGPlO(oGPlO_B, oGPIO_CON)
#define GPBDAT                 bGPlO(oGPlO_B, oGPIO_DAT)
#define GPBUP                  bGPlO(oGPlO_B, oGPIO_UP)
#define GPCCON                 bGPlO(oGPlO_C, oGPIO_CON)
#define GPCDAT                 bGPlO(oGPlO_C, oGPIO_DAT)
#define GPCUP                  bGPlO(oGPlO_C, oGPIO_UP)
#define GPDCON                 bGPlO(oGPlO_D, oGPIO_CON)
#define GPDDAT                 bGPlO(oGPlO_D, oGPIO_DAT)
```

```
#dOfine GPDUP          bGPlO(oGPlO_D, oGPIO_UP)
#define GPECON         bGPlO(oGPlO_E, oGPIO_CON)
#define GPEDAT         bGPlO(oGPlO_E, oGPIO_DAT)
#define GPEUP          bGPlO(oGPlO_E, oGPIO_UP)
#define GPFCON         bGPlO(oGPlO_F, oGPIO_CON)
#define GPFDAT         bGPlO(oGPlO_F, oGPIO_DAT)
#d6fine GPFUP          bGPlO(oGPlO_F, oGPIO_UP)
#define GPGCON         bGPlO(oGPlO_G, oGPIO_CON)
#define GPGDAT         bGPlO(oGPlO_G, oGPIO_DAT)
#define GPGUP          bGPlO(oGPlO_G, oGPIO_UP)
#define GPHCON         bGPlO(oGPlO_H, oGPIO_CON)
#define GPHDAT         bGPlO(oGPlO_H, oGPIO_DAT)
#define GPHUP          bGPlO(oGPlO_H, oGPIO_UP)
#define MISCCR         bGPIO(oMISCCR, 0)
#define DCLKCON        bGPIO(oDCLKCON, 0)
#define EXTINT0        bGPIO(oEXTINT0, 0)
#define EXTINTl        bGPIO(oEXTINT1, 0)
#define EXTINT2        bGPIO(oEXTINT2, 0)
#define EINTFLT0       bGPlO(oEINTFL0, 0)
#define EINTFLTl       bGPIO(oEINTFLT1, 0)
#define EINTFLT2       bGPIO(oE1NTFLT2, 0)
#define EINTPLT3       bGPlO(OENTFLT3, 0)
#define EINTMASK       bGPIO(oEINTMASK, 0)
#define EINTPEND       bGPIO(oEINTPEND, 0)
```

6．PWM 计时器

S3C2410X 共有 5 个 16 位计时器。

1) DMA 请求模式

PWM 计时器能生成 DMA 请求，计时器在收到 ACK 信号以前将保持 DMA 请求信号(nDMA_REQ)处于低电平，收到 ACK 信号后，计时器停止请求信号，并设置 DMA 模式位(TCFGI 寄存器)。DMA 模式配置和 DMA 中断操作见表 2-48。如果其中一个计时器被配置成 DMA 请求模式，那么这个计时器不会生成中断请求，其他的计时器则可以。

表 2-48　DMA 模式配置和 DMA 中断操作

DMA 模式	DMA 请求	Timer0 中断	Timer1 中断	Timer2 中断	Timer3 中断	Timer4 中断
0000	没有选择	ON	ON	ON	ON	ON
0001	Timer0	OFF	ON	ON	ON	ON
0010	Timer1	ON	OFF	ON	ON	ON
0011	Timer2	ON	ON	OFF	ON	ON
0100	Timer3	ON	ON	ON	OFF	ON
0101	Timer4	ON	ON	ON	ON	OFF
0110	没有选择	ON	ON	ON	ON	ON

Timer4 DMA 模式操作时序见图 2-11。

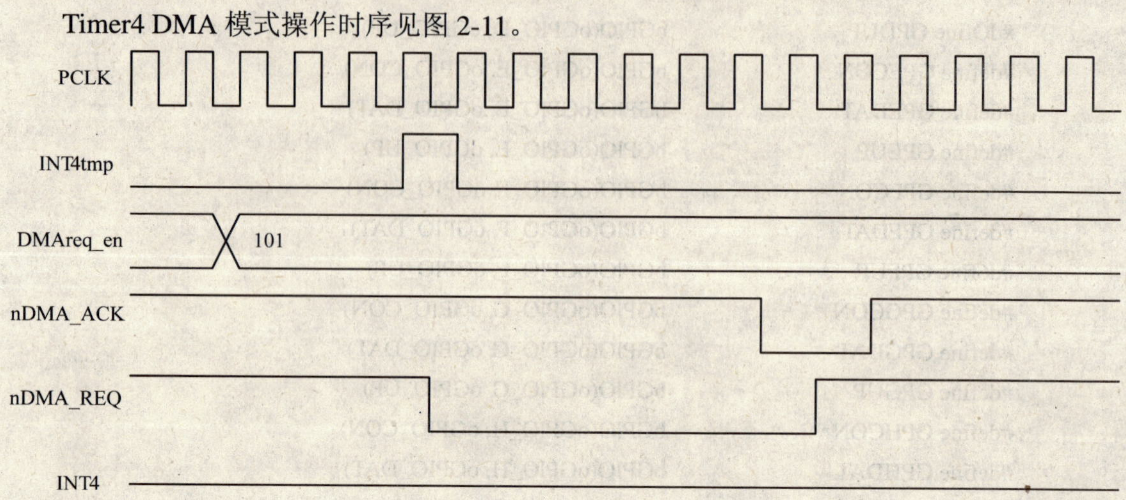

图 2-11　Timer4 DMA 模式操作时序图

2) 寄存器的设置

(1) 计时器控制寄存器见表 2-49。

表 2-49　计时器控制寄存器

寄存器	地址	读/写	说明	复位后的值
TCFG0	0x51000000	读/写	配置两个 8 位比例因子	0x00000000
TCFG1	0x51000004	读/写	5-MUX 和 DMA 模式选择	0x00000000
TCON	0x51000008	读/写	计数器控制寄存器	0x00000000

(2) 计数缓冲区/比较缓冲区寄存器见表 2-50。

表 2-50　计数缓冲区/比较缓冲区寄存器

寄存器	地址	读/写	说　明	复位后的值
TCNTB0	0x5100000c	读/写	计时器 0 计数缓冲区	0x00000000
TCMPB0	0x51000010	读/写	计时器 0 比较缓冲区	0x00000000
TCNTB1	0x51000018	读/写	计时器 1 计数缓冲区	0x00000000
TCMPB1	0x5100001c	读/写	计时器 1 比较缓冲区	0x00000000
TCNTB2	0x51000024	读/写	计时器 2 计数缓冲区	0x00000000
TCMPB2	0x51000028	读/写	计时器 2 比较缓冲区	0x00000000
TCNTB3	0x51000030	读/写	计时器 3 计数缓冲区	0x00000000
TCMPB3	0x51000034	读/写	计时器 3 比较缓冲区	0x00000000
TCNTB4	0x5100003c	读/写	计时器 4 计数缓冲区	0x00000000

(3) 计时器计数观测寄存器见表 2-51。

表 2-51　计时器计数观测寄存器

寄存器	地址	读/写	说　明	复位后的值
TCNTO0	0x51000014	读	计时器 0 计数观测寄存器	0x00000000
TCNTO1	0x51000020	读	计时器 1 计数观测寄存器	0x00000000
TCNTO2	0x5100002c	读	计时器 2 计数观测寄存器	0x00000000
TCNTO3	0x51000038	读	计时器 3 计数观测寄存器	0x00000000
TCNTO4	0x5100003c	读	计时器 4 计数观测寄存器	0x00000000

3) 寄存器的定义

和计时器相关的寄存器定义在 s3c2410.h 文件中，具体如下：

```
/* PWM Timer */
#define bPWM_TlMER(Nb)          _REG(0x5l00()00() + (Nb))
#define bPWM_BUFn(Nb,x)         bPWM_TIMER(0x0c+(Nb)*0x0c+(x))
/* Registers */
#define TCFG0                   bPWM_TMER(0x00)
#define TCFGl                   bPWM_TMER (0x04)
#define TCON                    bPWM_TMER (0x08)
#define TCNTB0                  bPWM_BUFn(0,0x0)
#define TCMPB0                  bPWM_BUFn (0,0x4)
#define TCNTO0                  bPWM_BUFn (0,0x8)
#define TCNTBl                  bPWM_BUFn (l,0x0)
#define TCMPBl                  bPWM_BUFn (l,0x4)
#define TCNTOl                  bPWM_BUFn (l,0x8)
#define TCNTB2                  bPWM_BUFn (2,0x0)
#define TCMPB2                  bPWM_BUFn (2,0x4)
#define TCNTO2                  bPWM_BUFn (2,0x8)
#define TCNTB3                  bPWM_BUFn (3,0x0)
# define TCMPB3                 bPWM_BUFn (3,0x4)
# define TCNTO3                 bPWM_BUFn (3,0x8)
#define TCNTB4                  bPWM_BUFn (4,0x0)
#define TCNTO4                  bPWM_BUFn (4,0x4)
/* Fields */
#define fTCFG0_DZONE            Fld(8,l6)   /* the dead zone length (= timer 0) */
#define fTCFG0_PRE1             Fld(8,8)    /* prescaler value for time 2,3,4 */
#define fTCFG0_ PRE0            Fld(8,0)    /* prescaler value for time 0,l */
#define fTCFG 1_MUX4            Fld(4,l6)
```

7. UART 接口

S3C2410X 的 UART 提供了三组独立的异步串行 I/O 口，每个 UART 通道都包含 16B 的 FIFO 用于数据发送和传输，并且都可以在中断或 DMA 方式下进行操作。

1) 寄存器的设置

(1) 列控制寄存器见表 2-52。

表 2-52　列控制寄存器

寄存器	地址	读/写	说　明	复位后的值
ULCON0	0x50000000	读/写	UART0 列控制寄存器	0x00
ULCON1	0x50004000	读/写	UART1 列控制寄存器	0x00
ULCON2	0x50008000	读/写	UART2 列控制寄存器	0x00

(2) 控制寄存器见表 2-53。

表 2-53　控制寄存器

寄存器	地址	读/写	说　明	复位后的值
UCON0	0x50000004	读/写	UART0 控制寄存器	0x00
UCON1	0x50004004	读/写	UART1 控制寄存器	0x00
UCON2	0x50008004	读/写	UART2 控制寄存器	0x00

(3) FIFO 控制寄存器见表 2-54。

表 2-54　FIFO 控制寄存器

寄存器	地址	读/写	说　明	复位后的值
UFCON0	0x50000008	读/写	UART0 FIFO 控制寄存器	0x00
UFCON1	0x50004008	读/写	UART1 FIFO 控制寄存器	0x00
UFCON2	0x50008008	读/写	UART2 FIFO 控制寄存器	0x00

(4) MODEM 控制寄存器见表 2-55。

表 2-55　MODEM 控制寄存器

寄存器	地址	读/写	说　明	复位后的值
UMCON0	0x5000000c	读/写	UART0 MODEM 控制寄存器	0x00
UMCON1	0x5000400c	读/写	UART1 MODEM 控制寄存器	0x00
保留	0x5000800c	—	保留	未定义

(5) TX/RX 状态寄存器见表 2-56

表 2-56　TX/RX 状态寄存器

寄存器	地址	读/写	说　明	复位后的值
UTRSTAT0	0x50000010	读	UART0 TX/RX 状态寄存器	0x6
UTRSTAT1	0x50004010	读	UART1 TX/RX 状态寄存器	0x6
UTRSTAT2	0x50008010	读	UART2 TX/RX 状态寄存器	0x6

(6) 错误状态寄存器见表 2-57。

表 2-57　错误状态寄存器

寄存器	地址	读/写	说　明	复位后的值
UERSTAT0	0x50000014	读	UART0 错误状态寄存器	0x0
UERSTAT1	0x50004014	读	UART1 错误状态寄存器	0x0
UERSTAT2	0x50008014	读	UART2 错误状态寄存器	0x0

(7) FIFO 状态寄存器见表 2-58。

表 2-58　FIFO 状态寄存器

寄存器	地址	读/写	说　明	复位后的值
UFSTAT0	0x50000018	读	UART0 FIFO 状态寄存器	0x00
UFSTAT1	0x50004018	读	UART1 FIFO 状态寄存器	0x00
UFSTAT2	0x50008018	读	UART2 FIFO 状态寄存器	0x00

(8) MODEM 状态寄存器见表 2-59。

表 2-59　MODEM 状态寄存器

寄存器	地址	读/写	说　明	复位后的值
UMSTAT0	0x5000001c	读	UART0 MODEM 状态寄存器	0x0
UMSTAT1	0x5000401c	读	UART1 MODEM 状态寄存器	0x0
保留	0x5000801c	—	保留	未定义

(9) 传输缓冲区寄存器见表 2-60。

表 2-60　传输缓冲区寄存器

寄存器	地址	读/写	说　明	复位后的值
UTXH0	0x50000020(L) 0x50000023(B)	写 (字节)	UART0 传输缓冲区寄存器	—
UTXH1	0x50004020(L) 0x50004023(B)	写 (字节)	UART1 传输缓冲区寄存器	—
UTXH2	0x50008020(L) 0x50008023(B)	写 (字节)	UART2 传输缓冲区寄存器	—

(10) 接收缓冲区寄存器见表 2-61。

表 2-61　接收缓冲区寄存器

寄存器	地址	读/写	说　明	复位后的值
URXH0	0x50000024(L) 0x50000027(B)	读 (字节)	UART0 接收缓冲区寄存器	—
URXH1	0x50004024(L) 0x50004027(B)	读 (字节)	UART1 接收缓冲区寄存器	—
URXH2	0x50008024(L) 0x50008027(B)	读 (字节)	UART2 接收缓冲区寄存器	—

(11) 波特率约数寄存器见表 2-62。

表 2-62　波特率约数寄存器

寄存器	地址	读/写	说　明	复位后的值
UBRDIV0	0x50000028	读/写	波特率约数寄存器 0	—
UBRDIV1	0x50004028	读/写	波特率约数寄存器 1	—
UBRDIV1	0x50008028	读/写	波特率约数寄存器 2	—

2) 寄存器的定义

和 UART 相关的寄存器定义在 s3c2410.h 文件中，具体如下：

```
#define UART_CTL_BASE          0x50000000
#define UART0_CTL_BASE         UART_CTL_BASE
#define UART1_CTL_BASE         UART_CTL_BASE + 0x4000
#define UART2_CTL_BASE         UART_CTL_BASE + 0x8000
#define bUART(x, Nb)           _REGl (UART_CTL_BASE+(x)* 0x4000+(Nb))
#define bUARTb(x, Nb)          _REGb (UART_CTL_BASE+(x)* 0x4000+(Nb))
/* Offset */
#define oULCON                 0x00       /* R/W, UART line control register */
```

```
#define oUCON        0x04    /* R/W, UART control register */
#define oUFCON       0x08    /* R/W, UART FIFO control register */
#define oUMCON       0x0C    /* R/W, UART modem control register */
#define oUTRSTAT     0x10    /* R   , UART Tx/Rx status register */
#define oUERSTAT     0x14    /* R   , UART Rx error status register */
#define oUFSTAT      0x18    /* R   ,UART FIFO status register */
#define oUMSTAT      0x1C    /* R   , UART Modem status register */
#define oUTXHL       0x20    /* W, UART transmit(little-end) buffer */
#define oUTXHB       0x23    /* W, UART transmit (big-end) buffer */
#define oMHL         0x24    /* R, UART receive(littie-end) buffer */
#define oURXHB       0x27    /* R , UART receive(big-end) buffer */
#define oUBRDIV      0x28    /* R/W, Baud rate divisor register */
/* Registers */
#define ULCON0       bUART(0, oULCON)
#define UCON0        bUART(0, oUCON)
#define UFCON0       bUART(0, oUFCON)
#define UMCON0       bUART (0, oUMCON)'
#define UTRSTAT0     bUART(0, oUTRSTAT)
#define UERSTAT0     bUART (0, oUERSTAT)
#define UFSTAT0      bUART(0, oUFSTAT)
#define UMSTAT0      bUART(0, oUMSTAT)
#define UTXH0        bUARTb(0, oUTXHL)
#define URXH0        bUARTb(0, oURXHL)
#define UBRDIV0'     bUART(0, oUBRDIV)
#define ULCONl       bUART(l, oULCON)
#define UCONl        bUART(l, oUCON)
#define UFCONl       bUART(l, oUFCON)
#define UMCONl       bUART(l, oUMCON)
#define UTRSTATl     bUART(l, oUTRSTAT)
#define UERSTAT1     bUART(l, oUERSTAT)
#define UFSTATl      bUART(l, oUFSTAT)
#define UMSTATl      bUART (l, oUMSTAT)
#define UTXHl        bUART b(l, oUTXHL)
#define URXHl        bUARTb(l, oURXHL)
#define UBRDIVl      bUART(l, oUBRDIV)
#define ULCON2       bUART(2, oULCON)
#define UCON2        bUART(2, oUCON)
#define UFCON2       bUART(2, oUFCON)
#define UMCON2       bUART(2, oUMCON)
```

```
#define UTRSTAT2            bUART(2, oUTRSTAT)
#define UERSTAT2            bUART(2, oUERSTAT)
#define UFSTAT2             bUART(2, oUFSTAT)
#define UMSTAT2             bUART(2, oUMSTAT)
#define UTXH2               bUARTb(2, oUTXHL)
#define URXH2               bUARTb(2, oURXHL)
#define UBRDIV2             bUART(2, oUBRDIV)
/* ... */
#define UTRSTAT_TX_EMPTY (1 << 2)
#define UTRSTAT_TX_READY (1 << 0 )
#define UA RT_ERR_MASK0xF
```

8. USB

S3C2410X 支持两个主 USB 设备。与 USB 相关的寄存器及设置介绍如下。

1) 寄存器的设置

(1) USB 主控制器的 OHCI 寄存器见表 2-63。

表 2-63　USB 主控制器的 OHCI 寄存器

寄存器	基地址	读/写	描述	复位后的值
HcRevision	0x49000000	—	USB HOST 控制状态相关寄存器	—
HcControl	0x49000004	—		—
HcCommonStatus	0x49000008	—		—
HcInterruptstatus	0x4900000c	—		—
HcInterruptEnable	0x49000010	—		—
HcInerruptDisable	0x49000014	—		—
HcHCCA	0x49000018	—	USB 传输数据包指针相关寄存器	—
HcPriodCuttentED	0x4900001c	—		—
HcControlHeadED	0x49000020	—		—
HcControlCurrentED	0x49000024	—		—
HcBulkHeadED	0x49000028	—		—
HcBulkCurrentED	0x4900002c	—		—
HcDoneHeadED	0x49000030	—		—
HcRmInterval	0x49000034	—	帧计数相关寄存器	—
HcFmRemaining	0x49000038	—		—
HcFmNumber	0x4900003c	—		—
HcPeriodicStart	0x49000040	—		—
HcLSThreshold	0x49000044	—		—
HcRhDiscriptorA	0x49000048	—	根 HUB 相关寄存器	—
HcRhDiscriptorB	0x4900004c	—		—
HcRhStatus	0x49000050	—		—
HcRhPortStatus1	0x49000054	—		—
HcRhPortStatus1	0x49000058	—		—

(2) USB 设备控制寄存器见表 2-64。

表 2-64　USB 设备控制寄存器

寄　存　器	描　述	偏移地址
RUNC_ADDR_REG	函数地址寄存器	0x140(L)/ 0x143(B)
PWR_REG	电源管理寄存器	0x144(L)/ 0x147(B)
EP_INT_REG	Endpoint 寄存器	0x148(L)/ 0x14B(B)
USB_INT_REG	USB 中断寄存器	0x158(L)/ 0x15B(B)
EP_INT_EN_REG	Endpoint 中断使能寄存器	0x15C(L)/ 0x15F(B)
USB_INT_EN_REG	USB 中断使能寄存器	0x16C(L)/ 0x16F(B)
FRAME_NUM1_REG	帧号 1 寄存器	0x170(L)/ 0x173(B)
FRAME_NUM1_REG	帧号 2 寄存器	0x174(L)/ 0x177(B)
INDEX_REG	索引寄存器	0x178(L)/ 0x17B(B)
EP0_FIFO_REG	Endpoint0 FIFO 寄存器	0x1C0(L)/ 0x1C3(B)
EP1_FIFO _REG	Endpoint1 FIFO 寄存器	0x1C4(L)/ 0x1C7(B)
EP2_FIFO_REG	Endpoint2 FIFO 寄存器	0x1C8(L)/ 0x1CB(B)
EP3_FIFO_REG	Endpoint3 FIFO 寄存器	0x1CC(L)/ 0x1CF(B)
EP4_FIFO_REG	Endpoint4 FIFO 寄存器	0x1D0(L)/ 0x1D3(B)
EP1_DMA_CON	Endpoint1 DMA 控制寄存器	0x200(L)/ 0x203(B)
EP1_DMA_UNIT	Endpoint1 DMA 单元计数寄存器	0x204(L)/ 0x207(B)
EP1_DMA_FIFO	Endpoint1 DMA FIFO 计数寄存器	0x208(L)/ 0x20B(B)
EP1_DMA_TTC_L	Endpoint1 DMA 传输计数寄存器(低字节)	0x20C(L)/ 0x20F(B)
EP1_DMA_TTC_M	Endpoint1 DMA 传输计数寄存器(中间字节)	0x210(L)/ 0x213(B)
EP1_DMA_TTC_H	Endpoint1 DMA 传输计数寄存器(高字节)	0x214(L)/ 0x217(B)
EP2_DMA_CON	Endpoint2 DMA 控制寄存器	0x218(L)/ 0x21B(B)
EP2_DMA_UNIT	Endpoint2 DMA 单元计数寄存器	0x21C(L)/ 0x21F(B)
EP2_DMA_FIFO	Endpoint2 DMA FIFO 计数寄存器	0x220(L)/ 0x223(B)
EP2_DMA_TTC_L	Endpoint2 DMA 传输计数寄存器(低字节)	0x224(L)/ 0x227(B)
EP2_DMA_TTC_M	Endpoint2 DMA 传输计数寄存器(中间字节)	0x228(L)/ 0x22B(B)
EP2_DMA_TTC_H	Endpoint2 DMA 传输计数寄存器(高字节)	0x22C(L)/ 0x22F(B)
EP3_DMA_CON	Endpoint3 DMA 控制寄存器	0x240(L)/ 0x243(B)
EP3_DMA_UNIT	Endpoint3 DMA 单元计数寄存器	0x244(L)/ 0x247(B)
EP3_DMA_FIFO	Endpoint3 DMA FIFO 计数寄存器	0x248(L)/ 0x24B(B)
EP3_DMA_TTC_L	Endpoint3 DMA 传输计数寄存器(低字节)	0x24C(L)/ 0x24F(B)
EP3_DMA_TTC_M	Endpoint3 DMA 传输计数寄存器(中间字节)	0x250(L)/ 0x254(B)
EP3_DMA_TTC_H	Endpoint3 DMA 传输计数寄存器(高字节)	0x254(L)/ 0x257(B)

续表

寄 存 器	描　述	偏 移 地 址
EP4_DMA_CON	Endpoint4 DMA 控制寄存器	0x258(L)/ 0x25B(B)
EP4_DMA_UNIT	Endpoint4 DMA 单元计数寄存器	0x25C(L)/ 0x25F(B)
EP4_DMA_FIFO	Endpoint4 DMA FIFO 计数寄存器	0x260(L)/ 0x263(B)
EP4_DMA_TTC_L	Endpoint4 DMA 传输计数寄存器(低字节)	0x264(L)/ 0x267(B)
EP4_DMA_TTC_M	Endpoint4 DMA 传输计数寄存器(中间字节)	0x268(L)/ 0x26B(B)
EP4_DMA_TTC_H	Endpoint4 DMA 传输计数寄存器(高字节)	0x26C(L)/ 0x26F(B)
MAXP_REG	Endpoint MAX 包寄存器	0x18C(L)/ 0x18F(B)
IN_CSR1_REG/EP0_CSR	EP 控制状态寄存器(输入)	0x184(L)/ 0x187(B)
IN_CSR2_REG	EP 控制状态寄存器(输入)	0x188(L)/ 0x18B(B)
OUT_CSR1_REG	EP 控制状态寄存器(输出)	0x190(L)/ 0x193(B)
OUT_CSR1_REG	EP 控制状态寄存器(输出)	0x194(L)/ 0x197(B)
OUT_FIFO_CNT1_REG	EP 写计数寄存器(输出)	0x198(L)/ 0x19B(B)
OUT_FIFO_CNT2_REG	EP 写计数寄存器(输出)	0x19C(L)/ 0x19F(B)

2) 寄存器的定义

```
/* USB Device - Little Endian:
* (B): byte(8 bit) access
* (W): word(32 bit) access
*/
#define bUD(Nb)            _REG(0x52(XXXXX) + (Nb))
#define UD_FUNC            bUD(0xl40)    //Function address (B)
#define UD_PMR             bUD(0xl44)    // Power management (B)
#define UD_INT             bUD(0xl48)    // Endpoint interrupt pending/clear (B)
#define UD_USBINT          bUD(0xl58)    // USB interrupt pending/clear (B)
#define UD_INTE            bUD(0xl5c)    // Endpoint interrupt enable (B)
#define UD_USBINTE         bUD(0Xl6c)    // USB interrupt enable (B)
#define UD_FRAMEL          bUD(0xl70)    // Frame number low-byte (B)
#define UD_FRAMEH          bUD(0xl74)    // Frame number high-byte (B)
#define UD_INDEX           bUD(0xl78)    // Index (B)
#define UD_FIFO0           bUD(0xlc0)    // Endpoint 0 FIFO (B)
#define UD_FIFO1           bUD(0xlc4)    // Endpoint l FIFO (B)
#define UD_FIFO2           bUD(0xlc8)    // Endpoint 2 FIFO (B)
#define UD_FIFO3           bUD(0x1cc)    // EndPoint 3 FIFO (B)
#define UD_FIFO4           bUD(0xld0)    // Endpoint 4 FIFO (B)
#define UD_DMACON1         bUD(0x200)    // Endpoint l DMA control (B)
#define UD_DMAUCl          bUD(0x204)    // Endpoint l DMA unit counter (B)
#define UD_DMAFCl          bUD(0x208)    // Endpoint l DMA FIFO counter
```

```
#define UD_DMATCLl      bUD(0x20c)    // Endoint l DMA Transfer counter low-byte
#define UD_DMATCMl      bUD(0x210)    // Endpoint l DMA Transfer countermiddle-byte
#define UD_DMATCHl      bUD(0x2l4)    // Endpoint l DMA Transfer counter high-byte
#define UD_DMACON2      bUD(0x2l8)    // Endpoint 2 DMA control (B)
#define UD_DMAUC2       bUD(0x2lc)    // Endpoint 2 DMA unit counter (B)
#define UD_DMAFC2       bUD(0x220)    // Endpoint 2 DMA FIFO counter
#define UD_DMATCL2      bUD(0x224)    // Endpoint 2 DMA Transfer counte low-byte
#define UD_DMATCM2      bUD(0x228)    // Endpoint l DMA Transfer countermiddle-byte
#define UD_DMATCH2      bUD(0x22c)    // Endpoint 2 DMA Transfer counter high-byte
#define UD_DMACON3      bUD(0x240)    // Endpoint 3 DMA control (B)
#define UD_DMAUC3       bUD(0x244)    //Endpoint 3 DMA unit counter (B)
#define UD_DMAFC3       bUD(0x248)    //Endpoint 3 DMA FIFO counter
#define UD_DMATCL3      bUD(0x24c)    //Endpoint 3 DMA Transfer counter low-byte
#define UD_DMATCM3      bUD(0x250)    //Endpoint 3 DMA Transfer counter middle_byte
#define UD_DMATCH3      bUD(0x254)    //Endpoint 3 DMA Thansfer counter high-byte
#define UD_DMACON4      bUD(0x258)    //Endpoint 4 DMA control (B)
#define UD_DMAUC4       bUD(0x25c)    //Endpoint Endpoint 4 DMA unit counter (B)
#define UD_DMAFC4       bUD(0x260)    //Endpoint 4 DMA FIFO counter
#define UD_DMATCL4      bUD(0x264)    //Endpoint 4 DMA Transfer counter low-byte
#define UD_DMATCM4      bUD(0x268)    //Endpoint 4 Dni Trmsfer counter
middle_byte
#define UD_DMATCH4      bUD(0x26c)    //Endpoint 4 DMA Transfer counter high-byte
#define UD_DMAXP        bUD(0xl80)    //Endpoint MAX Packet
#define UD_ICSR1        bUD(0xl84)    //EP In control status register l (B)
#define UD_ICSR2        bUD(0xl88)    //EP ln control status register 2 (B)
#define UD_OCSRl        bUD(0xl90)    //EP Out control status register l (B)
#define UD_OCSR2        bUD(0xl94)    //EP Out control status register 2 (B)
#define UD_OFCNTL       bUD(0xl98)    //EP Out Write counter low-byte (B)
#define UD_OFCNTH       bUD(0xl9c)    //EP Out Write counter high-byte (B)
#define UD_FUNC_UD      (l << 7)
#define fUD_FUNC_ADDR       Fld(7,0)      /* USB Device Addr.assigned by host */
#define UD_FUNC_ADDR        FM sk(Fud_FUNC_ADDR)
#define UD_PMR_ISOUP        (1<<7)
#define UD_PMR_RESET        (1<<3)
#define UD_PWR_RESUME       (1<<2)
#define UD_PWR_SUSPND       (1<<1)
#define UD_PMR_ENSUSPND     (1<<0)
#define UD_PWR_DEFAULT      0x00
#define UD_INT_EP4 (l<<4)   //
#define UD_INT_EP3 (l<<3)   //
```

```
#define UD_INT_EP2 (1<<2)      //
#define UD_INT_EP1 (1<<l)      //
#define UD_INT_EP0 (1<<0)      //
#define UD_USBINT_RESET        (1<<2)
#define UD_USBINT_RESUM        (1<<1)
#define UD_USBINT_SUSPND       (1<<0)

#define UD_INTE_EP4            (1<<4)
#define UD_INTE_EP3            (1<<3)
#define UD_INTE_EP2            (1<<2)
#define UD_INTE_EP1            (1<<1)
#define UD_INTE_EP0            (1<<0)
#define UD_USBINTE_RESET       (1<<2)
#define UD_USBINTE_SUSPND (1<<0)

#define fUD_FRAMEL_NUM         Fld(8,0)
#define UD_FRAMEL_NUM          FMsk(fUD_FRAMEL_NUM )

#define fUD_FRAMEH_NUM         Fld(8,0)
#define UD_FRAMEH_NUM          FMsk(fUD_FRAMEH_NUM )

#define UD_INDEX_EP0           (0x00)
#define UD_INDEX_EP1           (0x01)
#define UD_INDEX_EP2           (0x02)
#define UD_INDEX_EP3           (0x03)
#define UD_INDEX_EP4           (0x04)

#define UD_ICSR1_CLRDT         (1<<6)
#define UD_ICSR1_SENTSTL       (1<<5)
#define UD_ICSR1_SENDSTL       (1<<4)
#define UD_ICSR1_FFLUSH        (1<<3)
#define UD_ICSR1_UNDRUN        (1<<2)
#define UD_ICSR1_PKTRDY        (1<<0)

#define UD_ICSR2_AUTOSET       (1<<7)
#define UD_ICSR2_ISO           (1<<6)
#define UD_ICSR2_MODEIN        (1<<5)
#define UD_ICSR2_DMAIEN        (1<<4)

#define UD_OICSR1_CLRDT        (1<<7)
```

```
#define UD_OCSR1_SENTSTL    (1<<6)
#define UD_OCSR1_SENDSTL    (1<<5)
#define UD_OCSR1_FFLUSH     (1<<4)
#define UD_OCSR1_DERROR     (1<<3)
#define UD_OCSR1_OVRRUN     (1<<2)
#define UD_OCSR1_PKTRDY     (1<<0)

#define UD_ICSR2_AUTOCLR    (1<<7)
#define UD_ICSR2_ISO        (1<<6)
#define UD_ICSR2_DMAIEN     (1<<5)

#define Fud_FIFO_DATA       Fld(8,0)
#define Fud_FIFO0_DATA      FMsk(fUD_FIFO_DATA )
#define Fud_FIFO1_DATA      FMsk(fUD_FIFO_DATA )
#define Fud_FIFO2_DATA      FMsk(fUD_FIFO_DATA )
#define Fud_FIFO3_DATA      FMsk(fUD_FIFO_DATA )
#define Fud_FIFO4_DATA      FMsk(fUD_FIFO_DATA )

#define UD_MAXP_8           (1<<0)
#define UD_MAXP_16          (1<<1)
#define UD_MAXP_32          (1<<2)
#define UD_MAXP_64          (1<<3)

#define Fud_OFCNT_DATA      Fld(8,0)
#define Fud_OFCNTL_DATA     FMsk(fUD_OFCNT_DATA)
#define Fud_OFCNTH_DATA     FMsk(fUD_OFCNT_DATA)
#define UD_DMACONx_INRUNOB      (1<<7 )
#define UD_DMACON_STATE         Fld(3,4)
#define UD_DMACONx_STATE        FMsk(fUD_DMACON_STATE)
#define UD_DMACONx_ DEMEN       (1<<3 )
#define UD_DMACONx_ORUN         (1<<2)
#define UD_DMACONx_IRUN         (1<<1)
#define UD_DMACONx_DMAMODE  (1<<0)

#define fUD_DMAUC_DATA          Fld (8,0)
#define fUD_DMAUCx_DATA         FMsk(fUD_DMAUC_DATA)

#define fUD_DMAFC_DATA          Fld(8,0)
#define fUD_DMAFCx_DATA         FMsk(fUD_DMAFC_DATA )
```

```
#define fUD_DMATC_DATA            Fld(8,0)
#define fUD_DMATC_DATA
#define fUD_DMATC_DATA            M sk(fUDMATCnATA )
#define UDAlMATCH--DATA           FM sk(roD--DMATC--DATA )
#define EP()CSR--OProY            (1<<0)
#define EroXSRJPooY               (1<<1)
#define EP()NSRSENTSTL            (1<<2)
#define EP()NSRDE                 (1<<3)
#define EareSRSE                  (1<<4)
#define EP()N SRSENDSTL           (1<<5)
#define EpoXSR--SOPKTRDY          (1<<6)
#detrie EP()N SRS SE              (1<<v)
/* USB Host - OHCI registers */
#define USBHOSTNLNASE 0x490000(X)
```

9．中断

在编写桌面系统的应用程序时通常不需要考虑中断，因为系统采用一套标准设备，且包括在操作系统中的设备驱动程序将处理所有的中断过程。但是编写嵌入式应用程序时，了解中断如何工作是非常重要的。因为系统中会包括不只一个特殊用途的硬件，对于这些硬件来说，使用中断代替轮询可获得更快的响应速度并减少 CPU 负荷。由此可见，中断资源是很珍贵的，以至于在中断源不够用的情况下，需要采用共享中断技术。

中断有三种类型：硬件中断、软件中断和异常中断。所有的处理器至少通过一个引脚被用做中断输入(S3C2410 中对应的一个引脚是 EINTO)，外设控制芯片也有一个引脚用做中断输出，当外设上有事件发生时，其控制器将通过产生一个硬件中断的方式来通知处理器。这个工作过程用图 2-12 表示。图 2-12 以一个外设控制器为例。

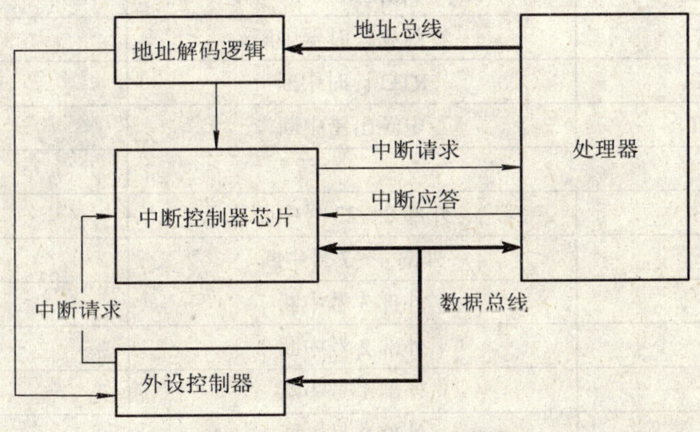

图 2-12　硬件中断的工作过程

S3C2410X 的中断控制器能接收来自 56 个中断源的请求。这些中断源由内部的外围设备提供(如 DMA 控制器、UART 等)，表 2-65 列出了这 56 个中断源。

表 2-65 S3C2410X 的中断源

中 断 源	描 述	仲 裁 组 别
INT_ADC	ADC、EOC 和触摸中断	ARB5
INT_RTC	RTC 时钟中断	ARB5
INT_SPI1	SPI1 中断	ARB5
INT_UART0	UART0 中断	ARB5
INT_IIC	IIC 中断	ARB5
INT_SUBH	USB Host(主)中断	ARB4
INT_USBD	USB Device(设备)中断	ARB4
保留		ARB4
INT_UART1	UART1 中断	ARB4
INT_SPI0	SPI0 中断	ARB4
INT_SDI	SDI 中断	ARB3
INT_DMA3	DMA 通道 3 中断	ARB3
INT_DMA2	DMA 通道 2 中断	ARB3
INT_DMA1	DMA 通道 1 中断	ARB3
INT_DMA0	DMA 通道 0 中断	ARB3
INT_LCD	LCD 中断	ARB3
INT_UART2	UART2 中断	ARB2
INT_TIMER4	TIMER4 中断	ARB2
INT_TIMER3	TIMER3 中断	ARB2
INT_TIMER2	TIMER2 中断	ARB2
INT_TIMER1	TIMER1 中断	ARB2
INT_TIMER0	TIMER0 中断	ARB2
INT_WDT	看门狗计时器中断	ARB1
INT_TICK	RTC 计时中断	ARB1
nBATT_FLT	电源出错中断	ARB1
保留		ARB1
EINT8～23	外部 8～23 号中断	ARB1
EINT4～7	外部 4～7 号中断	ARB1
EINT3	外部 3 号中断	ARB0
EINT2	外部 2 号中断	ARB0
EINT1	外部 1 号中断	ARB0
EINT0	外部 0 号中断	ARB0

当两个硬件同时产生中断时，系统将响应优先级高的那个中断。仲裁组用来区别中断优先级。

1) 寄存器的设置

寄存器的设置见表 2-66～表 2-73。

表 2-66　源悬挂寄存器

寄存器	地址	读/写	描　述	复位后的值
SRCPND	0x4A000000	读/写	指示中断请求的状态 0 为没有中断请求	0x00000000

表 2-67　中断模式寄存器

寄存器	地址	读/写	描　述	复位后的值
INTMOD	0x4A000004	读/写	中断模式寄存器 0 为 IRQ 模式，1 为 FIQ 模式	0x00000000

表 2-68　中断掩藏寄存器

寄存器	地址	读/写	描　述	复位后的值
INTMSK	0x4A000008	读/写	决定哪一个中断源被掩藏 0 为 IRQ 模式，1 为 FIQ 模式	0xFFFFFFFF

表 2-69　优先级寄存器

寄存器	地址	读/写	描　述	复位后的值
PRIORITY	0x4A00000C	读/写	IRQ 优先级控制寄存器	0x7F

表 2-70　优先级控制寄存器

寄存器	地址	读/写	描　述	复位后的值
INTPND	0x4A000010	读/写	指示中断请求的状态 0 为没有中断请求	0x00000000

表 2-71　中断偏移寄存器

寄存器	地址	读/写	描　述	复位后的值
INTOFFSET	0x4A000014	读/写	指示 IRQ 中断状态	0x00000000

表 2-72　子源悬挂寄存器

寄存器	地址	读/写	描　述	复位后的值
SUBSRCPND	0x4A000018	读/写	指示中断请求的状态 0 为中断服务允许	0x00000000

表 2-73　中断子掩码寄存器

寄存器	地址	读/写	描　述	复位后的值
INTSUBMASK	0x4A00001C	读/写	指示中断请求的状态 0 为中断服务允许	0x7FF

2) 寄存器的定义

和中断相关的寄存器定义在 s3c2410.h 文件中，具体如下：

```
/* Interrupts */
#define INT_CTL_BASE          0x4A000000
#define INTBASE               _REG (INT_CTL_BASE)
#define bINTCTL(Nb)           _REG(INTC TLB A S E + (Nb ))
```

```
/* Offset */
#define oSRCPND          0x00
#define oINTMOD          0x04
#define olNTMSK          0x08
#define oPRlORITY        0x0C
#defllle oINTPND         0x10
#define oINTOFFSET       0x14
#define oSUBSRCPND       0x18
#dCfine oINTSUBMSK       0x1C
/* Registers */
#define SRCPND           bINTCTL(oSRCPND)
#define INTMOD           bINTCTL(oINTMOD)
#define INTMSK           bINTCTL(oINTMSK)
#define PRlORITY         bINTCTL(oPRIORlTY)
#define INTPND           bINTCTL(oINTPND)
#define INTOFFSET        bINTCTL(oINTOFFSET)
#define SUBSRCPND        bINTCTL(oSUBSRCPND)
#define INTSUBMSK        bINTCTL(oINTSUBMSK)
```

第 3 章　Linux C 编译调试基础

本章主要介绍 Linux 环境下进行 C 语言编程的基本技能，包括 Linux 系统下的 C 语言开发环境，Vi 的基本操作，Emacs 的基本操作，GCC 编译器的基本原理及 GCC 使用编译器的常用选项，GDB 调试技术，Makefile 基本原理及语法规范，使用 autoconf 和 automake 生成 Makefile 的具体分析。

3.1　Linux 下 C 语言编程概述

C 语言最早是由贝尔实验室的 Dennis Ritchie 为了 UNIX 的辅助开发而编写的，C 语言是在 B 语言的基础上开发出来的。尽管 C 语言不是专门针对 UNIX 操作系统或机器编写的，但它与 UNIX 系统的关系十分紧密。由于它的硬件无关性和可移植性，C 语言逐渐成为世界上使用最广泛的计算机语言。

为了进一步规范 C 语言的硬件无关性，1987 年美国国家标准协会(ANSI)根据 C 语言问世以来的各种版本，对 C 语言的发展和扩充制定了新的标准，称为 ANSI C。目前流行的 C 语言编译系统都是以 ANSI C 为基础。C 语言具有强大的功能和各种硬件平台上良好的可移植性。

C 语言可移植性强，适用于多种操作系统，如 DOS、Windows、Linux，也适合于多种 CPU 硬件体系结构，因此特别适合在嵌入式领域进行开发。

Linux 下的 C 语言程序设计与在其他环境中的 C 程序设计一样，主要涉及到编辑器、编译链接器、调试器及项目管理工具等。

1. 编辑器

Linux 下的编辑器主要完成对所录入文字的编辑功能。Linux 中最常用的编辑器有 Vi(Vim)和 Emacs，其功能强大，使用方便，广受编程爱好者的好评。在本章中着重介绍 Vi 和 Emacs 的使用。

2. 编译器

编译过程是指源代码转化生成可执行代码，它所完成的工作主要如图 3-1 所示。在 Linux 中，最常用的编译器是 GCC 编译器。它是 GNU 推出的功能强大、性能优越的多平台编译器，其执行效率与一般的编译器相比平均效率要高 20%～30%，为 Linux 环境下使用最广泛的编译器。

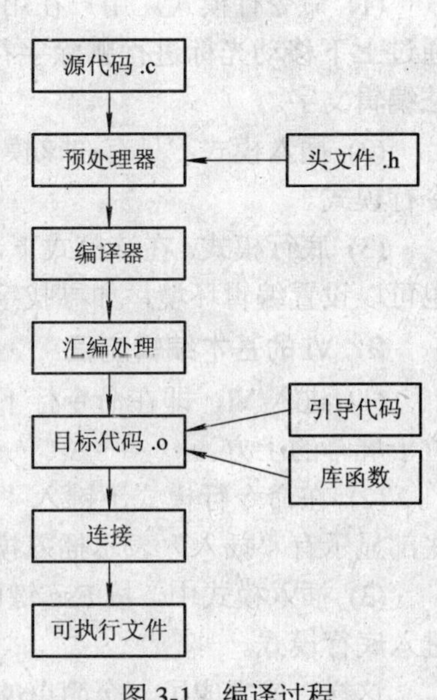

图 3-1　编译过程

3．调试器

编程的过程中，往往调试所消耗的时间远远大于编写代码的时间，调试器是专为程序员方便调试程序而用的。因此一个功能强大、使用方便的调试器是必不可少的。GDB 是绝大多数 Linux 开发人员所使用的调试器，它可以方便地设置断点、单步跟踪等，足以满足开发人员的需要。

4．项目管理器

Linux 中的项目管理器“make”有些类似于 Windows 中 Visual C++里的“工程”，它是用来控制编译或者重复编译软件的工具，另外，在 Linux 环境下，“make”还能自动管理软件编译的内容、方式和时机，使程序员能够把精力集中在代码的编写上而不是在源代码的组织上。

3.2　Vi 编辑器的使用

Linux 系统编辑器包括行编辑器(Ed、Ex)和全屏幕编辑器(Vi、Emacs)。行编辑器每次只能对一行进行操作，使用起来很不方便；而全屏幕编辑器可以对整个屏幕进行编辑，直观地在屏幕上直接显示用户编辑的文件，便于用户学习和使用，具有强大的功能。

Vi 是 Linux 系统的第一个全屏幕交互式编辑程序，它从诞生至今一直得到广大用户的青睐，历经数十年仍然是人们主要使用的文本编辑工具，足以见其生命力之强，而强大的生命力是其强大的功能带来的。由于大多数读者在此之前都已经用惯了 Windows 的 Word 等编辑器，因此，在刚刚接触 Vi 编辑器时总会或多或少不适应，但只要习惯之后，就能感受到它的方便与快捷。

1．Vi 的工作模式

Vi 有三种工作模式，分别为命令行模式、插入模式及底行模式。

(1) 命令行模式。用户在用 Vi 编辑文件时，最初进入的为一般模式。在该模式中可以通过上下移动光标进行删除字符或整行删除等操作，也可以进行复制、粘贴等操作，但无法编辑文字。

(2) 插入模式。只有在该模式下，用户才能进行文字编辑输入，用户可按 Esc 键回到命令行模式。

(3) 底行模式。在该模式下，光标位于屏幕的底行。用户可以进行文件保存或退出操作，也可以设置编辑环境，如寻找字符串、列出行号等操作。

2．Vi 的基本编辑流程

(1) 进入 Vi，即在命令行下键入“Vihello”(文件名)。此时进入的是命令行模式，光标位于屏幕的上方。

(2) 在命令行模式下键入“i”进入到插入模式，在该模式下可以输入文字信息，屏幕底部显示有“插入”表示插入模式。

(3) 插入模式中，按 Esc 键即可转入命令行模式，并在底行行中输入“:wq”(存盘退出)进入底行模式。

这样，就完成了一个简单的 Vi 操作流程：命令行模式→插入模式→底行模式。由于 Vi

在不同的模式下有不同的操作功能，可根据屏幕最下方的提示分清所在的模式。

3．Vi 的各模式功能键

Vi 的命令行模式常见功能键如表 3-1 所示。

表 3-1　Vi 的命令行模式功能键

目　录	内　容
I	切换到插入模式，此时光标在开始输入文件处
A	切换到插入模式，从目前光标所在位置的下一位置输入文字
O	切换到插入模式，从行首开始输入新行
[ctrl]+[b]	后翻屏幕
[ctrl]+[f]	前翻屏幕
[ctrl]+[u]	后翻半页
[ctrl]+[d]	前翻半页
0	光标移到本行开头
G	光标移到文章最后
nG	光标移到第 n 行
n<Enter>	光标下移 n 行
/name	光标后查找名为 name 的字符串
? name	光标前查找名为 name 的字符串
X	删除光标所在位置后面的一个字符
dd	删除光标所在行
ndd	删除光标所在行下 n 行
yy	复制所在行
p	将缓冲区内容粘贴光标处
U	恢复前一个动作

3.3　Emacs 使用简介

如上节所述，Vi 是一款功能非常强大的编辑器，它能够方便、快捷、高效地完成用户的代码编辑。而 Emacs 不仅仅是一款功能强大的编译器，而且是一款融合编辑、编译、调试于一体的开发环境，它在没有图形显示的终端环境下可出色地工作。

Emacs 的使用方法和 Vi 不同。在 Emacs 里，没有类似于 Vi 的三种“模式”，只有一种模式，也就是编辑模式，而且它的命令全靠功能键完成。但 Emacs 有各种辅助环境。比如，当编辑普通文本时，使用的是“文本模式”(TxtMode)，而当编写程序时，使用的则是如“C 模式”、“shell 模式”等。

3.3.1　Emacs 的基本操作

1．Emacs 的安装

现在较新版本的 Linux 的安装光盘中一般都自带有 Emacs 的安装包，用户可以通过安装光盘选择安装。

2. Emacs 的启动

安装完 Emacs 之后，可以在命令行键入"emacs[文件名]"(若缺省文件名，则可在 Emacs 编辑文件后另存时指定)启动，也可从"编程"→"emacs"打开 Emacs 欢迎界面。接下来可单击任意键进入 Emacs 的工作窗口。

Emacs 的工作窗口分为两个部分，上部为编辑窗口，底部为命令显示窗口，用户执行功能键的功能都会在底部有相应的显示，有时也需要用户在底部窗口输入相应的命令，如查找字符串等。

3. Emacs 的进入

在进入 Emacs 后，即可进行文件的编辑。首先说明一下，以"C"表示 Ctrl 键，"M"表示 META 键(一般为 Alt 键)。Emacs 中基本编辑功能键包括以下内容。

1) 移动光标

在 Emacs 中可以使用"上"、"下"、"左"、"右"方向键来移动单个字符，也可以按 Ctrl 键+字符。表 3-2 列举了 Emacs 中光标移动的常见功能键。

表 3-2 Emacs 中光标移动的常见功能键

键定义	功 能
C+f	向前移动一个字符
C+b	向后移动一个字符
C+p	移动到上一行
C+n	移动到下一行
M+b	向后移动一个单词
C+a	移动到行首
C+e	移动到行尾
M+<	移动到文本开头

2) 剪切和粘贴

在 Emacs 中可以使用 Delete 键和 BackSpace 键删除光标前后的字符，以词和行为单位的剪切和粘贴功能键如表 3-3 所示。

表 3-3 以词和行为单位的剪切和粘贴功能键

键 定 义	功 能
M+Delete	剪切光标前的字符
M+d	剪切光标前的字符
C+k	剪切光标前到行尾的字符
M+k	剪切光标前到句尾的字符
C+y	粘贴缓冲区内容到光标位置
C+x u	撤销操作

3) 复制文本

在 Emacs 中复制文本包括两步：选择复制区域和粘贴文本。

选择复制区域的方法是：首先在复制起始点(A)按 C+Space 键或 C+@(或 C+Shift+2)键

使它成为一个表示点，再将光标移至复制结束点(B)，再按 M+w 键，就可将 A 与 B 之间的文本复制到系统的缓冲区中。然后使用功能键 C+y 将其粘贴到指定位置。

4) 查找文本

查找文本的功能键如表 3-4 所示。

表 3-4 查找文本的功能键

键 定 义	功 能
C+s	在光标后内容里查找相应字符串
C+r	在光标前内容里查找相应字符串

5) 保存文档

在 Emacs 中保存文档的功能键为 C+x C+s(即先操作 C+x，再操作 C+s)。这时，屏幕底部的对话框会出现如“Wrote/root/workplace/editor/why”字样。

另外，Emacs 在编辑时会为每个文件提供“自动保存”(Autosave)的功能，而且自动保存的文件名前后都有一个“#”，例如，编辑名为“hello.c”的文件，其自动保存的文件名就叫“#hello.c#”。当用户正常地保存了文件后，Emacs 就会删除这个自动保存的文件。此功能当系统发生异常时非常有用。

6) 退出文档

在 Emacs 中退出文档的功能键为 C+x C+c。

3.3.2 Emacs 编译概述

Emacs 不仅仅是个强大的编译器，还是一个集编译、调试等于一体的工作环境。

1. Emacs 中的模式

正如前面提到的，在 Emacs 中并没有像 Vi 中那样的“命令行”、“编辑”模式，只有一种编辑模式。这里所说的“模式”是指 Emacs 里的各种辅助环境。这里着重介绍 C 模式，即当启动某一文件时，Emacs 会判断文件的类型，从而自动选择相应的模式。当然，用户也可以手动启动各种模式，用功能键 M+x，然后再输入模式的名称，即可启动 C 模式。

在强大的 C 模式下，用户拥有“自动缩进”、“注释”、“预处理扩展”、“自动状态”等功能。在 C 模式下编辑代码时，可以用 Tab 键自动将当前行的代码产生适当的缩进，使代码结构清晰、美观，它也可以用于指定缩进的规则。

源代码要有良好的可读性，就必须有清晰的注释。在 Emacs 中，用 M+可以产生一条右缩进的注释。C 模式下是“/*comments */”形式的注释，C++模式下是“// comments”形式的注释。用户高亮选定某段文本，然后操作“C+c C+c”就可以注释该段文字。Emacs 还可以使用 C 模式来预处理其运行代码的一部分，以便让程序员检测宏、条件编译以及 include 语句的效果。

2. Emacs 编译调试程序

Emacs 可以在 Emacs 环境下编译软件。编辑器把编译器的输出和程序代码连接起来。可以如同在 Windows 的其他开发工具中一样，将出错位置和代码定位联系起来。Emacs 默认的编辑命令是对一个 make 的调用，用户可以打开“tool”菜单下的“Compile”进行查看。Emacs 可以支持大量的工程项目，以方便开发。

另外，Emacs 为 GDB 调试器提供了一个功能齐全的接口。在 Emacs 中使用 GDB 的时候，程序员不仅能够获得 GDB 用其他任何方式运行时所具有的全部标准特性，还可以通过接口增强所获得的其他性能。

3.4　使用 GNU CC 编程

3.4.1　Linux C 源程序的编译

大多数的 Linux 用户对 Linux 开发还处于比较低级的层次，但是当遇到一些需要编译安装的软件时，面对一些简单的出错信息，就会不知所措。要想真正跨跃这些初级层次，就需要了解底层的知识，下面将介绍 Linux 下的 C 语言开发环境以及其他操作系统的知识。

Linux 的操作系统内核主要是用 C 语言编写的，Linux 下的很多软件也是用 C 语言编写的，特别是一些著名的服务软件，比如 MySQL、Apache 等。初学者可能在编译 MySQL 这样的软件时遇到过各式各样的错误，其实只要了解了 Linux 的 C 语言开发环境，就能解决安装过程中的一些错误。

Linux 的 C 语言开发环境与 Windows 的有所不同，在 Linux 下，一个完整的 C 语言开发环境包括以下三个部分。

1．函数库(glibc)

要构架一个完整的 C 语言开发环境，glibc 是必不可少的，它是 Linux 下 C 语言的主要函数库。glibc 有如下两种安装方式：

(1) 安装为测试用的函数库，在编译程序时用不同的选项来试用新的函数库。

(2) 安装为主要的 C 语言函数库，所有新编译程序均使用的函数库。

Glibc 中包含三个附加包：LinuxThreads、locale 和 crypt，通常它们的文件名随版本不同而不同，类似于下列文件名：

glibc-2.06.tar.gz

glibc-linuxthreads-2.0.6.tar.gz

glibc-localedate-2.0.6.tar.gz

glibc-crypt-2.0.6.tar.gz

2．编译器(GCC)

GCC(GNU CCompiler)是 GNU 推出的功能强大、性能优越的多平台编译器，GCC 编译器能将 C、C++语言源程序、汇编源化序和目标程序编译、链接成可执行文件，以下是 GCC 支持编译的一些源文件的后缀及其解释：

以 .c 为后缀的文件是 C 语言源代码文件；以 .a 为后缀的文件是由目标文件构成的档案库文件；以 .C、.cc 或 .cxx 为后缀的文件是 C++ 源代码文件；以 .h 为后缀的文件是程序所包含的头文件；以 .i 为后缀的文件是已经预处理过的 C 源代码文件；以 .ii 为后缀的文件是已经预处理过的 C++ 源代码文件；以 .m 为后缀的文件是 Objective -C 源代码文件；以 .o 为后缀的文件是编译后的目标文件；以 .s 为后缀的文件是汇编语言源代码文件；以 .S 为后缀的文件是经过预编译的汇编语言源代码文件。

3. 系统头文件(glibc_header)

缺少了系统头文件的话，很多用到系统功能的 C 程序将无法编译。

假如用户在安装过程中少装了这些文件包，就会无法编译 C 源程序。初学者有时候选择自己定制软件包来安装，结果遗漏了这些文件包，导致无法编译源程序，不少人就只好重新安装一遍 Linux。其实并不需要这样做，虽然从压缩包中解压缩来安装 Linux 的 C 语言开发环境对于初学者来说比较难，但是可以通过 rpm 包来迅速安装 Linux 的 C 语言开发环境的。下面介绍如何安装 Linux 的 C 语言开发环境，要注意软件版本的不同。

由于 GCC 包需要依赖 binutils 和 cpp 包，另外 make 包也在编译中常用，因此一共需要 8 个包来完成安装，分别为：

```
cpp-2.96-110.i386.rpm
binutils-2.11.93.0.2-11.i386.rpm
glibc-2.2.5-34.i386.rpm
glibc-kernheaders-2.4-7.14.i386.rpm
glibc-common-2.2.5-34
glibc-devel-2.2.5-34.i386.rpm
gcc-2.96-110.i386.rpm
make-3.79.1-8.i386.rpm
```

如果能获得 Internet 接入的话，就可以直接从 Internet 上安装，命令依次如下：

```
rpm -ivh
ftp://216.254.0.38/linux/redhat/7.3/en/os/i386
/RedHat/RPMS/cpp-2.96-110.i386.rpm
rpm -ivh
    ftp://216.254.0.38/linux/redhat/7.3/en/os/i386
/RedHat/RPMS/binutils-2.11.93.0.2-11.i386.rpm
    rpm -ivh
    ftp://216.254.0.38/linux/redhat/7.3/en/os/i386
/RedHat/RPMS/glibc-kernheaders-2.4-7.14.i386.rpm

    rpm -ivh
    ftp://216.254.0.38/linux/redhat/7.3/en/os/i386
/RedHat/RPMS/glibc-2.2.5-34.i386.rpm
    rpm -ivh
    ftp://216.254.0.38/linux/redhat/7.3/en/os/i386
/RedHat/RPMS/glibc-devel-2.2.5-34.i386.rpm
    rpm -ivh
    ftp://216.254.0.38/linux/redhat/7.3/en/os/i386
/RedHat/RPMS/glibc-common-2.2.5-34.i386.rpm
    rpm -ivh
```

```
ftp://216.254.0.38/linux/redhat/7.3/en/os/i386
/RedHat/RPMS/gcc-2.96-110.i386.rpm
rpm -ivh
ftp://216.254.0.38/linux/redhat/7.3/en/os/i386
/RedHat/RPMS/make-3.79.1-8.i386.rpm
```

如果不能获得 Internet 链接的话，需要将上述 8 个包下载安装。安装完成后，就构成了最基本的 C 语言开发环境，在这个 C 语言开发环境中，可以编译多数的 C 语言应用程序。而对于 C 语言程序来说，安装完成后通常可以分成三个组成：① 可执行文件；② 包含文件；③ 库文件。

可执行文件就是最终运行的程序；包含文件是该 C 程序 include 的一些定义文件；库文件则是该 C 程序自定义的库。比如对于用 RPM 安装的 MySQL，可执行文件放在/usr/bin 下，包含文件放在/usr/include/mysql 下，库文件在/usr/lib/mysql 下。只有系统运行时正确找到程序对应的包含文件和库文件，程序可执行文件才能正常运行。

GCC 是 GNU 项目的编译器套件，可以编译用 C、C++、Java、FORTRAN、Objc、Adsa 等语言编写的程序。本书的测试环境均使用 2.95.3 版本的 GCC。读者可以从网上免费下载 GCC 的新版本并安装。GCC 的官方网站为 http://gcc.gnu.org。GCC 典型的配置如下所示：

```
../gcc-x.x.x/configure --prefix=/usr/local/gcc-x.x.x \
--enable-threads=posix    --disable-checking \
--enable--long-long \
--host=i386-redhat-linux \
--with-system-alib \
--enable-languages=c,c++,java
```

上述配置指明了新安装的 GCC 编译器可以编译 C、C++和 Java 程序。由此可见，GCC 是完全可以定制的。安装新版本的 GCC 需要系统有旧版本的 CC 或 GCC 编译器。如果系统上没有编译器，则不能安装源代码形式的 GCC，那么可以在网上找一个与系统相适应的二进制形式的 GCC 软件包来安装使用。通常这类软件包是 RPM 格式的。查看系统 GCC 版本的命令为

```
gcc -v
```

察看 GCC 所在路径的命令为

```
which gcc
```

在确认了系统中存在 GCC 编译器及其版本号后，就可以开始软件开发工作。

3.4.2　“Hello,World!”

软件开始的第一个程序是很简单的，但也是很经典的，它只是在屏幕上打印一行文字“Hello,World!”，程序如下：

```
/*
        hello.c -A very simple program
        */
```

```
#include <stdio.h>
int main(void)
{
    printf("Hello,World!\n");
    return 0;
}
```

在命令行中键入下面命令编译上述程序：

```
$gcc hello.c -o hello
$./hello
Hello,World!
```

第一行命令使用 GCC 对源文件 hello.c 进行编译和链接，-o 选项的功能是指定创建的可执行文件的名称。当然也可以不使用 -o 选项，这样可以得到关于 GCC 最为简单的用法：

```
$gcc hello.c
$./a.out
Hello World!
```

上面是不指定可执行文件名称的用法，此时 GCC 使用默认的名字 a.out，执行的结果是一样的。上述过程看起来非常简单，但是 GCC 的工作远比这复杂得多：预处理、编译、汇编、链接都是 GCC 在后台完成的。首先，GCC 运行预处理程序 cpp，展开 hell.c 中的宏，并在其中插入#include 文件所包含的内容，然后把预处理后的源代码编译成目标代码，最后通过链接程序 ld 创建可执行文件。为了清楚地了解执行过程，可以使用 GCC 的-E 选项：

```
$gcc -E hello.c -o hello.cpp
```

查看 hello.cpp 文件可以看到 stdio.h 文件的内容已经被插入到文件中，其他一些内容也得到了处理，具体如下：

```
#29   "/usr/include/bits/types.h"2 3
typedef unsigned char   _ u _char;
typedef unsigned short   _ u _short;
typedef unsigned int   _ u _int;
typedef unsigned long _ u _long;
_extension_ typedef unsigned long long int _ u_quad_t;
_extension_ typedef long long int _ u_quad_t;
#48 "/usr/include/bits/types.h" 3

typedef signed char   _ int8 _t;
typedef unsigned char   _ uint8 _t;
typedef signed short int   _ int16 _t;
typedef unsigned short int   _ int16 _t;
typedef signed int   _ int32 _t;
typedef unsigned int _ uint32 _t;
_extension _ typedef signed long long int _ int64 _t;
_extension _ typedef unsigned long long int _ uint64 _t ;
```

经过预处理后，GCC 会把 hello.cpp 编译成目标代码，此过程可采用 GCC 的-c 选项来实现。

上面命令行中的-x 选项使 GCC 从指定的步骤开始编译，链接目标文件，最终生成可执行文件。

在实际开发过程中很少有如此简单的程序，大多数程序是由多个源代码组成的。GCC 可以很容易地把多个源文件编译成目标代码并进行链接。

假设项目中有很多源文件需要编译，并且每个源文件中都包含 1000 行代码，如果像上面那样仅用一条 GCC 命令完成编译工作，那么 GCC 需要将每个源文件都重新编译一遍，然后再全部链接起来。显然，这样浪费的时间相当多，尤其是当用户只是修改了其中某一个文件的时候，完全没有必要将每个文件都重新编译一遍，因为很多已经生成的目标文件是不会改变的。要解决这个问题，熟练使用 GCC 还是不够的，同时必须借助 make 工具。

3.4.3 GCC 的主要选项

GCC 提供了非常多的命令行选项，熟练地使用这些选项能更有效使用 GCC。表 3-5 列出了 GCC 中常用的命令行选项。

表 3-5 GCC 中常用的命令行选项

选 项	说 明
-ansi	只支持 ANSI 标准的 C 语法。该选项将禁止 GNU C 的某些特色，例如 asm 或 typeof 关键字
-c	只编译并生成目标文件
-DMACRO	以字符串 1 定义 MACRO 宏
-DMACRO=DEFN	以字符串 DEFN 定义 MACRO 宏
-E	只运行 C 预编译器
-g	生成调试信息，GNU 调试器可利用该信息
-IDIRECTORY	指定额外的头文件搜索路径 DIRECTORY
-LDIRECTORY	指定额外的函数库搜索路径 DIRECTORY
-lLIBRARY	链接时搜索指定的函数库 LIBRARY
-m486	针对 486 进行代码优化
-o FILE	生成指定的输出文件，用于生成可执行文件时
-O0	不进行优化处理
-O 或-O1	优化生成代码
-O2	进一步优化
-O3	比-O2 更进一步优化，包含 inline 函数
-shared	生成共享目标文件，通常用在建立共享库时
-static	禁止使用共享连接
-UMACRO	取消对 MACRO 宏的定义
-w	不生成任何告警信息
-Wall	生成所有告警信息

3.5 使用 GNU make

编写小型 Linux 应用程序时，一般情况下只会有很少数量的源文件，程序员很容易理清它们之间的包含和引用关系。但随着软件项目逐渐变大，对源文件的处理也将变得越来越复杂。此时单纯依赖手工方式进行管理的做法就显得有些力不从心。为此，Linux 专门为软件开发提供了一个自动化管理工具 GNU make。通过它可以很方便地管理软件编译的内容、方式和时机，从而能够把主要精力集中在代码的编写上。

make 工具将整个软件项目的代码分开放在几个小的源文件里，在改动其中一个文件的时候，可以只对该文件重新进行编译，然后重新链接所有的目标文件。针对由许多源文件组成的大型软件项目，全部重新进行编译需要花费很长的时间，而采用这种项目管理方法则可以极大地提高工作效率，让原本复杂繁琐的开发工作变得简单。make 工具最主要也是最基本的功能就是通过 Makefile 文件来描述源程序之间的相互关系并自动维护编译工作。而 Makefile 文件需要按照某种语法进行编写，文件中需要说明如何编译各个源文件并链接生成可执行文件，并要求定义源文件之间的依赖关系。

3.5.1 初识 Makefile

Makefile 里主要包含了显式规则、隐晦规则、变量定义、文件指示和注释。

(1) 显式规则：说明了如何生成一个或多个目标文件。这是由 Makefile 的书写者明显指出的，包括要生成的文件、文件的依赖文件和生成的命令。

(2) 隐晦规则：由于 make 工具有自动推导的功能，因此隐晦的规则可以让用户比较简略地书写 Makefile，这是由 make 工具所支持的。

(3) 变量的定义：在 Makefile 中要定义一系列的变量，变量一般都是字符串，如 C 语言中的宏，当 Makefile 被执行时，其中的变量都会被扩展到相应的引用位置上。

(4) 文件指示：包括三个部分，一个是在一个 Makefile 中引用另一个 Makefile，就像 C 语言中的 include 一样；另一个是指根据情况指定 Makefile 中的有效部分，就像 C 语言中的预编译#if 一样；可以定义一个多行的命令，有关这一部分的内容将会在后文中讲述。

(5) 注释：Makefile 中只有行注释，和 UNIX 的 shell 脚本一样，其注释是用“#”字符，这个就像 C/C++ 中的“//”一样。如果要在 Mallefile 中使用“#”字符，可以用反斜框进行转义，如“\#”。

在 Makefile 中的命令必须要以 Tab 键丌始。

Make 能完成复杂的任务，得益于 Makefile 文件。Makefile 是以文本形式存在的数据库文件，在 Makefile 文件中包含了一系列的规则，告诉 make 工具应编译哪些文件、如何编译以及在什么情况下进行编译。每个规则都包含下面一些内容。

目标(Target)：make 工具最终要创建的文件。

依赖关系列表(Dependency)：通过这张列表了解编译目标时需要用到的文件。

命令列表(Command)：从指定的依赖关系创建出目标文件而需要执行的命令。这些命令包括编译命令，也可以是 shell 命令。

简单地说，Makefile 规则有下列通用形式：

```
target:dependency [dependency[…]]
        command
        command
        […]
```

对于前面小节编译的文件：hello.c、printf2.c、print2.h，使用 Makefile 重新编译。以下程序是编译这三个文件的 Makefile 内容。

```
#This is a simple Makefile
hello :hello.o printf2.o printf2.h
      gcc hello.o printf2.o -o hello
printf2.o :printf2.c printf2.h
      gcc -c printf2.c
hello.o:hello.c
      gcc hello.c -o hello
all :printf2 hello
clean:
rm hello *.o
```

通过上面的例子可以看到，第一个字符为“#”的行为注释行。第一个非注释行指定要生成的 hello 文件是由 3 个目标文件 hello.o、printf2.o 和 printf2.h 链接生成。第 3 行描述了如何从 hello 所依赖的文件建立可执行文件，接下来的第 4、6、8 行分别指定 3 个目标文件及其所依赖的 .c 和 .h 文件。而第 5 行和第 7 行则指定了如何从目标所依赖的文件建立目标。

当 filea.c 或 a.h 文件在编译之后又被修改，则 make 工具可自动重新编译 filea.o，如果在前后两次编译之间，filea.c 和 a.h 均没有被修改，而且 test.o 还存在的话，就没有必要重新编译。这种依赖关系在多源文件的程序编译中尤其重要。通过这种依赖关系的定义，make 工具可避免许多不必要的编译工作。当然，利用 shell 脚本也可以达到自动编译的效果，但是 shell 脚本将全部编译源文件，包括那些不必要重新编译的源文件，make 工具则可根据目标文件上一次编译的时间和目标文件所依赖的源文件的更新时间自动判断应当编译哪些源文件。

3.5.2　Makefile 规则

一个简单的 Makefile 文件包含一系列的规则，其形式如下：

目标(target)…：依赖(rerequiries)…

<tab>命令(cornmand)

说明：

(1) 目标通常是要产生的文件的名称。目标可以是可执行文件或 OBJ 文件，也可是一个执行的动作名称，比如 clean。

(2) 依赖是用来输入从而产生目标的文件，一个目标经常有几个依赖。

(3) 命令是 make 工具执行的动作，一个规则可以含有几个命令，每个命令占一行。

Makefile 中还有一些规则被称为隐晦规则。允许 make 工具对一个目标文件寻找传统的更新方法，而避免指定任何命令。可以编写没有命令行的规则或根本不编写任何规则，这样，make 工具将根据存在的源文件类型或要生成的文件类型决定使用何种隐含规则。例如，假设 Makefile 文件是下面的格式：

```
foo:foo.o bar.o
cc -o foo foo.o bar.o $(CFLAGS) $(LDFLAGS)
```

因为这里提及了文件 foo.o，但是没有给出规则，make 工具将自动寻找一条隐含规则，该规则能够告诉 make 工具怎样更新该文件。无论文件 foo.o 存在与否，make 工具都会这样执行。make 工具会找到如下规则生成 foo.o：

Compiling C programs(编译 C 程序)。

n.o 自动由 n.c 使用下面的命令生成：

'$(CC) -c $(CPPFLAGS) $(CFLAGS)'

因此当使用隐含规则时，关注编译器的额外标识变量，表 3-6 列出了比较常用的标识变量。

表 3-6 编译器的额外标识变量

选 项	编译器的额外标识变量
ASFLAGS	用于汇编编译器的额外标识
CFLAGS	用于 C 编译器的额外标识
CXXFLAGS	用于 C++编译器的额外标识
CPPFLAGS	用于 C 预处理以及使用它的程序的额外标识
LDFLAGS	用于调用 linker(ld)的编译器的额外标识

3.5.3 Makefile 中的变量

Makefile 里的变量如同环境变量。环境变量在 make 过程中被解释成 make 的变量。这些变量是大小写敏感的，一般使用大写字母。它们几乎可以从任何地方被引用，也可以执行其它功能，例如：

(1) 存储文件名列表。在前面的代码中，生成可执行文件的规则包含一些目标文件名作为依赖。在规则的命令行里同样的那些文件被输送给 GCC 作为命令参数。如果在这里使用变数来存储所有的目标文件名，加入新的目标文件会变得简单而且不易出错。

(2) 存储可执行文件名。如果项目被用在非 GCC 的系统里，或者想使用不同的编译器，就必须将所有使用编译器的地方改成新编译器名。如果使用变量来代替编译器名，那么只需改变其中一个地方，所有的命令名就都得到改变。

(3) 存储编译器标志。如要给所有的编译命令传递一组相同的选项，将这组选项存入一个变量，可以把这个变量放在所有呼叫编译器的地方。当要改变选项时，只需在一个地方改变这个变量的内容。当设定一个变量时，只要在一行的开始写下变量名，后面跟一个等号(=)和所要设定的变量值。以后再引用该变量时，可直接写美元符号($)，后面为括号内的变量名即可。语句如下：

```
OBJS=foo.o bar.o
CC=gcc
```

```
CFLAGS = _Wall -O -g

Myprog: $(OBJS)
        $(CC) -c foo.c -o foo.o


        bar.o: bar.c bar.h
            $(CC) $(CFLAGS) -c bar.c -o bar.o
```

Makefile 中有几个默认变量，也就是 make 工具不需定义就可以使用的变量。表 3-7 列出了这些默认变量。

表 3-7　Makefile 默认变量

选 项	说　明
AR	档案管理程序：默认为：ar
AS	汇编编译程序：默认为：as
CC	C 语言编译程序：默认为：cc
CXX	C++编译程序：默认为：c++
CPP	带有标准输出的 C 语言与处理程序：默认为：$(CC)-E
RM	删除文件的命令：默认为 rm -f

自动变量在编写规则中的命令时使用，比如：

目标(target)…：依赖(prerequiries)…

<tab>命令(command)

以下符号在命令中出现时具有特殊含义，说明如下：

$@：规则的目标文件名。对于有多个目标的格式规则，为规则命令运行的目标文件名。

$<：第一个依赖的文件名。如果目标更新命令来源于隐含规则，则该变量的值是隐含规则添加的第一个依赖。

$^：所有依赖的名字，名字之间用空格隔开。如果在依赖列表中同一个文件名出现多次，则仅包含该文件名一次。

$*：和隐含规则匹配的 stem。

3.5.4　简单的 Makefile 文件内容

简单的 Makefile 如下：

```
OBJS = foo.o bar.o
CC = gcc
CFLAGS = -Wall -O -g
myprog : $(OBJS)
$(CC) $(OBJS) -o myprog
foo.o : foo.c foo.h bar.h
$(CC) $(CFLAGS) -c foo.c -o foo.o
bar.o : bar.c bar.h
$(CC) $(CFLAGS) -c $< -o $@
```

说明：

(1) 第 1～3 行定义变量：OBJS、CC、CFLAGS。

(2) 有 3 条规则，而第一条一般作为默认规则，也就是说如果在 shell 命令行中只输入 make 的话从这里开始。

(3) 第 1 条规则是编译 foo.o 和 bar.o，编译完后再执行 gcc foo.o bar.o -o myprog，从而生成 myprog 文件。

(4) 第 2 条规则是关于如何编译 foo.o，执行命令 gcc-wall-O-g-c foo.c-o。

(5) 第 3 条规则比第 2 条复杂一些，$<是指 bar.c，$@是指 bar.o，命令如下：

```
gcc - Wall -O -g -c bar.c bar.o
```

3.5.5 假想目标

假想目标(Phony Targets)并不是真正的文件名，仅仅是制定的一个具体规则所执行的命令名称。常用的假想目标有 all、clean 等。下面分别以 all 和 clean 为例说明假想目标用法。

(1) all 的用法如下：

```
all: exec1 exec2
```

其中，exec1 和 exec2 作为目的的两个可执行文件。make 把 all 作为主要目的，每次执行时都会尝试更新 all。规则里没有命令作用在名称为 all 的实际文件(事实上 all 并不会在磁盘上实际产生)，因此规则并不改变 all 的状态。既然文件并不存在，make 尝试更新 all 规则，就将检查它的依靠 exec1、exec2 是否需要更新，从而达到编译目的。

(2) clean 的用法如下：

```
clean :
        rm    *.o    temp
```

在 shell 下输入 make clean 会执行 rm*.otemp，但如果磁盘上存在一个名为 clean 文件，会因为在规则里没有任何依赖文件，这个目的文件一定是最新的(所有的依赖文件都已经是最新的)，即使用户明确命令 make 工具重新产生，也不会有任何事情发生。解决方法是用 .PHONY 标明假想目标，告诉 make 工具不用检查是否存在磁盘上，也不用查找任何隐含规则，直接假设指定的目的需要被更新。在 Makefile 里加入以包含上面规则的规则：

```
.PHONY:clean
```

3.5.6 条件语句

条件语句可以导致根据变量的值执行或忽略 Makefile 文件中的一部分脚本。条件语句可以将变量与其他变量的值相比较，或将变量与字符串常量相比较。条件语句用于控制 make 工具实际看见的 Makefile 文件部分，不能用于在执行时控制 shell 命令。下面的例子中，条件语句告诉 make 工具如果变量 CC 的值是 gcc 时使用一个数据库，若不是则使用其他数据库。该语句通过控制选择两命令行之一作为该规则的命令来工作。CC=gcc 作为 make 工具改变参数的结果，不仅用于决定使用编译器的类型，而且决定连接的数据库。

```
Libs_for_gcc= – lgnu
normal_libs=
```

```
foo:$(objects)
ifeq($(cc),gcc)
 $(CC) -o foo $(objects) $(libs_for_gcc)
else
 $(CC) -o foo $(objects) $(normal_libs)
endif
```

以上条件语句使用了三个指令：ifeq、else 和 endif。

ifeq 指令是条件语句的开始，它指明了条件。它包含两个参数，被逗号分开并被括在圆括号内。运行时首先对两个参数变量进行替换，进行比较。在 Makefile 中位于 ifeq 之后的是符合条件时执行的命令；不符合条件时，它们将被忽略。

else 指令指出：如果前面的条件失败将导致跟在其后面的命令被执行。在上述例子中，意味着当第一个选项不执行时，和第二个选项连在一起的命令将被执行。在条件语句中，else 指令是可选择使用的。

endif 指令用于结束条件语句。任何条件语句必须以 endif 指令结束，后跟 Makefile 文件中的正常内容。

当变量 CC 的值是 gcc 时，上例的效果为

```
foo:$(objects)
$(CC) -o foo $(objects) $(libs_for_gcc)
```

当变量 CC 的值不是 gcc 而是其他值的时候，上例的效果为

```
foo:$(objects)
$(CC) -o foo $(objects) $(normal_libs)
```

上例表明条件语句工作在原文水平：条件语句的行根据条件要么被处理成 Makefile 文件的一部分，要么被忽略。这是 Mallefile 文件中重大的语法单位可以跨越条件语句的开始或结束的原因。

3.5.7　依赖关系

(1) 变量 VPATH(注意为大写)的值指定了 make 工具搜寻的目录。经常用到的是包含依赖的目录，并不是当前目录；但 VPATH 指定了 make 工具对所有文件都适用的目录搜寻序列，包括了规则目标所需要的文件。在 VPATH 变量定义中，目录名字由冒号或空格分开。目录列举的次序也是 make 工具搜寻的次序。在 MS-DOS、MS-Windows 系统中，VPATH 变量定义中目录的名字由分号隔开，因为在这些系统中，冒号成为路径名的一部分(通常在驱动器字母后面)。例如：make 也按照这个次序进行搜寻。

(2) VPath 指令和 VPATH 变量类似，但却更具灵活性。VPath 指令允许对符合一定格式类型的文件名指定一个搜寻路径，这样可以对一种格式类型的文件名指定某个搜寻路径，对另外格式类型的文件名指定另外的搜寻路径。有如下三种形式的 VPath 指令。

(3) VPath Pattern directories 对一定格式类型的文件名指定一个搜寻路径，搜寻的路径与 VPATH 变量定义要搜寻的路径格式相同。

(4) VPath Pattern 清除和一定类型格式相联系的搜寻路径。

(5) VPath 清除所有由 VPath 指令指定的搜寻路径。

3.5.8 函数

函数调用和变量引用类似，格式为：$(function args)或${function args}。其中 function 是函数名，是 make 内建函数列表中的一个。用户也可以使用创建函数 call 创建自己的函数。args 是该函数的参数。参数和函数名之间用空格或按 Tab 键隔开，如果有多个参数，它们之间用逗号隔开。

(1) $(subst from，to，text)：在文本 text 中使用“to”替换每一处“from”。例如：

```
$(subst ee,EE,feet on the street)
```

结果为

```
fEEt on the street
```

(2) $(patsubst pattern，replacement，text)：寻找 text 中符合格式 pattern 的字符，用 replacement 替换它们。这里 pattern 中包含通配符%，它和一个字中任意个数的字符相匹配。如果 replacement 中也含有通配符%，则这个%被和 pattern 中源配符%匹配的文本代替。例如：

```
$(patsubst  % .c,%.o ,x.c.o bar.c)
```

结果为

```
x.c.o bar.o
```

替换引用是实现函数 patsubst 功能的一个简单方法，例如：

```
$(var:pattern=replacement)
```

等同于：

```
$(patsubst pattern ,replacement ,$(var))
```

下例说明怎样使用函数 subst 和 patsubst 通知 C 编译器在相同路径列表中搜寻头文件：

```
$(subst : , ,$(VAPTH))
```

产生值 src ../headers。然后，函数 patsubst 为每一个路径名加入– I 标志，即

```
$(patsubst % , – I % , $(subst : , ,   $( VAPTH)))
```

产生文本为– Isrc –I../headers。最后将这些路径加到变量 CFLAGS 中：

```
override CFLAGS+=$(patsubst % , – I % ,$ (subst :, , $(VPATH)))
```

结果在以前给定的变量 CFLAGS 的值后追加文本– Isrc– 1../headers。override 指令的作用为即使以前使用命令参数指定了变量 CFLAGS 值，新值也能起作用。

(3) $(filter pattern…，text)：返回在 text 中由空格隔开且匹配格式 pattern…的字，对于不符合格式 pattcrn…的字将其移出。格式用%写出，和前面论述过的函数 patsubst 的格式相同。函数 filter 用来分离类型不同的字符串。例如：

```
sources := foo.c bar.c baz.s ugh.h
foo: $(sources)
  cc  $(filter % .c %.s , $(sources))  – o foo
```

表明 foo 依靠 foo.c、bar.c、baz.s 和 ugh.h；但仅有 foo.c、bar.c 和 baz.s 指明用命令编译。

(4) $(filter-out pattern…，text)：返回在 text 中由空格隔开且不匹配格式 pattern…的字，

对于符合格式 pattern…的字将其移出，即

```
objects=main1.o foo.o main2.o bar.o
mains=main1.o mian2.o
```

产生不包含在变量 mains 中的 OBJ 文件的文件列表：

```
$(filter-out  $(mains) ,$(objects))
```

(5) $(wildcard pattern)：参数 pattern 为文件名格式，典型的用法包含通配符(和 shell 中的文件名相同)。函数 wildcard 的结果是一列和格式匹配且文件存在的文件名，文件名之间用一个空格隔开。如果没有与指定格式一致的文件，则函数 wildcard 的输出将会省略。注意这和在规则中通配符扩展的方式不同，在规则中使用逐字扩展方式，而不是省略方式。使用函数 wildcard 得到指定目录下所有的 C 语言源程序文件名：

```
$(wildcard  *.c)
```

可以把所获得的 C 语言源程序文件名的字符串，转换为一个 OBJ 文件名的字符串，其格式为

```
$(patsubst % .c ,% .o ,$(wildcard *.c))
```

这样，编译特定目录下所有 C 语言源程序，把源程序链接在一起的 Makefile 文件可以写成如下格式：

```
objects :=$(patsubst %.c ,%.o ,$(wildcard *.c))
foo : $(objects)
cc – o foo $(objects)
```

这里使用了编译 C 语言源程序的隐含规则，因此没有必要为每个文件编写具体编译规则“:=”是“=”的变异。

(6) $(addprefix prefix，names…)：参数 names 作为一系列的文件名，文件名之间用空格隔开；prefix 作为一个单位，将 prefix(前缀)的值附加在每一个独立文件名前面，完成后将文件名串联起来，文件名之间用单个空格隔开。例如：

```
$(addprefix src/ ,foo bar)
```

结果为

```
Src/foo src/bar
```

3.5.9　Makefile 的扩展变量

使用“:=”的作用是立即把文件定义中参考到的函数和变量展开。如果使用“=”，函数和变量参考会保留，也就是说改变一个变量的值会导致其他变量的值也被改变。例如：

```
A=foo
B=$(A)
```

现在 B 是$(A)，而$(A)是 foo。

```
A= bar
```

现在 B 仍然是$(A)，但 A 的值已改变为 bar。

```
B:=$(A)
```

现在 B 的值是 bar。

A＝ foo

现在 B 的值仍然是 bar。

3.5.10　Makefile 中的替换

发布版本中每个包含了需要被编译或者被安装文件的目录都应该含有一个文件 Makefile.in，configure 将利用它在那个目录中创建一个 Makefile。为了创建 Makefile，configure 进行了一个简单的变量替换：用 configure 为@variable@选取的值，在 Makefile. in 中对它们进行替换。按照这种方式被替换到输出文件中的变量称为输出变量。在 configure 中，它们是普通的 shell 变量。为了让 configure 把特殊的变量替换到输出文件中，必须把那个变量的名字作为调用 AC_SUBST 的参数。其他变量的任何@variable@都保持不变。使用 configure 脚本的软件应该发布文件 Makefile.in，而不是 Mallefile；这样，用户就可以在编译它之前正确地为本地系统进行配置。下面是每个预定义变量所包含的内容。

(1) 变量 bindir：用于安装由用户运行的可执行文件的目录。

(2) 变量 configure_input：用于说明文件是由 configure 自动生成的，并且给出了输入文件名的注释。AC_OUTPUT 在它创建的每个 Mallefile 文件的开头添加一个包括了这个变量的注释行。对于其他文件，应该在每个输入文件开头处的注释中引用这个变量。例如，一个输入 shell 脚本应该以如下行作为开始：

```
#! /bin/sh
# @configure_input@
```

这一行的存在也提醒程序员在编辑这个文件之后需要用 configure 进行处理。

(3) 变量 datadir：用于安装只读的与结构无关的数据的目录。

(4) 变量 exec_prefix：与结构有关的文件的安装前缀。

(5) 变量 includedir：用于安装 C 头文件的目录。

(6) 变量 infodir：用于安装 Info 格式文档的目录。

(7) 变量 libdir：用于安装目标代码库的目录。

(8) 变量 libexecdir：用于安装由其他程序运行的可执行文件的目录。

(9) 变量 localstatedir：用于安装可以被修改的单机数据的目录。

(10) 变量 mandir：用于安装 man 格式的文档的顶层目录。

(11) 变量 oldincludedir：用于安装由非 GCC 编译器使用的 C 头文件的目录。

(12) 变量 prefix：与结构无关的文件的安装前缀。

(13) 变量 sbindir：用于安装主系统管理员运行的可执行文件的目录。

(14) 变量 sharcdstatedir：用丁安装可以修改的与结构无关的数据的目录。

(15) 变量 srcdir：包含了由 Makefile 使用的源代码的目录。

(16) 变量 sysconfdir：用于安装只读的单机数据的目录。

(17) 变量 top_srcdir：包的顶层源代码目录。在目录的顶层，它与 srcdir 相同。

(18) 变量 CFLAGS：为 C 编译器提供的调试和优化选项。如果在运行 configure 时，没有在环境中设置 CFLAGS，可在调用 AC_PROG_CC 时设置。configure 在编译程序以测试 C 的特征时，使用本变量。

(19) 变量 CPPFLAGS：为 C 预处理器和编译器提供头文件搜索目录选项(-Idir)以及其他各种选项。如果在运行 configure 时，在环境中没有设置本变量，默认值为空。configure 在编译或者预处理程序以测试 C 的特征时，使用本变量。

(20) 变量 CXXFLAGS：为 C++编译器提供的调试和优化选项。如果在运行 configure 时，没有在环境中设置本变量，那么就在调用 AC_PROG_CXX 时设置它的值。configure 在编译程序以测试 C++的特征时，使用本变量。

(21) 变量 FFLAGS：为 FORTRAN 77 编译器提供的调试和优化选项。如果在运行 configure 时，在环境中没有设置本变量，那么它的值就在调用 AC_ROG_F77 时被设置(如果没有调用 AC_ROG_F77，它就为空)。configure 在编译程序以测试 FORTRAN77 的特征时，使用本变量。

(22) 变量 DEFS：传递给 C 编译器的-D 选项。如果调用了 AC_CONFIG_HEADER，configure 用-DHAVE_CONFIG_H 代替@DEFS@。configure 测试时，本变量没有被定义，只有在创建输出文件时候才定义。

(23) 变量 LDFLAGS：为连接器提供的 Stripping(-s)的选项和其他各种选项。如果运行 configure 时，在环境中没有设置本变量，它的值就是空。configure 在连接程序以测试 C 的特征时使用本变量。

(24) 变量 LIBS：传递给连接器的-I 和-L 选项。

为了支持从一个软件包的源代码复制件中同时为多种结构进行编译，make 用变量 VPATH 寻找存储在源代码目录中的文件，并把每种结构生成的目标文件都在它们的目录中存储。GNUmake 和其他大部分新版本的 make 程序都可以这样操作，老版本的 make 程序不支持 VPATH。在使用它们的时候，源代码必须与目标代码处于同一个目录。

为了支持 VPATH，每个 Makefile.in 文件都应该包括下列两行：

```
srcdir=@srcdir@
VPATH=@srcdir@
```

不要把 VPATH 设置成其他变量的值，比如说 VPATH＝$(srcdir)，这是因为某些版本的 make 并不对 VPATH 的值进行变量替换。在 configure 生成 Makefile 时，用正确的值对 srcdir 进行替换。除非在隐含规则中，不使用 make 变量$＜，它将被展开成到源代码目录的文件的路径(通过 VPATH 确定)。有些版本的 make 在隐含规则中不设置$<，它们被展开成空值。

Makefile 命令行总是应该通过使用前缀$(srcdir)/来引用源代码文件，例如：

```
Time,info: time.textinfo
$(MAKEINFO)  $(srcdir)/time.textinfo
```

可以在包的顶层目录的 Makefile.in 文件中添加规则，以便在更新配置文件之后可以自动地更新配置信息。下例包括了所有可选的文件，例如“aclocal.m4”和那些与配置头文件有关的文件。从 Makefile.in 规则中可忽略所有不需要的文件。

由于 VPATH 机制的限制，因此应该包含${srcdir}/前缀。在重新创建不改变 config.h.in 和 config.h 的内容的情况下，不会改变这两个文件的时间标记，因此需要 stamp-文件。该特征避免了不必要的重新编译工作。一般地，应该把文件成 stamp-h.in 包含在包的发布中，以便 make 能够把 config.h.in 看做是更新了的文件。在一些旧的 BSD 系统中，touch 或者任何可能导致空文件的命令不会更改时间标记，因此应使用诸如 echo 之类的命令。

```
${srcdir}/configure: confihure.in aclocal.m4
cd ${srcdir}    && autoconf
# autoheader might not change config.h.in , so touch a stamp file.
${srcdir}/config.in.h :stamp-h.in
${srcdir}/stamp-h.in :configure.in aclocal.m4 acconfig.h config.h.top config.h.bot
cd ${srcdir} && autoheader
echo timestamp > ${srcdir}/stamp-h.in
config.h: stamp-h
stamp-h: config.h.in config.status
./config.status
Makefile: Makefile.in config.status
./config.status
config.status : configure
./config.status -recheck
```

此外，还应该把 echo timestamp＞stamp 上作为 extra_cmds 参数传递给 AC_OUTPUT，以便 config.status 能够确认 config.h 是否更新。

3.6 使用 autoconf

autoconf 是用于生成可以自动配置软件源代码包以适应多种 UNIX 类系统的 shell 脚本工具。由 autoconf 生成的配置脚本在运行的时候与 autoconf 无关，就是说配置脚本的用户并不需要拥有 autoconf。由 autoconf 生成的配置脚本在运行的时候不需要用户手工干预；甚至不需要通过给出参数以确定系统的类型。相反，它们需对软件包可能需要的各种特征进行独立的测试(在每个测试之前，打印一个单行的消息以说明正在进行的检测。因此，在混合系统或者从各种常见的 UNIX 变种定制而成的系统中工作得很好，没有必要维护文件以储存由各个 UNIX 变种及各个发行版本所支持的特征列表。

对于每个使用了 autoconf 的软件包，autoconf 从列举了该软件包需要的或者可以使用的系统特征的列表的模板文件中生成配置脚本。在 shell 代码识别并响应被列出的系统特征之后，autoconf 允许多个可能使用该特征的软件包共享该特征。如果调整 shell 代码，只在一个地方进行修改即可，所有的配置脚本都将被自动重新生成，以使用更新了的代码。

autoconf 需要 GNU m4 以便于生成脚本。autoconf 使用了某些 UNIX 版本的 m4 所不支持的特征，会超出包括 GNU m4 1.0 在内的某些 m4 版本的内部限制。

3.6.1 创建 configure 脚本

由 autoconf 生成的配置脚本通常被称为 configure。在运行的时候，configure 会创建一些文件，在这些文件中以适当的值替换配置参数。由 configure 创建的文件主要如下：

(1) 一个或者多个 Makefile 文件，在包的每个子目录中都有一个。

(2) 可创建一个 C 头文件，名字可以被配置，该头文件包含一些#define 命令。

(3) 可创建名为 config.status 的 shell 脚本，在运行时，重新创建上述文件。

(4) 可创建名为 config.cache 的 shell 脚本，储存测试的运行结果。

(5) 可创建名为 config.log 的文件，包含由编译器生成的许多消息，以便于在 configure 出现错误时进行调试。

为了使用 autoconf 创建 configure 脚本，需要编写 autoconf 的输入文件 configufe. in 并运行 auoconf。如果自行编写了特征测试以补充 auoconf 所提供的测试，还要编写名为 aclocal.m4 的文件和名为 acsite.m4 的文件。如果使用了包含#define 指令的 C 头文件，还需要编写 aconfig.h，并且需要与软件包一同发布由 autoconf 生成的文件 config.h.in。

3.6.2 编写 configure.in 文件

为软件包创建 configure 脚本，需要编写 configure.in 文件，该文件包含软件包需要或者可以使用的系统特征测试的 autoconf 宏调用。现有的 autoconf 宏可以检测许多特征。对于大部分其他特征，可以使用 autoconf 模板宏创建定制测试，configure.in 可手工编写 shell 命令检索特征。

除了少数特殊情况，在 configure.in 中调用 autoconf 宏的顺序并不重要。在每个 configure.in 中，必须在进行任何测试之间包含对 AC_INIT 的调用，并且在结尾处包含对 AC_OUTPUT 的调用。此外，有些宏要求其他的宏在它们之前被调用，因为需要通过检查某些变量在前面设定的值以决定操作。这些宏在独立的说明中给出，而且如果没有按照顺序调用宏，生成 configure 时会发出警告。为了提高一致性，下面是调用 autoconf 宏的推荐顺序。通常，在本列表中靠后的项目依赖于表中靠前的项目。例如，库函数可能受到 typedefs 和库的影响，表现如下：

```
AC_INIT(file)
Checks for program
Checks for libraries
Checks for headser files
Checks for typedefs
Checks for structures
Checks for compiler characteristics
Checks for library functions
Checks for system services
AC_OUTPUT([file...])
```

每个宏调用在 configure.h 中占据单独的一行。大部分宏并不添加额外的新行；它们依赖于在宏调用之后的新行以结束命令。这种方法使得生成的 configure 脚本在不必添加大量的空行的情况下比较容易阅读。在宏调用的同一行中设置 shell 变量通常是安全的，因为 shell 允许出现没有用新行间隔的赋值。

在调用带参数的宏的时候，在宏名和左括号之间不能出现任何空格。如果参数被 m4 引用字符“[”和“]”所包含，参数就可以多于一行。如果有一个长行，比如一个文件名列表，通常可以在行的结尾使用反斜线以便在逻辑上把它与下一行进行连接。

有些宏处理两种情况：如果满足了某个给定的条件就执行相应动作，如果没有满足某个给定的条件亦然。在有些地方，可能希望在条件为真的情况下执行某些操作，为假时为空操作，反之亦然。为了忽略为真的情况，把空值作为参数 action_if_found 传递给宏。为了忽略为假的情况，可以忽略包括前面的逗号在内的宏的参数 action_if_found。

可在文件 configure.in 中添加注释。注释以 m4 预定义宏 dnl 作为开头，该宏丢弃在下一个新行之前的所有文本。这些注释并不在生成的 configure 脚本中出现。例如，把下面给出的行作为文件 configure.in 的开头是有益的：

```
dnl Process this file with autoconf to produce a configure script
```

3.6.3 通过 autoconf 创建 configure

为了通过 configure.in 生成 configure，必须不带参数地运行程序 autoconf。autoconf 通过使用 autoconf 宏的 m4 宏处理器处理 configure.in。如果为 autoconf 提供了参数，读入给出的文件而非 configure.in 并且把配置脚本输出到标准输出而不是 configure。autoconf 中的参数“-”表示从标准输入，而不是从 configure.in 中读取，并且把配置脚本输出到标准输出。autconf 宏在几个文件中定义。在这些文件中，有些是与 autoconf 一同发布的。autoconf 首先读入它们，而后在包含了发布的 autoconf 宏文件的目录中寻找可能出现的文件 acsite.m4，并且在当前目录中寻找可能出现的文件 aclocal.m4。这些文件可以包含站点或者包自带的 autoconf 宏定义。如果宏在多于一个由 autoconf 读入的文件中被定义，那么后面的定义将覆盖前面的定义。

3.6.4 更新 configure 脚本

如果有大量由 autoconf 生成的 configure 脚本，程序 autoconf 可以保留工作。重复地运行 autoconf(在适当的情况下还运行 autoheader)以重新创建以当前目录为根的目录树的 autoconf configure 脚本和配置头文件。默认情况只重新创建那些比对应的 configure.in 或者(如果出现)aclocal.m4 旧的文件。在文件没有被改变的情况下，autoheader 并不改变输出文件的时间戳(Timestamp)，为了使工作量最小化，修改时间戳是不必要的。如果安装了新版本的 autoconf，可以使用-forrce 选项调用 autoreconf 重新创建所有的文件。

在同一个目录树中，autoconf 不支持两个目录作为同一大包的一部分，也不支持每个目录都是独立包。如果使用了-localdir 选项，假定所有的目录都是同一包的一部分；如果没有使用-localdir 选项，假定每个目录都是独立的包。

每个 autoconf 生成的 configure 脚本必须以对 AC_OUTPUT 的调用为结尾。AC_CUTPUT 是以创建作为配置结果的 Makefile 以及其他一些可能的文件的宏。此外还必须调用宏 AC_INIT，在 configure.in 的末尾调用 AC_OUTPUT 宏一次该宏的语法为

```
AC_OUTPUT([file… [, extra-cmds [, init-cmds]]])
```

其中，参数 file…是以空格分隔的输出文件的列表，可能为空。AC_INIT 宏通过从输入文件中复制并替换输出变量的值以创建每个给出的 file。如果输出文件所在的目录不存在，它将创建该目录。通常，Makefile 是按照这种方式创建的，但其他文件，例如 .gdbinit 也可以这样创建。

如果调用了 AC_CONFIG_HEADER、AC_LINK_FILES 或者 AC_CONFIG_SUBDIRS，AC_INIT 宏也将创建出现在参数中的文件。典型的对 AC_OUTPUT 的调用如下：

```
AC_OUTPUT(Makefile src/Makefile man/Makefile X/IMakefile )
```

也可以通过在 file 之后添加用冒号分隔的输入文件列表以自行设定输入文件名，例如：

```
AC_OUTPUT(Makefile: templates/top.mk lib/Makefile : templates/lib.mk)
AC_OUTPUT(Makefile: templates/vars.mk :Makefile.in : templates/rules.mk)
```

这样做使得文件名能够被 MS-DOS 接受，或者可以把模板文件添加到文件的开头或者结尾。如果给出了 extra-cmds，那么这些命令将被插入到 config.status 中，以便在 config.status 完成了其他的所有处理之后运行 extrs-cmds。如果给出了 init-mds，它们将被插入 extra-cmds 之前，并且在 configure 中将进行 shell 变量、命令和反斜线替换。可以用 init-cmds 把变量从 configure 中传递到 extra-cmds。如果调用了 AC_OUTPUT_COMMANDS，在其中给出的命令将在由 AC_INIT 给出的命令之前运行。

前面提到的 AC_OUTPUT_COMMANDS 宏可以被调用多次，用来指定在 config.status 末尾运行的附加 shell 命令，以及用于初始化来自于 configure 的所有变量的 shell 命令。典型的对 AC_OUTPUT_COMMANDS 的调用如下：

```
testcom=5
AC_OUTPUT_COMMANDS([echo this is the first demo $testcom,and so on.],testcom=$ testcom)
AC_OUTPUT_COMMANDS([echo this is the second demo , extra ,bit.],[echo init bit])
```

如果在子目录中运行 make，应该通过使用 make 变量 MAKE 来运行。make 大部分版本把 MAKE 设置成 make 的程序名以及所需要的任何选项。

如果 make 预定义变量 MAKE，则把输出变量 SET_MAKE 定义为空；否则，把 SET_MAKE 定义成 MAKE=make，为 SET_MAKE 调用 AC_SUBST。为了使用这个宏，在每个其他运行 MAKE 的目录中的 Makefile.in 添加如下一行：

```
@SET_MAKE@
```

3.7　使用 automake

automake 根据 Makefile.am 文件内容，自动生成 Makefile.in 文件。要为包建立所有的 Makefile.in 文件，可以在目录的顶层以没有参数的形式运行 automake 程序，automake 自动找到每一个合适的 Makefile.am(通过扫描 configute.in)并且产生相应的 Makefile.in 文件。

automake 的简单用法如下。首先创建三个文件：helloworld.c、configure.in 和 Makefile.am，然后执行下面的命令：

```
aclocal; autoconf; automake --add-missing;    ./configure;make; ./helloworld
```

过程分以下几个步骤完成。首先创建目录。在工作目录下创建 helloworld 目录，用来存放 helloworld 程序及相关文件；

```
$ mkdir helloworld
$ cd helloworld
```

接下来用编辑器写 hellowrold.c 文件，代码如下：

```
int main(int argc, char** argv)
{
  printf("hello,linux world!\n");
   return 0;
}
```

现在在 helloworld 目录下应该存在 helloworld.c 文件。最后生成 configure，使用 autoscan 命令来根据目录下的源代码生成 configure.h 的模板文件，命令如下：

```
$autoscan
$Is
configure.scan helloworld.c
```

执行后在 helloworld 目录下生成 configure.scan 文件，可以作为 configure.in 的蓝本。现在将 configure.scan 改名为 configure.in，并且编辑，按下面的内容修改，去掉无关的语句；

```
# -*- Autoconf -*-
#Process th is file with autoconf to produce a configure script

AC_INIT(helloworld.c)
AM_INIT_AUTOMAKE(helloworld ,1.0)
#checks for program
AC_PROG_CC
#checks for libraries.
#checks for header files
#checks for typedef,structures, and complier characteristic
#checks for library functions
AC_OUTPUT(Makefile)
```

然后执行命令 aclocal 和 autoconf，分别会产生 aclocal.m4 及 configure 两个文件：

```
$aclocal
$Is
aclocal.m4 configure.in helloworld.c
$autoconf
$Is
aclocal.m4 autom4te.cache configure configure.in helloworld
```

可以看到 configure.in 的内容是一些宏定义，这些宏经 autoconf 处理后会变成检查系统特性、环境变量、软件必需参数的 shell 脚本。autoconf 是用来生成自动配置软件源代码脚本的工具。configure 脚本能独立于 autoconf 运行，且在运行的过程中不需要用户的干预。

要生成 configure 文件，必须告诉 auoconf 如何找到所用的宏，方法是使用 aclocal 程序来生成 aclocal.m4。

aclocal 根据 configure.in 文件的内容自动生成 aclocal.m4 文件。aclocal 是 Perl 脚本程序，定义为：aclocal-create aclocal.m4 by scanning configure.ac。autoconf 从列举编译软件时所需要各种参数的模板文件 configure.in 中创建 configure。autoconf 需要 GNU m4 宏处理器来处

理 aclocal.m4，以生成 configure 脚本。

m4 是一个宏处理器，将输入复制到输出，同时将宏展开。宏可以是内嵌的，也可以是用户定义的。除了可以展开宏，m4 还有内建的函数，用来引用文件、执行命令、整数运算、文本操作、循环等。m4 既可以作为编译器的前端，也可以单独作为宏处理器。

使用 vi 命令创建一个 Makefile.am 文件：

```
$vi Makefile.am
```

该文件的内容如下：

```
AUTOMAKE_OPTIONS=FOREIGN
Bin PROGRAMS=helloworld
Helloworld SOURCE=helloworld.c
```

automake 根据所写的 Makefile.am 自动生成 Makefile.in。Makefile.am 中定义的宏和目标指导 automake 生成指定的代码。例如，宏 bin_PROGRAMS 将导致编译和链接的目标被生成。

下一步运行 automake,命令如下：

```
$automake –add--missing
configure.in: installing './install-sh'
configure.in: installing './mkinstalldirs'
configure.in:installing './missing'
Makefile.am:installing './depcomp'
```

automake 会根据 Makefile.am 文件产生相关文件，包含最重要的 Makefile.in。执行 configure 生成 Makefile，命令如下：

```
$ ./configure
checking whether build environment in sane …yes
checking for gawk… gawk
checking whether make sets $(make)…yes
checking for gcc…gcc
checking for C compiler default output …a.out
checking whether C complier works…yes
checking whether we are cross compiling…no
checking for suffix of executables…
checking for suffix of object files…o
checking whether we are using the GNU C compiler …yes
checking whether gcc accepts –g…yes
checking for gcc option to accept ANSI C …none needed
checking for style of include used by make…GNU
checking dependency style of gcc…gcc3
configure:creating ./config.status
config.status: creating Makefile
config.statue:executing depfiles commands
```

```
$Is –1 Makefile
-rw-rw-r–1 oracle oracle8 15035 Oct 15 10:40 Makefile
```

此时 Makefile 已经产生，现在可以使用 Makefile 来编译代码。

最后运行 helloworld 文件：

```
$ ./helloworld
hello,linux world!
```

这样 helloworld 编译完成，如果按上面的步骤来做的话，可以很快编译出正确的 helloworld 文件。

3.8　GDB 调试工具

无论是多么优秀的程序员，都难以保证在编写代码时不会出现任何错误，因此调试是软件开发过程中一个必不可少的组成部分。当程序员完成代码编译之后，很可能无法正常运行：或者彻底崩溃，或者不能实现预期的功能。那么如何才能找到问题的症结所在就成了开发人员所要面对的问题。通常说来，软件项目的规模越大，调试起来就越困难，越需要一个强大而高效的调试器作为后盾。对于 Linux 程序员来讲，目前可供使用的调试器非常多，GDB(GNU Debugger)就是其中较为优秀的一个，它是自由软件联盟(Frs Software Foundation)的主要工具。虽然这种工具使用起来不如一些可视化工具随心所欲，但它的一些高级特性为程序员调试程序指明了方向，也可以帮助软件工程师提高工作效率，进而增进工程项目的进度。本节将主要介绍使用 GDB 调试程序的方法。

3.8.1　GDB 概述

调试器能让软件开发人员观测被调试程序在执行过程中的内部活动情况，作用为协助程序员找到代码中的错误。如果没有 GDB 的帮助，程序员要跟踪代码的执行流程，唯一的办法就是添加大量的语句来产生特定的输出(例如 printf 或 con)。但这一手段本身就可能会引入新的错误，从而也就无法对那些导致程序崩溃的错误代码进行分析。GDB 的出现减轻了开发人员的负担，开发人员可以在程序运行的时候单步跟踪代码，或者通过断点暂时中止程序的执行。

此外，开发工程师还能够随时察看变量和内存的当前状态，并监视关键的数据结构是如何影响代码运行的。GDB 是一个交互式工具，工作在字符模式下。在 X.Windows 系统中，有 GDB 的前端图形工具，称为 xxgdb。关于 xxgdb 的调试方法和 GDB 的类型，本章节不再赘述，请翻阅相关资料。

GDB 主要能完成以下四项内容(包括为了完成某些事而附加的功能)，以帮助开发人员找出被调试程序中的错误。

其一，运行被调试程序，设置所有能影响该程序的参数和变量。

其二，保证被调试程序在指定的条件下停止运行。

其三，当被调试程序停止时，允许开发工程师检查发生了什么。

其四，根据每次调试器的提示信息来做相应的改变，那样可以修正某个错误引起的问题，然后继续查找别的错误。

GDB 支持下列语言：C、C++、FORTRAN、PASCAL、Java、Chill、assembly 和 Modua-2。一般说来，GDB 会根据所调试的程序来确定相应的调试语言。比如，文件扩展名为 .c，GDB 会认为是 C 程序；扩展名为 .c、.co、.cp、.cpp、.c–、.C++ 的，GDB 会认为是 C++程序；扩展名是 .f 和 .F 的，GDB 会把它们看做是 FORTRAN 程序；文件扩展名如果是 .S、.S 的，GDB 把它们看做是汇编语言。也就是说，GDB 可根据所调试程序的设计语言来设置对应的语言环境，GDB 的命令可随语言环境的改变而改变。比如一些 GDB 命令需要用到表达式或变量时，这些表达式或变量的语法，可根据当前的语言环境而改变的。并且，如果当前的程序由几种不同语言共同编译完成，那么在调试过程中，GDB 能根据不同的语言自动进行语言环境的切换。这种随语言环境不同而动态改变的功能为开发人员提供了极大的方便。

3.8.2 GDB 使用示例

本节将通过实例来编译并调试程序。以 simple_prac.c 为例，要注意的是这段程序存在问题。程序如下：

```
#include<stdio.h>
char buff[256];
char *string;
int main()
{
        printf("please input a string: ");          /*打印一个输入提示符*/
        gets(string);                               /*输入一个字符串*/
        printf("\n your string is:%s\n",string);   /*输出刚才输入的字符串*/
}
```

先说明如何取得包括源文件的可执行文件，命令如下：

```
$man gcc
```

系统显示 gcc 的帮助文件信息，读者可以自己输入命令查看。

为了在调试中出现足够的调试信息，可使用-ggdb 参数：

```
Gcc -ggdb<原文件.c> -o <可执行文件>
```

在 Linux 平台的字符终端上按以上方法把程序编译、链接后可产生可供 GDB 调试的可执行文件：

```
gcc -g simple_prac.c -o simple_prac
```

产生的可执行文件名为 simple_prac，输入命令启动 GDB 调试：

```
gdb simple_prac
```

屏幕将显示 GDB 提示信息如下：

```
gdb simple_prac
GDB is free software and you are welcome to distribute copies of it under certain condition; type "show
copying" to see the conditions. There is absolutely no warranty for GDB; type "show warranty" for details.
```

GDB5.2, Copyright 1995 Free Software Foundation, Inc…

其中，(gd)是提示符号，在这个符号的提示下可以输入命令调试程序，直到退出。对simple_prac.c 进行编译的时候，会出现 Segment Fault(段错误)，因为该程序使用了未经过初始化的字符串地址 string。

以下是编译该程序时的情景：

```
[root@Sunky/root]# gcc -o simple_prac -ggdb simple_prac.c
/tmp/ccahuURn.o(.text+0x2a): In function 'main'
/home/pra/simple_prac.c:9:the 'gets' function is dangerous and should not be used.
$./simple_prac
Please input a string:asfd
Segmentation fault (core dumped)
```

为了查找该程序中出现的问题，将使用 GDB 按如下的步骤进行调试：

(1) 运行 gdb bugging 命令，装入 bugging 可执行文件。

```
[root@Sunky root] #gdb simple_prac
GNU gdb Asianux (6.0post-0.20031117.6AX)
Copyrigth 2003 Free Software Foundation, Inc
GDB is free software, covered by the GUN General Public License, and you are welcome to change it and/or distribute copies of it under certain conditions.
Type “show copying” to see the conditions.
There is absolutely no warranty for GDB. Type “show warranty” for details.
This GDB was configured as “i386-asianux-linux-gnu” … Using host libthread db library “/lib/libthread_db.so.1”
(gdb)
```

(2) 执行装入的 bugging 命令。

```
(gdb) r
Starting program: /home/pra/simple_prac
Please input a string: djfkdljf
Program received signal SIGSEGV, Segmentation fault.
0x4008d9e5 in gets() from /lib/i686/libc.so.6
```

(3) 使用 where 命令查看程序出错的地方。

```
(gdb) where
#0   0x4008d9e5 in gets() from /lib/i686/libc.so.6
#1   0x080483a6 in main() at simple_prac.c:9
(gdb)
```

(4) 使用 list 命令查看调用 gets 函数附近的代码。

```
(gdb) list
Gets (string);
Printf("\n Your string is %s)n", string);
}
```

```
(gdb)
```

(5) 而导致 gets()函数出错的因素就是 string 变量，用 print 命令查看 string 变量的值。

```
(gdb) print string
$1=0x0
(gdb)
```

(6) 在 GDB 中可以直接修改变量值，为 string 变量取得一个合法的指针值，为此可设置断点。

(7) 重新运行程序，运行到断点处会停止，使用 set variable 命令修改变量的值，发现错误是由于 string 变量引起的。

(8) 继续运行程序，正确结果将输出。

3.8.3 启动 GDB

在运行 GDB 时通过许多命令行参数可指定大量的参数和选项，通过参数可以在启动程序时设置程序运行环境。这里将要描述的命令行参数包括了大多数的情况，最常用的命令就是使用一个参数：

```
$ gdb<可执行文件>
```

还可以同时为这个可执行文件指定一个 core 文件，如：

```
$gdb<可执行文件> core
```

也可以为要执行的文件指定一个进程号，语法如下：

```
$gdb<可执行文件><进程号>
```

例如下面的命令可以将 GDB 与进程 3287 联系：

```
$gdb xxx 3287
```

GDB 首先检查 core 文件，假设在使用远程终端进行远程调试程序，如果终端不支持将无法使用参数 2，甚至包括 core dump。

取消开始出现的提示信息使用– silent 参数：

```
$ gdb -silent
```

使用-h 参数可以获得使用 GDB 的其他参数。输入命令：

```
$gdb -help  或–h
```

当 GDB 开始运行时，会把任何不带选项前缀的参数都当作可执行文件或 core 文件(或进程号)，就如同在前面加了-se 或-c 选项。GDB 把第一个前面没有选项说明的参数看做是前面加了-se 选项，而把第二个参数看做是跟随-c 选项。

一些常用的参数选项如下：

```
-symbols <文件名>(或–s<文件名>)
```

从<文件名>中读取符号并把它作为可执行文件：

```
-exec <文件名> (或-e<文件名>)
```

在适当的时候执行<文件名>，用正确的数据与 core dump 做比较：

```
-se<文件名>
```

从<文件名>中读取符号把它作为可执行文件：

-core <文件名> (-c<文件名>)

指定<文件名>为一个 core dump 文件：

-c <数字>

连接到进程号为<数字>的进程，(与 attach 命令相似)：

-command<文件名>

-x<文件名>

执行 GDB 命令，在<文件名>指定的文件中存放着一系列的 GDB 命令，可以看做是一个批处理。

-directory(-d) <路径>

指定路径，把<路径>加入搜索源文件的路径中：

-m

-mapped

3.8.4　GDB 模式的设置

可以通过许多模式来运行 GDB，例如“批模式”和“安静模式”。这些模式都是在 GDB 运行时在命令行作为选项指定的。例如，在启动时不执行任何初始化文件时可以加-nx 或-n 选项，一般情况下，这些初始化文件中的命令会在所有的命令行参数都被传给 GDB 后再执行。

如果不愿查看或已经查看过 GDB 许可信息，可以使用-quiet 或者-q 选项。

在“批模式”下运行时，命令文件中的所有命令都被成功执行后，GDB 返回状态“0”，如果在执行中出错，GDB 将返回一个非零值。把 GDB 作为过滤器时可以使用该模式。“批模式”的代码如下：

Gdb –batch

Kub= =

-cd DIRECTORY

把 DIRECTORY 作为 GDB 的工作目录(一般默认工作目录为当前目录)

-full name

-f

在 Emacs 下，当把 GDB 作为子进程来运行时，Emacs 会通知 GDB 按标准输出完整的文件名和行号，并把行号和字符重新按列排序。

“-b BPS”用于为远程调试设置波特率；“-tty DEVICE”使用 DEVICE 来作为程序的标准输入/输出。

以上模式的设置也可以采用默认的模式，但手动设置更能方便用户使用。

3.8.5　退出 GDB

使用如下命令：

$gdb quit

可退出 GDB 或输入一个文件结束符(通常是 Ctrl+D)。如果没有使用表达式，GDB 会正常退出，否则它会把表达式的值作为 error code 返回。一个中断(通常是 Ctrl+C)不会导致从 GDB 中退出，而是结束任何一个 gdb 命令后返回 GDB 的命令输入模式。一般说来，在任何时候使用 Ctrl+C 都是安全的，因为 GDB 可以截获它，中断只有在足够安全时才可起作用。

3.8.6 shell 命令的使用

偶尔运行一些 Shell 命令时不必退出调试过程，也不需要挂起，shell 提供了这些命令。

shell COMMAND STRING 调用标准 shell 来执行 COMMAND STRING 环境变量，其决定哪个 shell 被运行，否则 GDB 将使用/bin/sh。

3.9 在 GDB 下运行程序

可以把 GDB 命令缩写成开头几个字母执行，没有二义性时可以直接按回车运行。对于有多个选择，系统会显示可供选择的命令。一个 GDB 命令是一个单行的输入，长度没有限制，以一个命令开头，后面可以跟参数，比如命令 step 后接一个参数表示单步执行多少步；当然也可以不接任何参数。GDB 命令只要没有二义性就可以被缩写，一些缩写作为一个命令列出。在某些情况下二义性也是允许的，比如 s 是 step 的缩写，但还可表示命令 start，可以把这些缩写作为 help 命令的参数来测试它们。空行(直接回车)表示重复上一个命令。但有些命令不能重复，比如 m，就不可以这种方式重复。另外，一些命令被重复后会产生严重的后果，所以也不能用这种方法来重复。例如 list 和 x 命令，简单地按回车键时，会建立新的变量，而不是简单地重复上一个命令。GDB 还有一种解释 RET 的方法(分割长文件的输出)，这种方法和 more 命令相似。由于经常会误敲回车键，因此当一个命令产生很长的输出时 GDB 将禁止重复。任何用＃开头一直到行尾的命令行被看做是注释，主要在命令文件中使用。

3.9.1 命令输入的技巧

在使用 GDB 调试命令时，用户可以不输入完整的命令名称，使用任何惟一的缩写都可以。例如 backtrace 命令就可以缩写成 back 甚至 bt。使用 Tab 键可以方便地得到所要的命令。比如在 GDB 中输入下述命令：

(gdb) info bre<TAB> (键入 info bre，后按 Tab 键)

GDB 能完成剩下的输入，还可提供选择的可能性，如果有多个可能，第一次按 Tab 键，GDB 会响铃提示，第二次则显示可能的选择。同样，GDB 也可以为一些子命令提供快速的访问方式，用法同上。当然也可以直接按回车，GDB 就将输入的作为命令的可能的缩写作为判断来执行。如果所输入的信息缩写不足以 GDB 进行判断，那么 GDB 会列出所有可能的命令。如果只需要浏览命令的列表或选项，则可以在命令行下输入：

(gdb) M-? (按 Esc 键的同时按 Shift 和? 键)

也可以直接在命令行下输入：

(gdb)<M-?>

此时，GDB 会响铃并显示所有的命令。不过这种方式在远程调试时不起作用。当有的命令使用一个字符串时，可以用 '' 将其括起来。这种方法在调试 C++ 程序时特别有用，因为 C++ 支持函数的重载。当在某个重载函数上设断点时，不得不给出函数参数以区分不同的重载函数，这时就应该把整个函数用 '' 括起来。例如要在一个叫 name 的函数上设断点，而这个函数被重载为 name(nit)和 name(float)。此时须给出参变量以区分不同的函数，即使用 name(nit)和 name(float)。这里有个技巧，可以在函数名前加一个 ' 符号。然后按 M+? 键，可以使用 help 命令来得到 GDB 的在线帮助。

可以通过在 help 或 h 后面不加任何参数来得到 GDB 命令类的列表。

使用 help class 作为 help 或 h 的参量，可以得到单一的命令列表。例如显示 status 类的列表：

详细列出单个命令的资料。

```
(gdb) complete ARGS
```

上述命令行语法的含义是列出所有以 ARGS 开头的命令。

除了使用 help，还可以使用 GDB 的命令 info 和 show 来查询程序的状态，每个命令可以查询一系列的状态。这些命令以恰当的方式显示所有的子命令。

(gdb) info 命令(可以缩写为 i)用来显示程序的状态。比如使用 info args 列出程序所接受的命令行参数。使用 info registers 列出寄存器的状态。或者用 info breakpoint 命令列出在程序中设置的断点。要获得详细的关于 info 的信息则可以输入：

```
(gdb)help info
```

set 命令用来为程序设置运行环境。如下面的命令行可以把 GDB 的提示符设为 $：

```
set prompt   $
```

show 命令的功能和 info 相反，用来显示 GDB 自身的状态。可以使用 set 命令来改变绝大多数由 show 显示的信息，例如：

```
(gdb) show radix
```

该命令行的作用是显示基数。用不带任何参变量的 set 命令可以显示所有可以设置的变量值。如下三个变量不可以用 set 命令来设置：

(1) (gdb) show version：显示 GDB 的版本号。如果发现 GDB 有 bug，应该在 bug-reports 里加入 GDB 的版本号。

(2) (gdb) show copying：显示版权信息。

(3) (gdb) show warranty：显示担保信息。

3.9.2 调试程序时的注意事项

在 GDB 下运行程序时，先为 GDB 准备好带有调试信息的可执行程序。在 GDB 中为程序设置参变量，重新定向程序的输入/输出。设置环境变量可调试一个已经执行的程序或终止子进程。为了高效地调试程序，需要使用编译器来产生附带调试信息的可执行代码，这些调试信息存储在目标文件中，描述了变量的数据类型和函数声明，在源文件代码行和执行代码之间建立联系。为产生调试信息，当使用编译器时一定要指定选项，这样才可以为程序产生带有调试信息的可执行代码。GNU 的 C 语言编译器支持-g 和-O 选项，因此可以产生带调试信息的且优化过的可执行代码。使用 GDB 调试使用-g 或-O 选项产生的程序时，编译器为了优化程序而重新安排了程序。最简单的例子就是当我们定义了一个变量但从未使用过它时，在 GDB 中是看不到这个变量的，因为它已经被优化了。早期的 GUN C 编译器允许-gg 选项，这个选项也用来产生调试信息，不过现在 GDB 已经不再支持这种格式的调试信息，即便所使用的编译器支持-gg 选项，也不要使用它。

3.9.3 调试程序环境设置

“环境”包括了一系列的环境变量参数。环境变量记录了常用的信息，比如用户名、主目录、终端型号和运行程序的搜索路径。一般可以在 shell 下设置环境变量，这些变量被所有运行的程序共享。在调试中，可以设置恰当的环境变量而不退出 GDB，下面说明一些常用的环境变量。

(1) (gdb)path DIRECTORY：在 path 环境变量前加入新的内容(path 提供了搜索执行文件的路径)。对于 GDB 和被调试程序，可能需要设置专门的路径。使用“:”或空格来分隔。如果 DIRECTORY 已经在路径中，这个操作将会把它移到前面。可以使用串$cmd 来代表当前路径，如果用了“.”符号，代表使用 path 时的路径，GDB 将在把 DIRECTORY 加入搜索路径前用“.”代替当前路径。

(2) (gdb) show paths：显示当前路径变量的设置情况。

(3) (gdb)show environment [VARNAME]：显示某个环境变量的值。如果不指明变量名，则 GDB 会显示所有的变量名和内容。enviroment 可以被缩写成 env。

(4) (gdb)set environment VARNAME [=] VALUE：设置某个环境变量的值。只对所调试的程序有效，对 GDB 本身不起作用。变量值可以是任何串，如果未指定变量值，则该变量值将被设为 NULL。

对于下面命令：

```
(gdb)set env USR = foo
```

Linux 程序下一次命令运行时用户名将是 foo。

(5) (gdb) unset environment VARNAME：删除某个环境变量。

(6) (gdb)cd DIRECTORY：将 GDB 的工作目录设为 DIRECTORY。

(7) (gdb) pwd：打印输出当前目录。

默认情况下，被调试程序的输入/输出和 GDB 的输入/输出使用同一个终端。GDB 在自身和用户之间切换交互。

(8) (gdb)info terminal：显示当前使用的终端的类型信息。

(9) (gdb) run outfile：可以把程序的标准输出写入到文件 outfile 中。另一个为程序指定输入/输出的方法是使用命令 tty，即

```
(gdb) tty
```

本命令接受一个文件名作为参量，把该文件作为以后使用 run 命令的默认命令文件。还可重新为子进程设置控制终端。

(10) (gdb)tty/dev/ttyb：指定用 run 命令启动的进程使用终端/dev/ttyb 作为程序的输入/输出，而且把这个终端设为进程的控制终端，清楚使用 run 命令的重定向将会重新设置打印

所设置的内容，不影响控制终端。使用 tty 命令或在 run 命令中对输入/输出进行重定向时，除非正在调试的程序的输入/输出发生改变，否则不会影响到其他的程序。

3.9.4 运行程序

可以使用下列命令来启动程序：

```
(gdb) run
```

在使用命令之前，必须先指定被调试程序的名字、用 GDB 的命令行参数或使用 file 命令来指定文件名。如果在支持多进程的环境下运行程序，M 命令会创建一个子进程然后再加载程序。如果环境不支持进程，则 GDB 直接跳到程序的第一条命令。有些父进程设置的参数可以决定程序的运行，这些参数可以分为以下四类：

(1) 一般参数：可以在使用 mn 命令时设置，如果 shell 支持的话，还可以使用通配符或变量代换。在 UNIX 系统中可以使用 shell 环境变量来控制 shell。

(2) 环境参数：程序一般直接从 GDB 继承环境变量。但是可以使用 set environmnt 命令来设置专门的环境变量。

(3) 工作目录：程序可以从 GDB 那里继承了工作目录，也可以使用 cd 命令在 GDB 中改变工作目录。

(4) 标准输入/输出：程序一般使用与 GDB 所用的相似的设备来输入/输出，也可以为程序的输入/输出进行重定向。使用 run 或 tty 命令可设置与 GDB 所用不同的设备。

3.10 调 试 程 序

“attach PROCESS-ID”命令把已经运行的进程(在 GDB 外启动)连接到 GDB 以便调试。PROCESS_ID 是进程号。(LINUX 中使用 ps 或 jobs -1 来查看进程)，attach 一般不重复。使用 attach 命令的前提是操作系统必须支持进程，另外还要有向此进程发送信号的权限。当使用 attach 命令时，应该先使用 file 命令来指定进程所联系的程序源代码和符号表，当 GDB 接到 attach 命令后第一件事就是停止进程的运行，可以使用所有 GDB 的命令来调试一个“连接”的进程，就像用 run 命令在 GDB 中启动一样。如果想要进程继续运行，使用 continue 或 C 命令就可以了。结束调试后可以使用 detach 命令断开进程和 GDB 的连接。在这个命令执行后进程将继续执行。如果使用 attach 连接一个进程后退出了 GDB，或使用 run 命令执行了另一个进程，这个被 attach 的进程将被终止。

但在默认情况下，GDB 会要求确认是否要退出或执行一个新的进程。

3.10.1 子进程结束

kill 命令用来结束在 GDB 下打开的子进程，此命令主要用于调试 core dump 文件，因为 GDB 在调试过程中会忽略所有的 core dump。在一些操作系统上，对于某一个程序而言，加了断点以后就不能离开 GDB 而独立运行，不过可以通过 kill 命令来解决这个问题。当想重新编译和链接程序时，kill 命令也有效，因为有些系统不允许修改正在执行的可执行程序。

再一次使用 run 命令时，GDB 会知道程序已经发生改变，那么 GDB 会重新载入新的符号，而且尽量保持当前的断点设置。

3.10.2　调试多线程程序

Linux 是支持多线程的操作系统，所以需要调试器具备调试多线程程序的能力，GDB 提供了下面几种调试多线程程序的功能。

(GDB)thread THREADNO 命令用来在线程之间切换。

产生线程后，GDB 会给出提示，使用 r 命令：

```
(gdb) r
Starting program: /root/thread
[New Thread 1073951360(LWP 12900)]
[New Thread 1082342592(LWP 12907)]
[New Thread 1090731072(LWP 12908)]
[New Thread 1099119552(LWP 12909)]
```

可以通过 info threads 命令查看现存线程。

```
(gdb) info threads
4 Thread 1099119552 (LWP 12940) 0xffffe002 in ?? ()
3 Thread 1090731072 (LWP 12939) 0xffffe002 in ?? ()
2 Thread 1082342592 (LWP 12938) 0xffffe002 in ?? ()
*1 Thread 1073951360 (LWP 12931) main (argc=1, argv=0xbfffda04) at thread.c: 21)
```

在上面命令产生的信息中，数字 1、2、3、4 是 GDB 分配的线程号，对线程进行切换时，使用该号码，而不是 info threads 标出的 12940、12939 等数字。很明显，带有星号(*)的一行指明了它是当前活动的线程。

thread THREADO 命令可以进行线程的切换。

在使用 GDB 调试的时候，通常只有一个线程为活动线程，如果希望得到其他线程的输出结果，必须使用 thread 命令切换至指定的线程，才能对该线程进行调试或观察输出结果。

3.10.3　调试多进程程序

GDB 对调试使用 fork 系统调用产生新进程的程序没有提供很多支持。当一个程序开始新进程时，GDB 将继续对父进程进行调试，子进程将不受影响而继续运行。如果在子进程可能会执行到的地方设置一个断点，那么子进程将收到 SIGTRAP 信号；如果子进程没有对该信号进行处理，那么默认的处理就是使子进程终止。然而，如果一定要调试子进程，简单的折衷办法就是在子进程被运行后的开头几条语句前加上一个 sleep 命令，这在调试过程中并不会引起很大的麻烦，然后再使用 ps 命令列出新打开的子进程号，最后使用 attach 命令。

3.10.4　调试的停止和继续

调试器的基本功能就是在程序运行时，还没有终止之前在某些条件下停止，然后再继续运行，这样就可以检查程序出错时被调试的程序究竟在执行哪些操作。在 GDB 内部，程序会由于各种原因而暂时停止，比如信号、断点或 step 命令。在程序停止的时候可以检查和改变某些变量的值，设置或去掉断点，然后继续程序的运行。一般当程序停下来时，GDB 都会显示一些有关程序状态的信息，如果要了解更详细的信息，可使用如下命令：

```
(gdb)info program
```

这条命令可以显示程序运行或停止等信息。

3.11　设置断点、观测点和异常

当程序运行到断点时，无论程序在做什么都会被停止下来。对于每个断点都可以设置一些更高级的信息以决定断点在什么时候起作用。设置断点的方法是在程序中使用 break 命令，在前面的例子中已经提到过这个命令的用法。

观测点是一种特殊的断点。是在程序中某个表达式的值发生变化时起作用。也可以像对普通断点一样对观测点进行操作，可以使用和普通断点操作一样的命令来对观测点操作。当程序中设置断点或观测点时，GDB 为每个断点或观测点赋一个数值，在许多对断点操作的命令中都要使用这个数值。下面具体介绍设置断点和观测点的方法。

1．设置断点

一般使用 break 或简写成 b 即可设置断点。GDB 使用环境变量 $hpnum 来记录最新设置的断点。当然也有别的方法来设置断点，如：

```
(gdb) break function
```

该命令用来在函数上设置断点。当使用允许函数重载的语言如 C++时，有可能同时在几个重载的函数上设置断点。

```
(gdb)reak +OFFSET
(gdb)break –OFFSET
```

这两个命令用于在当前程序运行到的前几行或后几行处设置断点。OFFSET 为行号。

```
(gdb)break LINENUM
```

该命令在行号为 LINENUM 的行上设置断点。

```
(gdb)break FILENAME LINENUM
```

该命令在文件名为 FILENAME 的 LINENUM 行上设置断点。

```
(gdb)break FILENAME :FUNCTION
```

该命令在文件名为 FILENAME 的 FUNCTION 函数上设置断点。当多个文件中可能包含同名函数时必须给出文件名。

```
(gdb)break *ADDRESS
```

该命令在地址 ADDRESS 设置断点。

当 break 命令不包含任何参数时，break 命令会在当前执行到的程序运行栈中的下一条指令上设置断点。除了栈底以外，这个命令能使被调试程序一旦从当前函数返回立即停止。

```
(gdb)break …if COND
```

该命令设置由 COND 指定的条件断点。在 GDB 每次执行到此断点时，COND 都被计算，当 COND 的值非零时，程序在断点处停止。

(gdb)break REGEX

该命令在所有满足表达式 REGEX 的函数上设置断点。这个命令在所有相匹配的函数上设置无条件断点，当命令完成时显示所有被设置的断点信息。命令设置的断点和 break 命令设置的断点没有不同。可以像操作一般的断点一样对命令设置的断点进行操作。当调试 C++程序时命令在重载函数上设置断点很有帮助。

(gdb)info breakpoints [N]

(gdb)info break [N]

(gdb)info watchpoints [N]

以上三个命令显示所有的断点和观测点，其设置表如表 3-8 所示。

表 3-8　断点和观测点的设置表

选　项	说　明
Breakpoint Numbers	断点号
Type	断点类型(或者观测点)
Disposition	显示断点状态
Enabled or Disabled	使能或者不使能
Address	断点在程序中的地址
What	断点在程序中的行号

如果断点是条件断点，此命令还可显示断点所需要的条件。带参数 N 的 info break 命令只显示由 N 指定断点的信息。此命令还可显示断点的运行信息(被执行过几次)，这个功能在使用 ignore 命令时很有帮助，可以忽略一个断点许多次。使用这个命令可以查看断点被执行的次数，可以更快地找到错误。GDB 允许在一个地方设置多个断点，但设置相同的断点是没有必要的，不过可以使用条件断点。GDB 有时会自动在程序中加入断点，这主要是 GDB 本身的需要。比如为了正确处理 C 语言中的 longjmp，这些内部断点都是负值，以-1 开始，Info breakpoints 不会显示，不过可以使用命令 maint info breakpoints 来查看这些断点。

(gdb)maint info breakpoints

以上这个命令的使用格式和 info breakpoints 相同，显示包括手动和 GDB 自动设置的所有断点。表 3-9 列出了这些断点的含义。

表 3-9　断点含义表

断点名称	含　义
breakpoint	普通断点
watchpoint	普通观测点
longjmp	内部断点，用于处理 longjmp 调用
longjmp resume	内部断点，设置在 longjmp 调用的目标上
until	Until 命令使用的内部断点
finish	finish 命令使用的内部断点

2．设置观测点

可以使用观测点来停止程序，当某个表达式的值改变时，观测点会将程序停止运行，而不需要先指定在某个地方设置一个断点。由于观测点的这个特性，使观测点在使用时开销较大，但在捕捉错误时非常有效，特别是不知道程序在什么地方出了问题时。下面介绍一些常用的命令：

(gdb)watch EXPR

该命令使用 EXPR 作为表达式设置一个观测点。GDB 将该表达式加入到程序中并监视程序的运行，当表达式的值被改变时 GDB 就会使程序停止运行。这点也可以用在 SPARClite DSU 提供的新的自陷工具中。当程序存取某个地址或某条指令时(这个地址在调试寄存器中指定)，DSU 将产生自陷。数据地址 DSU 是支持 watch 命令的，然而硬件断点寄存器只能存储两个断点地址，而且断点的类型必须相同，即两个 rwatch 型断点或两个 awatch 型断点。

(gdb)rwatch EXPR

该命令用来设置观测点，当 EXPR 被程序读出时，程序被暂停。

(gdb)awatch EXPR

该命令用来设置观测点，当 EXPR 被读出然后再被写入时，程序被暂停。命令通常和 awatch 命令一起使用。

(gdb)info watchpoints

该命令用来显示所设置的观测点的列表，和 info break 命令相似。

在调试多线程程序时，观测点的作用很有限，GDB 只能观察在一个线程中的表达式的值，如果确信表达式只被当前线程所存取，那么使用观测点才有效。GDB 不能注意到非当前线程对表达式值的改变。

3. 断点和异常

在一些语言中，如 GNU C++，实现了异常处理。此外可以使用 GDB 来检查异常发生的原因，而且 GDB 还可以列出在某个点上异常处理的所有过程。

(gdb)catch EXCEPTIONS

以上这个命令可以在被激活的异常处理句柄中设置断点。其中 EXCEPTIONS 是一个异常。当然也可以使用 info catch 命令来列出活跃的异常处理句柄。

如果使用了交互函数，当函数运行结束时，GDB 将会像通常情况那样把控制返回。如果在调用中发生了异常，函数将继续运行，直到遇到一个断点、一个信号或是退出运行，不能手工产生一个异常(即异常只能由程序运行中产生)，同样也不能手工设置一个异常处理句柄。有时 catch 命令不一定是调试异常处理的最好的方法。如果需要知道异常产生的确切位置，最好在异常处理句柄被调用以前设置一个断点，这样可以检查栈的内容。如果在一个异常处理句柄上设置断点，就不容易知道异常发生的位置和原因。要仅仅在异常处理句柄被唤醒之前设置断点，还必须了解一些语言的实现细节。比如在 GNU C++中异常被一个叫 raise exception 的库函数所调用，这个函数的原型如下：

```
/*ADDR is where the exception identifier is stored.
    ID is the exception identifier. */
Void raiseexception(void **ADDR, void *ID)
```

要使 GDB 在栈展开之前抓住所有的句柄，可以在函数_raise_exception 上设置断点。对于条件断点，取决于具体的 ID 值，可以在程序中设置断点，当某个特别的异常被唤醒或者有一系列异常被唤醒时，可以使用多重条件断点来停止程序。

4. 删除断点

断点或是观测点完成作用后，需要从程序中删去，否则程序还会在相同的地方停止，从而造成干扰。删除断点的命令为 clear，clear 命令还可以删除指定位置的断点。delete 命令可以用断点号来指定要删除的断点或观测点。在删除断点时不需要先运行，GDB 会忽略刚刚删去的断点，所以可以继续运行程序而不理会断点。

5. 使断点暂时失去作用

如果只是想让断点在某一时间段内失去作用以方便调试的话，可以先使断点失去作用，以后再使用的时候可以用 enable 命令激活。通常使用 enable 命令来激活断点或是观测点，使用 disable 命令来使断点或观测点不起作用，使用 info break 或 info watch 来查看那些断点是活跃的。断点或观测点一般有以下四种状态：

(1) 可使用。当程序运行到断点处时，程序停止。使用 break 命令设置的断点一开始缺省就是能使用的。

(2) 不可使用。断点对程序的运行没有什么影响。

(3) 可使用一次后变为不可使用。断点对程序的运行只有一次影响，然后就自动变成不能使用的状态。使用 break 设置的断点一开始默认的状态。

(4) 能使用一次后自动删除。断点在起了一次作用后自动被删除。可以使用以下的命令来操作一个断点或观测点，使它变成能使用或是不能使用。

```
disable [breakpoints] [BNUMS...]
```

该命令由参数指定断点或观测点变为不可使用，如果没有参数，缺省的值会使所有断点和观测点变为不可使用。当断点或观测点被操作为不能使用之前的状态是会被记录下来的，在断点或观测点再次被激活时，原来的状态会得到继续。

6. 断点条件

最简单的断点就是当程序每次执行到那个点时就简单地将程序挂起，也可以为断点设置“条件”。条件只是所使用的编程语言的一个布尔表达式，带有条件表达式的断点在每次执行时判断计算表达式的值，当表达式值为真时才挂起程序。这是使用“判断”的一种形式，在这种形式中只有在判断为真时才挂起程序。如果在 C 语言中要使判断为假时挂起程序则使用“！表达式”。

条件表达式对观测点也同样有效，观测点本身就计算一个表达式，使用会简单一些。比如只在变量名上设置观测点后设置条件来测试新的赋值。断点条件可能有副作用，也许会影响整个程序的运行。但是有时候还必须使用，比如，用来激活显示程序完成情况的函数，或使用打印函数来格式化特殊的数据结构。当在同一位置没有另一个断点设置时，结果是可预见的。(在 GDB 中如果在同一个地方使用了一个断点和一个条件断点，则普通断点可能先被激活。)

在条件断点的应用上还有很多技巧，断点条件可以在设置断点的同时被设置。使用 if 命令作为 break 命令的参数。断点条件也可以在任何时候使用 condition 命令来设置。watch 命令不能以 if 作为参数，所以使用 condition 命令是在观测点上设置条件的唯一方法。

```
(gdb)condition BNUM EXPRESSION
```

以上命令是把 EXPRESSION 作为断点条件。断点用 BNUM 来指定。在为 BNUM 号断点设置了条件后，只有在条件为真时程序才被暂停。当使用 condition 命令时，GDB 同步检查 EXPRESSION 的值并判断表达式中的符号在断点处是否有效，但 GDB 并不真正计算表达式的值。

```
(gdb)condition BNUM
```

此命令删除在 BNUM 号断点处的条件，使之成为一个普通断点。条件断点的特殊例子是使程序在执行了某句语句若干次后停止。由于这个功能非常有用，可以使用命令来直接设置它，即 ignore count。每个断点都有 ignore count，默认值是零。如果 ignore count 是正值，那么程序在运行过断点处 count 次后就被暂停。

```
(gdb)ignore BNUM COUNT
```

此命令设置第 BNUM 号断点的 ignore count 为 COUNT。如果要让断点在下次执行到时就暂停程序，那么把 COUNT 设为 0。使用 continue 命令来继续执行程序时，可以直接把 ignore count 作为 continue 的参数使用，只要在 continue 命令后直接跟 ignore 的次数即可。如果一个断点既有一个 ignore count 又有一个条件时，条件将不被检查。只有当 ignore count 变为 0 时 GDB 才开始检查条件。另外还可以用 condition 命令来获得与用 ignore count 同样效果的断点。除了使用 break 命令所设置的断点以外，断点被设置时都是使能的。

7．断点命令列表

可以为任一个断点或观测点指定一系列命令，当程序执行到断点时，GDB 自动执行这些命令。例如打印表达式的值或使能其他的断点。

end 等命令为断点号为 BNUM 的断点设置一个命令列表。这些命令在…command list…中列出。end 命令用来表示列表的结束。要删除断点上设置的命令序列，只需在 command 命令后直接跟 end 命令即可，当不指定 BNUM 时，GDB 默认为最近遇到的断点或是观测点设置命令列表。使用回车键来表示重复使用命令的特性在…command list…中不能使用。可以使用命令列表中的命令来再次使程序进入运行状态，如使用 continue 命令或 step 命令。

在使程序恢复执行的命令后的命令都被忽略。因为一旦程序重新运行就可能遇到新的命令列表，那么就应该执行新的命令。如果在命令列表中使用了 silent 命令，那么程序在断点处停止的信息将不被显示。但 silent 命令只有在命令列表的开头有效。命令 echo、output 和 printf 允许精确地控制显示信息，这些命令在 silent 断点中起很大的作用。

断点命令列表是在遇到一个 bug 后改正数据然后继续在调试的过程中被使用。

8．断点菜单

某些编程语言允许一个函数名被多次使用(重载)，以方便应用。当函数名被重载时，break FUNCTION 命令向 GDB 提供的信息不够，GDB 无法获知要设置断点的确切位置。此时，可以使用 break FUNCTIONS(TYPES)命令来指定断点的确切位置，否则 GDB 会提供函数的选择菜单以供选择。提示符用＞来等待输入。开始的两个选择一般是[0] canoef 和[l] all，输入 1 则在所有同名函数上加入断点，输入 0 则退出选择。

下例为企图在重载的函数符号 String::after 上设置断点。

```
(gdb) b String::after
[0] cancel
[1] all
```

```
[2] file:String.cc; line number: 867
[3] file:String.cc; line number: 860
[4] file:String.cc; line number: 875
[5] file:String.cc; line number: 853
[6] file:String.cc; line number: 846
[7] file:String.cc; line number: 735
>246
Breakpoint 1 at 0xb26c: file: String.cc; line 867.
Breakpoint 2 at 0xb344: file: String.cc; line 875
Breakpoint 3 at 0xafcc: file: String.cc; line 846.
Multiple breakpoints were set.
Use the "delete" command to delete unwanted
Breakpoints
(gdb)
```

9. 信号处理函数程序的调试

信号是一种软中断，是一种处理异步事件的方法。一般来说，操作系统支持许多信号，尤其在是 UNIX/Linux 中，比较重要的应用程序一般都会处理信号。Linux 定义了许多信号，比如 SIGINT 表示中断字符信号，也就是 Ctrl+C 的信号，SIGBUS 表示硬件故障的信号；SIGCHLD 表示子进程状态改变信号；SIGKILL 表示终止程序运行的信号等。信号量编程是 Linux 下非常重要的一种技术。GDB 有能力在调试程序时处理任何一种信号，通知 GDB 需要处理哪一种信号。

可以要求 GDB 收到所指定的信号后立刻停止正在运行的程序，以便进行调试。也可以用 GDB 的 handle 命令完成该功能：

```
(gdb)handle<signal><keywords…>
```

该命令用于在 GDB 中定义一个信号处理。信号 signal 可以以 SIG 开头或不以 SIG 开头，可以定义要处理信号的范围(如 SIGIO-SIGKILL 表示处理从 SIGIO 信号到 SIGKILL 的信号，其中包括 SIGIO、SIGIOT 和 SIGKILL 三个信号)，也可以使用关键字 all 来标明要处理所有的信号。一旦被调试的程序接收到信号，运行程序马上会被 GDB 停止，以供调试。表 3-10 中列出了一个或多个断点的关键字。

表 3-10　关 键 字 表

断点名称	含　义
nostop	GDB 不停止程序运行，但通过消息显示收到信号
stop	GDB 会停止程序
print	GDB 显示一条信息
noprint	GDB 不告诉收到信号的信息
Pass noignore	GDB 不处理信号，而交给被调试程序处理
Nopass ignore	GDB 不会让被调试程序处理该信号
Info signals… Info handl…	查看哪些信号在被 GDB 检测中

第 4 章　Linux C 编程基础

本章主要介绍 Linux 环境下 C 语言编程的基本概念，重点介绍 Linux C 的线程和进程、进程通信和多线程编程。

4.1　Linux 下的 C 语言编程——线程操作

进程的概念是针对系统而不是针对用户的，对用户来说，面对的是程序。当用户执行程序时，对系统而言，它将启动一个进程。但和程序不同的是，在进程中，系统可能需要再启动一个或多个进程来独立完成的多个任务。多进程编程的主要内容包括进程控制和进程间通信。

Linux 下的一个进程在内存里包括三部分的数据，即“代码段”、“堆栈段”和“数据段”。一般的 CPU 都有上述三种段寄存器，以方便操作系统的运行。这三个部分也是构成完整的执行序列的必要部分。

“代码段”，顾名思义，就是存放了程序代码的数据单元，假如机器中有数个进程运行相同的一个程序，那么就可以使用相同的代码段。“堆栈段”存放的就是子程序的返回地址、子程序的参数以及程序的局部变量。而“数据段”则存放程序的全局变量、常数以及动态数据分配的数据空间(比如用 malloc 函数取得的内存空间)。系统如果同时运行数个相同的程序，则不能使用同一个堆栈段和数据段。

4.2　Linux 下的进程控制

在 Linux 环境下，有两个基本的操作用于创建和修改进程：函数 fork()用来创建一个新的进程，该进程几乎是当前进程的一个完全拷贝；函数族 exec()用来启动另外的进程以取代当前运行的进程。Linux 的进程控制和传统的 UNIX 进程控制基本一致，只在一些细节的地方有些区别，例如在 Linux 系统中调用 vfork 和 fork 完全相同。

4.2.1　fork()函数

fork 在英文中是“分叉”的意思。一个进程在运行中，如果使用了 fork()函数，将产生另一个进程，于是进程就产生“分叉”了。下面具体描述如何使用 fork()函数，并通过程序演示使用 fork()函数的基本框架：

```
void main(){
int i;
if ( fork() == 0 ) {
/* 子进程程序 */
for ( i = 1; i <1000; i ++ ) printf("This is child process\n");
}
else {
/* 父进程程序*/
for ( i = 1; i <1000; i ++ ) printf("This is process process\n");
}
}
```

程序运行后，屏幕上就会交替出现子进程与父进程各打印出的一千条信息。如果程序还在运行中，用 ps 命令就能看到系统中有两个进程在运行。

调用 fork()函数时，fork()函数启动一个新的进程，此进程几乎是当前进程的一个拷贝。子进程和父进程使用相同的代码段；子进程复制父进程的堆栈段和数据段。父进程的所有数据都可以留给子进程，但是，子进程一旦开始运行，虽然继承了父进程的一切数据，但实际上数据已经分开，相互之间不再影响，也就是说，不再共享任何数据。再要交互信息时，只有通过进程间的通信来实现。既然如此相像，系统如何来区分呢？这是由函数的返回值来决定的。对于父进程，fork()函数返回了子程序的进程号；而对于子程序，fork()函数则返回零。在操作系统中，用 ps 函数就可以看到不同的进程号，对父进程而言，进程号是由比它更低层的系统调用赋予的；而对于子进程而言，它的进程号即是 fork()函数对父进程的返回值。在程序设计中，父进程和子进程都要调用 fork()函数下的代码，也就是利用 fork()函数对父、子进程的不同返回值用 if…else…语句来实现让父、子进程完成不同的功能，上例在执行时两条信息是交互无规则地打印，这是父、子进程独立执行的结果，虽然代码似乎和串行的代码没有什么区别。

大程序在运行时，数据段和堆栈都很大，执行一次 fork()函数就要复制一次，那么 fork()函数的系统开销如何解决？一般 CPU 都是以“页”为单位来分配内存空间的，每一个页都是实际物理内存的一个映像，像 Intel 的 CPU，每页通常情况下为 4086 字节，而无论是数据段还是堆栈段都是由许多“页”构成的，fork()函数复制这两个段，只是“逻辑”上，并非“物理”上的，也就是说，实际执行 fork()函数时，物理空间上两个进程的数据段和堆栈段都还是共享着的，当有一个进程写了某个数据时，这时两个进程之间的数据才有了区别，系统就将有区别“页”从物理上也分开，于是系统在空间上的开销就可以达到最小。

下面为一个耗尽机器资源的 Linux 小程序，其源代码非常简单：

```
void main()
{
    for( ; ; ) fork();
}
```

这个程序死循环地执行 fork()函数，其结果是程序不断产生进程，而这些进程又不断产生新的进程，系统资源就被这么多不断产生的进程耗尽。当然只要系统管理员预先给每个用户设置可运行的最大进程数，恶意的程序就可被制止。

4.2.2　exec()函数族

在 Linux 中要使用 exec()函数族。系统调用 execve()函数可对当前进程进行替换，替换者为指定的程序，其参数包括文件名(Filename)、参数列表(Argv)以及环境变量(Envp)。exec()函数族当然不止一个，在 Linux 中，分别有 execl、execlp、execle、execv，execve 和 execvp，下面以 execlp 为例说明，可以通过 manexec 命令来了解其他函数。

进程一旦调用 exec()函数族，它本身就“死亡”了，系统把代码段替换成新程序的代码，废弃原有的数据段和堆栈段，并为新程序分配新的数据段与堆栈段，唯一留下的，就是进程号。也就是说，对系统而言，还是同一个进程，不过已经是另一个程序了。

如果要启动另一程序但仍继续运行原程序的话，结合 fork()函数与 execlp()函数的使用，下面代码显示如何启动运行其他程序：

```
char command[256];
void main()
{
int rtn; /*子进程的返回数值*/
while(1) {
/* 从终端读取要执行的命令 */
printf( ">" );
fgets( command, 256, stdin );
command[strlen(command)-1] = 0;
if ( fork() == 0 ) {
/* 子进程执行此命令 */
execlp( command, command );
/* 如果 execlp()函数返回，表明没有正常执行命令，打印错误信息*/
perror( command );
exit( errorno );
}
else {
/* 父进程，等待子进程结束，并打印子进程的返回值 */
wait ( &rtn );
printf( " child process return %d\n",. rtn );
}
}
}
```

此程序从终端读入命令并执行，执行完成后，父进程继续等待从终端读入命令。熟悉 DOS 和 Windows 系统调用的人一定知道 DOS/Windows 也有 exec()类函数，其使用方法是类似的，但 DOS/Windows 还有 spawn 类函数，因为 DOS 是单任务系统，只能将“父进程”驻留在机器内再执行“子进程”，这就是 spawn 类函数。Win 32 是多任务系统，但还是保留了 spawn 类函数。Win 32 中实现 spawn 函数的方法同前述 UNIX 中的方法差不多，开设子进程后父进程等待子进程结束后继续运行。Linux 是多任务的系统，所以从核心角度上讲不需要 spawn 类函数。

在这一节里，要提到 system()函数和 popen()函数。system()函数先调用 fork()函数，然后再调用 exec()函数来执行用户的登录 shell，通过 shell 来查找可执行文件的命令并分析参数，最后使用 wait()族函数来等待子进程的结束。popen()函数和 system()函数相似，不同的是 popen()函数调用 pipe()函数创建一个管道，通过此管通来完成程序的标准输入和标准输出。

4.3　多线程编程入门

下面为一个典型的多线程程序代码。

```
#include <stdio.h>
#include <pthread.h> /*多线程编程中必须包含这个头文件*/
  void handle(void)
 {
 int   i;
 for( i=0; i < 10; i++)
 {
 printf("my name is sub_thread.\n");
 }
 }
 int main(void){
 pthread_t id;   /*定义线程描述符号*/
 int   i ;
 int   ret;
 ret = pthread_create(&id,NULL,(void *) thread,NULL);   /*创建一个线程*/
 if(ret != 0)
 {
 printf ("Create pthread error!\n");
exit (1);
 }
 for(i=0 ; i < 10 ; i++)
 {
printf("my name is main_thread.\n");
 }
 pthread_join(id,NULL); /*主线程等待之线程结束*/
 return (0);
 }
```

编译此程序，运行 mult_thread.c 程序，得到如下结果：

```
my name is main_thread
my name is sub_thread
my name is main_thread
my name is sub_thread
my name is main_thread
my name is main_thread
my name is sub_thead
my name is main_thread
my name is sub_thread
mp name is sub_thread
```

注意该程序每次运行的结果可能会有所不同。

4.3.1 创建线程

相对进程而言，线程是更加接近于执行体的概念，可以与同进程中的其他线程共享数据，并且拥有自己的栈空间以及独立的执行序列。在串行程序的基础上引入线程和进程是为了提高程序的并发度，从而提高其运行效率和响应时间。线程和进程在使用上各有优缺点，线程执行开销小，但不利于资源的管理和保护；而进程则相反。另外，线程适合在 SMP 计算机上运行，而进程则可以跨计算机迁移。

1．线程的创建

在前面的程序示例中，使用了 pthread_create()函数和 pthread_join()函数，并声明了一个 pthread_t 型变量。pthread_t 是在头文件/usr/include//bits/pthreadtypes.h 中定义的，原型如下：

```
typedef unsigned long int pthread_t;
```

是线程的标识符。

pthread_create()函数用于创建新线程，并将其标识符放入参数 pthread 指向的新线程中。函数接口和原型为

```
#include<pthread.h>
int pthread_creat(pthread_t *thread,pthread_attr_t *attr,void *(*start_routine)(void *),void *arg)
extern int pthread_create_p (pthread_t *_thread,_const pthread_attr_t *_attr,void *(*_start_routine)
(void *),void *_arg));
```

其中，第一个参数为指向线程标识符的指针，第二个参数用于设置线程属性，第三个参数是线程运行函数的起始地址，最后一个参数是运行函数的参数。有时候也可以不需要参数，将最后一个参数设为空指针。第二个参数也可设为空指针，这样将生成默认属性的线程。成功创建线程后，函数返回 0，若不为 0，则说明创建线程失败，常见的错误返回代码为 EAGAIN 和 EINVAL。前者表示系统限制创建新的线程，如线程数目过多；后者表示第二个参数代表的线程属性值非法。新创建的线程运行第三参数和第四参数确定的函数，原来的线程则继续运行下一行代码。

与 fork()函数调用创建进程的方法不同，pthread_create()函数创建的线程并不具备与主线程(即调用 pthread_create()函数的线程)同样的执行序列，而是使其运行为 start_routine(arg)。

thread 返回创建的线程 ID，而 attr 是创建线程时设置的线程属性。pthread_create()函数的返回值表示线程创建是否成功。尽管 arg 是 void 类型变量，但它同样可以作为任意类型的参数传给 start_routine()函数；同时，start_routine()函数可以返回一个 void 类型的值，且该值也可以是其他类型，由 pthread_join()函数获取。

pthread_create()函数中的 attr 参数是结构指针，结构中的元素分别对应着新线程的运行属性，主要包括以下几项。

(1) _detachstate：新线程是否与进程中的其他线程脱离同步，如果置位，则新线程不能与 pthread_join 同步，且退出时自行释放所占用的资源。该属性默认为 PTHREAD_CREATE_JOINABLE 状态。该属性也可以在线程创建并运行后通过 pthead_detach()函数来设置，但只要设置为 PTHREAD_CREATE_DETACH 状态(不论是创建时设置还是运行时设置的)，就不能再恢复到 PTHREAD_CREATE_JOINABLE 状态。

(2) _schedpolicy：新线程的调度策略，主要包括 SCHED_OTHER(正常、非实时)、SCHED_RR(实时、轮转法)和 SCHED_FIFO(实时、先入先出)三种，默认为 SCHED_OTHER，后两种策略仅对超级用户有效。该属性运行时可以用 pthread_setschedparam()函数来改变。

(3) _scheddparam：是一个 sched_param 结构，目前仅有一个 sched_priority 整型变量表示线程的运行优先级。该参数仅当调度策略为实时间(即 SCHED_RR 或 SCHED_FIFO)时才有效，并可以在运行时通过 pthread_setschedparam()改变，默认为 0。

(4) _inheritsched：有两种值可供选择，即 PTHREAD_EXPLICIT_SCHED 和 PTHREAD_INHERIT_SCHED。前者表示新线程使用显式指定调度策略和调度参数(即 attr 中的值)，后者表示继承调用者线程的值。

(5) _scope：线程间竞争 CPU 的范围，也就是线程优先级的有效范围。POSIX 的标准中定义了 PTHREAD_SCOPE_SYSTEM 和 PTHREAD_SCOPE_PROCESS。前者表示与系统中的所有线程一起竞争 CPU 时间，后者表示仅与同进程中的线程竞争 CPU。目前 LinuxThreads 仅实现了 PTHREAD_SCOPE_SYSTEM。Thread_attr_t 结构中还有一些值不使用 pthread_create()函数设置。为设置这些属性，POSIX 定义了一系列属性设置函数，包括 pthread_attr_init()、pthread_attr_destroy()和与各个属性相关的 pthread_attr_get()和 pthread_attr_set()函数。

2．在 Linux 中创建线程

在 Linux 中创建线程是在内核外进行的，内核提供创建进程的接口 do_fork()。内核提供了两个系统调用：_clone()和 fork()，最终都用不同的参数调用 do_fork()内核 API。当然，要想实现线程，没有内核对多进程(其实是轻量级进程)共享数据段的支持是不行的，因此，do_fork()函数提供了很多参数，如表 4-1 所示。

表 4-1　do_fork()函数

参　数	参 数 说 明
CLONE_VM	共享内存空间
CLONE_FS	共享文件系统信息
CLONE_FILE	共享文件描述符表
CLONE_SIGHAND	共享信号句柄表
CLONE_PID	共享进程 ID，仅对核内进程(即进程 0)有效

当使用 fork 系统调用时，内核调用 do_fork()函数不使用任何共享属性，进程拥有独立的运行环境；而使用 pthread_create()函数创建线程时，设置所有属性来调用_clone()，这些参数全部传递给内核的 de_fork()函数，从而创建的进程拥有共享的运行环境，只有栈是独立的，由_clone()传入。

Linux 线程在核内以轻量级进程的形式存在，具有独立的进程表项，而所有的创建、同步、删除等操作则都在核外 pthread 库中进行。pthread 库使用一个管理线程(_pthread_manager()函数，每个进程都独立且唯一)来管理线程的创建和终止，为线程分配 ID，发送相关的信号(比如 cancel)，而主线程(pthread_create()函数)的调用者则通过管道将请求信息传给管理线程。

4.3.2 pthread_join()和 pthread_exit()函数

pthread_join()函数用于等待线程的结束，也就是该函数会挂起当前线程直到由参数比指定的线程被终止。

pthread_join()函数接口和原型为

```
#include<pthread.h>
int pthread_join(pthread_t th,void * *thread_return);
extern int pthread_join_p(pthread_t_th,void * *_thread_return));
```

第一个参数为被等待的线程标识符；第二个参数为用户定义的指针，可以存储所等待线程的返回值。该函数是一个线程阻塞的函数，调用它的函数将一直等待到所等待的线程结束为止，当函数返回时，所等待线程的资源会被收回。结束线程有两种途径，一种是当函数结束时，调用它的线程结束；另一种是通过 pthre ad_exit()函数退出线程。

pthread_exit()函数接口和原型为

```
#include<pthread.h>
int pthread_exit(void *retval);
extern void pthread_exit_p(void *_retval)) _attribute_((_noreturn_));
```

该函数唯一的参数是返回代码，只要 pthread_join 中的第二个参数 thread_return 不是 NULL，那么这个值就会传递给 thread_return。一个线程不能被多个线程等待，否则当第一个接收到信号的线程成功返回时，其余调用 pthread_join 的线程则返回错误代码 ESRCH。

根据以上内容完成的一个简单程序如下：

```
#ifdef _Linux_
#   define _REENTRANT
#   define _POSIX_SOURCE
#endif   /* Hack for LinuxThreads */
#ifdef _Linux_
#   define _P _P
#endif
#include <pthread.h>
#include <string.h>      /* for strerror() */
```

```
#include <stdio.h>
#define NTHREADS 4
#define errexit(code,str)
    fprintf(stderr,"%s: %s\n",(str),strerror(code)); \
    exit(1);
  /******** this is the thread code */
void *hola(void * arg)
  {
    int myid=*(int *) arg;

    printf("Hello, world, I'm %d\n",myid);
    return arg;
  }

 /******** this is the main thread's code */
 int main(int argc,char *argv[])
  {
    int worker;
    pthread_t threads[NTHREADS];              /* holds thread info */
    int ids[NTHREADS];                        /* holds thread args */
    int errcode;                              /* holds pthread error code */
    int *status;                              /* holds return code */
    /* create the threads */
    for (worker=0; worker<NTHREADS; worker++) {
      ids[worker]=worker;
      if (errcode=pthread_create(&threads[worker], /* thread struct             */
                    NULL,                     /* default thread attributes */
                    hola,                     /* start routine             */
                    &ids[worker])) {          /* arg to routine            */
        errexit(errcode,"pthread_create");
      }
    }
    /* reap the threads as they exit */
    for (worker=0; worker<NTHREADS; worker++) {
      /* wait for thread to terminate */
      if (errcode=pthread_join(threads[worker],(void *) &status)) {
        errexit(errcode,"pthread_join");
      }
      /* check thread's exit status and release its resources */
```

```
    if (*status != worker) {
        fprintf(stderr,"thread %d terminated abnormally\n",worker);
        exit(1);
    }
  }
  return(0);
}
```

4.3.3 取消线程

线程在其主体函数退出的时候会自动终止，也可以因为接收到另一个线程发来的终止(取消)请求而强制终止。

1．线程取消的方法

线程取消的方法是向目标线程发送 cancel 信号，但如何处理该信号则由目标线程决定，即无论忽略、立即终止或者继续运行至cancelation-point(取消点)，都取决于不同的cancelation 状态。线程接收到 cancel 信号的默认处理(即 pthread_create()创建线程的默认状态)后将继续运行至取消点，即设置 canceled 状态后，线程继续运行，直到运行至 cancelation-point 才会退出。

2．取消点

根据 POSIX 标准，pthrad_join()、pthread_testcancel()、pthread_cond_wait()、pthread_condtimedwait()、sem_wait()、sigwait()以及 read()、write()等函数都可引起阻塞的系统调用至 cancelation-point，而其他 pthread 函数都不能引起 cancelation 动作。但是 pthread_cancel 的手册中提到，由于 LinuxThread 库与 C 库结合得不好，因此目前 C 库函数都不是 cancelation-point；但 cancel 信号能使线程从阻塞的系统调用中退出，并置 EINTR 错误码，所以可以在需要作为 cancelation-point 的系统调用前后调用 pthread_testcancel()函数，以达到 POSIX 标准所要求的目标，即如下代码段：

```
pthread_testcancel();
retcode=read(fd,buffer,length);
pthread_testcancel();
```

3．线程循环

如果线程处于无限循环中，且循环体内没有执行至取消点路径，则线程无法由外部其他线程的取消请求而终止，在这种循环体的路径上应该加入 pthread_testcancel()函数调用。

4．与取消线程相关的 pthread 函数

与取消线程相关的 pthread 函数代码如下：

```
#include<pthread.h>
int pthread_cancel(pthread_t thread)
int pthread_setcancelstate(int state,int *oldstate)
int pthread_setcanceltype(int type,int *oldstate)
void pthread_testcancel(void)
```

当前线程中通过调用 pthread_cancel()函数可以取消另一个线程，然后会发送终止信号给 thread 线程，如果成功则返回 0，否则返回非 0 值。发送成功并不意味着 thread 终止。

int pthread_setcancelstate(int state,int *oldstate)用于设置本线程对 cancel 信号的反应，state 有两种取值：PTHREAD_CANCEL ENABLE(默认)和 PTHREAD_CANCEL_DISABLE，分别表示收到信号后设为 canceled 状态和忽略 cancel 信号继续运行。old_state 如果不为 NULL，则存入原来的 cancel 状态以便恢复。

int pthread_setcanceltype(int type, int *oldtype)用于设置本线程取消动作的执行时机，type 有两种取值：PTHREAD_CANCEL_DEFFERED 和 PTHREAD_CANCEL_ASYCHRONOUS，仅当 cancel 状态为 enable 时有效，分别表示收到信号后继续运行至下一个取消点再退出和立即执行取消(退出)动作。oldtype 如果不为 NULL，则存入原来的取消动作类型值。

void pthread_testcancel(void)用于检查本线程是否处于 canceled 状态。如果是 canceled 状态，则执行取消动作，否则直接返回。

4.3.4 线程私有数据

在单线程程序中，经常要用全局变量实现多个函数共享数据。在多线程环境下，由于数据空间是共享的，因此全局变量也被各线程共有。在应用程序设计过程中有必要提供线程私有的全局变量，仅在某个线程中有效。但可以跨多个函数进行访问，比如程序可能需要每个线程维护一个链表，要使用相同的函数操作，最简单的办法就是使用同名而不同变量地址的线程相关数据结构。这样的数据结构可以由 POSIX 线程库维护，称为线程私有数据(Thread-Specific Data，TSD)。

POSIX 定义了两个接口分别用于创建和注销 TSD：

```
Int pthread_key_create(pthread_key_t key,void (*destr_function) (void *))
```

该函数在 TSD 池中分配一项，再将其值赋给 key 供以后访问使用。如果 destr_function 不为空，则当线程退出(pthread_exit)时将以 key 所关联的数据为参数调用 destr_function()，以释放分配的缓冲区。不论哪个线程调用 ptbead_key_create()，其创建的 key 都是所有线程可访问的，但各个线程可根据需要向 key 中填入不同的值，这就相当于提供了一个同名而不同值的全局变量。在 LinuxThreads 的实现过程中，TSD 池用一个结构数组表示：

```
static struct pthread_key_struct pthread_keys[PTHREAD_KEYS_MAX]={{0,NULL}};
```

创建 TSD 就相当于将结构数组中的某一项设置为 in_use，并将其索引返回*key，然后设置 destructor 函数为 destr_function。删除 TSD 可采用如下函数：

```
int pthread_key_delete(pthread_key_t key)
```

该函数并不检查当前是否有线程正在使用这个 TSD，也不会调用清理函数(destr_function())，而只是释放 TSD 以供下一次调用 pthread_key_create()时使用。在 LinuxThreads 中，还可将与其相关的线程数据项设为 NULL。

访问 TSD 的读/写都通过专门的 POSIX thread 函数进行，其函数原型如下：

```
int pthread_setspecific(pthread_key_t key, const void *pointer)
void *pthread_getspecific(pthread_key_t key)
```

写入(pthreadet_setpecific())时，将 pointer 的值(不是它所指的内容)与 key 相关联，由相

应的读出函数将与 key 相关联的数据读出来。数据类型都设为 void，即可以指向任何类型的数据。在 LinuxThreads 中，使用了位于线程描述结构(_pthread_descry_struct)中的二维 void* 指针数组来存放与 key 关联的数据，数组大小由以下宏来说明：

```
# define PTHREAD_KEY_2nDLEVEL_SIZE    32
    # define PTHREAD_KEY_1stLEVEL_SIZE     \
        ((PTHREAD_KEYS_MAX+PTHREAD_2NDLEEVEL_SIZE -1)
                    /PTHREAD_KEY_2NDLEVEL_SIZE)
```

在/usr/include/bits/local_lim.h 中 定义了 PTHREAD_KEY_MAX 为 1024，因此一维数组的大小为 32。具体位置的存放可由 key 值经过以下计算得到：

```
idx lst=key/PTHREAD_KEY_2NDLEVEL_SIZE
idx2nd=key/PTHREAD_KEY_2NDLEVEL_SIZE
```

即数据存放于一个 32×32 的稀疏矩阵中。同样，访问的时候也可由 key 值经过类似计算得到数据所在位置的索引，再取出其中的内容返回。

以下程序说明了如何利用这一机制达到存储线程私有数据的目的。

```
#include <stdio.h>
#include <pthread.h>
 pthread_key_t    key;

 void echomsg(int t)
 {
   printf("destructor excuted in thread %d,param=%d\n",pthread_self(),t);
 }
 void * child1(void *arg)
 {
        int tid=pthread_self();
        printf("thread %d enter\n",tid);
      pthread_setspecific(key,(void *)tid);
      sleep(2);
      printf("thread %d returns %d\n",tid,pthread_getspecific(key));
     sleep(5);
 }

void * child2(void *arg)
{
     int tid=pthread_self();
   printf("thread %d enter\n",tid);
     pthread_setspecific(key,(void *)tid);
     sleep(1);
     printf("thread %d returns %d\n",tid,pthread_getspecific(key));
```

```
        sleep(5);
    }
    int main(void)
    {
        int tid1,tid2;
        printf("hello\n");
        pthread_key_create(&key,echomsg);
    pthread_create(&tid1,NULL,child1,NULL);
        pthread_create(&tid2,NULL,child2,NULL);
        sleep(10);
        pthread_key_delete(key);
        printf("main thread exit\n");
        return 0;
    }
```

给上述程序创建两个线程，分别设置同一个线程私有数据为自己的线程 ID，为了检验其私有性，程序错开了两个线程私有数据的写入和读出时间，从程序运行结果可以看出，两个线程对 TSD 的修改互不干扰。同时，当线程退出时，清理函数会自动执行，参数为 tid。

4.3.5 互斥锁

尽管在 POSIX thread 中同样可以使用 IPC 的信号量机制来实现互斥锁(Mutex)功能，但显然 semphore 的功能过于强大，所以在 POSIX thread 中定义了另外一套专门用于线程同步的 mutex 函数。函数原型如下：

```
#include<pthread.h>
    pthread_mutex_t fastmutex=PTHREAD_MUTEX_INITIALIZER
    pthread_mutex_t recmutex=PTHREAD_RECURSIVE_MUTEX_INITIALIZER_NP
    pthread_mutex_ errchkmutex=PTHREAD_ERRCHECK_MUTEX_INITIALIZER_NP
    int pthread_mutex_init(pthread_mutex_t *attr,const pthread_mutexattr_t *mutexattr);
    int pthread_mutex_lock(pthread_mutex_t *mutex);
    int pthread_mutex_unlock(pthread_mutex_t *mutex);
    int pthread_mutex_trylock(pthread_mutex_t *mutex);
    int pthread_mutex_destroy(pthread_mutex_t *mutex);
```

互斥锁的工作原理比较简单，比如线程 a 试图锁定一个互斥对象，而此时线程 b 已锁定了同一个互斥对象，线程 a 就会进入睡眠状态。一旦线程 b 释放了互斥对象(通过 pthread_mutex_unlock()调用)，那么线程 a 就能锁定该互斥对象(换句话说，线程 a 将从 pthread_mutex_lock 中返回，同时互斥对象被锁定)。同样地，当线程 a 正在锁定互斥对象时，如果线程 c 也试图锁定，那么线程 c 将临时进入睡眠状态。对已锁定的互斥对象，调用 pthread_mutex_lock 的所有线程都将进入睡眠状态，需“排队”访问该互斥对象。

通常使用 pthread_mutex_lock()和 pthread_mutex_unlock()来保护数据结构，即通过线程

的锁定和解锁来保护。对于某一数据结构，要确保某一时刻只有一个线程能够访问。可以推测，当线程试图锁定一个未加锁的互斥对象时，POSIX 线程库将同意锁定，而不会使其进入睡眠状态。程序如下：

```
#include <pthread.h>
#include <stdio.h>
#include <stdlib.h>
#include "pt.h"                            /*自定义头文件*/
#define NTHREADS 4

/* global data area */
int mwork,nwork,pwork;                     /* dimensions of matrices    */
 double **mata,**matb,**matc;              /* ptrs to the matrices      */

 int mdone;                                /* # of rows already done    */
pthread_mutex_t mdone_mutex;               /* lock for mdone            */

/*****************************************************
  * return the next row number to do or -1 if we're done   */
 int nextrow()
 {
   int res;
   pthread_mutex_lock(&mdone_mutex,"mutex lck");          /* lock the mutex       */
  res=mdone++;                                            /* get & incr row cntr  */
   pthread_mutex_unlock(&mdone_mutex,"mutex unlck");      /* unlock the mutex     */
   return(res<mwork ? res : -1);                          /* return -1 if done    */
 }

/******************************************************
  * main code for each thread -- it computes rows of the product a*b   */
 pthread_addr_t thread_code(pt_arg_t arg)
 {
   int n,p;                                 /* n and p counters          */
   int m;                                   /* row we're working on      */
   double sum;                              /* temporary var             */

   while ((m=nextrow())!=-1) {              /* m=row to do               */
     for (p=0; p<pwork; p++) {              /* p=col to do, do each col  */
       for (sum=0.0,n=0; n<nwork; n++) {
         sum += mata[m][n]*matb[n][p];      /* compute the elt           */
       }
```

```
            matc[m][p]=sum;                          /* save result in c          */
        }
    }
    return(NULL);
}

/*************************************
 * this is the main multiply routine
 */
void domult(int m,int n,int p,
            double **a,                          /* a: m x n matrix       */
            double **b,                          /* b: n x p matrix       */
            double **c)                          /* c: m x p matrix=a*b */
{
    mdone=0; mwork=m; nwork=n; pwork=p;          /* init glb state info       */
    mata=a;   matb=b;   matc=c;

    pt_fork(NTHREADS,thread_code,NULL,NULL); /* run code in parallel (自定义函数)*/
}
/***************************      * allocate an m x n matrix    */
double **newmat(int m,int n)
{
  double **res=(double **) malloc(m*sizeof(double *));
    int i;

    for (i=0; i<m; i++)
       res[i]=(double *) malloc(n*sizeof(double));
    return(res);
                                                 }
/**************     * main program */
int main(int argc,char *argv[])
{
    double **a=newmat(2,2),**b=newmat(2,2),**c=newmat(2,2);

    a[0][0]=1.0; a[0][1]=2.0;               /* initialize a        */
    a[1][0]=2.0; a[1][1]=1.0;

    b[0][0]=1.0; b[0][1]=2.0;               /* initialize b        */
  b[1][0]=3.0; b[1][1]=4.0;
```

```
        pthread_mutex_init(&mdone_mutex,"init mutex"); /* initialize the mutex */

        domult(2,2,2,a,b,c);                         /* do the mmult: ans is */
        printf("%8.4f%8.4f\n",c[0][0],c[0][1]);      /*    7.0000 10.0000    */
        printf("%8.4f%8.4f\n",c[1][0],c[1][1]);      /*    5.0000  8.0000    */

        pthread_mutex_destroy(&mdone_mutex,"del mutex");
    return(0);
```

一般有两种方法创建互斥锁：静态方式和动态方式。POSIX 定义了一个宏 PTHREAD_MUTEX_INITIALIZER 来静态初始化互斥锁，方法如下：

```
pthread_mutex_t mutex=PTHREAD_MUTEX_INITIALIZER
```

在 Linux Threads 的实现过程中，pthread_mutex_t 是一个结构，而 PTHREAD_MUTEX_INITIALIZER 则是一个结构常量。动态方式是采用 pthread_mutex_init()初始化互斥锁，其 API 定义为

```
int pthread_mutex_init(pthread_mutex_t *mutex,const pthread_mutexattr_t *mutexattr)
```

其中，mutexattr 用于指定互斥锁的属性，如果为 NULL 则使用默认属性。pthread_mutex_destroy()用于注销互斥锁，其 API 定义如下：

```
int pthread_mutex_destroy(pthread_mutex_t *mutex)
```

注销互斥锁即意味着释放占用的资源，且要求锁当前处于开放状态。由于在 Linux 中，互斥锁并不占用任何资源，因此 Linux threads 中的 pthread_mutex_destroy()除了检查锁的状态以外(锁定状态则返回 EBUSY)没有其他作用。

1．互斥锁的属性

互斥锁的属性在创建的时候指定，在 Linux 线程的实现过程中仅有一个锁类型属性，不同类型的锁在试图对一个已经被锁定的互斥锁加锁时表现不同。目前 POSIX 线程库有以下四个值可供选择：

(1) PTHREAD_MUEX_TIMED_NP：默认值，也就是普通锁。当一个线程加锁以后，其余请求锁的线程将形成一个等待队列，并在解锁后按优先级获得锁。这种锁策略保证了资源分配的公平性。

(2) PTHREAD_MUEX_RECURSIVE_NP：嵌套锁，允许同一个线程对多次成功获得同一个锁，并多次通过 unlock 解锁。对于不同线程的请求，要在解锁时重新竞争。

(3) PTHREAD_MUTEX ERRORCHECK NP：检错锁，如果同一个线程请求同一个锁则返回 EDEADLK，否则与 PTHREAD_MUTEX_TIMED_NP 的动作相同。这样不允许多次加锁。

(4) PTHREAD_MUTEX_ADAPTIVE_NP：适应锁，动作最简单的锁类型，仅等待解锁后重新竞争。

2．锁操作

锁操作主要包括加锁(pthread_mutex_lock())、解锁(pthread_mutex_unlock())和测试加锁(pthread_mutex_trylock())三种，不论哪种类型的锁，都不可能被两个不同的线程同时得到，必须要等待解锁。对于普通锁和适应锁，解锁者可以是同一进程内的任何线程；检错锁必

须由加锁者解锁才有效，否则返回 EPERM；对于同一进程中的线程，如果加锁后没有解锁，则任何其他线程都无法再获得锁。其加锁和解锁函数如下：

```
int pthread_mutex_lock(pthread_mutex_t *mutex)
int pthread_mutex_unlock(pthread_mutex_t *mutex)
int pthread_mutex_trylock(pthread_mutex_t *mutex)
```

pthead_mutex_trylock()的含义与 pthread_mutex_lock()的类似，不同的是在锁已经被占据时返回 EBUSY，而不是挂起等待。

3．线程锁机制

除了以上所说的线程锁以外，其他 POSIX 线程锁机制的 Linux 实现都不是取消点，因此，延迟取消类型的线程不会因收到取消信号而离开加锁等待。值得注意的是，如果线程在加锁后解锁前被取消，则锁将永远保持锁定状态，因此，如果在关键区段内有取消点存在，或者设置了异步取消类型，那么必须在退出回调函数中解锁。这种锁机制也不是异步信号安全的，不应该在信号处理过程中使用互斥锁，否则容易造成死锁。条件变量就是利用线程间共享的全局变量进行同步的机制，主要包括两个动作：一个线程挂起，以等待“条件变量的条件成立”而挂起；另一个线程使“条件成立”(给出条件成立信号)。为了防止竞争，条件变量的使用总是和一个互斥锁结合。

4．条件变量

1) 创建和注销条件变量

创建和注销条件变量与互斥锁一样，有静态、动态两种创建方式。静态方式使用 PTHREAD_COND_INITIALIZER 常量，即

```
pthread_cond_t cond=PTHREAD_COND_INITIALIZER
```

动态方式调用 pthread_cond_init()函数，API 定义如下：

```
int pthread_cond_init(pthread_cond_t *cond,pthread_condattr_t *cond_attr)
```

尽管 POSIX 标准中为条件变量定义了属性，但在 LinuxThreads 中没有实现，因此 cond_attr 的值通常为 NULL，并被忽略。注销一个条件变量需要调用 pthread_cond_destroy()，只有当没有线程在该条件变量上等待的时候才能进行注销，否则会返回 EBUSY。因为没有给 Linux 实现的条件变量分配资源，所以注销动作只包括检查是否有等待线程。API 定义如下：

```
int pthread_cond_destroy(pthread_cond_t *cond)
```

2) 等待和激发条件变量

等待和激发条件变量的函数原型如下：

```
int pthread_cond_wait(pthread_cond_t *cond,pthread_mutex_t *mutex)
int pthread_cond_timewait(pthread_cond_t *cond,pthread_mutex_t *mutex,const struct timespec *abstime)
```

等待条件有两种方式：无条件等待和计时等待。

无条件等待：

```
pthread_cond_wait()
```

计时等待：

```
pthread_cond_timewait()
```

对于计时等待方式，如果在给定时刻前条件没有满足，则退回 ETIMEOUT，结束等待。其中 abstime()和 time()的系统调用以相同的绝对时间的形式出现，0 表示格林尼治时间——1970 年 1 月 1 日 0 时 0 分 0 秒。无论哪种等待方式，都必须和一个互斥锁配合，以防止多个线程同时请求 pthread_cond_wait()的竞争条件(Race Condition)。mutex 互斥锁必须是普通锁(PTHREAD_MUEX_TIMED_NP)或适应锁(PTHREAD_MUTEX_ADAPTIVE_NP)，且在调用 pthread_cond_wait()前必须由本线程加锁(pthread_mutex_lock())，而在更新条件等待队列前 mutex 保持锁定状态，并在线程挂起进入等待前解锁。在条件满足而离开 pthreac_cond_wait()前，mutex 将被重新加锁，以和进入 pthread_cond_wait()前的加锁动作对应。激发条件有两种：pthread_cond_signal()激活一个等待该条件的线程，当存在多个等待线程时，按入队顺序激活；而 pthread_cond_broadcast()则激活所有的等待线程。其他 pthread_cond_wait()和 pthread_cond_timed_wait()都被实现为取消点，因此，在该处等待的线程将立即重新运行，在重新锁定 mutex 后离开 ptnread_cond_wait()，然后执行取消动作。也就是说，如果 pthread_cond_wait()被取消，则 mutex 保持锁定状态，需要定义退出回调函数为其解锁。下面的示例程序中，有两个线程被启动，并等待同一个条件变量。如果不使用回调函数，tid2 将在 pthread_mutex_lock()处永久等待；如果使用回调函数，则 tid2 的条件等待以及主线程的条件激发都能正常工作。具体程序如下：

```
#include <stdio.h>
#include <pthread.h>
#include <unistd.h>
pthread_mutex_t mutex;
 pthread_cond_t   cond;
 void * child1(void *arg)
{
    pthread_cleanup_push(pthread_mutex_unlock,&mutex);    /* comment 1 */
    while(1){
            printf("thread 1 get running \n");
            printf("thread1 pthread_mutex_lock returns %d\n", pthread_mutex_lock (&mutex));
              pthread_cond_wait(&cond,&mutex);
              printf("thread 1 condition applied\n");
            pthread_mutex_unlock(&mutex);
            sleep(5);
        }
pthread_cleanup_pop(0);          /* comment 2 */}
   void *child2(void *arg)
   {
       while(1){
             sleep(3);                        /* comment 3 */
             printf("thread 2 get running.\n");
             printf("thread 2 pthread_mutex_lock returns %d\n",pthread_mutex_lock(&mutex));
```

```
                pthread_cond_wait(&cond,&mutex);
                printf("thread 2 condition applied\n");
                pthread_mutex_unlock(&mutex);
                sleep(1);
                }
        }
    int main(void)
    {
        int tid1,tid2;
        printf("hello, condition variable test\n");
        pthread_mutex_init(&mutex,NULL);
        pthread_cond_init(&cond,NULL);
        pthread_create(&tid1,NULL,child1,NULL);
        pthread_create(&tid2,NULL,child2,NULL);
    do{
            sleep(2);                   /* comment 4 */
          pthread_cancel(tid1);         /* comment 5 */
            sleep(2);                   /* comment 6 */
          pthread_cond_signal(&cond);
           }while(1);

      sleep(100);
      pthread_exit(0);
    }
```

不执行注释(comment)5的pthread_cancel动作，即使没有sleep()延时操作，child1和child2都能正常工作。注释 3 和注释 4 的延迟使 child1 有时间完成取消动作，使 child2 能在 child1 退出后执行请求锁操作。如果没有注释 1 和注释 2 的回调函数定义，则系统将挂起在 child2 请求锁的地方；如果既不做注释 3 也不做注释 4 的延时，则 child2 必能在 child1 完成取消动作前得到控制，从而顺利执行申请锁的操作，但却可能在 pthread_cond_wait()中挂起，因为其中也有申请 mutex 的操作。child1 函数给出的是标准的条件变量的使用方式：回调函数保护，等待条件前锁定，pthread_cond_wait()返回后解锁。条件变量机制不是异步信号安全的，在信号处理函数中调用 pthread_cond_signal()或 pthread_cond_broadcast()可能引起死锁。

4.3.6　信号灯

信号灯与互斥锁和条件变量的主要区别在于“灯”的概念，灯亮意味着资源可用，灯灭则意味着不可用。如果说后两种同步方式侧重于“等待”操作，即资源不可用的话，那么信号灯方式则偏重于点灯，即告知资源可用；若没有等待线程的解锁或激发条件是没有意义的，没有等待灯亮的线程的点灯操作则有效，且保持灯亮状态。信号灯除了应用于灯亮/灯灭这种二元灯外，也可用于大于 1 的灯数，表示资源数大于 1 的多元灯。

1. 创建和注销 POSIX 信号灯

创建和注销POSIX信号灯的标准定义了有名信号灯和无名信号灯两种，但LinuxThreads的实现仅有无名灯，有名灯除了应用于多进程之间外，在使用上与无名灯并无区别，下面仅就无名灯进行讨论。int sem_init(sem_t *sem,int pshared,unsigned int value)是创建信号灯的API，其中 value 为信号灯的初值，pshared 表示是否为多进程共享。LinuxThreads 没有实现多进程共享的信号灯，因此所有非 0 值的 pshared 输入都将使 sem_init()返回-1，且置 errno 为 ENOSYS。初始化好的信号灯由 sem 变量表征，用于点灯、灭灯操作。Int sem_destroy(sem_t *sem)是注销信号灯的 API，被注销的信号灯 sem 要求已没有线程在等待该信号灯，否则返回-1，且置 errno 为 EBUSY。除此之外，LinuxThreads 的信号灯注销函数不执行其他动作。

点灯和灭灯：

```
int sem_post(sem_t * sem)
```

点灯操作将信号灯值加 1，表示增加一个可访问的资源。

```
int sem_wait(sem_t *sem)
int sem_trywait(sem_t *sem)
```

其中，sem_wait()为等待灯亮的操作，灯亮(信号灯值大于 0)后将信号灯值减 1 并返回。sem_trywait()为 sem_wait()的非阻塞版，如果信号灯计数大于 0，则值减 1 并返回 0，否则立即返回-1，置 errno 为 EAGAIN。

```
int sem_getvalue(sem_t *sem, int *sval)
```

该语句用于读取 sem 中的灯计数，将其存入*sval 中并返回 0。其他 sem_wait 被实现为取消点，sem_post()是唯一能用于异步信号处理函数的 POSIX 异步信号安全的 API。

2. 异步信号

由于 LinuxThreads 是在核外使用核内轻量级进程实现的线程，因此基于内核的异步信号操作对于线程也是有效的。但同时，因为异步信号总是实际发往某个进程，所以无法实现 POSIX 标准。所要求的"信号到达某个进程，然后再由该进程将信号分发到所有没有阻塞该信号的线程中"，只能影响其中一个线程。

POSIX 异步信号也是一个标准 C 库提供的功能，主要包括信号集管理(sigemptyset()、sigfillset()、sigaddset()、sigdelset()、sigismember()等)，信号处理函数安装(sigaction())，信号阻塞控制(sigprocmask())，被阻塞信号查询(sigpending())及信号等待(sigsuspend())等，它们与发送信号的 kill()等函数配合就能实现进程间异步信号的功能。LinuxThreads 围绕线程封装了 sigaction()和 raISe()，本节讨论 Linuxxbeads 中扩展的异步信号函数，包括 pthread_sigmask()、pthreadkill()和 sigwait()三个函数。所有的 POSIX 异步信号函数对于线程都是可用的。int pthread_slgmask(int how，const sigset_t *newmask，sigset_t *oldmask)设置线程的信号屏蔽码，含义与 sigprocmask 相同，但对不允许屏蔽的 cancel 信号和不允许响应的 restart 信号进行保护。被屏蔽的信号保存在信号队列中，可由 sigpending()取出。int pthread_kill(pthread_t thread, int signo)向 thread 号线程发送 signo 信号。在通过 thread 线程号定位到对应进程号后使用 kill()系统调用来完成发送。int sigwait(const sigset_t *set，int *sig)挂起线程，等待 set 中指定的信

号之一到达，并将到达的信号存入*sig 中。POSIX 标准建议在调用 sigwait()等待信号前，进程中的所有线程都应屏蔽该信号，以保证只有 sigwait()的调用者获得该信号，因此，对于需要等待同步的异步信号，应该在创建任何线程前调用 pthread_sigmask()屏蔽该信号的处理。另外，在调用 sigwait()期间，原来附带在该信号上的信号处理函数不能被调用。如果在等待期间接收到 cancel 信号，则立即退出等待，即 sigwait()被实现为取消点。

4.3.7 线程终止

POSIX 线程终止有两种情况：正常终止和非正常终止。线程主动调用 pthread_exit()或者从线程函数中执行 return 都将使线程正常退出，这是可预见的退出方式；非正常终止是线程在其他线程的干预下，或者由于自身运行出错(比如访问非法地址)而退出，这种退出方式是不可预见的。

不论是正常终止还是异常终止，都存在资源释放的问题，在不考虑因运行出错而退出的前提下，如何保证线程终止时能顺利释放自己所占用的资源，特别是锁资源，是一个必须要解决的问题。最经常出现的情况是资源独占锁的使用：线程为了访问临界资源而为其加上锁，但在访问过程中被外界取消，如果线程处于响应取消状态，且采用异步方式响应，或者在打开独占锁前的运行路径上存在取消点，则该临界资源将永远处于锁定状态而无法释放。外界取消操作是不可预见的，因此确实需要一个机制来简化用于资源释放的编程。

在 POSIX 线程 API 中提供了 pthread_cleanup_push()/pthread_cleanup_pop()函数用于自动释放资源，从 pthread_cleanup_push()的调用点到 pthread_cleanup_pop()之间的程序段中的终止动作(包括调用 pthread_exit()和取消点终止)都将执行 pthread_cleanup_push()所指定的清理函数。API 定义如下：

```
void pthread_cleanup_push(void (*routine) (void *), void *arg)
void pthread_cleanup_pop(int execute)
```

其中，pthread_cleanup_push()/pthread_cleanup_pop 采用先入后出的栈结构管理，void routine (void *arg)在调用 pthread_cleanup_push()时压入清理函数栈，多次对 pthread_cleanup_push()的调用将在清理函数栈中形成一个函数链，当执行该函数链时将按照压栈的相反顺序弹出。execute 参数表示当执行 pthread_cleanup_pop()时，是否在弹出清理函数的同时执行该函数，0 表示不执行，非 0 表示执行，该参数并不影响异常终止时清理函数。pthread_cleanup_push()/pthread_cleanup_pop)是以宏的方式实现的，定义如下：

```
#define pthread_cleanup_push(routine,arg)
{
 struct pthread_cleabup_buffer   _buffer;
 pthread_cleanup_push(&_buffer,(routine),(arg));
#define pthread_cleanup_pop(execute)
pthread_cleanup_pop(&_buffer,()execute));
}
```

其中，pthread_c1eanup_push()带有一个“{”，而 pthread_cleanup_pop()带有一个“}”，因此这两个函数必须成对出现，且只有位于程序的同一级别的代码段中才能通过编译。

在一般情况下，进程中各个线程的运行都是相互独立的，某线程的终止不会通知，也不会影响其他线程，终止的线程所占用的资源也不会随着线程的终止而释放。就像进程之间可以用 wait()系统调用来同步终止并释放资源一样，线程之间也有类似的机制，即 pthread_join()函数。

pthread_join()的调用者将挂起并等待出 th 线程终止，retval 是 pthread_exit()调用者线程(线程 ID 为 th)的返回值，如果 thread_return 不为 NULL，则*thread_return＝retval。需要注意的是，一个线程仅允许唯一的一个线程使用 pthread_join()等待它的终止，且被等待的线程应该处于可 join 状态，即非 DETACHED 状态。如果进程中的某个线程执行了 pthread_detach()，则 th 线程将处于 DETACHED 状态，使得 th 线程在结束运行时自动释放所占用的内存资源，同时也无法由 pthread_join()同步 pthread_detach()后执行，对 th 请求 pthread_join()将返回错误。一个可 join 的线程所占用的内存仅当有线程对其执行 pthread_join()时才会被释放，因此为了避免内存泄漏，所有线程终止或者已设为 DETACHED，需要使用 pthread_join()来回收。

对于 pthread_exit()和 return，pthread_exit()和线程宿体函数退出的功能是相同的，函数结束时会在内部自动调用 pthread_exit()来清理与线程相关的资源。但实际上，二者对于编译器的处理有很大不同。在进程主函数(main())中调用 pthread_exit()，只会使主函数所在的线程(可以说是进程的主线程)退出；如果是 return，则编译器将使其调用进程退出的代码(如 exit())，导致进程及其所有线程结束运行。另外，在线程宿主函数中主动调用 return 时，如果 return 语句包含在 pthread_cleanup_push()/pthread_cleanup_pop()中，则不会执行清理函数，而是会导致 segment fault。

第 5 章　Bootloader 开发基础

Bootloader 是在操作系统运行之前执行的一段程序。通过这段程序，初始化硬件设备、建立内存空间的映射表，从而建立适当的系统软硬件环境，为最终调用操作系统内核做好准备。

对于嵌入式系统，Bootloader 是基于特定硬件平台来实现的。因此，几乎不可能为所有的嵌入式系统建立通用的 Bootloader，不同的处理器架构有不同的 Bootloader。Bootloader 不但依赖于 CPU 的体系结构，而且依赖于嵌入式系统板级设备的配置。对于两块不同的嵌入式板而言，即使它们使用同一种处理器，要想让运行在一块板子上的 Bootloader 程序也能运行在另一块板子上，需要修改 Bootloader 的源程序。

同时，大部分 Bootloader 仍然具有很多共性，某些 Bootloader 也能够支持多种体系结构的嵌入式系统。例如，U-Boot 就同时支持 PowerPC、ARM、MIPS 和 X86 等体系结构，支持的板子有上百种，通常都能够自动从存储介质上启动，都能够引导操作系统启动，并且大部分都支持串口和以太网接口。

本章将对各种 Bootloader 总结分类，并以 U-Boot 和 ViVi 为例，详细讨论 Bootloader 的设计与实现。

5.1　Bootloader 基础

5.1.1　Bootloader 的启动

Linux 系统是通过 Bootloader 引导启动的，上电后执行 Bootloader 来初始化系统。

系统加电或复位后，所有 CPU 都会从某个地址开始执行，这是由处理器设计决定的。比如，X86 的复位向量在高地址端，ARM 处理器在复位时从地址 0x00000000 读取第一条指令。嵌入式系统的开发板都要把板上 ROM 或 Flash 映射到这个地址。因此，必须把 Bootloader 程序存储在相应的 Flash 位置上，系统加电后，CPU 将首先执行它。

主机和目标机之间一般有串口可以连接，Bootloader 软件通常会通过串口来输入/输出。例如：输出出错或者执行结果信息到串口终端，从串口终端读取用户控制命令等。

Bootloader 的启动过程通常是多阶段的，这样既能提供复杂的功能，又有很好的可移植性。例如：从 Flash 启动的 Bootloader 多数是两阶段的启动过程，本章后面 U-Boot 内容可以详细分析该特性。

大多数 Bootloader 包含两种不同的操作模式：本地加载模式和远程下载模式。这两种操作模式的区别仅对于开发人员才有意义，也就是不同启动方式的使用。从最终用户的角度看，Bootloader 的作用就是用来加载操作系统，而并不存在所谓的本地加载模式与远程下载模式的区别。

因为 Bootloader 的主要功能是引导操作系统启动，所以详细讨论一下各种启动方式的特点。

1．网络启动方式

这种方式开发板不需要配置较大的存储介质，跟无盘工作站有点类似。但是使用这种启动方式之前，需要把 Bootloader 安装到板上的 EPROM 或者 Flash 中。Bootloader 通过以太网接口远程下载 Linux 内核映像或者文件系统。第 3 章介绍的交叉开发环境就是以网络启动方式建立的。网络启动方式对于嵌入式系统开发来说非常重要。

使用这种方式也有前提，就是目标板有串口、以太网接口或者其他连接方式。串口一般可以作为控制台，同时可以用来下载内核影像和文件系统。串口通信传输速率过低，不适合用来挂接 NFS 文件系统。所以以太网接口成为通用的互连设备，一般的开发板都可以配置 10 M 以太网接口。

对于 PDA 等手持设备来说，以太网的 RJ-45 接口结构尺寸大，而 USB 接口，特别是 USB 的迷你接口，结构尺寸小。对于开发的嵌入式系统，可以把 USB 接口虚拟成以太网接口通信。这种方式在开发主机和开发板两端都需要驱动程序。

另外，可在服务器上配置启动相关网络服务。Bootloader 下载文件一般都使用 TFTP 网络协议，还可以通过 DHCP 的方式动态配置 IP 地址。

DHCP/BOOTP 服务为 Bootloader 分配 IP 地址并配置网络参数后，才能够支持网络传输功能。如果 Bootloader 可以直接设置网络参数，则可不使用 DHCP。

TFTP 服务为 Bootloader 客户端提供文件下载功能，把内核映像和其他文件放在/tftpboot 目录下。这样 Bootloader 可以通过简单的 TFTP 协议远程下载内核映像到内存，如图 5-1 所示。

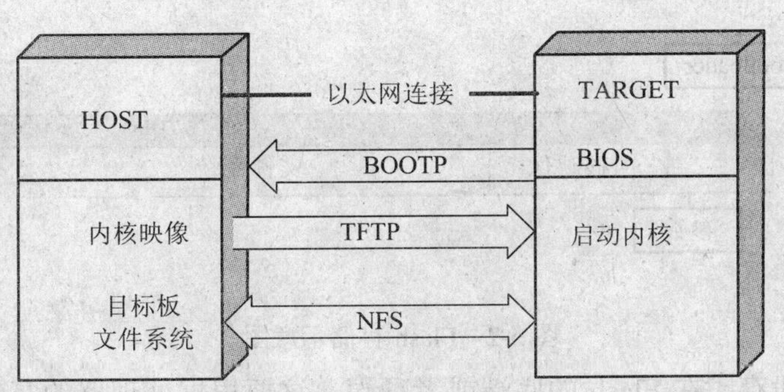

图 5-1　网络启动示意图

大部分引导程序都能够支持网络启动方式。例如：BIOS 的 PXE(Preboot eXecution Environment)功能就是网络启动方式；U-Boot 也支持网络启动功能。

2．磁盘启动方式

传统的 Linux 系统运行在台式机或者服务器上，这些计算机一般都使用 BIOS 引导，并且使用磁盘作为存储介质。进入 BIOS 设置菜单，可以探测处理器、内存、硬盘等设备，也可以设置 BIOS 从软盘、光盘或者某块硬盘启动。也就是说，BIOS 并不直接引导操作系统。

那么在硬盘的主引导区，还需要一个 Bootloader，这个 Bootloader 可以从磁盘文件系统中把操作系统引导起来。

Linux 传统上是通过 LILO(LInux LOader)引导的，后来出现 GNU 软件 GRUB(GRand Unified Bootloader)。这两种 Bootloader 广泛应用在 X86 的 Linux 系统上。

LILO 软件工程是由 Werner Almesberger 创建，专门为引导 Linux 开发的。现在 LILO 的维护者是 John Coffman，最新版本下载站点：http://lilo.go.dyndns.org。LILO 有详细的文档，例如 LILO 套件中附带的使用手册和参考手册。此外，还可以在 LDP 的“LILO mini-HOWTO”中找到 LILO 的使用指南。

GRUB 是 GNU 计划的主要 Bootloader。GRUB 最初是由 Erich Boleyn 为 GNU Mach 操作系统撰写的引导程序，后来由 Gordon Matzigkeit 和 Okuji Yoshinori 接替 Erich 的工作，继续维护和开发 GRUB。GRUB 的网站 http://www.gnu.org/software/grub/上有对套件使用的说明文件，(GRUB manual)。GRUB 能够使用 TFTP 和 BOOTP 或者 DHCP 通过网络启动，这种功能对于系统开发过程很有用。

除了传统的 Linux 系统上的引导程序以外，还有其他一些引导程序，也支持磁盘引导启动。例如：LoadLin 可以从 DOS 下启动 Linux；还有 ROLO、LinuxBIOS，U-Boot 也支持这些功能。

3. Flash 启动方式

大多数嵌入式系统上都使用 Flash 存储介质。Flash 有很多类型，包括 NOR Flash、NAND Flash 和其他半导体盘。其中，NOR Flash(也就是线性 Flash)使用最为普遍。

NOR Flash 可以支持随机访问，所以代码可以直接在 Flash 上执行。Bootloader 一般是存储在 Flash 芯片上的。另外，Linux 内核映像和 RAMdisk 也可以存储在 Flash 上。通常需要把 Flash 分区使用，每个区的大小应该是 Flash 擦除块大小的整数倍。图 5-2 是 Flash 存储示意图。

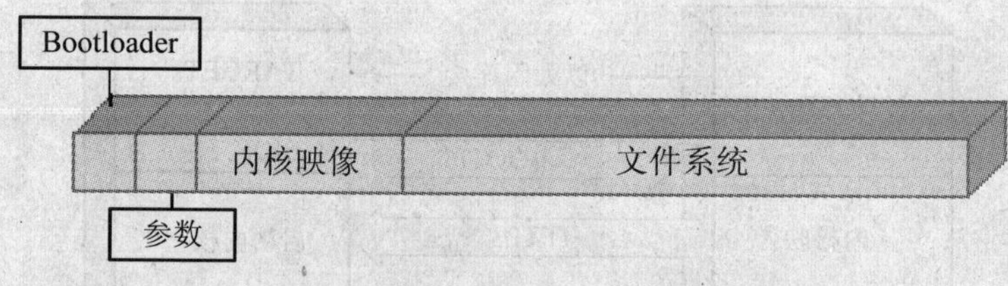

图 5-2　Flash 存储示意图

Bootloader 一般存贮在 Flash 的底端或者顶端，这要根据处理器的复位向量来设置。要使 Bootloader 的入口位于处理器上电执行第一条指令的位置。接着需要分配参数区，可以作为 Bootloader 的参数保存区域。然后是内核映像区。Bootloader 引导 Linux 内核，就是要从此处把内核映像解压到 RAM 中去，然后跳转到内核映像入口执行。最后是文件系统区。如果使用 RAMdisk 文件系统，则需要 Bootloader 解压文件系统到 RAM 中。如果使用 JFFS2 文件系统，将直接挂接为根文件系统。这两种文件系统将在第 7 章详细讲解。最后还可以分出一些数据区，这要根据实际需要和 Flash 大小来考虑。

这些分区是开发者定义的，Bootloader 一般直接读/写对应的偏移地址。在 Linux 内核空间，可以配置成 MTD 设备来访问 Flash 分区。但是，有的 Bootloader 也支持分区的功能，例如：Redboot 可以创建 Flash 分区表，并且内核 MTD 驱动可以解析出 Redboot 的分区表。

除了 NOR Flash，还有 NAND Flash、Compact Flash、DiskOnChip 等。这些 Flash 具有芯片价格低、存储容量大的特点。但是这些芯片一般通过专用控制器的 I/O 方式来访问，不能随机访问，因此引导方式跟 NOR Flash 也不同。在这些芯片上，需要配置专用的引导程序。通常，这种引导程序起始的一段代码将整个引导程序复制到 RAM 中运行，从而实现自举启动，与磁盘启动相似。

5.1.2　Bootloader 的种类

嵌入式系统已经有各种各样的 Bootloader，种类划分也有多种方式。除了按照处理器体系结构不同划分以外，还有功能复杂程度的不同。

首先区分一下“Bootloader”和“Monitor”的概念。严格来说，“Bootloader”只是引导设备并且执行主程序的固件；而“Monitor”还提供了更多的命令行接口，可以调试、读/写内存、烧写 Flash、配置环境变量等。“Monitor”在嵌入式系统开发过程中可以提供很好的调试功能，开发完成以后，就完全设置成了一个“Bootloader”。所以，习惯上大家把它们统称为 Bootloader。

表 5-1 列出了 Linux 的开放源码引导程序及其支持的体系结构。表中给出了 X86、ARM 及 PowerPC 体系结构的常用引导程序，并且注明了每一种引导程序是不是“Monitor”。

表 5-1　开放源码的 Linux 引导程序

Bootloader	Monitor	描　述	X86	ARM	PowerPC
LILO	否	Linux 磁盘引导程序	是	否	否
GRUB	否	GNU 的 LILO 替代程序	是	否	否
Loadlin	否	从 DOS 引导 Linux	是	否	否
ROLO	否	从 ROM 引导 Linux 而不需要 BIOS	是	否	否
Etherboot	否	通过以太网卡启动 Linux 系统的固件	是	否	否
LinuxBIOS	否	完全替代 BUIS 的 Linux 引导程序	是	否	否
BLOB	否	LART 等硬件平台的引导程序	否	是	否
U-Boot	是	通用引导程序	是	是	是
RedBoot	是	基于 eCos 的引导程序	是	是	是

对于每种体系结构，都有一系列开放源码 Bootloader 可以选用。

(1) X86。X86 的工作站和服务器上一般使用 LILO 和 GRUB。LILO 是 Linux 发行版主流的 Bootloader。不过 Redhat Linux 发行版已经使用了 GRUB，GRUB 比 LILO 有更有好的显示界面，使用配置也更加灵活方便。

在某些 X86 嵌入式单板机或者特殊设备上，会采用其他 Bootloader，如 ROLO。这些 Bootloader 可以取代 BIOS 的功能，能够从 Flash 中直接引导 Linux 启动。现在 ROLO 支持的开发板已经并入 U-Boot，所以 U-Boot 也可以支持 X86 平台。

(2) ARM。ARM 处理器的芯片商很多，所以每种芯片的开发板都有自己的 Bootloader，结果 ARM Bootloader 也变得多种多样。最早有 ARM720 处理器开发板的固件，后来又有了 ARMboot、StrongARM 平台的 Blob，还有 S3C2410 处理器开发板上的 ViVi 等。现在 ARMboot 已经并入了 U-Boot，所以 U-Boot 也支持 ARM/XSCALE 平台。U-Boot 已经成为 ARM 平台事实上的标准 Bootloader。

(3) PowerPC。PowerPC 平台的处理器有标准的 Bootloader，就是 PPCboot。PPCboot 在合并 ARMboot 等之后创建了 U-Boot，成为各种体系结构开发板的通用引导程序。U-Boot 仍然是 PowerPC 平台的主要 Bootloader。

(4) MIPS。MIPS 公司开发的 YAMON 是标准的 Bootloader，也有许多 MIPS 芯片商为自己的开发板编写了 Bootloader。现在，U-Boot 也已经支持 MIPS 平台。

(5) SH。SH 平台的标准 Bootloader 是 SH-boot。Redboot 在这种平台上也可使用。

(6) M68K。M68K 平台没有标准的 Bootloader。Redboot 能够支持 M68K 系列的系统。

值得说明的是 Redboot，它几乎能够支持所有的体系结构，包括 MIPS、SH、M68K 等体系结构。Redboot 是以 eCos 为基础，采用 GPL 许可的开源软件工程。现在由 Core eCos 的开发人员维护，源码下载网站是http://www.ecoscentric.com/snapshots。Redboot 的文档也相当完善，有详细的使用手册《Redboot User's Guide》。

5.1.3 Bootloader 的基本原理

Bootloader 是依赖于硬件而实现的，特别是在嵌入式领域。因此，在嵌入式领域里建立通用的 Bootloader 几乎是不可能的。尽管如此，仍然可以对 Bootloader 归纳出通用的概念，以指导用户对特定的 Bootloader 设计与实现。

1．Bootloader 的操作模式(Operation Mode)

大多数 Bootloader 都包含两种不同的操作模式：启动加载模式和下载模式，这种区别仅对于开发人员才有意义。但从最终用户的角度看，Bootloader 的作用就是用来加载操作系统，而并不存在所谓的启动加载模式与下载工作模式的区别。

(1) 启动加载(Bootloading)模式：这种模式也称为自主(Autonomous)模式，也即 Bootloader 从目标机上的某个固态存储设备上将操作系统加载到 RAM 中运行，整个过程并没有用户的介入。这种模式是 Bootloader 的正常工作模式，因此在嵌入式产品发布的时侯，Bootloader 工作在这种模式下。

(2) 下载(Downloading)模式：在这种模式下，目标机上的 Bootloader 将通过串口连接或网络连接等通信手段从主机(Host)下载文件，比如下载内核映像和根文件系统映像等。从主机下载的文件通常首先被 Bootloader 保存到目标机的 RAM 中，然后再被 Bootloader 写到目标机上的 Flash 类固态存储设备中。Bootloader 的这种模式通常在第一次安装内核与根文件系统时被使用；此外，以后的系统更新也会使用 Bootloader 的这种工作模式。工作于这种模式下的 Bootloader 通常都会向它的终端用户提供一个简单的命令行接口。

像 Blob 或 U-Boot 等这样功能强大的 Bootloader 通常同时支持以上两种工作模式，而且允许用户在这两种工作模式之间进行切换。比如，Blob 在启动时处于正常的启动加载模式，但是它会延时 10 s 等待终端用户按下任意键将 Blob 切换到下载模式；如果在 10 s 内没有用户按键，则 Blob 继续启动 Linux 内核。

2. Bootloader 与主机之间进行文件传输所用的通信设备及协议

目标机上的 Bootloader 一般可通过串口与主机之间进行文件传输，传输协议通常是 xmodem/ymodem/zmodem 协议中的一种。但是，串口传输的速度是有限的，因此通过以太网连接并借助 TFTP 协议来下载文件是个更好的选择。

此外，在通过以太网连接和 TFTP 协议来下载文件时，主机方必须有一个软件用来提供 TFTP 服务。

3. Bootloader 的主要任务与典型结构框架

首先假定内核映像与根文件系统映像都被加载到 RAM 中运行。之所以提出这样一个前提，是因为在嵌入式系统中内核映像与根文件系统映像也可以直接在 ROM 或 Flash 这样的固态存储设备中运行。但这种做法无疑是以牺牲运行速度为代价的。从操作系统的角度看，Bootloader 的总目标就是正确地调用内核执行。

由于 Bootloader 的实现依赖于 CPU 的体系结构，大多数 Bootloader 都分为 stage1 和 stage2 两大部分。依赖于 CPU 体系结构的代码，比如设备初始化代码等，通常都放在 stage1 中，而且通常都通过汇编语言来实现，以达到短小精悍的目的；而 stage2 则通常用 C 语言来实现，这样可以实现更复杂的功能，而且代码会具有更好的可读性和可移植性。

Bootloader 的 stage1 通常包括以下工作(以执行的先后顺序)：

(1) 硬件设备初始化。

(2) 为加载 Bootloader 的 stage2 准备 RAM 空间。

(3) 拷贝 Bootloader 的 stage2 到 RAM 空间中。

(4) 设置堆栈。

(5) 跳转到 stage2 的 C 入口点。

Bootloader 的 stage2 通常包括以下工作(以执行的先后顺序)：

(1) 初始化本阶段要使用到的硬件设备。

(2) 检测系统内存映射(Memory Map)。

(3) 将内核映像和根文件系统映像从 Flash 设备上复制到 RAM 空间中。

(4) 设置内核启动参数。

(5) 调用启动内核。

4. Bootloader stage1

(1) 基本的硬件初始化。Bootloader 首先执行初始化操作，其目的是为 stage2 的执行以及随后的内核执行准备好基本的硬件环境。通常包括以下步骤(以执行的先后顺序)：

① 屏蔽所有的中断。为中断提供服务通常是 OS 设备驱动程序的责任，因此在 Bootloader 的执行全过程中不必响应任何中断。中断屏蔽可以通过写 CPU 的中断屏蔽寄存器或状态寄存器(比如 ARM 的 CPSR 寄存器)来完成。

② 设置 CPU 的速度和时钟频率。

③ RAM 初始化，包括正确地设置系统的内存控制器的功能寄存器以及各内存库控制寄存器等。

④ 初始化 LED。典型地，通过 GPIO 来驱动 LED，其目的是表明系统的状态。如果板子上没有 LED，那么也可以通过初始化 UART 向串口打印 Bootloader 的 Logo 字符信息完成。

⑤ 关闭 CPU 内部指令/数据 Cache。

(2) 为加载 stage2 准备 RAM 空间。为了获得更快的执行速度，通常把 stage2 加载到 RAM 空间中执行，因此必须为加载 Bootloader 的 stage2 准备好可用的 RAM 空间。

由于 stage2 通常是 C 语言执行代码，因此在考虑空间大小时，除了 stage2 可执行映像的大小外，还必须考虑堆栈空间。空间大小最好是内存映射大小(通常是 4 KB)的倍数。一般而言，1 MB 的 RAM 空间已经足够。具体的地址范围可以任意安排，比如 Blob 就将它的 stage2 可执行映像安排到从系统 RAM 起始地址 0xc0200000 开始的 1 MB 空间内执行。但是，将 stage2 安排到整个 RAM 空间的最顶 1 MB(也即(RamEnd-1 MB)～RamEnd)也值得推荐。

为了方便后面的叙述，把所安排的 RAM 空间范围的大小记为 stage2_size(字节)，起始地址和终止地址分别记为 stage2_start 和 stage2_end(这两个地址均以 4 字节边界对齐)，因此有

stage2_end＝stage2_start＋stage2_size

必须确保所安排的地址范围是可读/写的 RAM 空间，因此，必须对所安排的地址范围进行测试。具体的测试方法以内存映射为被测试单位，测试每个内存映射开始的两个字是否是可读/写的。为方便后面叙述，记检测算法为 test_mempage，具体步骤如下：

① 保存内存映射一开始两个字的内容。

② 向这两个字中写入任意的数字。比如向第一个字写入 0x55，第 2 个字写入 0xaa。

③ 将这两个字的内容读回。读到的内容应该分别是 0x55 和 0xaa，如果不是，则说明这个内存映射所占据的地址范围不是一段有效的 RAM 空间。

④ 向这两个字中写入任意的数字。比如向第一个字写入 0xaa，第 2 个字中写入 0x55。

⑤ 将这两个字的内容读回。读到的内容应该分别是 0xaa 和 0x55。如果不是，则说明这个内存映射所占据的地址范围不是一段有效的 RAM 空间。

⑥ 恢复这两个字的原始内容。测试完毕。

为了得到一段有效的 RAM 空间，也可以将所安排的 RAM 空间进行清零操作。

(3) 拷贝 stage2 到 RAM 中。拷贝时要确定：stage2 的可执行映像在固态存储设备的存放起始地址和终止地址；RAM 空间的起始地址。

(4) 设置堆栈指针 sp。堆栈指针的设置是为执行 C 语言代码做好准备。可以把 sp 的值设置为(stage2_end-4)，也即在 1 MB 的 RAM 空间的最顶端(堆栈向下生长)。

此外，在设置堆栈指针 sp 前，可以关闭 LED 灯，以提示用户准备跳转到 stage2。

经过上述这些执行步骤后，系统的物理内存布局应该如图 5-3 所示。

(5) 跳转到 stage2 的 C 入口点。在上述一切都就绪后，可以跳转到 Bootloader 的 stage2 执行。在 ARM 系统中，可以通过修改 PC 寄存器为合适的地址实现。

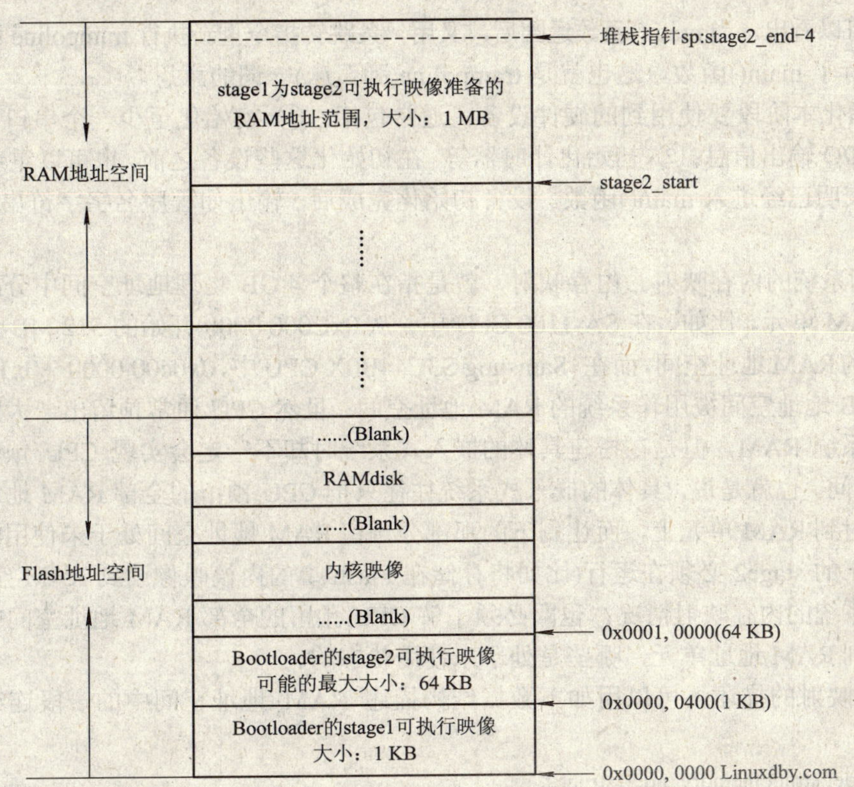

图 5-3　Bootloader 的 stage2 可执行映像刚被拷贝到 RAM 空间时的系统内存布局

5. Bootloader stage2

stage2 的代码通常用 C 语言来实现，以便于实现更复杂的功能以及取得更好的代码可读性和可移植性。但是与普通 C 语言应用程序不同的是，在编译和链接 Bootloader 程序时，不能使用 glibc 库中的任何支持函数。其原因是显而易见的。但从哪里跳转进 main()函数呢？直接把 main()函数的起始地址作为整个 stage2 执行映像的入口点或许是最直接的想法，但是这样做有两个缺点：① 无法通过 main()函数传递函数参数；② 无法处理 main()函数的返回。一种更为巧妙的方法是利用 trampoline(弹簧床)的概念。用汇编语言写一段 trampoline 小程序，并将这段 trampoline 小程序来作为 stage2 可执行映像的执行入口点。然后在 trampoline 汇编小程序中用 CPU 跳转指令跳入 main()函数中去执行；而当 main()函数返回时，CPU 执行路径显然再次回到 trampoline 程序。简而言之，这种方法的思想就是：用这段 trampoline 小程序来作为 main()函数的外部包裹(External Wrapper)。

下面给出一个简单的 trampoline 程序示例(来自 Blob)：

```
.text

.globl _trampoline
_trampoline:
        bl      main
        /* if main ever returns we just call it again */
        b       _trampoline
```

由代码可以看出，当 main()函数返回后，又用一条跳转指令重新执行 trampoline 程序——也就重新执行了 main()函数，这也就是 trampoline(弹簧床)一词的意思。

(1) 初始化本阶段要使用到的硬件设备。通常包括：① 初始化至少一个串口以便和终端用户进行 I/O 输出信息；② 初始化计时器等。在初始化这些设备之前，也可以重新把 LED 灯点亮，以表明已经进入 main()函数。设备初始化完成后，输出如程序名字字符串、版本号等打印信息。

(2) 检测系统的内存映射。内存映射，就是指在整个 4 GB 物理地址空间中分配用来寻址系统的 RAM 单元。比如，在 SA-1100 CPU 中，从 0xC000 0000 开始的 512 MB 地址空间被用作系统的 RAM 地址空间，而在 Samsung S3C44B0X CPU 中，0x0c00 0000～0x1000 0000 之间的 64 MB 地址空间被用作系统的 RAM 地址空间。虽然 CPU 通常预留出一大段足够的地址空间给系统 RAM，但是在搭建具体的嵌入式系统时却不一定会实现 CPU 预留的全部 RAM 地址空间。也就是说，具体的嵌入式系统往往只把 CPU 预留的全部 RAM 地址空间中的一部分映射到 RAM 单元上，而让剩下的那部分预留 RAM 地址空间处于未使用状态。因此 Bootloader 的 stage2 必须在运行(比如将存储在 Flash 上的内核映像读到 RAM 空间中)之前检测整个系统的内存映射情况，也即必须了解 CPU 预留的全部 RAM 地址空间中哪些是被真正映射到 RAM 地址单元，哪些是处于未使用状态的。

① 内存映射的描述。可以用如下数据结构描述 RAM 地址空间中的一段连续的地址空间：

```
typedef struct memory_area_struct {
    u32 start; /* the base address of the memory region */
    u32 size; /* the byte number of the memory region */
    int used;
} memory_area_t;
```

这段 RAM 地址空间中的连续地址空间可以处于两种状态之一：a. used=1，说明这段连续的地址范围已被真正地映射到 RAM 单元；b. used=0，说明这段连续的地址范围并未被系统所实现，而是处于未使用状态。

基于上述 memory_area_t 数据结构，整个 CPU 预留的 RAM 地址空间可以用一个 memory_area_t 类型的数组来表示，如下所示：

```
memory_area_t memory_map[NUM_MEM_AREAS] = {
    [0 ... (NUM_MEM_AREAS - 1)] = {
        .start = 0,
        .size = 0,
        .used = 0
    },
};
```

② 内存映射的检测。一个可用来检测整个 RAM 地址空间内存映射情况简单而有效的算法如下：

```
/* 数组初始化 */
for(i = 0; i < NUM_MEM_AREAS; i++)
```

```
        memory_map[i].used = 0;

    /* first write a 0 to all memory locations */
    for(addr = MEM_START; addr < MEM_END; addr += PAGE_SIZE)
        * (u32 *)addr = 0;

    for(i = 0, addr = MEM_START; addr < MEM_END; addr += PAGE_SIZE) {
        /*
         * 检测从基地址 MEM_START+i*PAGE_SIZE 开始,大小为 PAGE_SIZE 的地址空间是否
           是有效的 RAM 地址空间
         */
        调用 3.1.2 节中的算法 test_mempage();
        if ( current memory page isnot a valid ram page) {
        /* no RAM here */
        if(memory_map[i].used )
            i++;
        continue;
        }

        /*
         * 当前页已经是一个被映射到 RAM 的有效地址范围
         * 但是还要看看当前页是否只是 4 GB 地址空间中某个地址页的别名
         */
        if(* (u32 *)addr != 0) { /* alias? */
            /* 这个内存页是 4 GB 地址空间中某个地址页的别名
            if ( memory_map[i].used )
                i++;
            continue;
        }

        /*
         * 当前页已经是一个被映射到 RAM 的有效地址范围
         * 而且它也不是 4 GB 地址空间中某个地址页的别名
         */
        if (memory_map[i].used == 0) {
            memory_map[i].start = addr;
            memory_map[i].size = PAGE_SIZE;
            memory_map[i].used = 1;
        } else {
```

```
            memory_map[i].size += PAGE_SIZE;
        }
    } /* end of for (...) */
```

在用上述算法检测完系统的内存映射情况后，Bootloader 将内存映射的详细信息打印输出到串口。

(3) 加载内核映像和根文件系统映像。

① 规划内存占用的布局。包括两个方面：a. 内核映像所占用的内存范围；b. 根文件系统所占用的内存范围。在规划内存占用的布局时，主要考虑基地址和映像的大小两个方面。

对于内核映像，一般将其拷贝到从(MEM_START+0x8000)基地址开始的 1 MB 大小的内存范围内(嵌入式 Linux 的内核一般都不超过 1 MB)。对于 MEM_START 到 MEM_START+0x8000 这段 32 KB 大小的内存空间，Linux 内核要在其中放置全局数据结构，如启动参数和内核页表等信息。

而对于根文件系统映像，一般将其拷贝到 MEM_START+0x0010 0000 开始后的空间。如果用 RAMdisk 作为根文件系统映像，则其解压后的大小一般是 1 MB。

② 从 Flash 上拷贝。由于 ARM 嵌入式 CPU 通常都在统一的内存地址空间中寻址 Flash 等固态存储设备，因此从 Flash 上读取数据与从 RAM 单元中读取数据并没有什么不同。用如下简单的循环就可以完成从 Flash 设备上拷贝映像的工作：

```
while(count) {
    *dest++ = *src++; /* they are all aligned with word boundary */
    count -= 4; /* byte number */
};
```

6．设置内核的启动参数

将内核映像和根文件系统映像拷贝到 RAM 空间后，准备启动 Linux 内核。但是在调用内核之前，应该作一步准备工作，即设置 Linux 内核启动参数。

Linux 2.4.x 以后的内核都期望以标记列表(Tagged List)的形式传递启动参数。启动参数标记列表以标记 ATAG_CORE 开始，以标记 ATAG_NONE 结束。每个标记由标识被传递参数的 tag_header 结构以及随后的参数值数据结构组成。数据结构 tag 和 tag_header 定义在 Linux 内核源码的 include/asm/setup.h 头文件中：

```
/* The list ends with an ATAG_NONE node. */
#define ATAG_NONE 0x00000000

struct tag_header {
    u32 size;          /*注意，这里 size 是字数为单位的*/
    u32 tag;
};
……
struct tag {
    struct tag_header hdr;
```

```
union {
        struct tag_core         core;
        struct tag_mem32        mem;
        struct tag_videotext    videotext;
        struct tag_ramdisk      ramdisk;
        struct tag_initrd       initrd;
        struct tag_serialnr     serialnr;
        struct tag_revision     revision;
        struct tag_videolfb     videolfb;
        struct tag_cmdline      cmdline;

        /*
         * Acorn specific
         */
        struct tag_acorn        acorn;

        /*
         * DC21285              specific
         */
        struct tag_memclk       memclk;
    } u;
};
```

在嵌入式 Linux 系统中，通常需要由Bootloader设置的常见启动参数有：ATAG_CORE、ATAG_MEM、ATAG_CMDLINE、ATAG_RAMDISK、ATAG_INITRD 等。如 ATAG_CORE 的代码设置如下：

```
params = (struct tag *)BOOT_PARAMS;

        params->hdr.tag = ATAG_CORE;
        params->hdr.size = tag_size(tag_core);

        params->u.core.flags = 0;
        params->u.core.pagesize = 0;
        params->u.core.rootdev = 0;

        params = tag_next(params);
```

其中，BOOT_PARAMS 表示内核启动参数在内存中的起始基地址，指针 params 是 struct tag 类型的指针。宏 tag_next()将以指向当前标记的指针为参数，计算当前标记的下一个标记起始地址。注意，内核的根文件系统所在的设备 ID 就是在此设置的。

以下为设置内存映射情况的示例代码：

```
for(i = 0; i < NUM_MEM_AREAS; i++) {
        if(memory_map[i].used) {
                params->hdr.tag = ATAG_MEM;
                params->hdr.size = tag_size(tag_mem32);

                params->u.mem.start = memory_map[i].start;
                params->u.mem.size = memory_map[i].size;
                params = tag_next(params);
        }
}
```

可以看出，在 memory_map [ ] 数组中，每一个有效的内存段都对应一个 ATAG_MEM 参数标记。

Linux 内核在启动时可以以命令行参数的形式来接收信息，利用这一点可以向内核提供那些内核不能检测的硬件参数信息，或者重载(Override)内核检测到的信息。比如，用一个命令行参数字符串“console=ttyS0,115200n8”来通知内核以 ttyS0 作为控制台，且串口采用“115200 b/s、无奇偶校验、8 位数据位”这样的设置。下面为一段设置调用内核命令行参数字符串的示例代码：

```
char *p;

        /* eat leading white space */
        for(p = commandline; *p == ' '; p++)
                ;

        /* skip non-existent command lines so the kernel will still
        * use its default command line.
         */
        if(*p == '\0')
        return;

        params->hdr.tag = ATAG_CMDLINE;
        params->hdr.size = (sizeof(struct tag_header) + strlen(p) + 1 + 4) >> 2;

        strcpy(params->u.cmdline.cmdline, p);

        params = tag_next(params);
```

在上述代码中，设置 tag_header 的大小时，必须包括字符串的终止符'\0'，此外还要将字节数向上圆整 4 个字节，因为 tag_header 结构中的 size 成员表示的是字数。

以下为设置 ATAG_INITRD 的示例代码，通知内核在 RAM 中何处可以找到 initrd 映像(压缩格式)以及映像的大小：

```
params->hdr.tag = ATAG_INITRD2;
params->hdr.size = tag_size(tag_initrd);

params->u.initrd.start = RAMDISK_RAM_BASE;
params->u.initrd.size = INITRD_LEN;

params = tag_next(params);
```

以下是设置 ATAG_RAMDISK 的示例代码，通知内核解压后的 RAMdisk 大小(单位是 KB)：

```
params->hdr.tag = ATAG_RAMDISK;
params->hdr.size = tag_size(tag_ramdisk);

params->u.ramdisk.start = 0;
params->u.ramdisk.size = RAMDISK_SIZE; /* 请注意，单位是 KB */
params->u.ramdisk.flags = 1; /* automatically load ramdisk */

params = tag_next(params);
```

最后，设置 ATAG_NONE 标记，结束整个启动参数列表：

```
static void setup_end_tag(void)
{
    params->hdr.tag = ATAG_NONE;
    params->hdr.size = 0;
}
```

7. 调用内核

Bootloader 调用 Linux 内核的方法是直接跳转到内核的第一条指令处，也即直接跳转到 MEM_START+0x8000 地址处。在跳转时要满足下列条件：

(1) CPU 寄存器的设置。

R0=0。

R1=机器类型 ID。关于 Machine Type Number，可以参见 linux/arch/arm/tools/mach-types。

R2=启动参数标记列表在 RAM 中的起始基地址。

(2) CPU 模式。

必须禁止中断(IRQs 和 FIQs)；CPU 必须为 SVC 模式。

(3) Cache 和 MMU 的设置。

MMU 必须关闭；指令 Cache 可以打开也可以关闭；数据 Cache 必须关闭；如果用 C 语言，可以像下列示例代码这样来调用内核：

```
void(*theKernel)(int zero, int arch, u32 params_addr)=(void(*)(int, int, u32))KERNEL_RAM_BASE;
......
theKernel(0, ARCH_NUMBER, (u32) kernel_params_start);
```

注意，theKernel()函数调用应该是永远不返回的，如果这个调用返回，则出错。

8. 串口终端调试显示

Bootloader 程序的设计与实现中，向串口终端打印信息是一个非常重要而有效的调试手段。但是，经常会碰到串口终端显示乱码或根本没有显示的问题。造成这个问题的原因主要有两种：① Bootloader 串口初始化设置不正确；② 运行在主机端的终端仿真程序对串口的设置不正确，这包括波特率、奇偶校验、数据位和停止位等方面的设置。

此外，在 Bootloader 的运行过程中可以正确地向串口终端输出信息，但当 Bootloader 启动内核后却无法看到内核的启动输出信息。对这一问题的原因有以下几点：

(1) 确认内核在编译时已配置了对串口终端的支持，并配置了正确的串口驱动程序。

(2) Bootloader 对串口的初始化设置可能会和内核对串口的初始化设置不一致。此外，对于诸如 S3C44b0X 这样的 CPU，CPU 时钟频率的设置也会影响串口，因此如果 Bootloader 和内核对其 CPU 时钟频率的设置不一致，会使串口终端无法正确显示信息。

(3) 确认 Bootloader 所用的内核基地址必须和内核映像在编译时所用的运行基地址一致。假设内核映像在编译时用的基地址是 0xc0008000，但 Bootloader 却将它加载到 0xc0010000 处去执行，那么内核映像当然不能正确地执行。

5.2 U-Boot

5.2.1 U-Boot 工程简介

DENX 软件工程中心的 Wolfgang Denk 最早基于 8xxrom 的源码创建了 PPCBoot 工程，并且不断添加处理器的支持。后来，Sysgo Gmbh 把 PPCBoot 移植到 ARM 平台上，创建了 ARMBoot 工程，然后以 PPCBoot 工程和 ARMBoot 工程为基础，创建了 U-Boot 工程。

现在 U-Boot 已经能够支持 PowerPC、ARM、X86、MIPS 体系结构的上百种开发板，已经成为功能最多、灵活性最强并且开发最积极的开放源码 Bootloader，目前仍然由 DENX 的 Wolfgang Denk 维护。

U-Boot 的源码包可以从 sourceforge 网站下载，还可以订阅该网站活跃的 U-Boot Users 邮件论坛，这个邮件论坛对于 U-Boot 的开发和使用都很有帮助。

U-Boot 软件包下载网站：http://sourceforge.net/project/U-Boot。

U-Boot 邮件列表网站：http://lists.sourceforge.net/lists/listinfo/U-Boot-users/。

DENX 相关的网站：http://www.denx.de/re/DPLG.html。

5.2.2 U-Boot 源码结构

从网站上可以下载得到 U-Boot 源码包，例如 U-Boot-1.1.2.tar.bz2，解压后就可以得到 U-Boot 源程序。在顶层目录下有 18 个子目录，分别存放和管理不同的源程序。这些目录中所要存放的文件有其规则，可以分为三类：

- 第一类目录与处理器体系结构或者开发板硬件直接相关配置。
- 第二类目录存放通用的函数或者驱动程序。

● 第三类目录存放 U-Boot 的应用程序、工具或者文档。

表 5.2 列出了 U-Boot 顶层目录下各级目录的存放原则。

U-Boot 的源代码包含对几十种处理器、数百种开发板的支持。但对于特定的开发板，配置编译过程只需要其中的部分程序。这里具体以 S3C2410 arm920t 处理器为例，具体分析 S3C2410 处理器和开发板所依赖的程序，以及 U-Boot 的通用函数和工具。

表 5.2　U-Boot 的源码顶层目录说明

目　录	特　性	解 释 说 明
board	平台依赖	存放电路板相关的目录文件，例如 RPXlite(mpc8xx)、smdk2410(arm920t)、sc520_cdp(x86) 等目录
cpu	平台依赖	存放 CPU 相关的目录文件，例如 mpc8xx、ppc4xx、arm720t、arm920t、xscale、i386 等目录
lib_ppc	平台依赖	存放对 PowerPC 体系结构通用的文件，主要用于实现 PowerPC 平台通用的函数
lib_arm	平台依赖	存放对 ARM 体系结构通用的文件，主要用于实现 ARM 平台通用的函数
lib_i386	平台依赖	存放对 X86 体系结构通用的文件，主要用于实现 X86 平台通用的函数
include	通用	头文件和开发板配置文件，所有开发板的配置文件都在 configs 目录下
common	通用	通用的多功能函数实现
lib_generic	通用	通用库函数的实现
net	通用	存放网络的程序
fs	通用	存放文件系统的程序
post	通用	存放上电自检程序
drivers	通用	通用的设备驱动程序，主要有以太网接口的驱动
disk	通用	硬盘接口程序
rtc	通用	RTC 的驱动程序
dtt	通用	数字温度测量器或者传感器的驱动
examples	应用例程	一些独立运行的应用程序的例子，例如 helloworld
tools	工具	存放制作 S-Record 或者 U-Boot 格式的映像等工具，例如 mkimage
doc	文档	开发使用文档

5.2.3　U-Boot 的编译

U-Boot 的源码是通过 GCC 和 Makefile 组织编译的。顶层目录下的 Makefile 首先可以设置开发板的定义，然后递归地调用各级子目录下的 Makefile，最后把编译过的程序链接成 U-Boot 映像。

1．顶层目录下的 Makefile

顶层目录下的 Makefile 负责 U-Boot 的整体配置编译。按照配置的顺序阅读其中关键的几行。每一种开发板在 Makefile 中都需要有开发板配置定义。例如 smdk2410 开发板的定义如下：

```
smdk2410_config :   unconfig
    @./mkconfig $(@:_config=) arm arm920t smdk2410 NULL s3c24x0
```

上述程序中，执行配置 U-Boot 命令 make smdk2410_config，通过./mkconfig 脚本生成 include/config.mk 配置文件，文件内容根据 Makefile 对开发板的配置生成。

```
ARCH = arm
CPU = arm920t
BOARD = smdk2410
SOC = s3c24x0
```

上面 include/config.mk 文件定义了 ARCH、CPU、BOARD、SOC 这些变量，这样硬件平台依赖的目录文件可以根据这些定义确定。SMDK2410 平台的相关目录如下：

```
board/smdk2410/
cpu/arm920t/
cpu/arm920t/s3c24x0/
lib_arm/
include/asm-arm/
include/configs/smdk2410.h
```

回到顶层目录的 Makefile 文件的开始，下列程序包含了这些变量定义：

```
# load ARCH, BOARD, and CPU configuration
include include/config.mk
export      ARCH CPU BOARD VENDOR SOC
```

Makefile 的编译选项和规则在顶层目录的 config.mk 文件中定义，各种体系结构通用的规则直接在这个文件中定义，并通过 ARCH、CPU、BOARD、SOC 等变量为不同硬件平台定义不同的选项。不同体系结构的规则分别包含在 ppc_config.mk、arm_config.mk、mips_config.mk 等文件中。

顶层目录的 Makefile 中还定义交叉编译器，以及编译 U-Boot 所依赖的目标文件，具体如下：

```
ifeq ($(ARCH),arm)
CROSS_COMPILE = arm-linux-                    /*交叉编译器的前缀*/
#endif
export   CROSS_COMPILE
…
# U-Boot objects....order is important (i.e. start must be first)
OBJS  = cpu/$(CPU)/start.o                    /*处理器相关的目标文件*/
…
LIBS  = lib_generic/libgeneric.a   /*定义依赖的目录，每个目录下先把目标文件连接成*.a 文件*/
LIBS += board/$(BOARDDIR)/lib$(BOARD).a
LIBS += cpu/$(CPU)/lib$(CPU).a
ifdef SOC
LIBS += cpu/$(CPU)/$(SOC)/lib$(SOC).a
endif
LIBS += lib_$(ARCH)/lib$(ARCH).a
```

U-Boot 映像编译的依赖关系定义如下：

```
ALL = U-Boot.srec U-Boot.bin System.map
all:        $(ALL)
U-Boot.srec:    U-Boot
        $(OBJCOPY) ${OBJCFLAGS} -O srec $< $@
U-Boot.bin: U-Boot
        $(OBJCOPY) ${OBJCFLAGS} -O binary $< $@
……
U-Boot:        depend $(SUBDIRS) $(OBJS) $(LIBS) $(LDSCRIPT)
        UNDEF_SYM='$(OBJDUMP) -x $(LIBS) \
        |sed  -n -e 's/.*\(__u_boot_cmd_.*\)/-u\1/p'|sort|uniq`;\
        $(LD) $(LDFLAGS) $$UNDEF_SYM $(OBJS) \
            --start-group $(LIBS) $(PLATFORM_LIBS) --end-group \
            -Map U-Boot.map -o U-Boot
```

Makefile 缺省编译目标为 all，包括 U-Boot.srec、U-Boot.bin、System.map。U-Boot.srec 和 U-Boot.bin 又依赖于 U-Boot。U-Boot 就是通过 ld 命令按照 U-Boot.map 地址表把目标文件组装成 U-Boot 的。

其他 Makefile 内容不再详细分析，上述代码分析应该可以为阅读代码提供参考。

2. 开发板配置头文件

在程序中为开发板定义配置选项或者参数，即配置头文件为 include/configs/<board_name>.h。<board_name>用相应的 BOARD 定义来代替。

头文件中主要定义了两类变量：

(1) 选项：前缀为 CONFIG_，用来选择处理器、设备接口、命令、属性等。例如：

```
#define    CONFIG_ARM920T          1
#define    CONFIG_DRIVER_CS8900   1
```

(2) 参数：前缀为 CFG_，用来定义总线频率、串口波特率、Flash 地址等参数。例如：

```
#define      CFG_FLASH_BASE       0x00000000
#define CFG_PROMPT             "=>"
```

3. 编译结果

根据对 Makefile 的分析，编译过程分为两步：第一步为配置，例如：make smdk2410_config；第二步为编译，执行 make 命令即可。

编译完成后，可以得到 U-Boot 各种格式的映像文件和符号表，如表 5-3 所示。

表 5-3　U-Boot 编译生成的映像文件

文 件 名 称	说　明	文 件 名 称	说　明
System.map	U-Boot 映像的符号表	U-Boot.bin	U-Boot 映像原始的二进制格式
U-Boot	U-Boot 映像的 ELF 格式	U-Boot.srec	U-Boot 映像的 S-Record 格式

U-Boot 的三种映像格式都可以烧写到 Flash 中，但需要了解加载器能否识别格式。一般 U-Boot.bin 格式最为常用，直接按照二进制格式下载，并且按照绝对地址烧写到 Flash 中即可。U-Boot 和 U-Boot.srec 格式映像都自带定位信息。

4．U-Boot 工具

在 tools 目录下还有一些 U-Boot 的工具，这些工具有的也经常用到。表 5-4 说明了几种工具的用途。

表 5-4　U-Boot 的工具

工 具 名 称	说　明	工 具 名 称	说　明
bmp_logo	制作标记的位图结构体	img2srec	转换 SREC 格式映像
envcrc	校验 U-Boot 内部嵌入的环境变量	mkimage	转换 U-Boot 格式映像
gen_eth_addr	生成以太网接口 MAC 地址	updater	U-Boot 自动更新升级工具

以上这些工具都有源代码，可以参考它们来改写其他工具。其中 mkimage 是比较常用的工具，Linux 内核映像和 ramdisk 文件系统映像都可以转换成 U-Boot 的格式。

5.2.4　U-Boot 的移植

U-Boot 能够支持多种体系结构的处理器，支持的开发板也越来越多。因为 Bootloader 是完全依赖硬件平台的，所以在新电路板上需要移植 U-Boot 程序。

开始移植 U-Boot 之前，先要熟悉欲移植平台硬件电路板和处理器，确认 U-Boot 是否已经支持新开发板的处理器和 I/O 设备。假如 U-Boot 已经支持一块相似的电路板，那么移植的过程将非常简单。

移植 U-Boot 工作就是添加开发板硬件相关的文件、配置选项，然后配置编译。

开始移植之前，需要先分析 U-Boot 已经支持的开发板，比较出硬件配置最接近的开发板。选择的原则是，首先处理器相同，其次处理器体系结构相同，然后是以太网接口等外围接口。

下面以 S3C2410 开发板 fs2410 为例来说明 U-Boot 的移植。移植的过程参考 SMDK2410 开发板，SMDK2410 在 U-Boot-1.1.2 中已经得到支持。

移植 U-Boot 的基本步骤如下。

(1) 在顶层 Makefile 中为开发板添加新的配置选项：

```
smdk2410_config   :      unconfig
@./mkconfig $(@:_config=) arm arm920t smdk2410 NULL s3c24x0
```

参考上面两行程序，编写下面两行程序：

```
fs2410_config   :      unconfig
@./mkconfig $(@:_config=) arm arm920t fs2410 NULL s3c24x0
```

(2) 创建新目录以存放开发板相关代码，并且添加如下文件：

```
board/fs2410/config.mk
board/fs2410/flash.c
board/fs2410/fs2410.c
board/fs2410/Makefile
```

```
board/fs2410/memsetup.S
board/fs2410/U-Boot.lds
```

(3) 为开发板添加新的配置文件，先复制参考开发板的配置文件，进行修改，例如：

```
$cp include/configs/smdk2410.h   include/configs/fs2410.h
```

如果移植新 CPU，还要创建新的目录存放 CPU 相关代码。

(4) 配置开发板，即

```
$ make fs2410_config
```

(5) 编译 U-Boot。执行 make 命令，编译成功即可得到 U-Boot 映像。有些错误与配置选项相关，通常打开某些功能选项会带来错误，开始尽可能与参考板配置相同。

(6) 添加驱动或者功能选项。在编译通过的基础上，实现 U-Boot 的以太网接口、Flash 擦写等功能。对于 FS2410 开发板的以太网驱动和 smdk2410 完全相同，可直接使用。CS8900 驱动程序文件如下：

```
drivers/cs8900.c
drivers/cs8900.h
```

对于 Flash 的选择比较复杂，受到 Flash 芯片价格或者采购方面因素的影响。因为多数开发板的大小、型号不尽相同，所以还需要移植 Flash 的驱动。每种开发板目录下一般都有 flash.c 文件，需要根据具体的 Flash 类型修改。例如：

```
board/fs2410/flash.c
```

(7) 调试 U-Boot 源代码，直到 U-Boot 在开发板上能够正常启动。

5.2.5 添加 U-Boot 命令

U-Boot 的命令为用户提供了交互功能，已经实现几十个常用命令。如果开发板需要很特殊的操作，可以添加新的 U-Boot 命令。

U-Boot 的每一个命令都是通过 U_Boot_CMD 宏定义的。这个宏在 include/command.h 头文件中定义，每一个命令定义一个 cmd_tbl_t 结构体。例如：

```
#define U_BOOT_CMD(name,maxargs,rep,cmd,usage,help) \
cmd_tbl_t _u_boot_cmd_##name Struct_Section = {#name, maxargs, rep, cmd, usage, help}
```

每一个 U-Boot 命令都有一个结构体来描述。结构体包含的成员变量有：命令名称、最大参数个数、重复数、命令执行函数、用法、帮助。

从控制台输入的命令是由 common/command.c 中的程序解释执行。find_cmd()负责匹配输入的命令，从列表中找出对应的命令结构体。

基于 U-Boot 命令的基本框架，分析简单的 icache 操作命令，就可以掌握添加新命令的方法。

(1) 定义 Cache 命令。在 include/cmd_confdefs.h 中定义了所有 U-Boot 命令的标志位，即

```
#define CFG_CMD_CACHE        0x00000010ULL   /* icache, dcache        */
```

其他的命令也在这里添加定义。

(2) 实现 Cache 命令的操作函数。下面是 common/cmd_cache.c 文件中 icache 命令部分的代码：

```
#if (CONFIG_COMMANDS & CFG_CMD_CACHE)
static int on_off (const char *s)
{      /*这个函数解析参数，判断是打开 Cache，还是关闭 Cache*/
    if (strcmp(s, "on") == 0) {  /*参数为"on" */
        return (1);
    } else if (strcmp(s, "off") == 0) {  /*参数为"off" */
        return (0);
    }
    return (-1);
}

int do_icache ( cmd_tbl_t *cmdtp, int flag, int argc, char *argv[])
{      /*对指令 cache 的操作函数*/
    switch (argc) {
    case 2:              /*参数个数为 1，则执行打开或者关闭指令 Cache 操作*/
        switch (on_off(argv[1])) {
        case 0:      icache_disable();        /*打开指令 Cache*/
            break;
        case 1:      icache_enable ();        /*关闭指令 Cache*/
            break;
        }
        /* FALL TROUGH */
    case 1:                    /*参数个数为 0，则获取指令 Cache 状态*/
        printf ("Instruction Cache is %s\n",
            icache_status() ? "ON" : "OFF");
        return 0;
    default:                   /*其他缺省情况下，打印命令使用说明*/
        printf ("Usage:\n%s\n", cmdtp->usage);
        return 1;
    }
    return 0;
}
……
U_Boot_CMD( /*通过宏定义命令*/
    icache,   2,   1,    do_icache,          /*命令为 icache，命令执行函数为 do_icache()*/
    "icache  - enable or disable instruction cache\n",             /*帮助信息*/
    "[on, off]\n"
    "    - enable or disable instruction cache\n"
);
```

```
……
#endif
```

U-Boot 的命令都是通过结构体_U_Boot_cmd_##name 来描述的。根据 U_Boot_CMD 在 include/command.h 中的以下两行定义描述：

```
#define U_BOOT_CMD(name,maxargs,rep,cmd,usage,help) \
cmd_tbl_t __u_boot_cmd_##name Struct_Section = {#name, maxargs, rep, cmd, usage, help}
```

另外，在 common/Makefile 中还需添加编译的目标文件。

(3) 打开 CONFIG_COMMANDS 选项的命令标志位。程序文件开头有#if 语句，需要预处理是否包含命令函数。CONFIG_COMMANDS 选项在开发板的配置文件中予以定义。例如：SMDK2410 平台在 include/configs/smdk2410.h 中有如下定义：

```
/***********************************************************
* Command definition
***********************************************************/
#define CONFIG_COMMANDS \
        (CONFIG_CMD_DFL  |\
        CFG_CMD_CACHE    |\
        CFG_CMD_REGINFO   |\
        CFG_CMD_DATE    |\
        CFG_CMD_ELF)
```

按照以上三步，可以完成添加新的 U-Boot 命令。

5.2.6 U-Boot 的调试

新移植的 U-Boot 在正常工作之前需要进行调试。只有理解 U-Boot 的启动过程，才能正确地调试 U-Boot 源码。

1．硬件调试器

硬件电路板制作完成后，还没有加载任何程序，将其叫做裸板，首要工作是把程序或者固件加载到裸板上，这要通过硬件工具完成。习惯上，这种硬件工具叫做仿真器。

仿真器可以通过处理器的 JTAG 等接口直接把程序下载到目标板内存，或者进行 Flash 编程。如果板上的 Flash 是可以拔插的，就可以通过专用的 Flash 烧写器来完成。JTAG 接口专门用来连接仿真器。

仿真器还有一个重要的功能就是在线调试程序，这对于调试 Bootloader 和硬件测试程序很有帮助。

从最简单的 JTAG 电缆到 ICE 仿真器，再到可以调试 Linux 内核的仿真器，复杂的仿真器可以支持与计算机间的以太网或者 USB 接口通信。

U-Boot 的程序代码是位置相关的，调试的时候应尽量在内存中调试，可以修改连接定位地址 TEXT_BASE(TEXT_BASE 在 board/<board_name>/config.mk 中定义)。

另外，如果有复位向量，也需要先从链接脚本中将其去掉(链接脚本为 board/<board_name>/U-Boot.lds)。

添加调试选项时，需在 config.mk 文件中查找 DBGFLAGS，加上-g 选项，重新编译 U-Boot。

下载 U-Boot 到目标板内存。通过 JTAG 把程序加载到目标板内存中，然后跳转到 U-Boot 入口。启动 GDB 调试，就可以设置断点并执行程序了，具体如下：

```
$ arm-linux-gdb U-Boot
(gdb)target remote 192.168.1.100:2001
(gdb)stepi
(gdb)b start_armboot
(gdb)c
```

2．软件跟踪

假如 U-Boot 没有任何串口打印信息，手头又没有硬件调试工具，可以通过开发板上的 LED 指示灯来进行判断，了解 U-Boot 执行到什么位置。

开发板上一般设计八段数码管等 LED，用来显示数字或者数字位。

U-Boot 可以定义函数 show_boot_progress(int status)(在 include/common.h 头文件中声明这个函数)指示当前启动的进度。

```
#ifdef CONFIG_SHOW_BOOT_PROGRESS
void    show_boot_progress (int status);
#endif
```

上述程序中，CONFIG_SHOW_BOOT_PROGRESS 需要在板子配置的头文件中定义。CSB226 开发板对这项功能有完整的实现，可作为参考。在头文件 include/configs/csb226.h 中，有下列一行程序：

```
#define CONFIG_SHOW_BOOT_PROGRESS      1
```

函数 show_boot_progress (int status)的实现跟开发板关系密切，因此在 board 目录下的文件中实现。以下是 CSB226 在 board/csb226/csb226.c 中的实现函数。

```
/**  设置 CSB226 板的 0、1、2 三个指示灯的开关状态
 * csb226_set_led: - switch LEDs on or off
 * @param led:   LED to switch (0,1,2)
 * @param state: switch on (1) or off (0)
 */
void csb226_set_led(int led, int state)
{
    switch(led) {
        case 0: if (state==1) {
                    GPCR0 |= CSB226_USER_LED0;
            } else if (state==0) {
                    GPSR0 |= CSB226_USER_LED0;
            }
            break;
        case 1: if (state==1) {
                    GPCR0 |= CSB226_USER_LED1;
```

```
            } else if (state==0) {
                GPSR0 |= CSB226_USER_LED1;
            }
            break;
        case 2: if (state==1) {
                GPCR0 |= CSB226_USER_LED2;
            } else if (state==0) {
                GPSR0 |= CSB226_USER_LED2;
            }
            break;
    }
    return;
}
/*显示启动进度函数，在比较重要的阶段，设置三个灯为亮的状态(1, 5, 15)*/
void show_boot_progress (int status)
{
    switch(status) {
        case  1: csb226_set_led(0,1); break;
        case  5: csb226_set_led(1,1); break;
        case 15: csb226_set_led(2,1); break;
    }
    return;
}
```

这样，U-Boot 的启动过程就可以通过 show_boot_progresss 指示执行进度。比如 hang() 函数是系统出错时调用的函数，这里需要根据特定的开发板给定显示的参数值。

```
void hang (void)
{
    puts ("### ERROR ### Please RESET the board ###\n");
#ifdef CONFIG_SHOW_BOOT_PROGRESS
    show_boot_progress(-30);
#endif
    for (;;);
}
```

3. U-Boot 的启动过程及工作原理

1) 启动模式介绍

大多数 Bootloader 都分为阶段一(stage1)和阶段二(stage2)两大部分，U-Boot 也不例外。依赖于 CPU 体系结构的代码(如 CPU 初始化代码等)通常都放在阶段一中且通常用汇编语言实现；而阶段二则通常用 C 语言来实现，这样可以实现复杂的功能，而且有更好的可读性和移植性。

2) 阶段一

U-Boot 的 stage1 代码通常放在 start.s 文件中，用汇编语言写成，其主要代码部分如下：

(1) 入口定义。由于可执行的 Image 必须有入口点，并且只能有一个全局入口，通常这个入口放在 ROM(Flash)的 0x0 地址，因此，必须通知编译器入口地址，该工作可通过修改连接器脚本来完成。

① board/crane2410/U-BOOT.

lds: ENTRY(_start) ==> cpu/arm920t/start.S: .globl _start

② U-BOOT 代码区(TEXT_BASE = 0x33F80000)定义在 board/crane2410/config.mk。

(2) 异常向量设置。

```
_start: b reset @ 0x00000000
ldr pc, _undefined_instruction @ 0x00000004
ldr pc, _software_interrupt @ 0x00000008
ldr pc, _prefetch_abort @ 0x0000000c
ldr pc, _data_abort @ 0x00000010
ldr pc, _not_used @ 0x00000014
ldr pc, _irq @ 0x00000018
ldr pc, _fiq @ 0x0000001c
```

当发生异常时，执行 cpu/arm920t/interrupts.c 中定义的中断处理函数。

(3) 设置 CPU 的模式为 SVC 模式。

```
mrs r0,cpsr
bic r0,r0,#0x1f
orr r0,r0,#0xd3
msr cpsr,r0
```

(4) 关闭看门狗。

```
#if defined(CONFIG_S3C2400) || defined(CONFIG_S3C2410)
ldr r0, =pWTCON
mov r1, #0x0 @ 根据三星手册进行调置。
str r1, [r0]
```

(5) 禁止所有中断。

```
mov r1, #0xffffffff
ldr r0, =INTMSK
str r1, [r0]
# if defined(CONFIG_S3C2410)
ldr r1, =0x3ff
ldr r0, =INTSUBMSK
str r1, [r0]
```

(6) 设置 CPU 工作频率。默认频率为 FCLK : HCLK : PCLK=1 : 2 : 4，默认 FCLK 的值为 120 MHz，该值为 S3C2410 手册的推荐值。

```
ldr r0, =CLKDIVN
mov r1, #3
str r1, [r0]
```

(7) 设置 CP15。失效指令(I)Cache 和数据(D)Cache 后，禁止 MMU 与 Cache。

```
cpu_init_crit:
mov r0, #0
mcr p15, 0, r0, c7, c7, 0        /*失效 I/D Cache，见 S3C2410 手册附录的 2-16*/
mcr p15, 0, r0, c8, c7, 0        /*失效 TLB，见 S3C2410 手册附录的 2-18*/
/*
* 禁止 MMU 和 Cache，详见 S3C2410 手册附录 2-11
*/
mrc p15, 0, r0, c1, c0, 0
bic r0, r0, #0x00002300        /*清除 bits 13, 9:8 (--V- --RS)
* Bit 8: Disable System Protection
* Bit 7: Disable ROM Protection
* Bit 13: 异常向量表基地址: 0x0000 0000
*/
bic r0, r0, #0x00000087        /*清除 bits 7, 2:0 (B--- -CAM)
* Bit 0: MMU disabled
* Bit 1: Alignment Fault checking disabled
* Bit 2: Data cache disabled
* Bit 7: 0 = Little-endian operation
*/
orr r0, r0, #0x00000002        /*set bit 2 (A) Align, 1 = Fault checking enabled */
orr r0, r0, #0x00001000        /*set bit 12 (I) I-Cache, 1 = Instruction cache enabled
*/
mcr p15, 0, r0, c1, c0, 0
```

(8) 配置内存区控制寄存器。寄存器的具体值通常由开发板厂商或硬件工程师提供。如果对总线周期及外围芯片非常熟悉，也可以自己确定，在 U-BOOT 中的设置文件是 board/ crane2410 /lowlevel_init.S，该文件包含 lowleve_init 程序段。详细的寄存器设置及值的解释见第 2 章。

```
mov ip, lr
bl lowlevel_init
mov lr, ip
```

(9) 安装 U-Boot 的栈空间。下面这段代码只对非从 NAND Flash 启动的代码段有意义，对从 NAND Flash 启动的代码是没有意义的。

```
#ifndef CONFIG_SKIP_RELOCATE_U-BOOT
...
```

```
#endif
stack_setup:
ldr r0, _TEXT_BASE                      /*代码段的起始地址*/
sub r0, r0, #CFG_MALLOC_LEN             /*分配的动态内存区*/
sub r0, r0, #CFG_GBL_DATA_SIZE          /*U-BOOT 开发板全局数据存放*/
#ifdef CONFIG_USE_IRQ
/* 分配 IRQ 和 FIQ 栈空间 */
sub r0, r0, #(CONFIG_STACKSIZE_IRQ+CONFIG_STACKSIZE_FIQ)
#endif
sub sp, r0, #12                         /*留下 3 个字为 Abort*/
```

(10) BSS 段清零。

```
clear_bss:
ldr r0, _bss_start                      /*BSS 段的起始地址*/
ldr r1, _bss_end                        /*BSS 段的结束地址*/
mov r2, #0x00000000                     /*BSS 段置 0*/
clbss_l:str r2, [r0]                    /*循环清除 BSS 段*/
add r0, r0, #4
cmp r0, r1
ble clbss_l
```

(11) 搬移 NAND Flash 代码。从 NAND Flash 中，把数据拷贝到 RAM，由 copy_myself 程序段完成。

```
#ifdef CONFIG_S3C2410_NAND_BOOT
bl copy_myself
@ jump to ram
ldr r1, =on_the_ram
add pc, r1, #0
nop
nop
1: b 1b @ infinite loop
on_the_ram:
#endif
```

(12) 进入 C 代码部分。

```
ldr pc, _start_armboot
_start_armboot: .word start_armboot
```

3) 阶段二

lib_arm/board.c 中的 start armboot 是 C 语言开始的函数，也是整个启动代码中 C 语言的主函数，同时还是整个 U-Boot(ARMBoot)的主函数，该函数主要完成如下操作：

(1) 调用一系列的初始化函数。

① 指定初始函数表：

```
init_fnc_t *init_sequence[] = {
cpu_init,            /*cpu 的基本设置*/
board_init,          /*开发板的基本初始化*/
interrupt_init,      /*初始化中断*/
env_init,            /*初始化环境变量*/
init_baudrate,       /*初始化波特率*/
serial_init,         /*串口通信初始化*/
console_init_f,      /*控制台初始化第一阶段*/
display_banner,      /*通知代码已经运行到该处*/
dram_init,           /*配制可用的内存区*/
display_dram_config,
#if defined(CONFIG_VCMA9) || defined (CONFIG_CMC_PU2)
checkboard,
#endif
NULL,
};
```

执行初始化函数的代码如下：

```
for (init_fnc_ptr = init_sequence; *init_fnc_ptr; ++init_fnc_ptr) {
if ((*init_fnc_ptr)() != 0) {
hang ();
}
}
```

② 配置可用的 Flash 区域：

```
flash_init ()
```

③ 初始化内存分配函数：

```
mem_malloc_init()
```

④ NAND Flash 初始化：

```
#if (CONFIG_COMMANDS & CFG_CMD_NAND)
puts ("NAND:");
nand_init();         /*初始化 NAND*/
```

⑤ 初始化环境变量：

```
env_relocate ();
```

⑥ 外围设备初始化：

```
devices_init()
```

⑦ I2C 总线初始化：

```
i2c_init();
```

⑧ LCD 初始化：

```
drv_lcd_init();
```

⑨ VIDEO 初始化：

```
drv_video_init();
```

⑩ 键盘初始化：

```
drv_keyboard_init();
```

⑪ 系统初始化：

```
drv_system_init();
```

(2) 初始化网络设备。

初始化相关网络设备，填写 IP、MAC 地址等。

设置 IP 地址：

```
/* IP Address */
gd->bd->bi_ip_addr = getenv_IPaddr ("ipaddr");
/* MAC Address */
{
int i;
ulong reg;
char *s, *e;
uchar tmp[64];
i = getenv_r ("ethaddr", tmp, sizeof (tmp));
s = (i > 0) ? tmp : NULL;
for (reg = 0; reg < 6; ++reg) {
gd->bd->bi_enetaddr[reg] = s ? simple_strtoul (s, &e, 16) : 0;
if (s)
s = (*e) ? e + 1 : e;
}
}
```

(3) 进入主 U-Boot 命令行。进入命令循环(即整个 Boot 的工作循环)，接受用户从串口输入的命令，进行相应的工作。

```
for (;;) {
main_loop (); /*  在 common/main.c */
}
```

(4) 代码搬运。为了支持 NAND Flash 启动，S3C2410 内建了内部的 4 KB 的 SRAM 缓存“Steppingstone”。当启动时，NAND Flash 最初的 4 KB 字节将被读入“Steppingstone”然后开始执行启动代码。通常启动代码会把 NAND Flash 中的内容拷到 SDRAM 中以便执行主代码。

使用硬件的 ECC 时，NAND Flash 中数据的有效性将会得到检测。其功能如下：

- NAND Flash 模式：支持读/删除/编程 NAND Flash。
- 自动启动模式：在复位时启动代码将被读入“Steppingstone”中，然后执行启动代码。
- 硬件 ECC 检测模块(硬件检测，软件纠正)。
- “Steppingstone” 4 KB。

内部 SRAM 在启动后可以另外使用。

(5) 指定交叉编译工具的路径。

```
[U-BOOT@localhost U-BOOT]#vi ~/.bashrc
export PATH=/usr/local/arm/2.95.3/bin:$PATH
```

尽管有了调试跟踪手段，甚至也可以通过串口来打印信息，但是不一定能够判断出错原因。如果能够充分理解代码的启动流程，那么对准确地解决和分析问题很有帮助。

开发板上电后，执行 U-Boot 的第一条指令，然后顺序执行 U-Boot 启动函数。启动代码流程如图 5-4 所示。

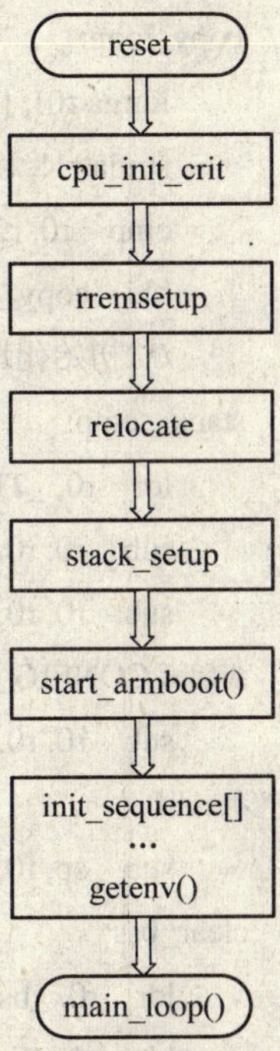

对于 board/smsk2410/U-Boot.lds 链接脚本，可以了解目标程序各部分链接顺序。首先要链接 cpu/arm920t/start.o，U-Boot 的入口指令位于这个程序中。下面详细分析一下程序跳转、函数的调用关系以及函数实现。

图 5-4　U-Boot 启动代码流程图

- cpu/arm920t/start.S

此汇编程序是 U-Boot 的入口程序，开头代码为复位向量的代码。

```
_start: b      reset                    /*复位向量*/
      ldr   pc, _undefined_instruction
      ldr   pc, _software_interrupt
      ldr   pc, _prefetch_abort
      ldr   pc, _data_abort
      ldr   pc, _not_used
      ldr   pc, _irq                    /*中断向量*/
      ldr   pc, _fiq                    /*中断向量*/
…
/* the actual reset code   */
reset:                                  /*复位启动子程序*/
      /*设置 CPU 为 SVC32 模式*/
      mrs   r0,cpsr
      bic   r0,r0,#0x1f
      orr   r0,r0,#0xd3
      msr   cpsr,r0
/*关闭看门狗*/
/*这些初始化代码在系统重起的时候执行，运行时热复位从 RAM 中启动不执行*/
#ifdef CONFIG_INIT_CRITICAL
      bl    cpu_init_crit
#endif
relocate:                               /*把 U-Boot 重新定位到 RAM*/
      adr   r0, _start                  /*r0 是代码的当前位置*/
      ldr   r1, _TEXT_BASE              /*测试判断是从 Flash 启动，还是从 RAM 启动*/
```

```
    cmp    r0, r1                   /*比较 r0 和 r1，调试的时候不要执行重定位*/
    beq    stack_setup              /*如果 r0 等于 r1，跳过重定位代码*/
    /*准备重新定位代码*/
    ldr  r2, _armboot_start
    ldr  r3, _bss_start
    sub  r2, r3, r2                 /*r2 得到 armboot 的大小*/
    add  r2, r0, r2                 /*r2 得到要复制代码的末尾地址*/
copy_loop:                          /*重新定位代码*/
    ldmia r0!, {r3-r10}             /*从源地址[r0]复制*/
    stmia r1!, {r3-r10}             /*复制到目的地址[r1]*/
    cmp  r0, r2                     /*复制数据块直到源数据末尾地址[r2]*/
    ble  copy_loop
    /* 初始化堆栈等    */
stack_setup:
    ldr  r0, _TEXT_BASE                     /*上面是 128 KB 重定位的 U-Boot*/
    sub  r0, r0, #CFG_MALLOC_LEN            /*向下是内存分配空间 */
    sub  r0, r0, #CFG_GBL_DATA_SIZE         /*然后是 bdinfo 结构体地址空间*/
#ifdef CONFIG_USE_IRQ
    sub  r0, r0, #(CONFIG_STACKSIZE_IRQ+CONFIG_STACKSIZE_FIQ)
#endif
    sub  sp, r0, #12                        /*为 abort-stack 预留 3 个字*/
clear_bss:
    ldr  r0, _bss_start                     /*找到 bss 段起始地址*/
    ldr  r1, _bss_end                       /*bss 段末尾地址*/
    mov  r2, #0x00000000                    /*清零*/
clbss_l:str r2, [r0]                        /*bss 段地址空间清零循环*/
    add  r0, r0, #4
    cmp  r0, r1
    bne  clbss_l
    /*跳转到 start_armboot 函数入口，_start_armboot 字保存函数入口指针*/
    ldr  pc, _start_armboot
_start_armboot: .word start_armboot         /*start_armboot 函数在 lib_arm/board.c 中实现*/
/*关键的初始化子程序*/
cpu_init_crit:
……  /*初始化 CACHE，关闭 MMU 等操作指令*/
    /*初始化 RAM 时钟。
    /*因为内存时钟是依赖开发板硬件的，所以在 board 的相应目录下可以找到 memsetup.S 文件*/
    mov  ip, lr
    bl   memsetup              /*memsetup 子程序在 board/smdk2410/memsetup.S 中实现*/
```

```
mov    lr, ip
mov    pc, lr
```

- start_armboot

start_armboot 是 U-Boot 执行的第一个 C 语言函数，完成系统初始化工作后进入主循环，以处理用户输入的命令。

```
void start_armboot (void)
{
    DECLARE_GLOBAL_DATA_PTR;
    ulong size;
    init_fnc_t **init_fnc_ptr;
    char *s;
    /* Pointer is writable since we allocated a register for it */
    gd = (gd_t*)(_armboot_start - CFG_MALLOC_LEN - sizeof(gd_t));
    /*compiler optimization barrier needed for GCC >= 3.4*/
    _asm_ _volatile_("": : :"memory");
    memset ((void*)gd, 0, sizeof (gd_t));
    gd->bd = (bd_t*)((char*)gd - sizeof(bd_t));
    memset (gd->bd, 0, sizeof (bd_t));
    monitor_flash_len = _bss_start - _armboot_start;
    /*顺序执行 init_sequence 数组中的初始化函数*/
    for (init_fnc_ptr = init_sequence; *init_fnc_ptr; ++init_fnc_ptr) {
        if ((*init_fnc_ptr)() != 0) {
            hang ();
        }
    }
    /*配置可用的 Flash */
    size = flash_init ();
    display_flash_config (size);
    /* _armboot_start 在 U-Boot.lds 链接脚本中定义*/
    mem_malloc_init (_armboot_start - CFG_MALLOC_LEN);
    /*配置环境变量，重新定位*/
    env_relocate ();
    /*从环境变量中获取 IP 地址*/
    gd->bd->bi_ip_addr = getenv_IPaddr ("ipaddr");
    /*以太网接口 MAC 地址*/
    ……
    devices_init ();                /*获取列表中的设备*/
    jumptable_init ();
```

```
        console_init_r ();              /*完整地初始化控制台设备*/
        enable_interrupts ();           /*使能例外处理*/
        /*通过环境变量初始化*/
        if ((s = getenv ("loadaddr")) != NULL) {
            load_addr = simple_strtoul (s, NULL, 16);
        }
        /*main_loop()总是试图自动启动，循环不断执行*/
        for (;;) {
            main_loop ();               /*主循环函数处理执行用户命令-- common/main.c*/
        }
        /*NOTREACHED - no way out of command loop except booting*/
    }
```

● init_sequence[]

init_sequence[]数组保存着基本的初始化函数指针。函数名称和实现的程序文件在注释中。

```
    init_fnc_t *init_sequence[] = {
        cpu_init,               /*基本的处理器相关配置 -- cpu/arm920t/cpu.c*/
        board_init,             /*基本的板级相关配置 -- board/smdk2410/smdk2410.c*/
        interrupt_init,         /*初始化例外处理 -- cpu/arm920t/s3c24x0/interrupt.c */
        env_init,               /*初始化环境变量 -- common/cmd_flash.c*/
        init_baudrate,          /*初始化波特率设置 -- lib_arm/board.c*/
        serial_init,            /*串口通信设置 -- cpu/arm920t/s3c24x0/serial.c*/
        console_init_f,         /*控制台初始化阶段 1 -- common/console.c*/
        display_banner,         /*打印 U-Boot 信息 -- lib_arm/board.c*/
        dram_init,              /*配置可用的 RAM -- board/smdk2410/smdk2410.c*/
        display_dram_config,    /*显示 RAM 的配置大小 -- lib_arm/board.c*/
        NULL,
    };
```

● U-Boot 与系统内核的关系

U-Boot 作为 Bootloader，具备多种引导内核启动方式。常用的 go 和 bootm 命令都可以直接引导内核映像启动。U-Boot 与内核的关系主要是内核启动过程中参数的传递。

(1) go 命令的实现举例如下：

```
    /* common/cmd_boot.c  */
    int do_go (cmd_tbl_t *cmdtp, int flag, int argc, char *argv[])
    {
        ulong addr, rc;
        int     rcode = 0;
        if (argc < 2) {
```

```
        printf ("Usage:\n%s\n", cmdtp->usage);
        return 1;
    }
    addr = simple_strtoul(argv[1], NULL, 16);
    printf ("## Starting application at 0x%08lX ...\n", addr);
    /*
     * pass address parameter as argv[0] (aka command name),
     * and all remaining args
     */
    rc = ((ulong (*)(int, char *[]))addr) (--argc, &argv[1]);
    if (rc != 0) rcode = 1;

    printf ("## Application terminated, rc = 0x%lX\n", rc);
    return rcode;
}
```

go 命令调用 do_go()函数后，会跳转到某个地址执行程序。如果在这个地址已准备好自引导内核映像，就可以实现启动。尽管 go 命令可以带变参，但在使用时一般不用来传递参数。

(2) bootm 命令的实现举例如下：

```
/* common/cmd_bootm.c */
int do_bootm (cmd_tbl_t *cmdtp, int flag, int argc, char *argv[])
{
    ulong iflag;
    ulong addr;
    ulong data, len, checksum;
    ulong   *len_ptr;
    uint   unc_len = 0x400000;
    int    i, verify;
    char   *name, *s;
    int    (*appl)(int, char *[]);
    image_header_t *hdr = &header;

    s = getenv ("verify");
    verify = (s && (*s == 'n')) ? 0 : 1;
    if (argc < 2) {
        addr = load_addr;
    } else {
        addr = simple_strtoul(argv[1], NULL, 16);
    }
```

```
    SHOW_BOOT_PROGRESS (1);
    printf ("## Booting image at %08lx ...\n", addr);
    /* Copy header so we can blank CRC field for re-calculation */
    memmove (&header, (char *)addr, sizeof(image_header_t));
    if (ntohl(hdr->ih_magic) != IH_MAGIC)
    {
        puts ("Bad Magic Number\n");
        SHOW_BOOT_PROGRESS (-1);
        return 1;
    }
    SHOW_BOOT_PROGRESS (2);
    data = (ulong)&header;
    len  = sizeof(image_header_t);

    checksum = ntohl(hdr->ih_hcrc);
    hdr->ih_hcrc = 0;

    if(crc32 (0, (char *)data, len) != checksum) {
        puts ("Bad Header Checksum\n");
        SHOW_BOOT_PROGRESS (-2);
        return 1;
    }
    SHOW_BOOT_PROGRESS (3);
    /* for multi-file images we need the data part, too */
    print_image_hdr ((image_header_t *)addr);
    data = addr + sizeof(image_header_t);
    len  = ntohl(hdr->ih_size);
    if(verify) {
        puts ("   Verifying Checksum ... ");
        if(crc32 (0, (char *)data, len) != ntohl(hdr->ih_dcrc)) {
            printf ("Bad Data CRC\n");
            SHOW_BOOT_PROGRESS (-3);
            return 1;
        }
        puts ("OK\n");
    }
    SHOW_BOOT_PROGRESS (4);
    len_ptr = (ulong *)data;
……
```

```
    switch (hdr->ih_os) {
    default:                /* handled by (original) Linux case */
    case IH_OS_LINUX:
        do_bootm_linux   (cmdtp, flag, argc, argv,
                addr, len_ptr, verify);
        break;
    ……
    }
```

bootm 命令用来调用 do_bootm 函数。此函数专门用来引导各种操作系统映像，可以支持引导 Linux、VxWorks、QNX 等操作系统。引导 Linux 的时候，需调用 do_bootm_linux() 函数。

(3) do_bootm_linux 函数的实现举例如下：

```
/* lib_arm/armlinux.c */
void do_bootm_linux (cmd_tbl_t *cmdtp, int flag, int argc, char *argv[],
            ulong addr, ulong *len_ptr, int verify)
{
    DECLARE_GLOBAL_DATA_PTR;
    ulong len = 0, checksum;
    ulong initrd_start, initrd_end;
    ulong data;
    void (*theKernel)(int zero, int arch, uint params);
    image_header_t *hdr = &header;
    bd_t *bd = gd->bd;
#ifdef CONFIG_CMDLINE_TAG
    char *commandline = getenv ("bootargs");
#endif
    theKernel = (void (*)(int, int, uint))ntohl(hdr->ih_ep);
    /* Check if there is an initrd image */
    if(argc >= 3) {
        SHOW_BOOT_PROGRESS (9);
        addr = simple_strtoul (argv[2], NULL, 16);
        printf ("## Loading Ramdisk Image at %08lx ...\n", addr);
        /* Copy header so we can blank CRC field for re-calculation */
        memcpy (&header, (char *) addr, sizeof (image_header_t));
        if (ntohl (hdr->ih_magic) != IH_MAGIC) {
            printf ("Bad Magic Number\n");
            SHOW_BOOT_PROGRESS (-10);
            do_reset (cmdtp, flag, argc, argv);
        }
```

```
        data = (ulong) & header;
        len = sizeof (image_header_t);
        checksum = ntohl (hdr->ih_hcrc);
        hdr->ih_hcrc = 0;
        if(crc32 (0, (char *) data, len) != checksum) {
            printf ("Bad Header Checksum\n");
            SHOW_BOOT_PROGRESS (-11);
            do_reset (cmdtp, flag, argc, argv);
        }
        SHOW_BOOT_PROGRESS (10);
        print_image_hdr (hdr);
        data = addr + sizeof (image_header_t);
        len = ntohl (hdr->ih_size);
        if(verify) {
            ulong csum = 0;
            printf ("   Verifying Checksum ... ");
            csum = crc32 (0, (char *) data, len);
            if (csum != ntohl (hdr->ih_dcrc)) {
                printf ("Bad Data CRC\n");
                SHOW_BOOT_PROGRESS (-12);
                do_reset (cmdtp, flag, argc, argv);
            }
            printf ("OK\n");
        }
        SHOW_BOOT_PROGRESS (11);
        if ((hdr->ih_os != IH_OS_LINUX) ||
            (hdr->ih_arch != IH_CPU_ARM) ||
            (hdr->ih_type != IH_TYPE_RAMDISK)) {
            printf ("No Linux ARM Ramdisk Image\n");
            SHOW_BOOT_PROGRESS (-13);
            do_reset (cmdtp, flag, argc, argv);
        }
        /* Now check if we have a multifile image */
    } else if ((hdr->ih_type == IH_TYPE_MULTI) && (len_ptr[1])) {
        ulong tail = ntohl (len_ptr[0]) % 4;
        int i;
        SHOW_BOOT_PROGRESS (13);
        /* skip kernel length and terminator */
        data = (ulong) (&len_ptr[2]);
```

```
        /* skip any additional image length fields */
        for (i = 1; len_ptr[i]; ++i)
            data += 4;
        /* add kernel length, and align */
        data += ntohl (len_ptr[0]);
        if (tail) {
            data += 4 - tail;
        }
        len = ntohl (len_ptr[1]);
    } else {
        /* no initrd image */
        SHOW_BOOT_PROGRESS (14);
        len = data = 0;
    }
    if (data) {
        initrd_start = data;
        initrd_end = initrd_start + len;
    } else {
        initrd_start = 0;
        initrd_end = 0;
    }
    SHOW_BOOT_PROGRESS (15);
    debug ("## Transferring control to Linux (at address %08lx) ...\n",
        (ulong) theKernel);
#if defined (CONFIG_SETUP_MEMORY_TAGS) || \
    defined (CONFIG_CMDLINE_TAG) || \
    defined (CONFIG_INITRD_TAG) || \
    defined (CONFIG_SERIAL_TAG) || \
    defined (CONFIG_REVISION_TAG) || \
    defined (CONFIG_LCD) || \
    defined (CONFIG_VFD)
    setup_start_tag (bd);
#ifdef CONFIG_SERIAL_TAG
    setup_serial_tag (&params);
#endif
#ifdef CONFIG_REVISION_TAG
    setup_revision_tag (&params);
#endif
#ifdef CONFIG_SETUP_MEMORY_TAGS
```

```
        setup_memory_tags (bd);
    #endif
    #ifdef CONFIG_CMDLINE_TAG
        setup_commandline_tag (bd, commandline);
    #endif
    #ifdef CONFIG_INITRD_TAG
        if (initrd_start && initrd_end)
            setup_initrd_tag (bd, initrd_start, initrd_end);
    #endif
        setup_end_tag (bd);
    #endif
        /* we assume that the kernel is in place */
        printf ("\nStarting kernel ...\n\n");
        cleanup_before_linux ();

        theKernel (0, bd->bi_arch_number, bd->bi_boot_params);
    }
```

do_bootm_linux()函数是专门引导 Linux 映像的函数，还可以处理 RAMdisk 文件系统的映像。这里引导的内核映像和 RAMdisk 映像必须是 U-Boot 格式的。U-Boot 格式的映像可以通过 mkimage 工具转换，因为其中包含了 U-Boot 可以识别的符号。

5.2.7 U-Boot 的使用

除 Bootloader 的系统引导功能外，U-Boot 还具备用户命令接口，提供了一些复杂的调试、读/写内存、烧写 Flash、配置环境变量等功能。掌握了 U-Boot 的使用，将极大地方便嵌入式系统的开发。

1．烧写 U-Boot 到 Flash

处理器调试接口是为处理器芯片设计的标准调试接口，包含 BDM、JTAG 和 EJTAG 三种接口标准。BDM(Background Debug Mode)主要应用在 PowerPC8xx 系列处理器上；EJTAG 主要应用在 MIPS 处理器上。这三种硬件接口的标准定义有所不同，但是功能基本相同，下面都统称为 JTAG 接口。

JTAG 接口需要专用的硬件工具来连接。无论从功能、性能角度，还是从价格角度，这些工具都有很大的差异。

最简单的烧写方式就是通过 JTAG 电缆转接到计算机并口连接。这需要在主机端开发烧写程序，还需要有并口设备驱动程序。开发板上电或者复位的时候，烧写程序探测到处理器并且开始通信，然后把 Bootloader 下载并烧写到 Flash 中。这种方式速率慢，但价格非常便宜。一般来说，平均每秒钟可以烧写 100～200 个字节。

烧写完成后，复位实验板，串口终端即可显示 U-Boot 的启动信息。

2. U-Boot 的常用命令

1) U-Boot 命令的介绍

U-Boot 通常使用“help”(或者只使用问号?)来查看所有的 U-Boot 命令，并列出在当前配置下所有支持的命令。但是要注意，尽管 U-Boot 提供了很多配置选项，但并不是所有选项都支持各种处理器和开发板，有些选项可能在配置中并没有被选取。

2) 获得帮助信息

通过“help”可以获得当前开发板的 U-Boot 中支持的命令，具体如下：

```
CRANE2410 # help
? - alias for 'help'
autoscr - run script from memory
base - print or set address offset
bdinfo - print Board Info structure
boot - boot default, i.e., run 'bootcmd'
bootd - boot default, i.e., run 'bootcmd'
bootelf - Boot from an ELF image in memory
bootm - boot application image from memory
bootp - boot image via network using BootP/TFTP protocol
bootvx - Boot vxWorks from an ELF image
cmp - memory compare
coninfo - print console devices and information
cp - memory copy
crc32 - checksum calculation
date - get/set/reset date & time
dcache - enable or disable data cache
echo - echo args to console
erase - erase FLASH memory
flinfo - print FLASH memory information
go - start application at address 'addr'
help - print online help
icache - enable or disable instruction cache
iminfo - print header information for application image
imls - list all images found in flash
itest - return true/false on integer compare
loadb - load binary file over serial line (kermit mode)
loads - load S-Record file over serial line
loop - infinite loop on address range
md - memory display
mm - memory modify (auto-incrementing)
mtest - simple RAM test
```

```
mw - memory write (fill)
nand - NAND sub-system
nboot - boot from NAND device
nfs - boot image via network using NFS protocol
nm - memory modify (constant address)
ping - send ICMP ECHO_REQUEST to network host
printenv- print environment variables
protect - enable or disable FLASH write protection
rarpboot- boot image via network using RARP/TFTP protocol
reset - Perform RESET of the CPU
run - run commands in an environment variable
saveenv - save environment variables to persistent storage
setenv - set environment variables
sleep - delay execution for some time
tftpboot- boot image via network using TFTP protocol
version - print monitor version
```

3) U-Boot 常用命令使用说明

- askenv(F)：通过标准输入(Stdin)获得环境变量。
- autoscr：从内存(Memory)运行脚本文件。注意，从下载地址开始，例如开发板是从 0x30008000 处开始运行：

```
CRANE2410 # autoscr 0x30008000
## Executing script at 30008000
```

- base：打印或者设置当前指令与下载地址的地址偏移。
- bdinfo：打印开发板信息。例如：

```
CRANE2410 # bdinfo
-arch_number = 0x000000C1 (CPU 体系结构号)
-env_t = 0x00000000 (环境变量)
-boot_params = 0x30000100 (启动引导参数)
-DRAM bank = 0x00000000 (内存区)
--> start = 0x30000000 (SDRAM 的起始地址)
--> size = 0x04000000 (SDRAM 的大小)
-ethaddr = 01:23:45:67:89:AB (以太网的地址)
-ip_addr = 192.168.1.5 (IP 地址)
-baudrate = 115200 bps (波特率)
```

- bootp：通过网络使用 bootp 或者 TFTP 协议引导镜像文件。例如：

```
CRANE2410 # help bootp
bootp [loadAddress] [bootfilename]
```

- bootelf：默认从 0x30008000 引导 elf 格式文件(vmlinux)。例如：

```
CRANE2410 # help bootelf
```

```
bootelf [address] - load address of ELF image.
```

● bootd(=boot)：引导的默认命令，即运行 U-Boot 中在“include/configs/smdk2410.h”中设置的“bootcmd”中的命令：

```
#define CONFIG_BOOTCOMMAND "tftp 0x30008000 uImage; bootm 0x30008000";
```

在该命令下做如下测试：

```
CRANE2410 # set bootcmd printenv
CRANE2410 # boot
bootdelay=3
baudrate=115200
ethaddr=01:23:45:67:89:ab
CRANE2410 # bootd
bootdelay=3
baudrate=115200
ethaddr=01:23:45:67:89:ab
```

● tftp(tftpboot)：将内核镜像文件从 PC 中下载到 SDRAM 的指定地址，然后通过 bootm 来引导内核，前提是所用 PC 要安装 tftp 服务。

下载信息如下：

```
CRANE2410 # tftp 0x30008000 zImage
TFTP from server 10.0.0.1; our IP address is 10.0.0.110
Filename 'zImage'.
Load address: 0x30008000
Loading: #################################################################
#################################################################
#################################################
done
Bytes transferred = 913880 (df1d8 hex)
```

● bootm：内核的入口地址，由此开始引导内核。例如：

```
CRANE2410 # bootm 0x30008000
## Booting image at 30008000 ...
Starting kernel ...
Uncompressing
Linux...............................................................
done, .
```

● go：直接跳转到可执行文件的入口地址，运行可执行文件。例如：

```
CRANE2410 # go 0x30008000
## Starting application at 0x30008000 ...
```

● cmp：对输入的两段内存地址进行比较。例如:

```
CRANE2410 # cmp 0x30008000 0x30008040 64
word at 0x30008000 (0xe321f0d3) != word at 0x30008040 (0xc022020c)
```

```
Total of 0 words were the same
CRANE2410 # cmp 0x30008000 0x30008000 64
Total of 100 words were the same
```

- coninfo：打印所有控制设备和信息。例如：

```
-List of available devices:
-serial 80000003 SIO stdin stdout stderr
```

- cp：内存拷贝，格式为

cp 源地址 目的地址 拷贝大小(字节)

```
CRANE2410 # help cp
cp [.b, .w, .l] source target count
ANE2410 # cp 0x30008000 0x3000f000 64
```

- date：获得/设置/重设日期和时间。例如：

```
CRANE2410 # date
Date: 2006-6-6 (Tuesday) Time: 06:06:06
```

- erase(F)：擦除 Flash Memory，由于该 ARM 板没有 Nor Flash，不支持该命令。例如：

```
CRANE2410 # help erase
erase start end
- erase FLASH from addr 'start' to addr 'end'
erase start +len
- erase FLASH from addr 'start' to the end of sect w/addr 'start'+'len'-1
erase N:SF[-SL]
- erase sectors SF-SL in FLASH bank # N
erase bank N
- erase FLASH bank # N
erase all
- erase all FLASH banks
```

- flinfo(F)：打印 Nor Flash 信息，由于该 ARM 板没有 Nor Flash，不支持该命令。
- iminfo：打印和校验内核镜像头，内核的起始地址由 CFG_LOAD_ADDR 指定：

```
#define CFG_LOAD_ADDR 0x30008000 /* default load address */
```

该宏在 include/configs/crane2410.h 中定义

```
CRANE2410 # iminfo
## Checking Image at 30008000 ...
Image Name: Linux-2.6.14.1
Created: 2006-06-28 7:43:01 UTC
Image Type: ARM Linux Kernel Image (uncompressed)
Data Size: 1047080 Bytes = 1022.5 kB
Load Address: 30008000
Entry Point: 30008040
Verifying Checksum ... OK
```

- loadb：从串口下载二进制文件。例如：

```
CRANE2410 # loadb
## Ready for binary (kermit) download to 0x30008000 at 115200 bps...
## Total Size = 0x00000000 = 0 Bytes
## Start Addr = 0x30008000
```

- md：显示指定内存地址中的内容。例如：

```
CRANE2410 # md 0
00000000: ea000012 e59ff014 e59ff014 e59ff014 ................
00000010: e59ff014 e59ff014 e59ff014 e59ff014 ................
00000020: 33f80220 33f80280 33f802e0 33f80340 ..3...3...3@..3
00000030: 33f803a0 33f80400 33f80460 deadbeef ...3...3`..3....
00000040: 33f80000 33f80000 33f9c0b4 33fa019c ...3...3...3...3
00000050: e10f0000 e3c0001f e38000d3 e129f000 .............).
00000060: e3a00453 e3a01000 e5801000 e3e01000 S..............
00000070: e59f0444 e5801000 e59f1440 e59f0440 D.......@...@...
00000080: e5801000 e59f043c e3a01003 e5801000 ....<...........
00000090: eb000051 e24f009c e51f1060 e1500001 Q.....O.`.....P.
000000a0: 0a000007 e51f2068 e51f3068 e0432002 ....h ..h0... C.
000000b0: e0802002 e8b007f8 e8a107f8 e1500002 . ...........P.
000000c0: daffffb e51f008c e2400803 e2400080 ..........@...@.
000000d0: e240d00c e51f0094 e51f1094 e3a02000 ..@.......... ..
000000e0: e5802000 e2800004 e1500001 dafffffb . ........P.....
000000f0: eb000006 e59f13d0 e281f000 e1a00000 ................
```

- mm：顺序显示指定地址之后内存中的内容，可对其同时进行修改，地址自动递增。例如：

```
CRANE2410 # mm 0x30008000
30008000: e1a00000 ? fffff
30008004: e1a00000 ? eeeeee
30008008: e1a00000 ? q
CRANE2410 # md 30008000
30008000: 000fffff 00eeeeee e1a00000 e1a00000 ................
30008010: e1a00000 e1a00000 e1a00000 e1a00000 ................
30008020: ea000002 016f2818 00000000 000df1d8 .....(o.........
30008030: e1a07001 e3a08000 e10f2000 e3120003 .p....... ......
```

- mtest：简单的 RAM 检测。例如：

```
CRANE2410 # mtest
Pattern FFFFFFFD Writing... Reading...
```

- mw：向内存地址写内容。例如：

```
CRANE2410 # md 30008000
```

```
30008000: ffffdffd ffffdffc ffffdffb ffffdffa ................
CRANE2410 # mw 30008000 0 4
CRANE2410 # md 30008000
30008000: 00000000 00000000 00000000 00000000 ................
```

- nm：修改内存地址，地址不递增。例如：

```
CRANE2410 # nm 30008000
30008000: de4c457f ? 00000000
30008000: 00000000 ? 11111111
30008000: 11111111 ?
```

- printenv：打印环境变量。例如：

```
CRANE2410 # printenv
bootdelay=3
baudrate=115200
ethaddr=01:23:45:67:89:ab
ipaddr=10.0.0.110
serverip=10.0.0.1
netmask=255.255.255.0
stdin=serial
stdout=serial
stderr=serial
Environment size: 153/65532 bytes
```

- ping：主机地址。例如：

```
CRANE2410 # ping 10.0.0.1
host 10.0.0.1 is alive
```

- reset：复位 CPU。
- run：运行已经定义好的 U-Boot 命令。例如：

```
CRANE2410 # set myenv ping 10.0.0.1
CRANE2410 # run myenv
host 10.0.0.1 is alive
```

- saveenv(F)：保存设定的环境变量。
- setenv：设置环境变量。例如：

```
CRANE2410 # setenv ipaddr 10.0.0.254
CRANE2410 # printenv
ipaddr=10.0.0.254
```

- sleep：命令延时执行时间。例如：

```
CRANE2410 # sleep 1
```

- version：打印 U-Boot 版本信息。例如：

```
CRANE2410 # version
U-Boot 1.1.4 (Jul 4 2006 - 12:42:27)
```

- nand info：打印 NAND Flash 信息。例如：

```
CRANE2410 # nand info
Device 0: Samsung K9F1208U0B at 0x4e000000 (64 MB, 16 kB sector)
```

- nand device <n>：显示某个 NAND 设备。例如：

```
CRANE2410 # nand device 0
Device 0: Samsung K9F1208U0B at 0x4e000000 (64 MB, 16 kB sector)
... is now current device
```

- nand bad：坏道检测。例如：

```
CRANE2410 # nand bad
Device 0 bad blocks:
```

- nand read。NAND Flash 读取格式如下：

```
nand read InAddr FlAddr size
```

InAddr: 从 NAND Flash 中读取内存的起始地址。

FlAddr: NAND Flash 的起始地址。

size: 从 NAND Flash 中读取的数据的大小。例如：

```
CRANE2410 # nand read 0x30008000 0 0x100000
NAND read: device 0 offset 0, size 1048576 ...
1048576 bytes read: OK
```

- nand erease。NAND Flash 擦除，格式如下：

```
nand erase FlAddr size
```

FlAddr: NAND Flash 的起始地址。

size: 从 NAND Flash 中擦除数据块的大小。例如：

```
CRANE2410 # nand erase 0x100000 0x20000
NAND erase: device 0 offset 1048576, size 131072 ... OK
```

- nand write。NAND Flash 写入，格式如下：

```
nand write InAddr FlAddr size
```

InAddr: NAND Flash 中写入的数据在内存中的起始地址。

FlAddr: NAND Flash 的起始地址。

size: 在 NAND Flash 中写入数据的大小。例如：

```
CRANE2410 # nand write 0x30f00000 0x100000 0x20000
NAND write: device 0 offset 1048576, size 131072 ...
131072 bytes written: OK
```

3. U-Boot 的环境变量

类似 shell，U-Boot 也使用环境变量。可通过 printenv 命令查看环境变量的设置。例如：

```
U-Boot> printenv
bootdelay=3
baudrate=115200
netmask=255.255.0.0
```

```
ethaddr=12:34:56:78:90:ab
bootfile=uImage
bootargs=console=ttyS0,115200 root=/dev/ram rw initrd=0x30800000,8M
bootcmd=tftp 0x30008000 zImage;go 0x30008000
serverip=192.168.1.1
ipaddr=192.168.1.100
stdin=serial
stdout=serial
stderr=serial

Environment size: 337/131068 bytes
U-Boot>
```

表 5-5 是常用环境变量的含义解释。通过 printenv 命令可打印出这些变量值。

表 5-5　U-Boot 环境变量的解释说明

环 境 变 量	解 释 说 明
bootdelay	定义执行自动启动的等候秒数
baudrate	定义串口控制台的波特率
netmask	定义以太网接口的掩码
ethaddr	定义以太网接口的 MAC 地址
bootfile	定义缺省的下载文件
bootargs	定义传递给 Linux 内核的命令行参数
bootcmd	定义自动启动时执行的几条命令
serverip	定义 tftp 服务器端的 IP 地址
ipaddr	定义本地的 IP 地址
stdin	定义标准输入设备，一般是串口
stdout	定义标准输出设备，一般是串口
stderr	定义标准出错信息输出设备，一般是串口

U-Boot 的环境变量都可有缺省值，也可修改并且保存在参数区。U-Boot 的参数区一般有 EEPROM 和 Flash 两种设备。

环境变量的设置命令为 setenv，环境变量设置举例如下：

```
=>setenv serverip  192.168.1.1
=>setenv ipaddr  192.168.1.100
=>setenv rootpath  "/usr/local/arm/3.3.2/rootfs"
=>setenv bootargs  "root=/dev/nfs rw nfsroot=\$(serverip):\$(rootpath) ip=$(ipaddr) "
=>setenv kernel_addr 30000000
```

```
=>setenv nfscmd  "tftp \$(kernel_addr) uImage; bootm \$(kernel_addr) "
=>run nfscmd
```

上面定义的环境变量为 serverip、ipaddr、rootpath、bootargs、kernel_addr。环境变量 bootargs 中还使用了环境变量，bootargs 定义命令行参数，通过 bootm 命令传递给内核。环境变量 nfscmd 中也使用了环境变量，功能是把 uImage 下载到指定的地址并且引导起来。通过 run 命令来执行 nfscmd 脚本。

5.3 ViVi

5.3.1 ViVi 简介

ViVi 是韩国 mizi 公司开发的 Bootloader，适用于 ARM9 处理器。ViVi 有两种工作模式：启动加载模式和下载模式。启动加载模式可以在一段时间后(时间可更改)自行启动 Linux 内核，这是 ViVi 的默认模式。在下载模式下，ViVi 为用户提供一个命令行接口，通过接口可以使用 ViVi 提供的一些命令。下面将介绍这些命令的意义。

(1) reset 命令：复位 Arm9 系统。

(2) help 命令：显示开发板上 ViVi 支持的所有命令。

param help：显示 param 命令的用法。

(3) part 命令：用于对分区进行操作。通过 part help，可以显示系统对 part 系列命令的帮助提示，分别如下：

part show：显示分区信息。

part add partname part_start_addr part_leng flag：添加分区，参数 flag 为分区类型。

part del partname：删除分区。

part save：保存 part 分区信息。

part reset：恢复为系统默认的 part 分区。

(4) load 命令。下载程序到存储器(Flash 或者 RAM 中)。通过 load help，显示系统对 load 系列命令的帮助提示。

load flash partname x：使用 xmodom 协议通过串口下载文件并且烧写到 partname 分区，例如：

```
—load flash vivi x //注意，这里的 vivi 是分区名
—load flash kernel x
—load flash root x
```

load ram partname or addr x：使用 xmodom 协议通过串口下载文件到内存中。

(5) param 命令：用于对 Bootloader 参数进行操作。通过 param help，显示系统对 param 系列命令的帮助提示。

param show：显示 Bootloader 的当前参数值。

param reset：将 Bootloader 参数值复位成系统默认值。

param set paramname value：设置参数值。

param set linux_cmd_line "linux bootparam"：设置 Linux 启动参数，参数 linux bootparam 表示要设置的 Linux Kernel 命令行参数。

param save：保存参数设置。

(6) boot 命令：用于引导 Linux kernel 启动。通过 boot help，显示系统对 boot 命令的帮助提示。

boot：以默认方式启动。

boot ram ramaddr lenth：启动 SDRAM 中 ramaddr 处长度为 lenth 的 Linux 内核。

(7) bon 命令：用于对 bon 分区进行操作。通过 bon help，显示系统对 bon 系列命令的帮助提示。bon 分区是 NAND Flash 设备的一种简单的分区管理方式。

bon part info：显示系统中 bon 分区的信息。

bon part：建立系统的 bon 分区表。bon 分区表被保存到 NAND Flash 的最后 0x4000 个字节中，即在 NAND Flash 的 0x03FFC000～0x33FFFFFF 范围内，分区表起始于 0x03FFC000。

例如，下列代码分为三个区：0～192 KB、192 KB～1 MB、1 MB 以上。

```
vivi> bon part 0 192k 1M
doing partition
size = 0
size = 196608
size = 1048576
check bad block
part = 0 end = 196608
```

(8) go 命令：用于跳转到指定地址处执行该地址处的代码。

go addr：跳转到指定地址运行该处的程序。

5.3.2　ViVi 的配置与编译

1．建立交叉开发环境

(1) 在宿主机上安装标准的 Linux 操作系统：Redhat 9.0(主机系统为 Windows 2000，用虚拟机 vmware 安装的 Red Hat 9.0，内核版本为 2.4.18)。

(2) 在宿主机上安装交叉编译器(代码为 cross-2.95.3.tar.bz2)。

先以 root 用户的身份登录到 Linux 下，进入/usr/local 目录，创建名为 arm 的目录：

```
cd /usr/local
mkdir arm
```

再将 cross-2.95.3.tar.bz2 文件解压到/usr/local/arm 目录：

```
tar jxvf cross-2.95.3.tar.bz2 –C /usr/local/arm
```

修改 PATH 变量：可以使用 arm-linux-gcc 编译器系统，将 arm-linux 工具链目录加入到环境变量 PATH 中：修改/etc/profile 文件，添加 pathmunge /usr/local/arm/2.95.3/bin 即可。

```
# Path manipulation
if [ `id -u` = 0 ]; then
```

```
pathmunge /sbin
pathmunge /usr/sbin
pathmunge /usr/local/sbin
pathmunge /usr/local/arm/2.95.3/bin
fi
pathmunge /usr/X11R6/bin after
```

设置环境变量后，重启或注销，设置的环境变量才能生效。

2．配置和编译 ViVi

如果 ViVi 的源代码已根据开发板作了相应改动，则需要对源代码进行配置和编译，以生成可烧入 Flash 的 ViVi 二进制映像文件。

由于 ViVi 要用到一些头文件，因此需要将 ViVi 和内核都解压到相应的目录下。然后需修改/vivi/Makefile 里变量设置如下：

Ø LINUX_INCLUDE_DIR = /kernel/include/

LINUX_INCLUDE_DIR 为 kernel/include 的对应目录，例如/home/XXX/kerne-h2410eb /include/，因此修改为

LINUX_INCLUDE_DIR = /home/XXX/ kerne-h2410eb/include/

Ø CROSS_COMPILE = /usr/local/arm/2.95.3/bin/arm-linux-

CROSS_COMPILE 为 arm-linux 安装的相应目录，例如/usr/local/arm/2.95.3/bin/arm-linux-，因此修改为

CROSS_COMPILE = /usr/local/arm/2.95.3/bin/arm-linux-

Ø ARM_GCC_LIBS = /usr/local/arm/2.95.3/lib/gcc-lib/arm-linux/2.95.3

需根据 arm-linux 的安装目录进行修改，例如/usr/local/arm/ 2.95.3/lib/gcc-lib/ arm- linux /2.95.3。

进入/vivi 目录，执行 make distclean(目的是确保编译的有效性，在编译之前将 ViVi 里所有的“*.o”和“*.o.flag”文件删掉)。

进入/vivi 目录里，输入“make menuconfig”，开始选择配置。我们可以安装一个写好的配置文件，也可以自己修改。注意退出时要选“Yes”保存配置。

最后输入“make”正式开始编译，过程比较快。如果不报错，在/vivi 目录里面有编译完成了的“vivi”，即为要烧写到 Flash 中的 Bootloader。

5.3.3 ViVi 代码分析

ViVi 的代码包括 arch、drivers、init、lib 和 include 等几个目录，共 200 多个文件。主要目录有：

arch：此目录包括了所有 ViVi 支持的目标板的子目录，例如 s3c2410 目录。

drivers：包括了引导内核需要的设备的驱动程序(MTD 和串口)。MTD 目录下又分 map、nand 和 nor 三个目录。

init：这个目录只有 main.c 和 version.c 两个文件。和普通的 C 程序一样，ViVi 将从 main 函数开始执行。

lib：包括一些平台公共的接口代码，比如 time.c 里的 udelay()和 mdelay()。

include：头文件的公共目录，其中的 s3c2410.h 定义了处理器的一些寄存器。Platform/smdk2410.h 定义了与开发板相关的资源配置参数，往往只需要修改这个文件就可以配置目标板的参数，如波特率、引导参数、物理内存映射等。

5.3.4 ViVi 的运行

ViVi 的运行分为两个阶段：stage1 和 stage2。

1．ViVi stage1

本阶段完成 CPU 的体系结构硬件初始化代码，包括禁止中断、初始化串口、复制自身到 RAM 等。相关代码在 head.S(\vivi\arch\s3c2410 目录下)：

```
Head.S：
#include "config.h"
#include "linkage.h"
#include "machine.h"
@ Start of executable code
ENTRY(_start)
ENTRY(ResetEntryPoint)
@
@ Exception vector table (physical address = 0x00000000)    ;异常向量表物理地址
@
@ 0x00: Reset                                               ;复位
        b       Reset
@ 0x04: Undefined instruction exception                     ;未定义的指令异常
UndefEntryPoint:
        b       HandleUndef
@ 0x08: Software interrupt exception                        ;软件中断异常
SWIEntryPoint:
        b       HandleSWI
@ 0x0c: Prefetch Abort (Instruction Fetch Memory Abort)     ;内存操作异常
PrefetchAbortEnteryPoint:
        b       HandlePrefetchAbort
@ 0x10: Data Access Memory Abort                            ;数据异常
DataAbortEntryPoint:
        b       HandleDataAbort
@ 0x14: Not used                                            ;未使用
NotUsedEntryPoint:
        b       HandleNotUsed
@ 0x18: IRQ(Interrupt Request) exception                    ;慢速中断处理
IRQEntryPoint:
```

```
        b       HandleIRQ
@ 0x1c: FIQ(Fast Interrupt Request) exception          ;快速中断处理
FIQEntryPoint:
        b       HandleFIQ

@
@ VIVI magics
@
@ 0x20: magic number so we can verify that we only put
        .long    0
@ 0x24:
        .long    0
@ 0x28: where this vivi was linked, so we can put it in memory in the right place
        .long    _start
@ 0x2C: this contains the platform, cpu and machine id
        .long    ARCHITECTURE_MAGIC
@ 0x30: vivi capabilities
        .long    0
#ifdef CONFIG_PM                                       ;ViVi 考虑不需要使用电源管理
@ 0x34:
        b       SleepRamProc
#endif
#ifdef CONFIG_TEST
@ 0x38:
        b       hmi
#endif
@
@ Start VIVI head
@
Reset:
        @ disable watch dog timer                      ;禁止看门狗计时器
        mov r1, #0x53000000                            ;WTCON 寄存器地址是 0x53000000，清零
        mov r2, #0x0
        str     r2, [r1]
 #ifdef CONFIG_S3C2410_MPORT3                          ;不符合条件，跳到下面的关中断
/****  在/vivi/include/autoconf.h 中#undef   CONFIG_S3C2410_MPORT3******/
        mov r1, #0x56000000                            ;GPACON 寄存器地址是 0x56000000
        mov r2, #0x00000005
        str     r2, [r1, #0x70]                        ;配置 GPHCON 寄存器
        mov r2, #0x00000001
```

```
        str     r2, [r1, #0x78]                 ;配置 GPHUP 寄存器
        mov r2, #0x00000001
        str r2, [r1, #0x74]                     ;配置 GPHDAT 寄存器
#endif
       @ disable all interrupts                 ;禁止全部中断
        mov r1, #INT_CTL_BASE
        mov r2, #0xffffffff
        str r2, [r1, #oINTMSK]                  ;掩码关闭所有中断
        ldr     r2, =0x7ff
        str     r2, [r1, #oINTSUBMSK]
         @initiali     sesystem                 ;初始化系统时钟
        mov r1, #CLK_CTL_BASE
mvn r2, #0xff000000
        str     r2, [r1, #oLOCKTIME]
        @ldr          r2, mpll_50mhz
        @str          r2, [r1, #oMPLLCON]
#ifndef CONFIG_S3C2410_MPORT1                   ;满足条件，向下执行
/****  在/vivi/include/autoconf.h 中#undef   CONFIG_S3C2410_MPORT1******/
        @ 1:2:4
        mov r1, #CLK_CTL_BASE
        mov r2, #0x3
        str     r2, [r1, #oCLKDIVN]
        mrc p15, 0, r1, c1, c0, 0           @ read ctrl register
        orr     r1, r1, #0xc0000000         @ Asynchronous
        mcr p15, 0, r1, c1, c0, 0           @ write ctrl register
        @ now, CPU clock is 200 Mhz         ;CPU 的频率是 200 MHz
        mov r1, #CLK_CTL_BASE
        ldr     r2, mpll_200mhz
        str     r2, [r1, #oMPLLCON]
#else
        @ 1:2:2
     mov r1, #CLK_CTL_BASE
     ldr r2, clock_clkdivn
     str r2, [r1, #oCLKDIVN]
      mrc p15, 0, r1, c1, c0, 0             @ read ctrl register
     orr r1, r1, #0xc0000000                @ Asynchronous
     mcr p15, 0, r1, c1, c0, 0              @ write ctrl register
     @ now, CPU clock is 100 Mhz            ;CPU 的频率是 100 MHz
     mov r1, #CLK_CTL_BASE
     ldr r2, mpll_100mhz
```

```
    str r2, [r1, #oMPLLCON]
#endif
        bl                                  ;跳转到 memsetup 函数
/******************************
Memsetup 函数的实现：
ENTRY(memsetup)
@ initialise the static memory
@ set memory control registers              ;设置内存控制寄存器的初值
        mov r1, #MEM_CTL_BASE
        adrl r2, mem_cfg_val
/********************
@
@ Data Area
@
@ Memory configuration values
.align 4
mem_cfg_val:                                ;定义好的 13×4=52 个字节初值
        .long       vBWSCON                 ;在/vivi/include/platform/smdk2410.h 中赋值
/******    SDRAM 从 32 位变成 16 位，需要修改 vBWSCON 的值 ******/
        .long       vBANKCON0
        .long       vBANKCON1
        .long       vBANKCON2
        .long       vBANKCON3
/**********    网卡控制器 vBANKCON3 的值可能需要修改    **************/
        .long       vBANKCON4
        .long       vBANKCON5
        .long       vBANKCON6
/****** SDRAM 从 32 位变成 16 位，可能需要修改 vBANKCON6 的值 ******/
        .long       vBANKCON7
        .long       vREFRESH
        .long       vBANKSIZE
/****** SDRAM 从 64MB 变成 32 MB，需要修改 vBANKSIZE 的值 ******/
        .long       vMRSRB6
        .long       vMRSRB7
********************/
        add r3, r1, #52
1:      ldr     r4, [r2], #4
        str     r4, [r1], #4
        cmp r1, r3
        bne   1b                            ;循环操作，直到 13 个寄存器赋值完成
```

```
        mov pc, lr
*********************************/
#ifdef CONFIG_PM                        ;ViVi 考虑不需要使用电源管理
        @ Check if this is a wake-up from sleep
        ldr    r1, PMST_ADDR
        ldr    r0, [r1]
        tst     r0, #(PMST_SMR)
        bne   WakeupStart               ;查看状态，判断是否需要跳转到 WakeupStart
#endif
#ifdef CONFIG_S3C2410_SMDK              ;SMDK 开发板使用
        @ All LED on                    ;点亮开发板上的 LED
        mov r1, #GPIO_CTL_BASE
        add r1, r1, #oGPIO_F            ;LED 使用 GPIOF 组的管脚
ldr     r2,=0x55aa                      ;使能 EINT0、EINT1、EINT2、EINT3
                                        ;另四个管脚配置成输出，屏蔽 EINT4/5/6/7
        str     r2, [r1, #oGPIO_CON]
        mov r2, #0xff
        str     r2, [r1, #oGPIO_UP]     ;disable the pull-up function
        mov r2, #0x00
        str     r2, [r1, #oGPIO_DAT]
#endif
#if 0
        @ SVC
        mrs    r0, cpsr
        bic     r0, r0, #0xdf
        orr     r1, r0, #0xd3
        msr    cpsr_all, r1
#endif
        @ set GPIO for UART             ;设置串口
        mov r1, #GPIO_CTL_BASE
        add r1, r1, #oGPIO_H            ;设置 GPIO_H 组管脚为串口
        ldr     r2, gpio_con_uart
        str     r2, [r1, #oGPIO_CON]
      ldr    r2, gpio_up_uart
        str     r2, [r1, #oGPIO_UP]
/*************************
@ inital values for GPIO
gpio_con_uart:
.long   vGPHCON           ;vGPHCON 在/vivi/include/platform/smdk2410.h 中赋值
; #define vGPHCON                0x0016faaa
```

```
; GPIO_H 配置为 nCTS0，nRTS0, RXD0,TXD0, RXD1，
; TXD1，nCTS1，nRTS1,
/****   三个串口都使能，可能需要修改#define vGPHCON 0x0016aaaa ****/
gpio_up_uart:
.long           Vgphup          ;同上#define vGPHUP        0x000007ff
                                ;The pull-up function is disabled.
************************/
bl      InitUART                ;跳转到 InitUART 串口初始化函数
/*******@ Initialize UART
@
@ r0 = number of UART port
InitUART:
        ldr     r1, SerBase
/*******************
.align 4                        ;缺省情况下在 ViVi 中只初始化了 UART0
SerBase:
#if defined(CONFIG_SERIAL_UART0)
.long UART0_CTL_BASE   ;基地址在/vivi/include/s3c2410.h 中定义
#elif defined(CONFIG_SERIAL_UART1)
        .long UART1_CTL_BASE
#elif defined(CONFIG_SERIAL_UART2)
        .long UART2_CTL_BASE
#else
#error not defined base address of serial
#endif
*******************/
        mov r2, #0x0
        str     r2, [r1, #oUFCON]
        str     r2, [r1, #oUMCON]
        mov r2, #0x3
        str     r2, [r1, #oULCON]
        ldr     r2, =0x245
        str     r2, [r1, #oUCON]
#define UART_BRD ((50000000 / (UART_BAUD_RATE * 16)) - 1)
        mov r2, #UART_BRD
        str     r2, [r1, #oUBRDIV]
        mov r3, #100
        mov r2, #0x0
1:      sub     r3, r3, #0x1
        tst     r2, r3
```

```
        bne   1b
#if 0
        mov r2, #'U'
        str    r2, [r1, #oUTXHL]
1:     ldr    r3, [r1, #oUTRSTAT]
        and   r3, r3, #UTRSTAT_TX_EMPTY
        tst     r3, #UTRSTAT_TX_EMPTY
        bne   1b
        mov r2, #'0'
        str    r2, [r1, #oUTXHL]
1:     ldr    r3, [r1, #oUTRSTAT]
        and   r3, r3, #UTRSTAT_TX_EMPTY
        tst     r3, #UTRSTAT_TX_EMPTY
        bne   1b
#endif
        mov pc, lr
**************************************************/
#ifdef CONFIG_DEBUG_LL                              ;打印调试信息，缺省未定义
        @ Print current Program Counter
        ldr    r1, SerBase
        mov r0, #'\r'
        bl      PrintChar
        mov r0, #'\n'
bl      PrintChar
        mov r0, #'@'
        bl      PrintChar
        mov r0, pc
        bl      PrintHexWord
#endif
#ifdef CONFIG_BOOTUP_MEMTEST
        @ simple memory test to find some DRAM flaults.
        bl      memtest
#endif
#ifdef CONFIG_S3C2410_NAND_BOOT          ;从 NAND Flash 启动


        bl      copy_myself                          ;跳转到 copy_myself 函数
/**********************************************
@
@ copy_myself: copy vivi to ram
```

```
@
copy_myself:
        mov r10, lr
        @ reset NAND
        mov r1, #NAND_CTL_BASE
        ldr     r2, =0xf830             @ initial value
        str     r2, [r1, #oNFCONF]
        ldr     r2, [r1, #oNFCONF]
        bic     r2, r2, #0x800          @ enable chip
        str     r2, [r1, #oNFCONF]
        mov r2, #0xff                   @ RESET command
        strb r2, [r1, #oNFCMD]
        mov r3, #0                      @ wait
1:      add r3, r3, #0x1
        cmp r3, #0xa
        blt     1b
2:      ldr     r2, [r1, #oNFSTAT]      @ wait ready
        tst     r2, #0x1
        beq 2b
        ldr     r2, [r1, #oNFCONF]
        orr     r2, r2, #0x800          @ disable chip
        str     r2, [r1, #oNFCONF]
        @ get read to call C functions (for nand_read())
        ldr     sp, DW_STACK_START      @ setup stack pointer
        mov fp, #0                      @ no previous frame, so fp=0
        @ copy vivi to RAM
        ldr     r0, =VIVI_RAM_BASE
/*********在/vivi/linux/platform/smdk2410.h 中定义
#define VIVI_RAM_BASE           (DRAM_BASE + DRAM_SIZE - VIVI_RAM_SIZE)
****************************************/
        mov     r1, #0x0
        mov r2, #0x20000        ；0x20000-〉128 KB 字节
        bl      nand_read_ll    ；nand_read_ll 在/vivi/arch/s3c2410/nand_read.c 中定义
        ；r0、r1、r2 分别为函数的三个参数
        ；从 NAND Flash 的 0 地址拷贝 128 KB 到 SDRAM 指定处
            tst     r0, #0x0
            beq ok_nand_read
#ifdef CONFIG_DEBUG_LL
bad_nand_read:
            ldr     r0, STR_FAIL
```

```
        ldr     r1, SerBase
        bl      PrintWord
1:      b       1b              @ infinite loop
#endif
ok_nand_read:
#ifdef CONFIG_DEBUG_LL
        ldr     r0, STR_OK
        ldr     r1, SerBase
        bl      PrintWord
#endif
********************************************
@ verify
        mov r0, #0
        ldr     r1, =0x33f00000
        mov r2, #0x400      @ 4 bytes * 1024 = 4K-bytes
go_next:
        ldr     r3, [r0], #4
        ldr     r4, [r1], #4
        teq     r3, r4
        bne     notmatch
        subs            r2, r2, #4
        beq done_nand_read
        bne     go_next
notmatch:
#ifdef CONFIG_DEBUG_LL
        sub     r0, r0, #4
        ldr     r1, SerBase
        bl      PrintHexWord
        ldr     r0, STR_FAIL
        ldr     r1, SerBase
        bl      PrintWord
#endif
1:      b       1b
done_nand_read:
#ifdef CONFIG_DEBUG_LL
        ldr     r0, STR_OK
        ldr     r1, SerBase
        bl      PrintWord
#endif
        mov pc, r10                     ; ViVi 拷贝到 SDRAM 完成，函数返回
```

```
************************************/
        @ jump to ram
        ldr     r1, =on_the_ram
        add pc, r1, #0
        nop
        nop
1:      b       1b              @ infinite loop
on_the_ram:
#endif
#ifdef CONFIG_DEBUG_LL
        ldr     r1, SerBase
        ldr     r0, STR_STACK
        bl      PrintWord
        ldr     r0, DW_STACK_START
        bl      PrintHexWord
#endif
        @ get read to call C functions
        ldr     sp, DW_STACK_START @ setup stack pointer
        mov fp, #0              @ no previous frame, so fp=0
        mov a2, #0              @ set argv to NULL
        bl      main            @ call main
        mov pc, #FLASH_BASE     @ otherwise, reboot
@
@ End VIVI head
@
```

2. ViVi stage2

ViVi 的第二阶段是从 main()函数开始的，与普通的 C 语言程序一样，该函数在/init/main.c 文件中，总共可以分为 8 个步骤。

(1) 函数开始，通过 putstr(vivi_banner)打印出 ViVi 版本号及 Logo 信息。ViVi_banner 在/init/version.c 文件中定义。

(2) 开发板初始化(board_init 函数)。board_init 是与开发板紧密相关，这个函数在/arch/s3c2410/smdk.c 文件中。开发板初始化主要完成两个功能，时钟初始化(init_time())和通用 IO 口设置(set_gpios())。具体代码如下：

```
void set_gpios(void)
{
GPACON   = vGPACON;
GPBCON   = vGPBCON;
GPBUP    = vGPBUP;
GPCCON   = vGPCCON;
GPCUP    = vGPCUP;
```

```
GPDCON   = vGPDCON;
GPDUP    = vGPDUP;
GPECON   = vGPECON;
GPEUP    = vGPEUP;
GPFCON   = vGPFCON;
GPFUP    = vGPFUP;
GPGCON   = vGPGCON;
GPGUP    = vGPGUP;
GPHCON   = vGPHCON;
GPHUP    = vGPHUP;
EXTINT0 = vEXTINT0;
EXTINT1 = vEXTINT1;
EXTINT2 = vEXTINT2;
}
```

其中，GPIO 口在 smdk2410.h(\vivi\include\platform\目录下)文件中定义。

(3) 内存映射初始化和内存管理单元初始化。

```
mem_map_init();
mmu_init();
```

上述这两个函数都在/arch/s3c2410/mmu.c 文件中。具体代码如下：

```
void mem_map_init(void)
{
#ifdef CONFIG_S3C2410_NAND_BOOT
   mem_map_nand_boot();
#else
   mem_map_nor();
#endif
   cache_clean_invalidate();
   tlb_invalidate();
}
```

如果配置 ViVi 时使用 NAND 作为启动设备，则需执行 mem_map_nand_boot()，否则执行 mem_map_nor()。要注意的是，如果使用 NOR 启动，则必须先把 ViVi 代码复制到 RAM 中。这个过程是由 copy_vivi_to_ram()函数完成，代码如下：

```
static void copy_vivi_to_ram(void)
{ putstr_hex("Evacuating 1MB of Flash to DRAM at 0x", VIVI_RAM_BASE);
   memcpy((void *)VIVI_RAM_BASE, (void *)VIVI_ROM_BASE, VIVI_RAM_SIZE);
}
```

VIVI_RAM_BASE、VIVI_ROM_BASE、VIVI_RAM_SIZE 值都可在 smdk2410.h 中查到，并且值必须根据开发板 RAM 实际大小进行修改。这也是在移植 ViVi 的过程中需要注意的一个地方。

mmu_init()函数中执行了 arm920_setup 函数。这段代码是用汇编语言实现的。

(4) 初始化堆栈，heap_init()函数定义在\vivi\lib\heap.c 文件中，代码如下：

```
int heap_init(void)
{return mmalloc_init((unsigned char *)(HEAP_BASE), HEAP_SIZE);
}
```

(5) 初始化 mtd 设备，代码如下：

```
int mtd_init(void)
{
            int ret;
#ifdef CONFIG_MTD_CFI
            ret = cfi_init();
#endif
#ifdef CONFIG_MTD_SMC
            ret = smc_init();
#endif
#ifdef CONFIG_S3C2410_AMD_BOOT
            ret = amd_init();
#endif
            if (ret) {
            mymtd = NULL;

            return ret;
                }
            return 0;
}
```

以上函数可以在/drivers/mtd/maps/s3c2410_flash.c 里找到。

(6) 初始化私有数据，init_priv_data()函数定义在\vivi\lib\priv_data\rw.c 文件中。

(7) 初始化内置命令，init_builtin_cmds()。通过 add_command 函数，加载 ViVi 内置的命令。

(8) 启动 boot_or_ViVi()。

启动成功后，将通过 vivi_shell()启动一个 shell(如果配置了 CONFIG_SERIAL_TERM)，此时 ViVi 运行成功。

第 6 章　嵌入式 Linux 内核

嵌入式系统开发的一个主要特点就是系统内核可以根据应用的具体特点进行剪裁，以满足系统开发的要求，同时降低对系统资源的需求，进而降低产品的开发成本。本章针对嵌入式 Linux 内核的基本概念、内核剪裁及内核启动过程进行详细描述。

6.1　嵌入式 Linux 概述

6.1.1　嵌入式操作系统的分类

嵌入式操作系统的分类方法有多种，第 1 章已经提到可以从实时性的角度分为软实时操作系统和硬实时操作系统，此外也可以通过对内存管理单元(Memory Management Unit)的支持情况来区分。通过内存的抢占类型分为可抢占型和不可抢占型。

不支持 MMU 的嵌入式操作系统有 μCLinux、μC/OS-Ⅱ，支持 MMU 的嵌入式操作系统有嵌入式 Linux、Windows CE 和 Embedded Linux 等。

可抢占型嵌入式操作系统是指内核可以抢占正在运行任务的 CPU 的使用权并将使用权交给进入就绪态的优先级更高的任务。

不可抢占型嵌入式操作系统使用某种算法并决定让某个任务运行后，把 CPU 的控制权交给该任务，直到它主动释放 CPU 控制权。中断由中断服务程序来处理，可以激活休眠态的任务，使之进入就绪态；而这个进入就绪态的任务还不一定能马上运行，一直要等到当前运行的任务主动交出 CPU 的控制权时才运行。使用这种嵌入式操作系统的实时性比不使用嵌入式操作系统的好，其实时性取决于最长任务的执行时间。不可抢占型嵌入式操作系统的缺点同样突出，如果最长任务的执行时间不能确定，系统的实时性就不能确定。可抢占型嵌入式操作系统的实时性好，优先级高的任务只要具备了运行的条件，或者说进入了就绪态，就可以立即运行。也就是说，除了优先级最高的任务，其他任务在运行过程中都可能随时被比它优先级高的任务中断。通过这种方式的任务调度保证了系统的实时性，因此现在大多数的嵌入式操作系统都是可抢占型的。

6.1.2　嵌入式 Linux

随着嵌入式 Linux 的推广和嵌入式系统的发展，嵌入式 Linux 也出现了多种版本。针对不同类型的嵌入式 Linux 操作系统，在商业和教学中均取得了较大的成功。

商业化的嵌入式 Linux 中比较知名的有：Montavista Linux、Mizi Linux(Korea)、

Vlinux(Korea)、Bluecat(Lynuxwork)、Lineo(Metroworks)、Timesys。

上述商业化嵌入式 Linux 中最有名也是最成功的是 Montavista Linux，由 Montavista 软件公司提供。Montavista 软件公司是一个世界领先的智能设备和相应基础部件的系统软件供应商。Montavista 以提供基于 GNU/Linux 的开放源码软件解决方案来推动嵌入式系统革命。由实时操作系统(RTOS)的倡导者 James Ready 在 1999 年创立。Montavista 提供的 Montavista Linux 家族系列产品满足了广泛的软件开发商的需要，包含从通信基础设施到消费电子的应用。Montavista 发布的多种 Montavista Linux 版本包括专业版(Professional Edition)、消费电子版(Consumer Electronics Edition)和电信运营级版(Carrier Grade Edition)，目前这些版本的最新版都是 3.1。同时，附加技术产品提供了功能强大的图形开发功能。

Montavista 已经被验证并在新一轮装载 Oracle 9i 数据库的通信服务器和 Motorola A760 智能手机中使用。在 2003 年，一系列著名的产品，如夏普(Sharp)家庭服务器(Home Server)、沃尔沃(VOLVO)汽车的电子系统、NEC 的 ATCA 电信平台、飞利浦(Philips)的通用遥控器、松下(Panasonic)电器的宽带终端和 TV 接收器也使用了 Montavista Linux 产品。

Montavista 商业产品的成功标志着 Linux 已经从学习准备阶段进入到成熟应用阶段，真正属于嵌入式 Linux 的时代已经到来了。

6.2　嵌入式 Linux 的版本控制

在众多的嵌入式 Linux 中有一个特殊的成员，它就是基于 ARM(Advanced RISC Mahine，一种精简指令集的 CPU)的 Linux。随着近几年 ARM 席卷全球的应用热潮，基于 ARM 的 Linux 也得到迅速发展，成为一个独特的成员，是由 ARM 公司的 Russell King 最早移植并维护的。

本章重点是介绍 ARM Linux，为了方便起见，以后提到的嵌入式 Linux 或 Linux 在不特殊声明的情况下特指 ARM Linux。

嵌入式 Linux 的版本控制类似于普通的 Linux，即版本号的格式为“x.yy.zz”。其中 x 介于 0～9 之间，表示的是主要版本，它的变化意味着内核在设计或实现上有重大改变。yy 介于 0～99 之间，表示的是次版本号。yy 一方面表示版本的变迁，一方面标志着版本的种类，即“发行版”或“开发版”。如果 yy 为偶数则表示一个相对稳定的、已经发行的版本；如果为奇数则表示还在开发中，目前不太稳定，或在运行中可能出现比较大问题的版本。zz 则表示在内核增加的内容不是很多、改动不是很大时的变迁，只能算同一个版本。

现在的嵌入式 Linux 同时支持带 MMU 的 CPU(如 ARM920T)和不带 MMU 的 CPU(如 ARM7TDMI)，但是对早期的 Linux 来说，这有很大的难度。因此早期的时候，运行在不支持 MMU 的 CPU 的嵌入式 Linux 称为 μCLinux。

由于存在这种区别，基于嵌入式 Linux 的开发又分为两大阵营：基于 μCLinux 的开发和基于标准 Linux 的开发。为了改变这种不利的状态，Linux 内核从 2.6.xx 版本以后就将 μCLinux 和标准 Linux 整合了起来。也就是说，2.6.xx 以后的版本既支持带 MMU 的 CPU，同时又支持不带 MMU 的 CPU。这是嵌入式 Linux 发展的一个伟大的里程碑。

6.3　嵌入式 Linux 的代码结构

Linux 的最大优点就是它的源码公开。同时，公开的核心源码也吸引着无数的电脑爱好者和程序员，他们把解读和分析 Linux 的核心源码作为最大兴趣，把修改 Linux 源码和改造 Linux 系统作为对计算机技术追求的目标。

Linux 的内核源码很具有吸引力，这种吸引力不仅来源于 Linux 内核源码的高水平和高层次，而且来自于这种令人生畏的劳动所带来的令人痴迷的回报。

- 通过对内核代码的分析，不但可以学习到很多和硬件底层相关的知识，同时还可以通过实战更深层次地理解虚拟存储的实现机制、多任务机制、系统保护机制等。
- 可以学习到一个优秀操作系统的整体结构以及宏观设计的方法和技巧。
- 通过学习内核代码可以明确地了解内核如何为上层应用提供一个与具体硬件不相关的平台。
- 可以学习内核代码如何将代码分为与体系结构和硬件相关的部分和可移植的部分。
- 可以学习 Linux 内核是如何把大部分的设备驱动处理成相对独立的内核模块的，这样不但减少了内核运行的开销，而且增强了内核代码的模块独立性。
- Linux 是全世界计算机高手的杰作，通过学习它的内核，可以学习到很多具体问题实现时的巧妙方法。
- 通过学习内核代码，可以学习到如何来保证庞大代码的清晰性、兼容性、可移植性和可维护、可升级性。

但是，随着 Linux 的发展，现在的 Linux 内核代码高达上百万行，如果对内核的代码结构一无所知的话，那么这个工作是不可能完成的。因此对内核代码结构的了解非常重要。

安装好的 Linux 或从 www.kernel.org 等内核网站下载的 Linux 内核，展开后都在一个名为 Linux 的目录中。该目录下的文件和代码的功能如下所示：

- COPYING：GPL 版权申明。对具有 GPL 版权的源代码改动而形成的程序，或使用 GPL 工具产生的程序，具有使用 GPL 发表的义务，如公开源代码。
- CREDITS：光荣榜。对 Linux 做出过很大贡献的一些人的信息。
- MAINTAINERS：维护人员列表，当前版本的内核各部分都由谁负责。
- ReadMe：Linux 内核安装、编译、配置方法等的简单介绍。
- Makefile：第一个 Makefile 文件。用来组织内核的各模块，记录各模块相互之间的联系和依赖关系，编译时使用。仔细阅读各子目录下的 Makefile 文件对弄清各个文件之间的联系和依赖关系很有帮助。
- Rules.make：各种 Makefile 所使用的一些共同规则。
- documentation/：文档目录，没有内核代码。
- arch/：包括了所有和体系结构相关的核心代码。每一个子目录都代表一种支持的体系结构，例如 m68k 就代表由 Freesale 开发的 68000 系列 CPU。
- drivers/：放置系统所有的设备驱动程序，包括各种块设备和字符设备的驱动程序。每种驱动程序各占用一个子目录，如/block 下为块设备驱动程序，即 ide(ide.c)。

- fs/：所有的文件系统代码和各种类型的文件操作代码，它的每一个子目录都支持一个文件系统，如 FAT 和 Ext2。还有一些共同的源程序则用于"虚拟文件系统 VFS"。
- include/：包括编译核心所需要的大部分头文件。与平台无关的头文件在 include/linux 子目录下，与 Intel CPU 相关的头文件在 include/asm-i386 子目录下，而 include/scsi 目录则是有关 scsi 设备的头文件目录。通用的子目录 asm 则根据系统的配置而"符号连接"到具体 CPU 的专用子目录，如 asm-i386、asm-m68k 等。除此之外，还有通用的子目录 Linux、net 等。
- init/：包含核心的初始化代码(注意：不是系统的引导代码)，即内核的 main()函数及其初始化过程，包含两个文件 main.c 和 Version.c，这是研究核心如何工作的起点之一。
- ipc/：包含核心的进程间通信的代码，包括 util.c、sem.c、msg.c 等文件。
- kernel/：主要的核心代码，此目录下的文件实现了大多数 Linux 系统的内核函数，其中最重要的文件当属 sched.c；同样，和体系结构相关的代码在 arch/*/kernel 中。
- lib/：放置核心的库代码。
- mm/：包括所有独立于 CPU 体系结构的内存管理代码，如页式存储管理内存的分配和释放等；而和体系结构相关的内存管理代码则位于 arch/*/mm/，如 arch/i386/mm/Fault.c。
- modules/：模块文件目录，一般为空目录，用于存放编译时产生的模块目录文件。
- net/：内核与网络相关的代码，包含了各种不同网卡和网络规程的驱动程序。
- scripts/：用于系统配置的命令文件，为脚本文件，用于对核心的配置。

6.4 ARM 嵌入式 Linux 的内存管理

6.4.1 内存管理单元 MMU

与μCLinux 工作的系统结构不同，ARM 系统结构具有单独的内存管理单元。内存管理单元在整个 ARM 体系结构中起着重要作用。它的功能主要包括两个方面：一个是实现地址映射，另一个是实现地址访问的保护和限制。通常，MMU 会提供一组寄存器，使用这些寄存器来实现上述两个功能。MMU 可以位于芯片中，也可以作为协处理器(在传统的单芯片 CPU 基础上，集成其他的硬件单元)。不过，在嵌入式系统领域，基于成本和功耗的考虑，系统中往往会有多个协处理器，所以 ARM 的 MMU 通常都是由协处理器来控制的。

6.4.2 ARM 嵌入式 Linux 的存储管理机制

在 ARM 系统结构中，内存的管理机制可以采取两种模式：一种是按段来进行管理，另外一种是按照两层的页式管理方式来管理。在段式管理方式中，一般段的大小定义为 1 MB；在两层的页式管理方式中，页的大小可以定义为 64 KB 或者 4 KB。在原来的 ARMv5 中，可以采取更小的页面。

与普通 Linux 的地址映射一样，虚拟地址和物理地址的映射关系仍然保存在映射表中。在 ARM 嵌入式 Linux 中，映射表中可以有 4096 个表项，每个表项占用 4 B，存放了虚拟地址的物理段地址以及对该地址的访问权限等。当 CPU 进行数据处理要访问内存的内容时，虚拟地址的前 12 位用来定位段表中的项，从段表中读取该虚拟地址的物理段地址，然后与虚拟地址的后 20 位组成实际的物理地址，这也就使该虚拟地址映射到物理地址。在地址映射过程中，这些映射工作均由内存管理单元负责进行处理。另外，在所有的 ARM 体系结构中，添加了 TLB(Translation Lookaside Buffer)，也就是高速后备缓冲区，在 TLB 中可以存放一部分段表中的内容。当 CPU 访问内存时，先访问 TLB，查找访问的内存映射关系是否存放在 TLB 中，如果在，则从 TLB 中读取映射关系，否则再去访问内存中的段表，从段表中读取映射关系，并把相应的结果添加到 TLB 中，更新它的内容，这样 CPU 下次需要该地址映射关系时，可以直接从 TLB 取得。因为 TLB 的访问速度比内存的访问速度要快得多，如果采取相应技术，使访问 TLB 的命中率比较高，就可以大大提高访问内存的速度。

在两层页面映射中，映射表有两层，第一层页面映射表中保存的是第二层映射表的地址，其中每一项有两位标识位，用来表示该表项的作用：00 表示没有到物理地址的映射，01 表示指向粗页面表，即页面大小是 64 KB 或 4 KB 的二层页表；10 表示段映射；11 表示指向细页面，即页面大小是 1 KB 的二层页表。第二层映射表存放的才是该页面所在的物理页面的地址。采取该种映射方式的具体映射过程可以参见图 6-1。映射过程由 MMU 硬件来完成。

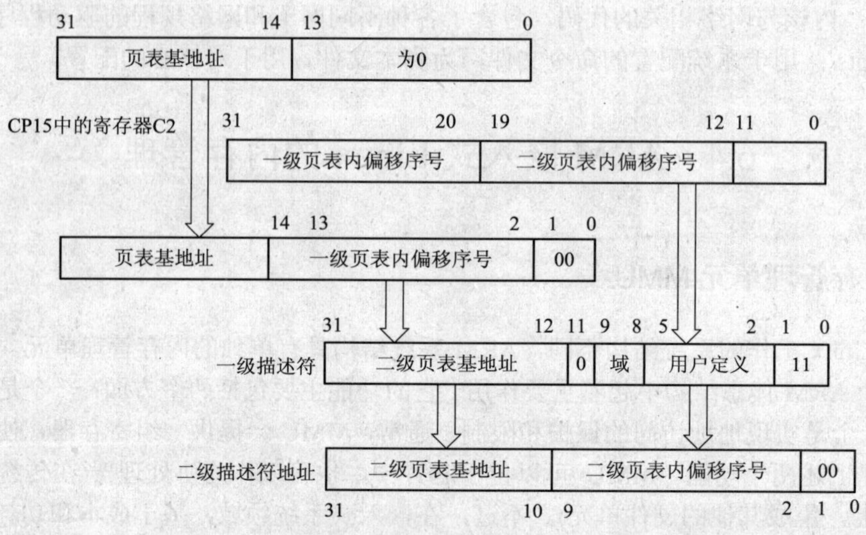

图 6-1　二级页表映射过程

6.4.3　ARM 嵌入式 Linux 存储机制的建立

目前大部分 ARM 处理器采用了 32 位的地址结构。对于 32 位地址结构的 ARM 处理器来说，能够支持的虚拟地址大小为 2^{32}，也就是 4 G。ARM 嵌入式 Linux 内核将这 4 G 大小的虚拟空间划分成两部分：内核空间和用户空间。在用户态工作的进程只能使用用户空间的地址，只有内核态进程才能访问内核空间地址。在 ARM 嵌入式 Linux 中，对于内核空间和用户空间大小的划分，根据 CPU 芯片和开发板的不同而有所不同，其大小可以通过宏定义反映。

普通 Linux 内核的存储管理机制采用了页面映射的方式，而且采用了三层映射模型。但是，在 ARM 处理器上的实现和 X86 有许多不同，在 ARM 处理器上，如果整个段(1 MB，并且和 1 MB 边界对齐)都有映射，就采用单层映射的方式，这一点跟 X86 有所不同，X86 都是采用二层映射。另外，这里提到的段，在 ARM 处理器上是固定长度的，而在 X86 系统中通常是可变的，是根据程序的大小来分配的。

在 ARM 嵌入式 Linux 代码中，页面的大小为 4 KB，段区的大小为 1 MB。其中，最高层为 PGDIR，第二层为 PMD，第三层为页面映射表。Linux 在启动之初，依次执行以下函数：start_kernel()、setup_arch、pageing_init()、memtable_init()和 creat_mapping()，当这些函数执行完毕后，即建立起了内存区间映射机制。可从下面对 creat_mapping()函数的描述来了解如何对给定的区间建立映射。

```
static void_init create_mapping(struct map_desc *md)
{
    unsigned long virt, 1ength;
    int prot_sect, prot_l1, domain;
    pgprot_t prot_pte;
    1ong off;
    if (md->virtual !=vectors_base () && md->virtua1<TASK_SIZE ) {
        printk(KERN_WARNING "BUG: not creating rnapping for"
        " 0x%08lx at 0x%08lx in user region\n",
        md->physical, md->virtual );
        return:

    }
if ((md->type==MT_DEVICE||md->type==MT_ROM) &&
    md->virtual >= PAGE_OFFSET && md->virtua1 < VMALLOC_END ) {
    printk (KERN_WARNING "BUG: mapping for 0x%08lx at 0x%08lx"
        "overlaps vmal1oc space\ n",
        md->physical, md->virtual );
    }

domain = mem_types [md->type].domain;
    prot_pte = _pgprot (men_types[md->type].prot_pte);
    prot_l1 = men_types[md->type].prot_l1 | PMD_DOMAIN (domain);
    prot_sect = memtypes[md->type].prot_sect | PMD_DOMAIN (domain);
    virt = nd->virtual;
    off = md->physical - virt;
    length = md->length;
    if (mem_types[md->type].prot_l1== 0 &&
        (virt & 0xfffff || (virt + off) & 0xfffff || (virt + 1ength) & 0xfffff) ) {
```

```
        printk (KERN_WARNING "BUG: map for 0x%08lx at 0x%081x can not"
        "be mapped using pages, ignoring.\n",
        md->physical, md->virtual );
    return;
}

while ((virt & 0xfffff || (virt + off) & 0xfffff) && length >= PAGE_SIZE) {
    alloc_init_page(virt, virt + off, prot_l1, prot_pte);
    virt += PAGE_SIZE;
    length -= PAGE_SIZE;
}
if (cpu_architecture() >= CPU_ARCH_ARM6 && domain==0 ) {
    /* 与 supersection 的边界对齐 */
    while ((virt & ~SUPERSECTION_MASK || (virt + off) &
          ~SUPERSECTION_MASK) && length >= (PGDIR_SIZE/2 ) ) {
    Alloc_init_section (virt,virt + off, prot_sect );
    virt += (PGDIR_SIZE/2);
    length -= (PGDIR_SIZE/2 );
    }
    while (length >=SUPERSECTION_SIZE{
          alloc_init_supersection(virt, virt + off, prot_sect );
    virt += SUPERSECTION_SIZE;
    length -= SUPERSECTION_SIZE;
    }

}
/*一个区间的映射覆盖了“pgdir”表项的一半 */
while(length >= (PGDIR_SIZE/2)){
    alloc_init_section(virt, virt+off,prot_sect);
    virt += (PGDIR_SIZE/2);
    Length -= (PGDIR_SIZE/2);
}

while (length >= PAGE_SIZE ) {
    alloc_init_page (virt, virt + off, prot_l1, prot_pte );
    virt += PAGE_SIZE;
    length -= PACE_SIZE;
  }
}
```

从上面的代码可以看出，该函数通过三个 while 循环来为给定的区间建立映射。如果区间的起点和 1 MB 边界对齐，就先通过 alloc_init_page()建立若干二层页面的映射，直到和 1 MB 边界对齐为止，然后以 1 MB 为单位通过 alloc_init_section()逐段建立单层映射。另外，如果区间的终点不和 1 MB 边界对齐，则再通过 alloc_init_page()建立若干二层页面映射。

6.4.4　ARM 嵌入式 Linux 对进程虚拟空间的管理

进程的虚拟内存存储可执行代码和进程的资源。由于进程运行过程中并不会同时使用虚拟内存空间中的所有代码和数据，而已有的代码和数据使用的频率非常低，如果进程运行中把所有的代码和数据都装入到物理内存空间中，无疑是对物理内存的浪费，因此，Linux 使用页面调度技术把那些进程需要访问的虚拟内存装入物理内存中，其他的都存放在进程的虚拟内存中。当进程访问代码或者数据的时候，如果要访问的内容不在物理内存中，系统硬件会产生页面错误，同时将控制权转交给 Linux 内核，以便处理因页面错误而引起的一系列操作。所以，对于处理器地址空间的每个虚拟内存空间，内核都必须了解这些虚拟内存的详细信息，比如从何处而来，如何装入物理内存。这样内核才能正确处理出现的页面错误。

当然，Linux 的虚拟内存实现需要各种机制的支持，如地址映射机制、内存分配回收机制、缓存和刷新机制、请求页机制、页面交换机制和页面共享机制。内存管理程序先通过映射机制把用户程序的逻辑地址映射到物理地址，在用户程序运行时如果发现程序中要用的虚拟地址没有对应的物理地址，也就是说页面不在物理内存中，会发出页请求：如果有空闲的内存可供分配，就请求分配内存，并把正在使用的物理页记录在页缓存中；如果没有足够的内存分配，就调用交换机制，腾出一部分内存。另外，在地址映射中会通过 TLB 来寻找物理页，交换机制中要用到交换缓存，并且把物理页内容交换到交换文件中也要修改页表来映射文件地址。

为实现以上操作，Linux 内核需要管理所有的虚拟内存地址，也需要许多数据结构来对进程的虚拟内存进行描述和管理。比如，vm_area_stuct 结构描述的是进程虚拟内存中的内容，mm_struct 数据结构包含了已加载的可执行映射的信息和指向进程页表的指针。这两种数据结构的具体描述如下：

```
mm_struct 数据结构：
struct mm_struct{
int count:
pgd_t * pgd;
unsigned long context;
unsigned long start_code, end_code, start_data, end_data;
unsiqned long start_brk, brk, start_stack, start_mmap;
unsigned long arg_start, arg_end, env_start, env_end;
unsigned long rss, tota1_vm, locked--vm;
unsigned long def_flags;
```

```
struct vm_area_struct * mmap;
struct vm_area_struct * mmap_avl;
struct semaphore mmap_sem;
};
```

vm_area_struct 数据结构：

```
struct vm_area_struct
{
    struct mm_struct  *vm_mm;                       /*用于指向运行的内存管理结构*/
    unsigned long vm_start;                         /*线性区的起始地址*/
    unsigned long vm_end;                           /*线性区的结束地址*/
    struct vm_area_struct *vm_next;                 /*指向链表中的下一个线性区*/
    pgprot_t      vm_page_port;                     /*页保护位 */
    unsigned short vm_flags;
    short vm_avl_height;                            /*在 AVL 中以该线性区为根结点的子树高度*/
    struct vm_area_struct *vm_avl_left;             /*指向 AVL 树中的左子树*/
    struct vm_area_struct *vm_avl_right;            /*指向 AVL 树中的右子树*/
    struct vm_area_struct *vm_next_share;           /*指向区共享链表中的下一个线性区*/
    struct vm_area_struct **vm_pprev_share;
    struct vm_operations_struct *vm_ops;
    unsigned long vm_offset;
    struct file *vm_file;
    unsigned long vm_pte;
};
```

对于进程数据结构之间的关系，可以用图 6-2 来描述。图 6-2 中，可以看出 Linux 会为一个进程产生一组 vin_area_Struct 结构描述虚拟地址空间段。每个 vm_area_struct 结构描述可执行映像的一部分。同一进程的多个 vm_areastruct 结构通过 vm_next 指针链接成一个单向链表。系统会以虚拟内存地址的降序排列 vm_area_struct 结构，从而建立起文件的逻辑地址到虚拟线性地址的映射。

当进程请求分配虚拟内存时，Linux 并不直接分配物理内存。只创建一个 vm_area_struct 结构来描述该虚拟内存，该结构被链接到进程的虚拟内存链表中。当进程试图对新分配的虚拟内存进行写操作时，因为内容并不在物理内存中，所以系统将产生页错误。然后，处理器会尝试解析该虚拟地址，如果找不到与该虚拟地址对应的页表入口，处理器将放弃解析并产生页面错误，交给 Linux 内核处理。Linux 则查看此虚拟地址是否在当前进程的虚拟地址空间中。如果是 Linux，会为此进程分配物理页面，包含在此页面中的代码或数据可能需要从文件系统或者交换磁盘上读出。然后进程将从页面错误处开始继续执行，由于物理内存已经存在，因此不会再次产生页面错误。

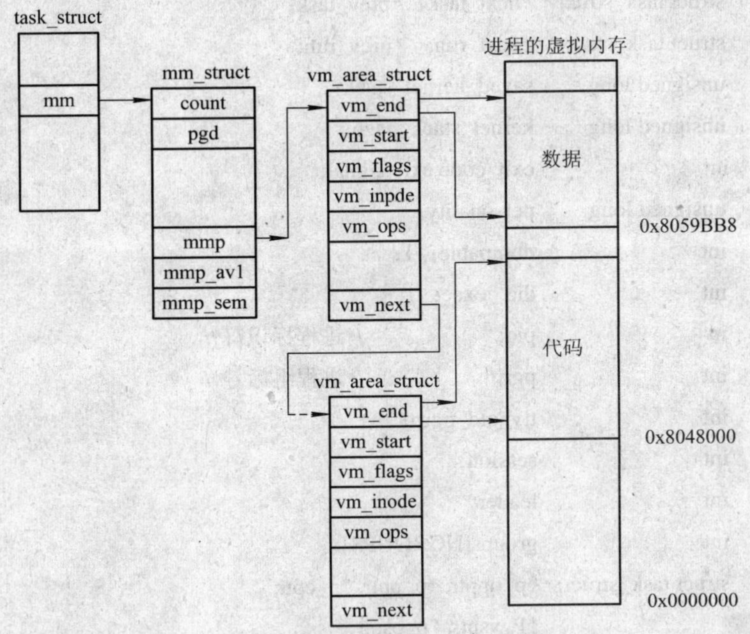

图 6-2　一个进程的虚拟内存及内核数据结构

6.5　ARM 嵌入式 Linux 的进程管理与调度

6.5.1　task_struct 数据结构

为管理 Linux 系统中的进程，每个进程用一个 task_struct 数据结构来表示(任务与进程在 Linux 中可以混用)。实际上，task_struct 也就是通常所说的 PCB，是对进程控制的唯一手段，也是最有效的手段。task_struct 数据结构的具体描述如下：

```
struct task_struct{
        volatile long            state;      /*进程的状态*/
        long counter;
        long   priority                      /*进程的优先级*/
        unslgned long signal;
        unslgned long blocked;
        unsigned long flags;                 /*进程的标志*/
        int    errno;
        long        debugreg[8]              /*硬件编译寄存器*/
        struct exec_domain    *exec_domain;
        /* various fields */
        struct linux_binfmt      *binfmt;
```

```
struct task_struct   *next_task，*prev_task;
struct task_struct   *next_run,   *prey_run;
unsigned long        saved_kernel_stack;
unsigned long        kernel_stack_page;
int                  exit_code,exit_signal;
unsigned long        personality;
int                  dumpable：1;
int                  did_ exec：1;
in                   pid;            /*进程标识符*/
int                  pgrp;           /*进程组标号*/
int                  tty_old_pgrp;
int                  session;
int                  leader;
int                  groups[NGROUPS];
struct task_struct   *p_opptr, *p_pptr, *p_cptr,
                     *P_ysptr, *p_osptr;
struct wait_queue    *wait_chldexit;
unsigned short       uid, euid, suid, fsuid;
unsigned short       gid, egid, sgid, fsg id:
unsigned long        timeout, policy, rt_priority;
unsigned long        it_real_value, it_prof_value, it_virt_va1ue;
unsigned long        it_real_incr, it_prof_incr, it_virt_incr;
struct               timer_list rea1_timer;
1ong                 utime, stime, cutime, cstime, start--time;
unsigned long        min_f1t, ma j_flt, nswap, cmin_f1t, cmaj_flt, cnswap;
int swappab1e: 1;
unsigned 1ong        swap_address;
unsigned 1ong        old_maj_flt;    /*用于保存 maj_flt 的旧值*/
unsigned long        dec_f1t;
unsigned long        swap_cnt;       /*下次交换的页数*/
struct rlimit        r1im[RLIM_NLIMITS ];
unsigned short       used_math;
char                 comm[16];
int                  link_count;
struct tty_struct    *tty;
struct sem_undo      *semundo;
struct sem_queue     *semsleeping;
struct desc_struct   * ldt;
struct thread_struct tss;
```

```
struct fs_struct       * fs;
struct files_struct   * files;
struct mm_struct      *mm;
struct signal_struct * sig;
#ifdef   _SMP_
int processor;
int last_processor;
int lock_depth;
#endif
};
```

从以上的代码中可以看到 task_struct 数据结构非常复杂。但是仍然可以根据变量在运行过程中所负责的不同任务将它们划分为以下几种类型。

1．与进程状态相关的类型

进程在执行过程中会根据环境来改变状态，一般来说，Linux 进程有以下几种状态：

运行态(Running)：进程正在准备运行。进程被标志为运行态，可能会被放入可运行进程队列中。可以认为进程处于随时可以运行的(准备)就绪状态。

可唤醒阻塞态(Interruptible)：进程处于等待队列中，待资源有效时被激活，也可以由其他进程通过发送信号或者由定时器中断唤醒后进入就绪队列。

不可唤醒阻塞态(Uninterruptible)：进程处于等待队列中，待资源有效时被激活，不可由其他信号或定时器中断唤醒。

僵死状态(Zombie)：进程结束运行并且已经释放大部分资源，但还没有释放进程控制块。

停滞状态(Stopped)：进程运行停止，通常是由进程接收到的一个信号所致。当某个进程处于调试状态时也可能被暂停执行。

用户进程一经创建，就开始这五种进程状态的转移(参见图 6-3)。进程创建时的状态为不可唤醒阻塞态。当所有初始化工作完成之后，被其父进程激活，状态被标示为运行态，进入可运行进程队列。依据一定的进程调度算法，某个处于可运行进程队列的进程被选中，从而获得处理器使用权。

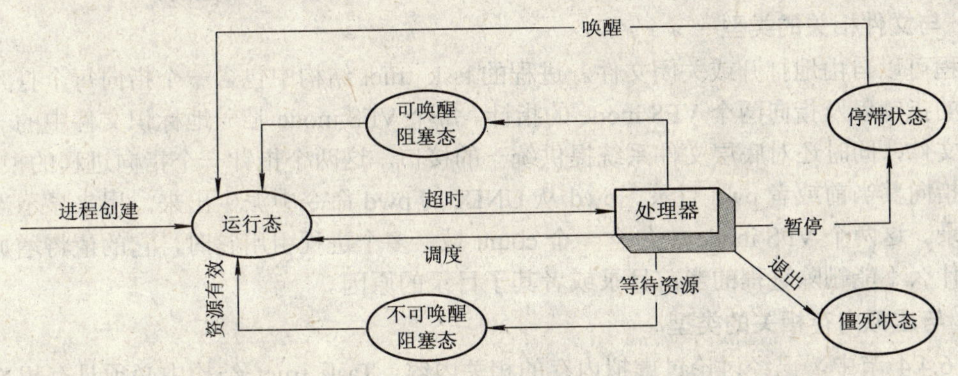

图 6-3　Linux 状态转移图

在处理器使用过程中，有如下四种情况发生：

第一种情况是当分配给它的时间片结束之后，该进程会要求放弃其处理器使用权而后回到可运行进程队列中。

第二种情况是进程在运行过程中，需要用到某个资源，但是该资源并非空闲，则进程转为不可唤醒阻塞态，当资源申请得到满足之后，进程会自动转成运行态。

第三种情况就是进程因为受到某种系统信号或者通过系统调用转入停滞状态，此时，进程同样会因为某种信号激发而转入运行态。

第四种情况是进程自行退出结束其任务，进入僵死状态，等待系统收回它所占有的资源。

2．与调度信息相关的类型

调度器需要这些信息以便判定系统中哪个进程最迫切需要运行、由哪个函数调度、如何调度等。

3．与进程标志相关的类型

系统中每个进程都有进程标识符。进程标识符并不是 task 数组的索引，它仅仅是个数字。每个进程还有用户组标识，用来控制进程对系统中文件和设备的存取权限。

4．与进程间通信相关的类型

系统中进程的运行并不是孤立的，进程之间需要互相通信以交换数据或代码。Linux 所支持的进程间通信机制包括信号、管道、信号量、共享内存和消息队列。

5．与进程间关联信息相关的类型

Linux 系统中所有进程都是相互联系的。除了初始化进程外，所有进程都有一个父进程，新进程不是被创建，而是被复制或者从以前的进程克隆而来的。每个进程对应的 task_struct 结构中包含有指向其父进程和兄弟进程(具有相同父进程的进程)以及子进程的指针。

6．与时间相关的类型

内核需要记录进程的创建时间以及在其生命期中消耗的 CPU 时间。时钟每跳动一次，内核就更新保存在 jiffies 变量中的值——该变量记录进程在系统和用户模式下消耗的时间量。Linux 支持与进程相关的 interval 定时器，进程可以通过系统调用来设定定时器，以便在定时器到时后向它发送信号。这些定时器可以是一次性或者周期性的。

7．与文件相关的类型

进程可以自由地打开或关闭文件。进程的 tssk_truct 结构中包含一个指向每个打开文件描述符的指针以及指向两个 VFS inode 的指针。每个 VFS inode 唯一地标识文件中的一个目录或者文件，同时还对底层文件系统提供统一的接口。这两个指针一个指向进程的根目录，另一个指向其当前或者 pwd 目录。pwd 从 UNIX 的 pwd 命令中派生出来，用来显示当前的工作目录。这两个 VFS inode 中包含一个 count 域，多个进程引用它时，它的值将增加，这就是为什么不能删除进程的当前目录或者其子目录的原因。

8．与虚拟内存相关的类型

在 6.4.4 节中，已经讨论过虚拟内存的相关内容。Task_truct 结构中必须具有相关的变量来跟踪虚拟内存与系统物理内存的映射关系。

9．与处理器上下文相关的类型

进程可以认为是系统当前状态的总和。进程运行时将使用处理器的寄存器以及堆栈等；进程被挂起时进程的上下文——所有的 CPU 相关状态——必须保存在它的 task_truct 结构中。当调度器重新调度该进程时，所有上下文将被重新设定。

6.5.2　Linux 进程的创建、执行和终止

1．Linux 进程的创建

系统启动的时候，整个系统只有一个进程被创建，这就是初始化进程。初始化进程也拥有自己的堆栈、寄存器等基本的结构和资源。初始化进程的所有信息也同样保存在它的 task_struct 结构中。在系统初始化的最后，初始化进程启动一个内核线程 init，该线程主要负责完成系统的一些初始化设置任务，比如安装根文件系统等。随后，init 线程会调度并执行系统的一些其他初始化程序，比如/etx/init、/bin/init 等。此后，如果没有其他的进程需要创建，调度管理器将运行 idle 进程，它是唯一不动态分配给 task_struct 的进程。idle 进程的 task_struct 是在内核载入时静态定义的，名称为 init_task。

Linux 可以通过调用 fork()和 clone 来创建新进程。当一个新的进程需要被创建时，系统从物理内存中分配出来一个新的 task_struct 数据结构，以及一个或多个包含被复制进程堆栈(用户与核心)的物理页面，然后创建唯一地标记此新进程的进程标识符，并将创建的 task_struct 结构放入到 task 数组中。同时，将父进程的 task_truct 中的内容页表拷入新的 task_struct 中。

另外，Linux 允许父进程和子进程共享资源，而不是完全使用自己的拷贝。这些资源包括文件、信号处理过程和虚拟内存等。Linux 对于复制进程虚拟空间所使用的技术非常巧妙。因为进程的虚拟内存有的可能在物理内存中，有的可能在当前进程的可执行映像中，而有的可能在交换文件中，所以拷贝将是一个困难且繁琐的工作。为此，Linux 对父进程的任何虚拟内存都没有被拷贝。Linux 使用一种“copy on write”技术，仅当两个进程之一对虚拟内存进行写操作时才拷贝此虚拟内存块。但是，任何虚拟内存都可以在两个进程间共享。一般来说，只读属性的内存，如果执行代码，都是可以共享的。为了使“copy on write”策略工作，Linux 必须将那些可写区域的页表入口标记为只读的，同时，描述它们的 vm_area_struct 数据设置为“copy on write”。当父进程或者子进程试图对虚拟内存进行写操作时，将产生页面错误。这时 Linux 才会拷贝这块内存并修改两个进程的页表以及虚拟内存的数据结构。

2．Linux 进程的执行

通过 fork 创建子进程以后，只是给子进程分配了必需的资源，但是子进程并没有进入运行状态。如果要让子进程执行，则必须通过 exec 系统调用。exec 其实是一个引用一系列函数的通用术语，它包含的函数基本上都由内核中的系统调用服务函数 sys_execve()加上不同的参数来实现。实际上，sys_execve()的执行流程相对来说比较简单，一是通过 getname()子函数把可执行文件从用户空间调入到内核空间，二是调用 do_execve()函数来执行具体的任务。下面对 do_execve()函数的执行流程进行分析。

do_execve()函数的执行流程如下：

(1) 执行 open 操作，打开可执行文件，并获取该文件的 file 结构。

(2) 读取参数区的长度，并调用 memset()函数把存放参数的页面清零。

(3) 初始化 linux_binprm 结构中的剩余项。结构 linux_binprm 是用来读取、存储及运行可执行文件的必要信息，该结构定义如下：

```
struct linux_binprm{
    char buf [ BINPRM_BUF_SIZE];                  /*文件头缓冲区，BINPRM_SIZE=128*/
    unsigned long page [ MAX_ARG_PAGES];          /*存放参数页面的页表*/
    unsigned long p;                              /*参数区长度*/
    int sh_bang;
    struct file * fi1e;
    int e_uid, e_gid;
    kerne1_cap_t cap_inheritab1e, cap_permitted, cap_effective;
    int argc, envc;                               /*参数个数，环境个数*/
    char * filename;                              /*可执行文件路径名*/
    unsigned long loader, exec;
};
```

(4) 调用 prepare_binprm()函数，对数据结构 linux_binprm 做进一步的准备，并完成访问权限等内容检测。同时，把可执行文件中的前 128 个字节读入到 linux_binprm 的缓冲区中。

(5) 把文件名、环境变量、文件参数等从用户空间复制到内核空间。

(6) 调用 search_binary_handler()函数。该函数的功能是搜寻目标文件的处理模块(也就是二进制处理程序)并执行，只有该函数被执行，新进程所执行的任务才与父进程的任务区别开来。二进制处理程序是 Linux 内核统一处理各种二进制格式的机制，因为不是所有的文件都是以相同的文件格式存储的，所以系统需要合适的处理程序来对文件进行处理。通过使用适当的二进制处理程序，Linux 可以把不同格式的文件当作是自己特有的可执行文件来进行处理。

在搜索过程中，search_binary_handler()函数会通过一个大循环遍历搜索 linux_binfmt 结构链表，来找出合适的二进制处理程序。

linux_binfmt 结构定义如下：

```
struct linux_binfmt{
    struct linux_binfmt      *next;
    long use_count;                                                    /*使用计数*/
    int(*load_binary)(struct linux_binfmt，struct pt_regs  regs);      /*指向二进制代码*/
    int(*load_shlib)(int fd);                                          /*指向库函数*/
    int(*core_dump)long signr，struct pt_regs *regs);
};
```

linux_binfmt 的结构中包含两个指向函数的指针：laod_binary 和 load_shlib，使用这两个指针是为了装入可执行代码和要使用的库。另外，linux_binfmt 结构中的 next 指针构成一个链表，表头由 formats 指示。Linux 系统会为每种不同的文件格式定义一个相应的对象，linux_binfmt 的链表就是由这些不同的文件格式的 linux_binfmt 结构构成的一个链表。对于不同格式二进制文件的处理程序，会通过注册在相应的 linux_binfmt 中的函数执行。linux_binfmt 结构链表如图 6-4 所示。

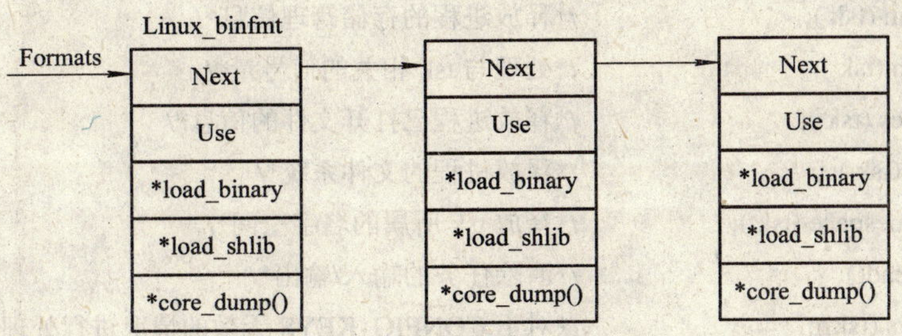

图 6-4　linux_binfmt 结构链表

3. Linux 进程的终止

在 Linux 中，进程的终止可以通过系统调用 do_exit()实现。当然，do_exit()函数终止的是当前进程。执行 do_exit()时，首先会为当前进程做上 PF_EXITING 标记，以释放当前进程的存储管理信息、文件系统、文件信息、信号响应函数、指针数组等，然后将进程状态设置成 TASK_ZOMBIE，并通知当前进程的父进程。do_exit()带有一个参数 code，用于传递终止进程的原因。do_exit()的代码如下：

```
NORET_TYPE void do_exit (long code ) {
struct task_struct *tsk = current;
int group_dead;
profile_task_exit(tsk);
/*如进程中断服务程序中调用 do_exit()，则打印提示信息*/
if (un1ikely (in_interrupt () ) )
    panic ("Aiee, kil1ing interrupt handler    !" );
if (unlikely (! Tsk->pid ) )
    panic ("Attempted to kill the id1e task ! "):
if (unlikely(tsk->pid == 1 ) )
    panic ("Attempted to kill init ! " );
if (tsk-> io_context )
    exit_io_context();                  /*记录进程的记账相关信息*/
tsk->flags | = PF_EXITING;              /*把进程标记为 PF_EXITING*/
del_timer_sync (&tsk->real_timer );     /*释放定时器链表*/
if (unlikely (in_atomic() ) )
    printk (KERN_INFO " note: % s[ %d ] exited with preempt_count %d\n",
            current->comm, current->pid, preempt_count () );
if (unlikely(current-->ptrace & PT_TRACE_EXIT ) ) {
    current->ptrace_message = code;
    ptrace_notify ((PTRACE_EVENTEXIT << 8 ) | SIGTRAP ):
}
Group_dead = atomic_dec_and_test (&tsk->signal->live);
```

```
    if (group_dead )
        acct_proces s (code );
    _exit_mm (tsk );                    /*释放进程的存储管理信息*/
    Exit_sem (tsk );                    /*处理与 tsk 相关的信号量*/
    _exit_files (tsk );                 /*释放进程已打开文件的信息*/
    _exit_fs (tsk );                    /*释放进程的文件系统*/
    Exit_namespace (tsk );              /*释放 tsk 所属的名字空间*/
    Exit_thread();                      /*清除任务的输入/输出*/
    Exit_keys (tsk );                   /*对于 CONFIG_KEYS 无效的情况进行处理*/
    if (group_dead & & tsk->signal->leader )
        disassociate_ctty (1);
    module_put(tsk->threadinfo->exec-domain->module);
    if (tsk->binfmt )
        module_put (tsk->binfmt->module );
    tsk->exit_code = code;
    exit_notify (tsk);                  /*向所有和当前进程有关的进程发送相应的消息*/
    #ifdef CONFIG_NUMA
        Mpol_free(tsk->mempolicy);
        tsk->mempolicy = NULL;
    #endif
    BUG_ON (! (current->flags & PF_DEAD ) );
    schedu1e ();                        /*调用 schedule 函数以让出 CPU 的使用控制权*/
    BUG ();
    for( ;; );
    }
```

以上进程通过调用 do_exit()函数终止，称为进程的主动终止方式。还有另外一种方式也可以使其终止，就是其他的进程或者用户通过向其发送信号量 9，使其强行被终止，这种方式称为被动终止方式。

6.5.3 ARM 嵌入式 Linux 的进程调度

随着 Linux 内核的不断更新，其调度策略也有所变化。Linux 在以下情况下需要进程的调度：

(1) 进程状态转换时，如进程终止睡眠等。

(2) 可运行队列中增加新的进程时。

(3) 当进程的时间片耗尽时。

(4) 进程从系统调用返回到用户态时。

(5) 内核处理完中断后，进程返回到用户态时。

尽管不同版本的进程调度策略有所不同，Linux 的进程调度均由位于 kernel/sched.c 中的函数 schedule()来实现。因为其源代码较长，所以以下只是对该函数执行流程的概括描述。

(1) 当前进程所指的内存若为空，则出错返回。

(2) 令 prev=current；this_cpu＝prev->processor。

(3) 若中断服务程序调用 schedule()，则跳转至 scheduling_in_interrupt。

(4) 释放全局内核锁。

(5) 若有 bottom half 服务请求，则调用 do_bottom_half()。

(6) 保存当前 CPU 调度进程的数据区，对运行队列加 spinlock。

(7) 若采用轮转法进行调度，则对 counter＝0 的情况进行处理。

(8) 检测进程状态：对 need_resched 置 0。

(9) 将 next 设置为当前 CPU 的 idle task，对当前 goodness 变量 c 赋值。

(10) 若当前的进程是 TASK_RUNNING 状态，则变量 c 赋值为当前进程 goodness 函数的返回值。

(11) 搜索运行队列计算出的每一个进程的 goodness 并与当前的 goodnesst 值比较，goodness 值最高的进程将获取 CPU。

(12) 若运行队列中所有进程的时间片都耗尽，则对系统中的所有进程重新分配时间片；否则，跳转至步骤(9)。

(13) 令 sched_data->curt＝next。

(14) 若下一个进程与当前进程不同，则执行下一步骤；否则，跳转至步骤(17)。

(15) 准备进行进程转换。

(16) 切换至新的进程。

(17) 重新获取 global kernel lock。

(18) 若当前进程的重调度标志为零，则返回并退出；否则，跳转至步骤(2)。

6.6　ARM 嵌入式 Linux 的中断响应与处理

ARM 体系中通常用如下三种方式控制程序的执行流程：

(1) 在正常的程序执行过程中，每执行一条 ARM 指令，程序计数器(PC)的值加 4 个字节；每执行一条 Thumb 指令，程序计数器(PC)的值加 2 个字节。整个过程按序执行。

(2) 通过跳转指令，程序可以跳到指定的地址标号处执行，或者调用指定的子程序执行。

(3) 当异常中断发生时，系统执行完当前指令，将跳转到相应的异常中断处理程序处执行。当异常中断处理程序执行完成后，程序返回到发生中断的指令的下条指令处执行。在进入异常中断处理程序时，要保存被中断程序的执行现场；在从异常中断处理程序退出时，要恢复被中断程序的执行现场。

6.6.1　ARM 的异常中断种类

1. 复位(Reset)

当处理器的复位引脚有效时，系统产生复位异常中断，程序跳转到复位异常中断处理程序处执行。复位异常中断通常用在：① 系统加电时；② 系统复位时；③ 跳转到复位中断向量处时，这称为软件复位。

2．未定义的指令(Undefined Instruction)

当 ARM 处理器或者是系统中的协处理器认为当前指令未定义时，产生未定义指令异常中断。

3．软件中断(Software Interrupt，SWI)

软件中断是用户定义的中断指令，可用于用户模式下的程序调用特权操作指令。

4．指令预取中止(Prefetch Abort)

如果处理器预取的指令地址不存在，或者该地址不允许当前指令访问，那么当该被预取的指令执行时，处理器将产生指令预取中止异常中断。

5．数据访问中止(Data Abort)

如果数据访问指令的目标地址不存在，或者该地址不允许当前指令访问，那么处理器将产生数据访问中止异常中断。

6．外部中断请求(IRQ)

当处理器的外部中断请求引脚有效，而且 CPSR 寄存器的 I 控制位被清除时，处理器将产生外部中断请求异常中断。系统中各个外设通常通过该异常中断请求处理器的服务。

7．快速中断请求(FIQ)

当处理器的外部快速中断请求引脚有效，而且 CPSR 寄存器的 F 控制位被清除时，处理器将产生快速中断请求异常中断。

6.6.2 ARM 处理器对异常中断的响应及返回过程

ARM 体系中，通常在存储地址的低端固化了一个 32 字节的硬件中断向量表，用来指定各异常中断及其处理程序的对应关系。当异常出现后，ARM 微处理器会执行以下几步操作：

(1) 保存处理器当前状态、中断屏蔽位及各条件标志位。这通过将当前程序状态寄存器 CPSR 的内容保存到将要执行的异常中断对应的 SPSR 寄存器中实现。

(2) 设置当前程序状态寄存器 CPSR 中相应的位。这包括：设置 CPSR 中的位，使处理器进入相应的执行模式；设置 CPSR 中的位，禁止 IRQ 中断。当进入 FIQ 模式时，禁止 FIQ 中断。

(3) 将寄存器 lr_mode 设置成返回地址。

(4) 将程序计数器(PC)值设置成该异常中断的中断向量地址，从而跳转到相应的异常中断处理程序处执行。

在接收到中断请求以后，ARM 处理器内核会自动执行以上四步，程序计数器 PC 总是跳转到相应的固定地址。从异常中断处理程序中返回，包括下面两个基本操作：

(1) 恢复被屏蔽的程序的处理器状态，即将 SPSR_mode 中的内容复制回 SPSR。

(2) 返回到发生异常中断的指令的下一条指令处继续执行，即将 lr_mode 的内容复制回程序计数器 PC。

当异常中断发生时，程序计数器 PC 所指的位置对于各种不同的异常中断是不同的，同样，返回地址对于各种不同的异常中断也是不同的。例外的是，复位异常中断处理程序不需要返回，因为整个应用系统是从复位异常中断处理程序开始执行的。

下面介绍支持中断跳转的解析程序。

1．解析程序的概念和作用

如前所述，ARM 处理器响应中断时，总是从固定的地址开始，而在高级语言环境下开发中断服务程序时，无法控制固定地址开始的跳转流程。为了使上层应用程序与硬件中断跳转联系起来，需要编写一段中间的服务程序进行连接。这样的服务程序常被称做中断解析程序。

每个异常中断对应一个 4 字节的空间，正好放置一条跳转指令或向 PC 寄存器赋值的数据访问指令。理论上可以通过这两种指令直接使得程序跳转到对应的中断处理程序中。但实际上由于函数地址值未知及其他一些问题，通常不这样处理。常用的中断跳转流程如图 6-5 所示。

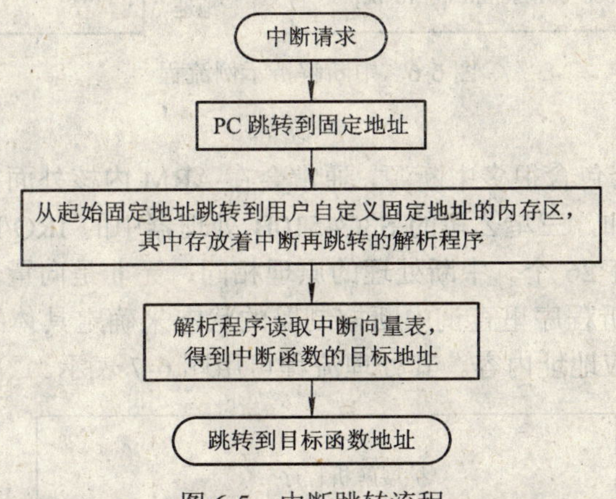

图 6-5　中断跳转流程

流程的关键部分是中断向量表，为使解析程序能找到向量表，应该将向量表的地址固化(编程者自定义)。这样，整个跳转流程的所有程序地址都是固定的，当中断触发后可以自动运行。其中，只有向量表的内容是可变的，编程者只要在向量表中填入正确的目标地址值即可。这使得上层中断处理程序和底层硬件跳转可以有机地联系起来。

2．解析过程示例

这里以一次 IRQ 跳转为例，假定中断向量表定义在 0x00400000 开始的外部 RAM 空间，见图 6-6。

图 6-6 中，实线表示的流程都用 ARM 汇编语言编写，一般作为 Bootloader 代码的一部分放在系统的底层模块中。填写向量表的操作可以在上层应用程序中实现，比如在 C 语言中，使用*(int *(0x00400018))=(init)ISR_IRQ；可将 IRQ 中断的服务程序入口地址(0x00300260)填写到中断向量表中以固定地址 0x00400018 开始的 4 字节空间中。

如此可避免在应用程序中计算中断的跳转地址，并且可以很方便地选择不同的函数作为指定中断的服务程序。当然，在程序开发时要合理配置向量表地址，避免对向量表地址空间不必要的写操作。

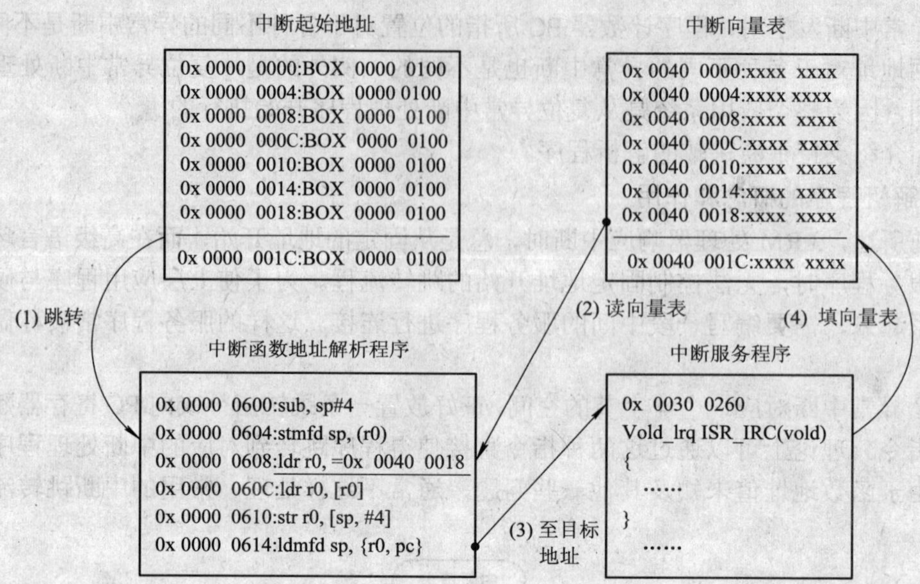

图 6-6　中断解析示例流程

3．解析程序的扩展

在 ARM 处理器中会包含很多中断源，通常会在 ARM 内核外面扩展中断控制器管理各种原因产生的中断。比如，三星公司的 S3C4510B 处理器中的 IRQ/FIQ 类型的中断源可以有 21 个，S3C44BOX 有 26 个。中断处理的原理相同，无非是向量表更长，并且当一个中断触发以后，需要在解析程序里查询中断控制器的状态来确定具体的中断源，再根据中断源来读取向量表中的对应地址内容。其处理流程可用图 6-7 表示。

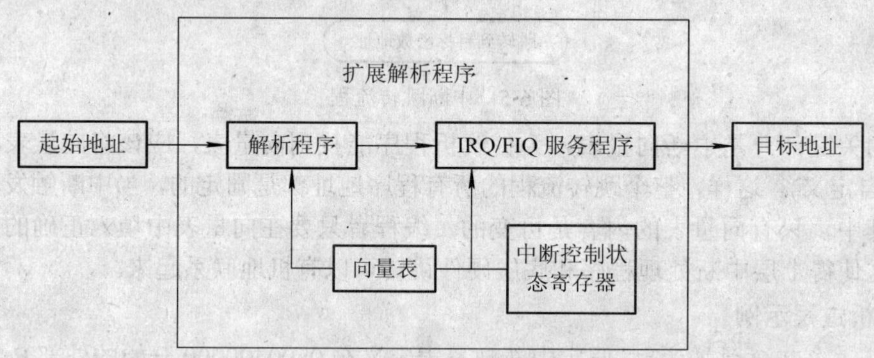

图 6-7　对中断解析的扩展流程

相比图 6-6，图 6-7 中多了一级的跳转，也就是在第一次解析跳转到 IRQ/FIQ 服务程序中后，再进行第二次的解析——中断源的识别。

4．向量中断的处理

一些处理器在设计外扩的中断控制器时提供了一种叫做“向量中断”的中断跳转机制。这与前文叙述的扩展解析跳转流程有所不同，它不需要软件来识别具体的中断源，也就是不需要添加图 6-7 中的 IRQ/FIQ 服务程序，而完全由硬件自动跳转到对应的中断地址。其他跳转流程的原理都是一样的。这相当于扩展了 ARM 内核的硬件中断向量表，减少了中断响应延时。这里以 S3C44B0X 处理器的外部中断 0 为例，需要在其对应的硬件固定跳转地址 0x00000020 处添加指令：ldr pc,=Handler EINT，使得程序跳转到其服务程序 Handler EINT 0 处执行，如图 6-8 所示。

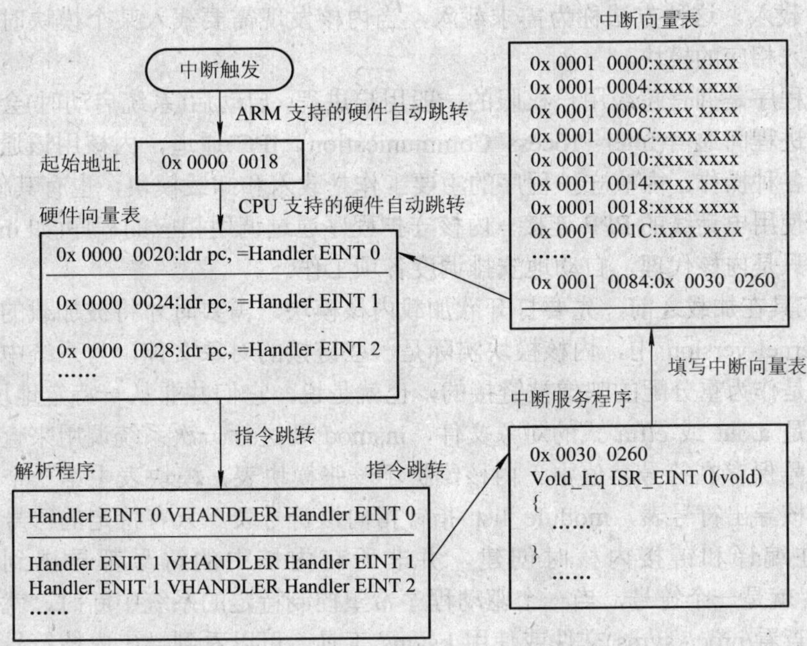

图 6-8　向量中断解析流程示例

6.7　嵌入式 Linux 的模块化机制

6.7.1　Linux 的模块化

Linux 是一个单内核操作系统，其所有的内核功能构件均可访问任一个内部数据结构和例程。Linux 可针对用户需要，动态地载入和卸载操作系统构件。Linux 模块是一些代码的集成，可以在启动系统以后动态链接到内核的任一部分，当不再需要这些模块时，又可随时断开链接并将其删除。Linux 内核模块通常是设备驱动程序、伪设备驱动程序(如网络驱动程序)或文件系统。

对于 Linux 的内核模块，可以用 insmod 或 rmmod 命令显式地载入或卸载，或是在需要时调用内核守护程序(kerneld)进行载入和卸载。进行动态载入工作的代码非常有效，它将最小化内核大小并增加内核的灵活性。当调试新内核时，模块也非常有用，通过对它的动态载入可省去每次重建和重启内核。当然，使用模块将降低系统性能并消耗一部分内存空间，因为载入模块会额外多出一些代码和数据结构，并会间接地降低访问内核资源的效率。

6.7.2 模块的载入

一般有两种载入模块方法：一种是用 insmod 命令手工载入；另一种方法更为灵活，是在需要时自动载入，这种方法称为需求载入，当内核发现需要载入某个模块时，会要求内核守护程序载入相应的模块。

内核守护程序是拥有超级用户权限的一般用户进程，启动后(系统启动时)会打开一个指向内核的内部进程间通信(Inter-Process Communication，IPC)通道，内核用该通道通知内核守护程序进行各种操作。内核守护程序的主要工作是载入和卸载模块，也有其他一些任务，如打开和关闭使用电话线的 PPP 连接。内核守护程序通过调用相应的程序(如 insmod)完成，内核守护程序只是内核代理，自动地安排调度各项工作。

insmod 工具在加载之前，先要打开欲加载内核模块，需要时才将被加载的模块保存在/lib/modules/kernel-version 中，内核模块实际是一些链接的对象文件，与系统中其他的程序一样，只不过是作为重分配的映像被链接的，也就是说，它们并非从一特定地址开始运行。内核模块可以是 a.out 或 elfta 式的对象文件，insmod 要进行一次系统调用来查找内核导出符号，这些符号保存在符号名值中。内核维护了一张模块表，模块表中第一个模块的数据结构内包括内核导出符号表，module_list 指针指向该符号表。只有特定的符号被加入到符号表中，并在编译和链接内核时创建，并非所有内核中的符号都导出到其模块上。“request_irq”就是一个符号，当一个驱动程序希望控制特定的系统中断时，就要调用该内核例程，通过查看/proc/ksyms 文件或使用 ksyms 工具，可以看到导出内核符号的名和值。ksyms 工具能显示出所有的导出内核符号或仅仅被已载入模块所导出的符号。insmod 将模块读入虚拟内存中，然后利用内核中的导出符号解决模块对内核进程的引用，解决方法是在内存中对模块映像进行修补：fnsmod 把符号地址物理地写入模块的相应位置中。

解决了模块对导出内核符号的引用问题，insmod 通过系统调用为新的内核申请足够的空间，内核为该模块分配一个新的模块数据结构和足够的核心内存空间，并将其加到内核模块尾。可以用 lsmod 命令列出所有已载入的模块及其相互的依赖关系。lsmod 只是简单地重新组织/proc/modules 文件，该文件通过内核模块数据结构表创建，在内存中的地址被映射到 insmod 进程的地址空间中，便于该进程访问。insmod 把模块复制到为其分配的空间中，并重定位该模块，这样就可以从内核地址上开始运行。若模块在系统中需要载入两次，为避免其两次载入时拥有同一个地址，这种处理是必需的。对于这种重定位，则须用相应的地址对模块映像进行修补。

新模块也要向内核导出符号，insmod 将会为这些模块映像建立一张表，每一个内核模块必须包括模块初始化和清除例程，对于未导出符号的模块，insmod 必须知道其地址以便告知内核。若一切正常，insmod 即开始初始化模块，并通过系统调用将模块的初始化和清除例程地址交给内核。

新模块加入内核后，必须刷新内核字符并修改正在被使用的模块。被其他模块引用的模块应维护一张引用表，该表在它们的符号表尾部，并可通过 module 数据结构中的指针访问该表。内核会调用模块的初始化例程，若调用成功，将继续安装该模块。模块的清除例程地址保存在其 module 数据结构中，内核卸载模块时将调用该例程，最后置模块状态为 RUNNING。

6.7.3　模块的卸载

对于需要时载入类型的模块，可以用 rmmod 命令卸载模块，当不再需要时，由 kerneld 自动将其从系统中删除。每次空闲定时器超时，kerneld 都会利用系统调用要求将所有当前未被使用的需要时载入的类型模块删除。定时器的值是在启动 kerneld 时设定的。例如，如果对一个已挂载的 iso9660 CD ROM 进行了卸载操作，则 iso 9660 模块不久即会被删除。

若模块正被其他内核构件所使用，则不能将其卸载。例如，当挂载了一个或多个 vfat 文件系统之后，是无法卸载 vfat 模块的，对于 insmod 的输入，每个模块有与其相关的计数，该计数是针对使用该模块的内核实体的。上例中，vfat 和 msdos 模块都要使用 fat 模块，因此 fat 模块的计数是 2，由于各有一个挂载的文件系统使用 vfat 和 msdos，因此它们的计数是 1，若再载入一个 vfat 文件系统，vfat 模块的计数就变成 2。模块在其映像的第 1 个 long word 中保存其计数值。

计数域是轻度重载的，因为该域也用以保存 AUTO CLEAN 和 VISITED 标志，这两种标志都是指需要时载入类型的模块。当其他系统组件使用某个模块时，其标志就为 VISITED，每当 kerneld 通知系统删除不再使用的模块时，系统都要搜索所有模块以找到可能的删除模块，这样的查找结果是那些状态为 RUNNING 并且标志为 AUTO CLEAN 的模块，这些模块中 VISITED 标志已清除的模块被删除，其他的模块则清除它们的 VISITED 标志。

假定一个模块可被卸载，则会调用清除例程以释放其所占用的内核资源，module 数据结构标记为 DELETED 并从内核模块链中将其删除，其他所有被该模块使用的模块都要修改引用表，表明不再被使用，还要释放掉为其分配的内存。

6.8　嵌入式 Linux 内核的配置

众所周知，Linux 是一个全球开源项目，是由分布在全球的 Linux 爱好者共同开发的，Linux 内核每天都会有许多新的变化。Linux 内核以其简洁、层次分明的组织结构使之具有良好扩展性。所有有兴趣的开发人员都可以向其中添加新的内容或修复 Bug。这一切都归结于 Linux 的模块化的内核配置系统，这种模块化的配置结构保证了内核良好的层次和扩展性。

Linux 内核的配置系统由以下三部分组成：

- Makefile：分布在 Linux 内核源代码中的 Makefile，用来定义 Linux 内核的编译规则。
- 配置文件(config.in)：给用户提供配置选择的功能。
- 配置工具：包括配置命令解释器(对配置脚本中使用的配置命令进行解释)和配置用户界面(提供基于字符界面、基于 Ncurses 图形界面以及基于 XWindows 图形界面的用户配置界面，各自对应于 Make config、Make menuconfig 和 make xconfig)。这些配置工具都是使用脚本语言(如 Tcl/TK、Perl)编写的(也包含一些用 C 编写的代码)。

6.8.1 Makefile

1. Makefile 概述

Makefile 的作用是根据配置的情况，构造出需要编译的源文件列表，然后分别编译，并把目标代码链接到一起，最终形成 Linux 内核二进制文件。

由于 Linux 内核源代码是按照树形结构组织的，因此 Makefile 也分布在目录树中。

Linux 内核中的 Makefile 以及与 Makefile 直接相关的文件有以下五种：

- Makefile：顶层 Makefile，是整个内核配置、编译的总体控制文件。
- config：内核配置文件，包含由用户选择的配置选项，用来存放内核配置后的结果。
- arch/*/Makefile：位于各种 CPU 体系目录下的 Makefile，如 arch/arm/Makefile，是针对特定平台的 Makefile。
- 各个子目录下的 Makefile：如 drivers/Makefile，负责所在子目录下源代码的管理。
- Rules.make：规则文件，被所有的 Makefile 使用。

这几种和 Makefile 相关的文件的相互调用关系和步骤如下：

(1) 用户通过 make config(或 make menuconfig、make xconfig)配置后，产生了 .config。

(2) 顶层 Makefile 读入.config 中的配置选择。

(3) 顶层 Makefile 有两个主要的任务：产生 vmlinux 文件和内核模块(Module)。

(4) 顶层 Makefile 递归进入到内核的各个子目录中，分别调用位于这些子目录中的 Makefile。至于到底进入哪些子目录，取决于内核的配置。在顶层 Makefilke 中，include arch/$(ARCH)/Makefile 包含了特定 CPU 体系结构下的 Makefile，这个 Makefile 中包含了平台相关的信息。

(5) 位于各个子目录下的 Makefile 同样也根据 .config 给出的配置信息，构造出当前配置下需要的源文件列表，并且在文件的最后有 include $(TOPDIR)/Rules.make。

Rules.make 文件起着非常重要的作用，定义了所有 Makefile 共用的编译规则。例如，如果需要将本目录下所有的 C 程序编译成汇编代码，则需要在 Makefile 中遵循以下的编译规则：

```
%.s: %.c
$(cc) $(CFLAGS) -S $< -o $ @
```

很多子目录下都有同样的要求，这就需要在各自的Makefile中包含此编译原则。而Linux 内核则把此类的编译规则统一放置到 Rules.make 中，并在各自的 Makefile 中包含了 Rules.make(include Rules.make)，这样就避免了在多个 Makefile 中重复同样的规则。对于上面的例子，在 Rules.make 中对应的规则为

```
% .s: % .c
$(cc) $(CFLAGS) $(EXTRA_CFLAGS) $(CFLAGS_$(*F)) $(CFLAGS_$@) –S $< -o $@
```

2. Makefile 中的变量

顶层 Makefile 定义并向环境中输出了许多变量，为各子目录下的 Makefile 传递一些信息。有些变量，如 SUBDIRS，不仅在顶层 Makefile 中定义并且赋初值，而且在 arch/*/Makefile

还作了扩充。

Makefile 中常用的变量有以下几类：

1) 版本信息

版本信息包括：VERSION、PATCHLEVEL、SUBLEVEL、EXTRAVERSION、KERNELRELEASE。版本信息定义了当前内核的版本，如 VERSION=2，PATCHLEVEL=4，SUBLEVEL=18，EXATAVERSION=-rmk7，它们共同构成内核的发行版本 KERNELRELEASE:2.4.18-rmk7。

2) CPU 体系结构(ARCH)

在顶层 Makefile 的开头，用 ARCH 定义目标 CPU 的体系结构，如 ARCH:=arm 等。许多子目录的 Makefile 中，要根据 ARCH 的定义选择编译源文件的列表。

3) 路径信息(TOPDIR 和 SUBDIRS)

TOPDIR 定义了 Linux 内核源代码所在的根目录。通过此变量，各个子目录下的 Makefile 通过 $(TOPDIR)/Rules.make 可以找到 Rules.make 的位置。SUBDIRS 定义了目录的列表，在编译内核或模块时，顶层 Makefile 就是根据 SUBDIRS 来决定进入哪些子目录的。SUBDIRS 的值取决于内核的配置，在顶层 Makefile 中，SUBDIRS 赋值为 kernel drivers mm fs net ipc lib。根据内核的配置情况，在 arch/*/Makefile 中还扩充了 SUBDIRS 的值。

4) 内核组成信息(HEAD、CORE_FILES、NETWORKS、DRIVERS、LIBS)

Linux 内核文件 vmlinux 是由以下规则产生：

```
vmlinux: $(CONFIGURATION) init/main.o init/version.o linuxsubdirs
$(LD) $(LINKFLAGS) $(HEAD)init/main.o init/version.o \
--Start–group
$ (CORE_FILES)  \
$ (DRIVERS)  \
$ (NETWORKS)  \
$ (LIBS)  \
--End–group \
-O vmlinux
```

可以看出，vmlinux 由 HEAD、main.o、version.o、CORE_FILES、DRIVERS、NETWORKS 和 LIBS 组成。这些变量(如 HEAD)都用来定义链接生成 vmlinux 的目标文件和库文件列表。其中，HEAD 在 arch/ * /makefile 中定义，用来确定被最先链接的文件列表。例如：对于 ARM 系列的 CPU，HEAD 定义为

```
HEAD    :=arch/arm/kernel/head–$ (PROCESSOR).O \
arch/arm/kernel/init_task.o
```

这表明 head-$ (PROCESSOR)和 init_task.o 需要最先被链接到 vmlinux 中。PROCESSOR 是 armv 还是 armo，取决于目标 CPU。CORE_FILES、DRIVERS、NETWORKS 和 LIBS 在顶层 makefile 中定义，并且由 arch/ * /makefile 根据需要进行扩充。CORE_FILES 对应着内核的核心文件,包括 kernelkernel.o、mm/mm.o、fs/fs.o、ipc/ipc.o。可以看出，这些是组成内核最为重要的文件。同时，arch/arm/makefile 对 CORE_FILES 进行了扩充：

```
# arch/arm/makefile
#if we have a machine-specific directory,then include it in the build.
MACHDIR   := arch/arm/mach-$ (MACHINE)
Ifeq($ (MACHDIR), $(WILDCARD $(MACHDIR)))
SUBDIRS   +=$(MACHDIR)
CORE_FILES := $(MACHDIR) / $ (MACHINE).O$( CORE_FILES)
Endif
HEAD : =arch/arm/kernel/head–$ (PROCESSOR).O \
arch/arm/kernel/init_task.o
SUBDIRS          +=arch/arm/kernel arch/arm/mm arch/arm/lib arch/arm/nwfpe.
CORE_FILES       := arch/arm/kernel/kernel.o arch/arm/mm/mm.o$ (CORE__FILES)
LIBS   :=arch/arm/lib/lib.a $(LIBS)
```

5) 编译信息(CPP、CC、AS、LD、AR、CFLAGS、LINKFLAGS)

在编译信息中定义的是编译的通用规则，具体到特定的场合，需要明确给出编译环境，编译环境就是在以上的变量中定义的。针对交叉编译的要求，定义了 CROSS__COMPILE。例如：

```
CROSS_COMPILE=arm-linux-
Cc                  =$(CROSS_COMPILE)gcc
LD                  =$(CROSS_COMPILE)ld
…
```

CROSS_COMPILE 定义了交叉编译器前缀 arm-linux-，表明所有的交叉编译工具都是以 arm-linux-开头的，所以在各个交叉编译工具之前都加入了$(CROSS_COMPILE)，以组成一个完整的交叉编译工具文件名，如 rm-linux-gcc。

CFLAGS 定义了传递给 C 编译器的参数。

LINKFLAGS 是链接生成 vmlinux 时由链接器使用的参数。LINKFLAGS 在 arm/ * /makefile 中定义，如：

```
# arch/arm/makefile
LINKFLAGS:=-p-x-T arch/arm/vmlinux.ids
```

6) 配制变量(CONFIG_*)

.config 文件中有许多的配制变量等式，用来说明配置结果。例如：CONGIG-MODULES =y 表明用户选择了 Linux 内核的模块功能。

.config 被顶层 Makefile 包含后，就形成了许多配置变量，每个配置变量具有确定的值：y 表示本编译选项对应的内核代码被静态编译进内核；m 表示本编译选项对应的内核代码被编译成模块；n 表示不选择此编译选项。如果根本就没有选择，那么配置变量的值为空。

3. Rules.make 变量

Rules.make 是编译规则文件，所有的 Makefile 中都会包括 Rules.make。Rules.make 文件定义了许多变量，最为重要的是那些编译链接列表变量。它们分别如下：

- O_OBJ、SL_OBJS、OX_OBJS、LX_OBJS：本目录下需要编译进 Linux 内核 vmlinux 的目标文件列表，其中 OX_OBJS 和 LX_OBJS 中的“X”表明目标文件使用了 EXPORT_

SYMBOL 输出符号。

- M_OBJS、MX_OBJS：本目录下需要被编译成可装载模块的目标文件列表。同样，MX_OBJS 中的“X”表明文件使用了 EXPORT_SYMBOL 输出符号。
- O_TARGET、L_TARGET：每个子目录下都有一个 O_TARGET 或 L_TARGET，首先从源代码编译生成 O_OBJS 和 OX_OBJS 中所有的目标文件，然后使用$(LD)-r 把它们链接成一个 O_TARGET 或 L_TARGET。O_TARGET 以.o 结尾，而 L_TARGET 以.a 结尾。

4．子目录 Makefile

1) 子目录 Makefile 的组成

子目录 Makefile 用来控制本级目录下源代码的编译规则。通过下面例子可以了解子目录 Makefile 的组成。代码如下：

```
#
# makefile for thelinuxkernel
#
# all of the(potential) objects that export symbols
# this list comes from‘grep –l EXPORT_SYMBOL *.[hc]’

Export-objs:=tc.o

# object file lists.
Obj-y:=
Obj-m:=
Obj-n:=
Obj- :=

Obj-$(CONFIG_TC) + =tc.o
Obj-$( CONFIG_ZS) + =zs.o
Obj-$(CONFIG_VT) + =lk201.o lk201-map.o lk201-remap.o
# files that are both resident and modular: remove from modular.
Obj-m := $(filter-out $( Obj-y), $( Obj-m) )
# translate to rules. Make lists.
L_TARGET :=tc.a

L_OBJS:=$(sort$(filter-out$(export-objs),$(obj-y)))
LX_OBJS:=$(sort$(filter $(export-objs),$(obj-y)))
M_OBJS:=$(sort$(filter-out$(export-objs),$(obj-m)))
MX_OBJS:=$(sort$(filter $(export-objs),$(obj-m)))
Include $(TOPDIR)/Rules.make
```

注：对 Makefile 的说明和解释，由#开始。

2) 编译目标定义

类似于 obj-$(CONFIG_TC) +=tc.o 语句是用来定义编译目标，是子目录 Makefile 中最重要的部分，编译目标定义那些在子目录下需要编译到 Linux 内核中的目标文件列表。为了只在用户选择了此功能后才编译，所有的目标定义都融合了对配制变量的判断。

每个配制变量的取值是：y、n、m 和空，obj-$(CONFIG_TC)分别对应着 obj-y、obj-n、obj-m、obj-。

如果 CONFIG_TC 配置为 y，那么 tc.o 就进入了 obj-y 列表。obj-y 为包括到 Linux 内核 vmLinux 中的目标文件列表。obj-m 为编译成模块的目标文件列表；obj-n 和 obj-中的文件列表被忽略。配置系统就根据这些列表的属性进行编译和链接。

Export-objs 中的目标和文件都使用了 EXPORT_SYMBOL()定义公共的符号，以便可装载模块使用。在 tc.o 文件的最后部分，有“EXPORT_SYMBOL(search_tc_card);”，表明 tc.o 有符号输出。

需要指出的是，对于目标编译的定义存在两种格式，分别是老式定义和新式定义。老式定义就是前面 Rules.make 使用的那些变量，新式定义就是 obj-y、obj-n、obj-m 和 obj-。Linux 内核推荐使用新式定义，由于 Rules.make 无法理解新式定义，因而需要在 Makefile 中的适配段将其转换成老式定义。

3) 适配段

适配段的作用是将新式定义转换成老式定义。在上例中，适配段将 obj-y 和 obj-m 转换成 Rules.make 能够理解的 L_TARGET、L_OBJS、LX_OBJS、M_OBJS 和 MX_OBJS。

L_OBJS:=$(sort$(filter-out$(export-objs),$(obj-y)))定义了 L_OBJS 的生成方式：在 obj-y 的列表中过滤掉 export-objs(tc.o)，然后排序并去除重复的文件名。这里使用到了 GUN Make 的一些特殊功能，具体的含义可参考 make 的文档(info make)。

4) include $(TOPDIR)/Rules.make

include $(TOPDIR)/Rules.make 表示使用顶层目录的共同规则。

6.8.2 配置文件

1. 配置功能概述

Makefile 除了编写功能外，另外重要的工作就是把新功能加入到 Linux 的配置选项中，并提供此项功能的说明，让用户有机会选择此功能。所有的这些都需要在 config.in 文件中用配置语言来编写配置脚本。在 Linux 内核中，配置命令有如下多种方式：

配置命令	解释脚本
make config,make oldconfig	scripts/Configure
make menuconfig	scripts/Menuconfig
make xconfig	scripts/tkprase

以字符界面配置(make config)为例，顶层 Makefile 调用 scripts/Configure，按照 arch/arm/config.in 进行配置。命令执行完后产生 .config 文件，其中保存着配置信息。下一次再执行 make config 时将产生新的 .config 文件，原 .config 被改名为 .config.old。

2. 配置语言

在 Linux 内核配置的时候，所有的配置选项均来自配置文件，为了更好地理解配置过程，下面对常用的配置语言语法进行解释。

(1) 顶层菜单。Mainmenu_name/prompt/ /prompt/是用 ' 或 " 包围的字符串，' 与 " 的区别是，前者包围的字符串中可使用$引用变量的值。Mainmenu_name 用于设置最高层菜单的名字，它只在 make xconfig 时才会显示。

(2) 询问语句的格式如下：

```
bool/promt/ /symbol/
hex /promt/ /symbol/ /word/
int/promt/ /symbol/ /word/
string/promt/ /symbol/ /word/
tristate /promt/ /symbol/
```

询问语句显示提示符/promt/，等待用户输入，并把输入的结果赋给/symbol/所代表的配置变量。不同的询问语句的区别在于接受的输入数据类型不同，如 bool 接受布尔类型(y 或 n)，hex 接受十六进制数据。有些询问语句还有第 3 个参数/word/，用来给出缺省值。

(3) 定义语句的格式如下：

```
define_bool        /symbol/ /word/
define_hex         /symbol/ /word/
define_int         /symbol/ /word/
define_string      /symbol/ /word/
define_tristate    /symbol/ /word/
```

不同于询问语句等待用户输入，定义语句显示给配置变量/symbol/的赋值/word/。

(4) 依赖语句的格式如下：

```
dep_bool           /promt/ /symbol/ /dep/
dep_mbool          /promt/ /symbol/ /dep/
dep_hex            /promt/ /symbol/ /word/ /dep/ …
dep_int            /promt/ /symbol/ /word/ /dep/ …
dep_string         /promt/ /symbol/ /word/ /dep/ …
dep_tristate       /promt/ /symbol/ /dep/
```

与询问语句类似，依赖语句也是定义新的配置变量。不同的是，配置变量/symbol/的取值范围将依赖于配置变量列表/dep/ …。这就意味着被定义的配置变量所对应功能的取舍取决于依赖列表所对应功能的选择。以 dep_bool 为例，如果/dep/ …列表的所有配置变量都取值为 y，则显示/promt/，用户可输入任意的值给配置变量/symbol/，但是只要有一个配置变量的取值为 n，则/symbol/被强制成 n。

(5) 选择语句的格式如下：

```
choice             /promt/ /word/ /word/
```

choice 语句给出选择列表，供用户选择。例如，Linux for ARM 支持多种基于 ARM 核的 CPU，Linux 使用 choice 语句提供一个 CPU 列表供用户选择：

```
choice 'ARM system type ' \
"Anakin              CONFIG_ARCH_ANAKIN\
Archimedes/A5000     CONFIG_ARCH_ARCA5K\
Cirrus-CL-PS7500FE   CONFIG_ARCH_CLPS7500\
…
SA1100-based         CONFIG_ARCH_SA1100\
Shark                CONFIG_ARCH_SHARK"RiscPC\
```

choice 首先显示/promt/，然后将/word/分解成前后两个部分，前部分为对应选择的提示符，后部分是对应选择的配置变量 y，其余的都为 n。

(6) if 语句的格式如下：

```
if [ /expr/]；then
/statement/
…
if

if [ /expr/]；then
/statement/
…
else
/statement/
…
if
```

if 语句对配置变量(或配置变量的组合)进行判断，并作出处理。判断条件/expr/可以是单个配置变量或字符串，也可以是带操作符的表达式。操作符有=、!=、-o、-a 等。

(7) 菜单块(Menu Block)语句的格式如下：

```
mainmenu_option next_comment
comment'…'
…
endmenu
```

引入新的菜单及向内核增加新的功能后，需要增加相应的新菜单，并在新的菜单下给出此项功能的配置选项。comment 后带的注释就是新菜单的名称。所有归属于此菜单的配置选项语句都写在 comment 和 endmenu 之间。

(8) source 语句和格式如下：

```
source /word/
```

其中，/word/ 是文件名，source 的作用是调入新的文件。

3．缺省配置

Linux 内核支持很多硬件平台，对于具体的硬件平台而言，有些配置是必需的，有些配置不是必需的。新增加功能的正常运行也需要一定的先决条件，针对新功能，必须作相应配置。因此，特定硬件平台能够正常运行对应着一个最小的基本配置，这就是缺省配置。

Linux 内核中针对每个 ARCH 都会有缺省配置。在向内核代码增加了新的功能后，如果新功能对于这个 ARCH 是必需的，就要修改此 ARCH 的缺省配置。修改方法如下(在 Linux 内核根目录下)：

备份 .config 文件；

cp arch/arm/deconfig.config；

修改.config；

cp .config arch/arm/deconfig；

恢复.config；

如果新增的功能适用于许多的 ARCH，针对具体 ARCH，重复上面步骤即可。

4. 配置帮助文件

在配置 Linux 内核时，遇到不懂含义的配置选项，可以通过查看帮助，获得对应帮助文件的建议。下面举例说明如何给配置选项增加帮助信息。

所有配置选项的帮助信息都在 Documentation/Configure.help 中，格式为

<description>

<variable name>

<help file>

其中，<description>给出本配置选项的名称，<variable name>对应配置变量，<help file>对应配置帮助信息。在帮助信息中，首先简单描述此功能，其次说明选择了此功能后会有什么效果，不选择又有什么效果，最后，写上“如果不清楚，选择 N(或者)Y”，给不知所措的用户以提示。

6.8.3 Linux 内核配置选项

Linux 内核配置中各选项的说明如下：

(1) Code maturity level options：代码成熟等级。

Prompt for development and/or incomplete code/drivers [N/Y/?]：如果有兴趣测试一下内核中尚未最终完成的某些模块，就选 Y，否则选 N，想知道更详细的信息选“?”会看到联机帮助(以下“?”的含义相同)，N 大写表示缺省值。

(2) Loadable module support：对模块的支持。

Enable loadale module support(CONFIG_MODULES)[Y/N/?]：启动动态载入额外模块的功能，根据具体情况来选择，一般需要选择 Y。

Set version information on all symbols for modules(CONFIG_MODVERSIONS)[N/Y/?]：通常，在更新核心版本之后，模块要重新编译。这个选项可为某个版本的内核编译的模块在另一个内核下使用，但通常用不到，故选 N。

Kernel module loader(CONFIG_KMOD)[N/Y/?]：如果启用这个选项，用户可以通过 Kernel 程序的帮助在需要的时候自动载入或卸载那些可载入式的模块，建议选上。注意：在开机就会 mount 上来的 partition 的 FS、deviceDriver 记得要编译进 Kernel，不能设定成 modules。千万不能将文件系统(File System)部分的代码编译为可加载模块，否则内核将无法读取它自己的文件系统，无法加载自己的配置文件。

(3) System Type：系统类别(这里以 ARM920T 为例)。

(BUAA-MX1ADS)ARM system type：()内的是缺省值。

(4) General setup：常规内核选项。

Support for hot-pluggabel devices[Y/N/?]：热插拔设备支持，根据需要选择此项。

Networking support(CONFIG_NET)[Y/N/?]：Linux 网络支持，根据需要选择此项。

System VIPC(CONFIG_SYSVIPC)[Y/N/?]：进程间通信函数和系统调用，是 Linux 内核的五大组成部分之一。必选此项。

Sysctl support(CONFIG_SYSCTL)[Y/N/?]：在内核正在运行的时候修改内核。

Kernel core(/proc/kcore/) format[Y/N/?]：现在的 Linux 发行版以 ELF 格式作为它们的“内核核心格式”。

Kernel support for a.out binaries(CONFIG_BINFMT_AOUT)[Y/N/?]：a.out 的执行文件是比较古老的可执行码，用在比较早期的 UNIX 系统上。Linux 最初也使用这种可执行码来执行程序，一直到 ELF 格式的可执行码推出，越来越多的程序码格式变成 ELF 的可执行码，将来会取代 a.out 格式的可执行码。可根据需要选择此项。

Kernel support for elf binaries(CONFIG_BINFMT_ELF)[Y/N/?]：该选项允许用户的系统可以执行用 ELF 格式存储的可执行文件，而 ELF 是现代 Linux 的可执行文件、目标文件和系统函数库的标准格式。当操作系统要和编译器以及连接器合作时会需要这些标准，一般选择 Y。

Kernel support for MISC binaries(CONFIG_BINFMT_MISC)[Y/N/?]：用于支持 Java 等代码的自动执行，根据需要选择此项。

Power Management support：电源管理支持，根据需要选择此项。

(5) Parallel port support：配置并口。

Parallel port support(CONFIG_PARPORT)[N/Y/m/?]：并口设备，如打印机。

(6) Memory Technology Devices(MTD)：配置存储设备：这个选项能使 Linux 读取闪存卡(Flash Card)之类的存储器。

(7) plug and play support：即插即用设备支持。

(8) Block devices：块设备支持。

Normal PC floppy disk support((CONFIG_BLK_DEV_FD)[Y/M/N/?]：普通 PC 软盘支持。嵌入式系统中一般没有该设备，因此一般选择 N。

Loopback device support[Y/N/?]：这个选项可以将一个文件挂载成一个文件系统。

Network block device support[Y/N/?]：网络块设备支持。

(9) Multiple devices driver support：多设备驱动支持。

(10) Networking options：网络选项。Packet Socket(CONFIG_PACHET) [Y/M/N/?]：如果支持网络的话，一般选择“Y”，需要这个选项来与网卡进行通信，而不需要在内核中实现网络协议。大多数情况下此选项是关闭的，除非需要特殊的支持。

TCP/IP networking [Y/N/?]：选择“Y”，内核将支持 TCP/IP 协议。

IP：multicasting [Y/M/N/?]：multicasting 是群组广播，是用在视频会议上的协议，如果想发送一个网络封包(网络的数据)给 10 部机器，可以连续发送 10 次给 10 台机器(点对点的传送)，也可以同时发送 1 次，然后让 10 台机器同时接收到。由于视频会议要求是最好每个人都能收到同一份信息，因此，如果有类似的需要，这个选项就需要打开。

(11) Network Device Support：网络设备支持。

Network Device Support [Y/M/N/?]：网络设备支持。由于网络设备的种类繁多，为了方便对一类设备的支持，将其大概分为 ARCnet 设备、Ethernet(10 或 100 Mb)、Ethernet(1000 Mb)、Wireless LAN(non-hamradio)、TokenRing device、Wan interfaces、PCMCIA network device support 几大类。

PPP(point-to-point)support [Y/N/?]：点对点协议。一般拨号需要选择这个选项。

SLIP(serial line) support [Y/N/?]：MODEM 族常用的一种通信协议，必须通过一台 Server(ISP)获取一个 IP 地址，然后利用这个 IP 地址可以模拟以太网络，使用有关 TCP/IP 的程序。

Ethernet(10 或 100 Mb)：如果使用网卡，那么这个选项要选 Y，否则以下对网卡的选择将不会出现。

Token Ring driver support：Token Ring 是 IBM 电脑上的网络，称为令牌环网络，是和以太网络很类似的一种网络。如果希望使用 Token Ring 网络卡连接这种网络，那么选 Y，一般情况选 N。

ARCnet support：也是一种网卡，通常一般情况用不到，所以选 N。

(12) Amateur Radio support：配置业余广播支持。

Amateur Radio support[Y/M/N/?]：如果希望使用业余广播支持，应该打开这个选项，并且打开相应的驱动。大多数情况不需要这个选项。这个选项可以用来启动无线网络的基本支持。目前的无线网络可以通过公众频率传输数据，如果有此设备就可以启用，具体请参考 AX25 和 HAM HOWTO 文档。

(13) IrDA(infrared) support：配置红外线(无线)通信支持。

IrDA(infrared) support [Y/N/?]：如果有红外无线设备，如无线鼠标或无线键盘，则应该打开这个选项。

(14) ATA/IDE/MFM/RLL support：配置对 ATA、IDE、MFM 和 RLL 的支持。

(15) SCSI support：SCSI 设备的支持。

SCSI support：如果有 SCSI 卡，就需要打开相关选项。

SCSI disk support：硬盘，如果有 SCSI 硬盘，则需要选这个选项。

SCSI tape support：磁带机，如果有 SCSI 的磁带机，则需要选这个选项。

SCSI CDROM support：CDROM，如果有 SCSI 光驱，则需要选这个选项。

SCSI generic support：其他有关 SCSI 的设备，如一台 SCSI 的扫描器或是烧录机。

Probe all LUNs on each SCSI device：通常大部分情况下都不选这个选项。

Verbose SCSI error reporting(kernel size+=12k)：如果认为 SCSI 硬件配备有问题，想了解出现的错误信息，那么可以选 Y，Linux 内核会报告有关系统 SCSI 配备的问题(如果有的话)。不过，会增加内核规模约 12 KB。

SCSI low-level drivers：共有接近 30 张的 SCSI 卡，可以根据需求选择 SCSI 卡品牌。

(16) I2O Device Support：I2O 设备支持。

I2O Device Support：如果有 I2O 界面，必须选择这个选项。如果没有的话，可以直接将它关闭。

(17) ISDN subsystem：配置 ISDN。

ISDN Support：如果有 ISDN 硬件，并且使用 ISDN 上网，就应该启用该选项，同时还要启用 Support synchronous PPP 选项(参考 PPP overISDN)。

(18) Input core support：这个选项提供了 2.4.x 内核中最重要的特性之一的 USB 支持。Input core support 是处于内核与一些 USB 设备之间的层(layer)。如果系统拥有其中一种 USB 设备，必须打开“Input core support”选项。

(19) Character devices：字符设备。

Linux 支持很多特殊的字符设备，如并口、串口控制卡、QIC02 磁带驱动器以及特定界面的鼠标，此外还有游戏杆、麦克风等，依据需要选择此项。

Virtual terminal(CONFIG_VT)[Y/N/?]：选择“Y”，内核将支持虚拟终端。Linux 上一般可以用 Alt+F1/F2/F3/F4 键来切换不同的任务终端，即使在一台计算机上也可以充分使用 Linux 的多任务能力。一些任务需要以命令行为方式安装合适的软件，如果有虚拟终端的支持就会更方便，一般选“Y”。

Support for console on Virtual terminal(CONFIG_VT_CONSOLE)[Y/N/?]：内核可将一个虚拟终端用作系统控制台，根据需要选择此项。

Standard/generic(dumb)serial support：选择“Y”，内核将支持串行口。

Support for console on serial port(CONFIG_SERIAL)[Y/M/N/?]：选择“Y”，内核可以将一个串行口用作系统控制台。

Extended dumb serial driver options(CONFIG_SERIAL_EXTENDED)[N/Y/?]：如果希望使用“dumb”的非标准特性(如 HUB6 支持)，选 Y；否则，一般选 N。

Non-standard serial port support(CONFIG_SERIAL_NONSTANDARD)[N/Y/?]：非标准串口。根据需要选择此项。

UNIX98 PTY support(CONFIG_UNIX98_PTYS)[Y/N/?]：PTY 指伪终端，一般情况选 N；但如果想用 telnet 或者 xterms 作为终端访问主机，并且已经安装了 glibc2.1，可以选 Y。

Maximum number of UNIX98 PTYs in use(0-2048)(CONFIG_UNIX98_PTY_COUNT)[256]：缺省值 256。一般来说，缺省值即可满足需求。

I2C support：I2C 是 Philips 等几家公司极力推动的微控制器应用中使用的低速串行总线协议。如果系统有 I2C 设备，该项必选。

Mice：鼠标。可以支持总线、串口、PS/2、C&T、82C710 mousePort、PC110 digitizer pad，根据需要选择。

Joysticks：手柄。

Watchdog Cards：虽然称为 Cards，可以纯软件实现，当然也可以硬件实现。如果选择这项，那么就会在系统的 /dev 下创建名为 watchdog 的文件，记录用户系统的运行情况，一直到系统重新启动后 1 min 左右。有了这个文件，用户就可以恢复系统到重启前的状态。

(20) File systems：文件系统。

文件系统的选择要比较谨慎，因为其中的一些选项为某些系统功能提供支持。而且除了 PROC、Ext2 等文件系统之外，其他的文件系统(包括下面的网络文件系统)都可以选择为 M 方式，从而减少内核启动时的大小。

Quota support (CONFIG_QUOTA)[N/Y/?]：Quota 限制每个用户可以使用的硬盘空间上

限，在多用户共同使用一台主机的情况十分有效。

DOS FAT fs support(CONFIG_FAT_FS)[N/Y/M/?]：DOS FAT 文件格式的支持，可以支持 FAT16、FAT32。

ISO 9660 CD-ROM file systems support(CONFIG_ ISO 9660_FS)[Y/M/N/?]：光盘使用的就是 ISO 9660 的文件格式。

Minix fs support(CONFIG_PROC_FS)[N/Y/N/?]：用于创建启动盘的文件系统，根据需要选择此项。

NTFS file systems support：NTFS 是 NT 使用的文件格式。

/proc filesystem support(CONFIG_PROC_FS)[Y/N/?]：虚拟文件系统，必须选 Y。不是用户硬盘分割区里的任何东西，而是核心与程序之间的文件系统界面。许多程序工具(像“ps”)都会用到。有些 shell，像是 rc，会用/proc/self/fd(在其他系统上为/dev/fd)来处理输入/输出。这个一般选择“Y”，有许多重要的 Linux 标准工具需要虚拟文件系统运作。

Second extended fs support (CONFIG_EXT2_FS)[Y/M/N/?]：Linux 标准文件系统，一般选 Y。

还有另外三个大类：Network File Systems(网络文件系统)、Partition Types(分区类型)、Native Language Support(本地语言支持)。值得一提的是，Network File Systems 里的 NFS 分别是 Linux 和 Windows 相互以网络邻居的形式访问对方所使用的文件系统，可根据需要加以选择此项。

(21) Network File Systems：网络文件系统。

Coda filesystem support (advanced network fs)(CONFIG_CODA_FS)[N/Y/M/?]：根据需要选择此项。

NFS filesystem support(CONFIG_NFS_FS)[Y/M/N/?]：选 Y 或 N，能够访问远程 NFS 文件系统。一般如果支持网络的话，在嵌入式开发的过程中都会选择此项，对调试来说非常方便。

SMB filesystem support(to mount WfW shares etc.)(CONFIG_SMB_FS)[N/Y/M/?]：当访问 Windows 系统中的共享资源时，选 Y。

NCP filesystem support(to mount NETWare volumes)(CONFIG_NCP_FS) [N/Y/M/?]：如果要访问 NetWare 文件系统，就选 Y 或者 M。

Partition Types：分区类型。一般不需要选择此项。

(22) Console drivers：配置控制台驱动。

VGA text console(CONFIG_VGA_CONSOLE)[Y/N/?]：选项在 VGA 模式下启动字符模式。在嵌入式系统中，多数情况不需要。大多数支持显示的嵌入式系统使用的是 Framebuffer。

(23) Sound：声卡驱动。本选项用以配置声卡。如果使用的是内核的标准声卡驱动，必须正确选择系统使用的声卡。

(24) USB support：配置 USB 支持。

(25) Bluetooth support：蓝牙支持。

(26) Kernel hacking：配置“Kernel hacking”选项。在嵌入式系统中，这个选项一般情况需要打开“Compile kernel without frame pointer”。

6.8.4 配置实例

对于开发者而言，将开发的内核代码加入到 Linux 内核中，需要以下三个步骤：

(1) 确定把自己的开发代码放入到内核的位置。

(2) 把开发的功能增加到 Linux 内核的配置选项中，使用户能够选择此功能。

(3) 构建子目录 Makefile，根据用户的选择，将相应的代码编译到最终生成的 Linux 内核中。

下面，通过分析——test driver，结合前面关于内核组织结构核配置的分析，来说明如何向 Linux 内核中增加新的功能。

1. 目录结构

test driver 放置在 driver/test/目录下：

```
$ cd drivers/ test
$ tree
| - - config.in
| - - Makefile
| - - cpu
| | - - Makefile
| - - cpu.c
| - - test.c
| - - test_client.c
| - - test_ioctl.c
| - - test_proc.c
| - - test_queue.c
- - test
  | - - Makefile
- - test.c
```

2. 配置文件

1) driver/test/Config.in

```
#
# TEST driver configuration
#
Mainmenu_option next_comment
comment TEST Driver
    bool TEST support CONFIG_TEST
    if ["$ CONFIG_TEST"="y"]; then
     tristate TEST user-space interface CONFIG_TEST_USER
bool TEST CPU ´ CONFIG_TEST_CPU
fiendmenu
```

由于 test driver 对于内核来说是新功能，因此应首先创建菜单 TEST Driver；然后显示"TEST support"，等待用户选择；接下来判断用户是否选择了 TEST Driver，如果是(CONFIG_TEST=y)，则进一步显示子功能：用户接口与 CPU 功能支持。因为用户接口功能可以被编译成内核模块，所以这里的询问语句使用了 tristate(因为 tristate 的取值范围包括 y、n 和 m,m 对应模块)。

2) arch/arm/config.in

在 arch/arm/config.in 文件的最后加入：

```
Source drivers/test/config.in
```

将 TEST Driver 子功能的配置纳入 Linux 内核的配置中。

3．相关的 Makefile

1) drivers/test/Makefile

```
# drivers/test/Makefile
#
# Makefile for the TEST.
#
SUB_DIRS                    :=
MOD_SUB_DIRS                := $(SUB_DIRS)
    ALL_SUB_DIRS            := $(SUB_DIRS) cpu
    L_TARGET                := test.a
    export-objs             := test.o test_client.o
    obj- $(CONFIG_TEST)     +=test.o test_queue.o test_client.o
obj- $(CONFIG_TEST)         += test_ioctl.o
obj- $(CONFIG_TEST)         += test_proc.o
subdir-$(CONFIG_TEST_CPU)   += cpu
    include $(TOPDIR)/Rules.make
    clean:
        for dir in $(ALL_SUB_DIRS)；do make –C $ $ dir
clean；done
        rm – f * .[oa] .* .flags
```

drivers/test 目录下最终生成的目标文件是 test.a。在 test-client.c 中使用了 EXPORT_SYMBOL 输出符号，所以 test.o 和 test-client.c 位于 export-objs 列表中。然后根据用户的选择(具体来说就是配置变量的取值)构建各自对应的 obj - *列表。由于 TEST Driver 中包含了一个子目录/cpu，当 CONFIG_TEST_CPU=y(即用户选择了此功能)时，需要将 CPU 目录加入到 subdir-y 列表中。

2) drivers/test/cpu/Makefile

```
#       drivers/test/cpu/Makefile
#
#       Makefile for the TEST CPU
#
```

```
SUB_DIRS                  :=
MOD_SUB_DIRS              := $(SUB_DIRS)
ALL_SUB_DIRS              := $(SUB_DIRS)
L_TARGET                  := test_cpu.a
obj- $ (CONFIG_test_CPU)  += cpu.o
include $(TOPDIR)/Rules.make
clean:
        rm – f * .[oa] .* .flags
```

drivers/test/cpu 目录下最终生成的目标文件是 test_cpu.a。obj - *生成的目标文件是 cpu.o。

3) drivers/Makefile

```
……
subdir-$(CONFIG_TEST)?? + = test
……
include $ (TOPDIR)/Rules.make
```

在 drivers/Makefile 中加入 subdir-$(CONFIG_TEST)+= test，使得在用户选择 TEST driver 功能后，内核在编译时能够进入 test 目录顺利编译 test。

4) 顶层 Makefile

```
……
DRIVERS-$(CONFIG_PLD) + = drivers/pld/pld.o
DRIVERS-$(CONFIG_TEST) + = drivers/test/test.a
DRIVERS-$(CONFIG_TEST_CPU) + = drivers/test/cpu/
test_cpu.a
DRIVERS := $ (DRIVERS-y)
……
```

在顶层 Makefile 中加入 DRIVERS-$(CONFIG_TEST)+=drivers/test/test.a 和 DRIVERS-$(CONFIG_TEST_CPU)+=drivers/test/cpu/test_cpu.a。如果用户选择了 TEST Driver，那么 CONFIG_TEST 和 CONFIG_TEST_CPU 都是 y、test.a 和 test_cpu.a，都位于 DRIVERS-y 列表中，然后又被放置在 DRIVERS 列表中。前面曾经提到，Linux 内核文件 vmlinux 的组成中包括 DRIVERS，所以 test.a 和 test_cpu.a 最终可被链接到 vmlinux 中。

6.9 嵌入式 Linux 内核启动分析

在嵌入式系统中，Bootloader 运行结束后需要将控制权交给内核，这时进入 Linux 内核启动阶段。进入内核启动阶段后，需要为 Linux 的运行、驱动程序的加载等进行一系列的准备工作。这些都是理解整个 Linux 内核的基础，这里针对 Arm Linux 在 BUAA-MX1ADS 上的运行做简要分析。

Linux 内核入口是一段汇编代码，对于 ARM LINUX 是 arch/arm/kernel/headarmv.S，用于基本的硬件设置和建立临时页表。

在具体讲解代码前，先介绍一下页表的概念。在一个虚拟内存系统中，所有的地址都是虚拟地址而非物理地址。处理器通过操作系统保存的一组信息将虚拟地址转换为物理地址。为了让这种转换更为简单，将虚拟内存和物理内存分为适当大小的块，叫做页(Page)。页的大小一样，Linux 在 Alpha AXP 系统上使用 8 KB 的页，而在 Intel X86 系统上使用 4 KB 的页。每一页都赋予一个唯一编号：Page Frame Number(PFN 页编号)。在这种分页模型下，虚拟地址由两部分组成：虚拟页号和页内偏移量。假如页大小是 4 KB，则虚拟地址从位 11 到位 0 包括页内偏移量，位 12 及其以上的位是页编号。处理器每一次遇到虚拟地址，必须提取出偏移和虚拟页编号。处理器必须将虚拟页编号转换到物理的页，并访问物理页的正确偏移处。为此，处理器使用了页表(Page Tables)。例如：

```
/ *
 *   linux/arch/arm/kernel/head-arm.S
 *
 *   Copyright(C) 1994-1999 Russell King
 *   Copyright(C) 2002 Motorola Semicond-uctors HK Ltd
 *       - added MX1ADS specific codes
 *
 * This program is free software; you can Redistribute it and/or modify
 * it under the terms of the GNU GeneralPublic License version 2 as
 * published by the Free Software Founda-Tion.
 *
 * 32-bit kernel startup code for   all architectures
 * /
# include<linux/config.h>
# include<linux/linkage.h>

# include<asm/assembler.h>
# include<asm/mach-types.h>
# include<asm/mach/arch.h>

# define K(a,b,c)   ((a)<<24 | (b)<<12 | (c))

/ *
  * We place the page tables 16K below TEXTADDR.
  * that TEXTADDR is correctly set.Currently, we expect the least significant
  *"short"to be 0x8000, but we could Probably relax this restriction to
  * TEXTADDR > PAGE_OFFSET + 0X4000
  *
  * Note that swapper_pg_dir is the virtual address of the page tables, and
  * pgtbl gives us a position-indepen-Dent reference to these tables.
```

```
 * We can do this because stext = =TEXTADDR
 *
 * swapper_pg_dir,pgtbl and krnlader are all closely related.
 * /
 # if(TEXTADDR & 0xffff)! = 0x8000
 # error TEXTADDR must start at 0Xxxxx8000
 # endif

        .globl    SYMBOL_NAME(swapper_pg_dir)
        .equ    SYMBOL_NAME(swapper_pg_dir), TEXTADDR − 0x4000

        .macro    pgtbl,reg， rambase
        adr\reg, stext
        sub\reg, \reg, # 0x4000
        .endm

/ *
 * Since the page table is closely related to the kernel start    address,
 * we can convert the page table base address to the base address of    the section
 * containing both.
 *   /
        .macro    krnlader,rd,pgtable,ra-mbase
        bic    \rd, \pgtable,#0x000ff000
        .endm

```

以下代码为内核入口点，此时 CPU 的状态是：寄存器 r0 值为 0；寄存器 r1 值为系统目标平台的代号；MMU 是关闭的；指令 Cache 是打开或关闭的；数据 Cache 是关闭的。

```
/ *
 *   Kernel startup entry point.
 *
 * The rules are:
 *    r0      - should be 0
 *    r1      - unique architecture number
 * MMU    - off
 * I-cache- on or off
 *    D-cache- off
 *
 * See linux/arch/arm/tools/mach-types for the complete list of numbers
 * for r1.
```

```
    * /
        .section ".test.init",#alloc,#execinstr
        .type    stext, #function
    ENTRY(stext)
    //       mov     r12,r0
    //wokao:         b wokao
           mov     r12,#0
# if defined(CONFIG_ARCH_MX1ADS)| | defined(CONFIG_ARCH_MX2ADS)
      mov  fp,r1    @ r1 contain pointer to cmdline from bootloader
    #endif
    / *
     *NOTE! Any code which is placed here should be done for one of
     * the following reasons:
     *
     *   1.Compatability with old product-ion boot firmware(ie,users
     *      actually have and are booting the kernel with the old firmware)
     *      and therefore will be eventual-ly removed.
     * 2.Cover the case when there is no boot firmware. This is not
     *    ideal,but in this case,it should ONLY set r0 and r1 to the
     *    appropriate value.
     * /
    # if defined(CONFIG_ARCH_NETWINDER)
    / *
     * Compatability cruft for old Net-winder NeTTroms.     This
    * code is currently scheduled for destruction in 2.5 xx
     * /
                .rept     8
                mov     r0,r0
                .endr

                adr    r2,lf
                ldmdb    r2 {r7,r8}
                and    r3,r2,# 0xc000
                tep    r3,# 0x8000
                beq    _entry
                bic    r3,r2, # 0xc000
                orr    r3,r3, # 0x8000
                mov    r0, r3
                mov    r4, #64
```

```
        sub     r5,r8,r7
        b       1f

        .word   _stext
        .word   _bss_start

1:
        .rept   4
        ldmia   r2!,{r6,r7,r8,r9}
        stmia   r3!,{r6,r7,r8,r9}
        .endr
        subs    r4,r4,# 64
        bcs     1b
        movs    r4,r5
        mov     r5,# 0
        movne pc,r0

        mov r1,# MACH_TYPE_NETWINDER @ (will go in 2.5)
        mov r12,# 2 < < 24  @ scheduled for removal in 2.5 xx
        orr r12,r12,# 5< < 12
_entry:
# endif
# if defined(CONFIG_ARCH_L7200)
/ *
   * FIXME – No bootloader,so manually set 'rl'with our architecture number.
   * /
        mov         r1,#MACH_TYPE_L7200
# endif

// for MX1ADS,we don't pass this from bootloader,so well set it here
# if defined(CONFIG_ARCH_MX1ADS)
    mov     r1, #MACH_TYPE_MX1ADS
```

在 head-armv.S 中的一项重要工作就是设置内核的临时页表，同时因为不同的系统有不同的内存映像，所以 Linux 约定，内核代码开始的时候，r1 寄存器放的是系统目标平台的代号。对于一些常见的、标准的平台，内核已经提供了支持，只要在编译的时候选中即可，MACH_TYPE_MX1ADS 表明是 MX1 的硬件平台。同时还需要定义描述该平台的数据结构(在 arch/arm/mach-mxlads 目录下的 arch.c 中定义)：

```
MACH_START(MX1ADS, "BUAA MX1ADS")
    MAINTAINER("EIE BUAA")
```

```
// RAM 从 0x08000000 开始，i/o 空间从 0x00200000 开始
// i /o 空间映射到虚拟地址空间 0xf0200000 处
BOOT_MEM(0x08000000,0x00200000,0xf0200000)

FIXUP(mxlads_fixup)
MAPIO(mxlads_map_io)
INITIRQ(mxlads_init_irp)
MACHINE_END
139     # endif
140
141     # if defined(CONFIG_ARCH_MX2ADS)
142             mov   r1, # MACH_TYPE_MX2ADS
143     # endif
```

以下两行语句设置 CPU 模式为 SVC 模式，允许中断和快速中断。

```
144             mov   r0,# F_BIT | I_BIT | MODE_SVC   @ make sure svc mode
145             msr   cpsr_c,r0   @ and all irps disabled
```

第 146 行语句调用_ _lookup_processor_type 检查当前 CPU 的 ID 是否和内核一致，返回的是 mask、mmuflags 等 CPU 的相关信息，将在_ _lookup_architecture_type 中使用。_ _lookup_processor_type 返回时，CPU 寄存器的值为 R5、R6、R7，原有内容被破坏；R8 返回页表标志；R9 返回 CPU 的 ID 号；R10 返回保存 CPU 结构的指针。

```
146             bl    _ _lookup_processor_type
147             teq r10,#0    @ invald processor?
148             moveq   r0,# p     @ yes,error p
149             bep      _error
```

如果_ _lookup_processor_type 返回的结构指针(寄存器 R10)有效，则可调用_ _lookup_architecture_type 来判断 CPU 的类型。_ _lookup_architecture_type 利用了寄存器 R1 中 CPU 体系结构号，返回时 CPU 中寄存器的值为 R2、R3、R4，原有内容被破坏；R5 返回 RAM 起始物理地址；R6 返回 IO 空间物理地址；R7 返回 IO 空间在页表中的偏移量。

```
150             b1 _ _lookup_architecture_type
151             tep r7, #0   @ invalid architecture?
152             moveq   r0,# a   @ yes,error a
153             beq    _ _error
```

开始设置 MMU 时，首先要调用_ _create_page_tables 设置临时的内核页表，映射 4 MB 的内存，这在初始化阶段是足够的。在这个函数中要用到的寄存器 R5、R6、R7 的值从_ _lookup_processor_type 中返回，其中：R5 返回 RAM 的物理起始地址，在 MACHINE_START(MX1ADS, “BUAA-MX1ADS”)定义的数据结构中指定，在这里是 0x08000000。R6 返回 IO 空间的起始地址，同样在 MACHINE_START(MX1ADS, “BUAAMX1ADS”)定义的数据结构中指定，在这里是 0x00200000。

```
154    bl    _ _create_page_tables
```

注意，第 155 行语句在第 156 行语句的子程序返回后，直接跳到_ _ret 处执行。

```
155    adr  lr, _ _ret    @ return address
```

到现在为止，寄存器 R10 中的值是_ _arm920_proc_info 结构的指针，这个结构在文件 arch/arm/mm/proc-920.S 中定义：

```
_ _arm920_proc_info:
.long    0x41009200
.long    0xff00fff0
.long    0x00000cle         @ mmuflags
b    _ _arm920_setup
.long    cpu_arch_name
……
```

由这个结构体可以看出第 156 行代码实际上调用函数_ _arm920_setup，在_ _arm920_setup 中完成 CPU 的指令、数据 Cache 和 MMU 的打开。需要注意的是，arm 的数据 Cache 必须和 MMU 一起打开，指令 Cache 则没有这个要求。_ _arm920_setup 执行结束后，返回到标号_ _ret 处执行。

```
156    add   pc,r10, #12    @ initialize   processor
157                         @(return control reg)
158
```

下面语句的目的是保存系统相关的信息，用于 C 语言程序的访问。

```
159        .type   _ _switch_data,% object
160    _ _switch_data: .long   _ _mmap_switched
161        .long    SYMBOL_NAME(compat)
162        .long    SYMBOL_NAME(_ _bss_start)
163        .long    SYMBOL_NAME(_end)
164        .long    SYMBOL_NAME(processor_id)
165        .long    SYMBOL_NAME(_ _machine_arch_type)
166        .long    SYMBOL_NAME(cr_alignment)
167        .long    SYMBOL_NAME(init_task_union)+8192
168
169    # if defind(CONFIG_ARCH_MX1ADS) | | defind(CONFIG_ARCH_MX2ADS)
170        .long    SYMBOL_NAME(cmdline_from_bootloader)
171    # endif
172
173        .type   _ _ret,% function_ _ _arm920_setup
```

执行结束后，返回到第 174 行代码继续执行。

```
174    _ _ret:    ldr    lr, _ _switch_data
```

第 175 行代码用来更新 CPU 的协处理器。

```
175        mcr      p15,0,r0,cl,c0
```

第 176～178 行代码用来填满 ARM 的流水线(因为 ARM 是三级流水线)。

```
176             mov     r0,r0
177             mov     r0,r0
178             mov     r0,r0
```

第 174 行代码表明，第 179 行代码实际是将程序跳转到了标号_ _switch_data 处。从第 160 行语句不难发现，起始程序跳转到了标号_ _mmap_switched 处。

```
179             mov     pc, lr
180
181             /*
182               * This code follows on after the page
183               * table switch and jump above.
184              *
185              * r0 = processor control register
186              * r1 = machine   ID
187              * r9 = processor ID
188              */
189              .align       5
```

在执行第 190 行代码之前，已经完成 CPU 的基本初始化，Cache 和 MMU 已经打开，流水线也初始化正常。

```
190     _ _mmap_switched:
191              adr   r3, _ _switch_data + 4
192              ldima.r3,{r2,r4,r5,r6,r7,r8,sp} @ r2 = compat
193                        @ sp = stack pointer
194               str     r12,[r2]
195  # if defind(CONFIG_ARCH_MX1ADS)  | | defind(CONFIG_ARCH_MX2ADS)
196    mov   r12,fp    @fp/r11 gets used below (it originally contain pointer to
197    @ cmdline from bootloader)
198     # endif
199
```

第 200 行将全局变量区域 BSS 段初始化，即清零。

```
200            mov     fp,# 0 @ Clear BSS(and zero fp)
201     1:      cmp   r4,r5
202             strcc     fp,[r4],#4
203             bcc      lb
204
```

第 205 行代码将 CPU 的 ID 号保存在变量 processor_id，因为符号 processor_id 已经导出，因此这个变量能够在 C 语言中调用。

```
205             str     r9,[r6]     @ Save processor ID
```

第 206 行代码将 CPU 的类型保存在 machine_arch_type，同样会在 C 语言中调用。

```
206        str     r1,[r7]    @ Save machine type
207  # if defind(CONFIG_ARCH_MX1ADS) | | defind(CONFIG_ARCH_MX2ADS)
208        / * now save a pointer to the cmdline_from_bootloader * /
209        adr     r3,_switch_data + 32     @ cmline_from_ bootloader
210        ldmia   r3,{r4} @r4 = address of above
211        str     r12,[r4]
212     # endif
213     # ifdef CONFIG_ALIGNMENT_TRAP
214       orr     r0,r0,#2     @ …………A.
215     # endif
216       bic     r2,r0,#2     @ Clear A bit
217       stmia     r8,{r0,r2}   @   Save control Register   values
218
219
```

很明显，第 220 行代码跳转到 C 程序的 start_kernel 函数处执行，此函数在 init/main.c 中定义。

```
220       b        SYMBOL_NAME(start_kernel)
221
222
223
224     / *
225      * Steup the initial page tables. We only setup the barest
226      * amount which are required to get the kernel running ,which
227      * generally means mapping in the kernel code.
228      *
229      * We only map in 4MB of RAM ,which shouldbe sufficient in
230      * all cases
231      *
232      * r5 = physical address of start of RAM
233      * R6 = physical IO address
234      * R7 = byte offset into page tables for IO
235      * R8 = page table flags
236      * /
237      _creat_page_tables:
238          pgtbl   r4,r5   @ page table address
239
240         / *
241          * Clear the 16k level 1 swapper page   table
242          * /
```

```
        mov     r0,r4
        mov     r3, # 0
        add     r2 ,r0, # 0x4000
1:      str     r3,[r0], # 4
        str     r3,[r0], # 4
        str     r3,[r0], # 4
        str     r3,[r0], # 4
        teq     r0,r2
        bne     1b

        / *
         * Create identity mapping for firstMB of kernel to
         * cater for the MMU enable. This identity mapping
         * will be removed by paging_init( )
         * /
        krnladr r2,r4,r5    @ start of kernel
        add   r3,r8,r2 @ flags + kernel base
        str   r3,[r4,r2,lsr #18]    @ identity mapping

        / *
         * Now setup the pagetables for our kernel direct
         * mapped region. We round TEXTADDR Down to the
         * nearest megabyte boundary.
         * /
        add   r0,r4, #(TEXTADDR & 0xff000000)> > 18 @ start of kernel
        bic   r2,r3, # 0x00f00000
        str   r2,[r0]     @ PAGE_OFFSET + OMB
        add   r0,r0,# (TEXTADDR & 0xff000000)> > 18
        str   r3,[r0],# 4    @ KERNEL + OMB
        add   r3,r3,#1< < 20
        str   r3,[r0],# 4    @ KERNEL + 1MB
        add   r3,r3,# 1 < < 20
        str   r3,[r0],# 4    @ KERNEL + 2MB
        add   r3,r3,# 1 < < 20
        str   r3,[r0],# 4    @ KERNEL + 3MB

        / *
         * Ensure that the first section of RAM is present
         * we assume that
```

```
        * 1. the RAM is aligned to a 32MB boundary
        * 2. the kernel is executing in the same 32MB chunk
        *     as the start of RAM .
        * /
    bic   r0,r0, #0x01f00000 > > 18 @ round down
    and   r2,r5,# 0xfe000000 @ round down
    add   r3,r8,r2   @ flags + rambase
    str   r3,[r0]

    bic   r8,r8,# 0x0c @ turn off cacheable
                  @ and bufferable bits
# ifdef CONFIG _DEBUG_LL
    / *
     * Map in IO space for serial debugging.
     * This allows debug messages to be output
     * via a serial console before paging_init
     * /
    add r0,r4,r7
    rsb r3,r7, # 0x4000    @ PTRS_PER_PGD *Sizeof (long)
     cmp r3, # 0x0800
     addge   r2,r0, # 0x800
     addlt    r2,r0,r3
     orr      r3, r6, r8
1:  str       r3, [r0], # 4
     add      r3,r3, #1 < < 20
     teq      r0,r2
     bne          lb
# if defined(CONFIG_ARCH_NETWINDER) |  | defined(CONFIG_ARCH_CATS)
     / *
      * If we are using the NetWinder,we Need to map in
      * the 16550 – type serial port for the debug messagees
      * /
     teq   r1, # MACH_TYPE_NETWINDER
     teqne    r1, # MACH_TYPE_CATS
     bne        lf
     add     r0, r4, # 0x3fc0
     mov     r3, # 0x7c000000
     orr     r3, r3, r8
     str     r3, [r0], # 4
     add     r3, r3, # 1 < < 20
```

```
        str    r3, [r0], # 4
1:
# endif
# endif
```

到此为止，已经完成了 CPU 汇编底层初始化工作，接下来 CPU 进入 C 语言的高层初始化阶段。如下代码为进入 init/main.c 中的 star_kernel 函数后的继续执行。

```
01  asmlinkage void_init star_kernel(void)
02  {
03      char * command_line;
04      unsigned long mempages;
05      extern char saved_command_line[ ];
06  / *
07    * Interrupts are still disabled.Do necessary setups, then
08    * enable them
09    * /
10    lock_kernel();
```

首先通过 printk 函数打印出内核版本信息，这个版本信息在 init/version.c 中定义。

```
11      printk(linux_banner);
```

第 12 行代码是个非常重要的函数，根据 Bootloader 传递过来的内核参数来对系统结构平台进行设置。此函数在 arch/arm/kernel/setup.c 中实现，在后面会对它进行简单分析。

```
12      setup_arch(&command_line);
13      printk( "Kernel command line: % s\n" ,saved_command_line);
```

第 14 行代码中的函数 parse_option 用来解析 Bootloader 中传递过来的内核参数。

```
14      parse_options(command_line);
```

第 15 行代码中的 trap_init 函数的作用是设置陷阱门和中断门。

```
15      trap_init( );
```

第 16 行代码中的 init_IRQ 函数用于完成系统中断初始化，在 arch/arm/kernel/irq.c 中定义。

```
16      init_IRQ( );
```

第 17 行代码中的 sched_init 函数用于完成进程调度机制初始化。

```
17      sched_init( );
18      softirq_init( );
19      time_init( );
20
21      / *
22       * HACK ALERT! This is early.We areenabling the console before
23       * We have done PCI setups etc,and console_init( ) must be aware of
24       * this.But we do want output early,in case something goes wrong.
25       * /
```

第 26 行代码中的 console_init 函数用于完成控制台设备初始化。

```
26    console_init();
27    # ifdef CONFIG_MODULES
28    init_modules();
29    # endif
30    if (prof_shift) {
31        unsigned int size;
32        / * only text is profiled * /
33        prof_len = (unsigned long) &_etext –
          (unsigned long) &_stext;
34        prof_len > > = prof_shift;
35
36        size = prof_len * sizeof(unsigned int)
          + PAGE_SIZE – 1;
37        prof_buffer = (unsigned int *) alloc_bootmem(size);
38        }
39
40    kmem_cache_init();
41    sti();
42    calibrate_delay();
43    # ifdef CINFIG_BLK_DEV_INITRD
44    if (initrd_start && ! initrd_below_start_ok &&
45        initrd_start < min_low_pfn < < PAGE_SHIFT)  {
46      printk(KERN_CRIT "initrd overwritten (0x%08lx < 0x%08lx) - "
47          "disabling it.\n", initrd_start,min_low_pfn < < PAGE_SHIFT);
48        initrd_start = 0;
49    }
50    # endif
51    mem_init( );
52    kmem_cache_sizes_init( );
53    pgtable_cache_init( );
54
55    # ifdef CONFIG_PERFMON
56    perfmon_init( );
57    # endif
58    mempages = num_physpages;
59
```

第60行代码中的fork_init函数根据系统物理内存的大小计算出允许创建线程(包括进程)的数量。该函数在 kernel/fork.c 中定义。

```
60   fork_init(mempages);
61   proc_cache_init( );
62   vfs_caches_init(mempages);
63   buffer_init(mempages);
64   page_cache_init(mempages);
65   # if defined(CONFIG_ARCH_S390)
66   ccwcache_init( );
67   # endif
68   signals_init( );
69   # ifdef CONFIG_PROC_FS
70   proc_root_init( );
71   # endif
72   # if defined(CONFIG_SYSVIPC)
```

第 73 行代码中的函数 ipc_init 的作用是对 SysV 进程间通信机制进行初始化。该函数定义在 ipc/util.c 中。

```
73   ipc_init( );
74   # endif
75   check_bugs( );
76   printk(" POSIX conformance testing by UNIFIX\n");
77
78   / *
79     *   We count on the initial thread going ok
80     *   Like idlers init is an unlocked kernel Thread, which will
81     *   make syscalls (and thus be locked).
82     * /
```

由于 Linux 是一个支持 SMP 的操作系统，第 83 行代码中的 smp_init 函数用于完成 SMP 结构的初始化。

```
83     smp_init();
```

第 84 行代码中的函数有两个功能：第一，通过 kernel_thread()函数创建内核的第一个进程，即 init 进程；第二，通过调用函数 cpu_idle()使 CPU 进入就绪状态。只要系统出现就绪的进程，就跳转至该进程并执行，从而系统进程的调度进入正常。

```
84    rest_init();
85    }
```

下面对 star_kernel 函数的第 12 行代码调用的 arch/arm/kernel/setup.c 中的 setup_arch()函数进行简单分析：

```
01    void_init setup_arch(char * * cmdline_p)
02    {
03    struct tag * tags = NULL;
04    struct machine_desc * mdesc;
```

```
05      char * from = default_command_line;
06      /*第 7 行代码直接决定了系统 ROOT 的设备号*/
07      ROOT_DEV = MKDEV(0,255);
08
09      setup_processor( );
```

第 10 行代码返回了前面提到过的结构，用来标示系统结构：

```
MACHINE_START(MX1ADS, "BUAA MX1ADS" )
MAINTAINER( "EIE BUAA " )
BOOT_MEM(0x08000000,0x00200000,0xf0200000)
FIXUP(mxlads_fixup)
MAPIO(mxlads_map_io)
INITIRQ(mxlads_init_irq)
MACHINE_END
```

```
10      mdesc = setup_architecture(machine_arch_type);
11      machine_name = mdesc - >name;
12
13      if (mdesc - >soft_reboot)
14              reboot_setup( "s" );
15
16      if (mdesc - >param_offset)
17         tags = phys_to_virt(mdesc - > param_offset);
18
19      /  *
20         * Do the machine – specific fixups before we parse the
21         * parameters or tages.
22         * /
23      if (mdesc - >fixup)
24              mdesc - >fixup(mdesc,(struct param_struct * )tages ,
25                      &from,&meminfo);
26
27       / *
28         * If we have the old style parameters,convert them to
29         * a tag list before.
30         * /
31      if(tags && tags - >hdr.tag != ATA_CORE)
32              convert_to_tag_list((struct param_struct *)tags,
33                  meminfo.nr_banks = = 0);
34
35      if(tags && tags - >hdr.tag != ATA_CORE)
```

```
36          parse_tags(tags);
37
38       # if defined(CONFIG_ARCH_MX1ADS) || defined(CONFIG_ARCH_MX2ADS)
```

第 39 行代码的函数 get_cmdline_from_bootloader 从 Bootloader 中传递过来的指针中获取映射后的内核参数指针(打开 MMU 后)。

```
39      get_cmdline_from_bootloader( );
40      if(new_cmdline! =NULL)from = new_cmdline;
41      # endif
42
43
44      // # ifdef CONFIG_ARCH_MX2ADS
45
46      //      from = mx2_cmdline;
47      // # endif
48
49
50
```

第 51～55 行代码用系统实际存储器资源初始化 meminfo 结构。meminfo 结构用来记录系统中的内存区段，定义在 include/asm/setup.h 中。

```
struct meminfo {
        int nr_banks;
        unsigned long end;
        struct {
            unsigned long start;
            unsigned long size;
            int                 node;
        } bank[NR_BANKS];
};
51   if (meminfo.nr_banks = = 0) {
52       meminfo.nr_banks      = 1;
53       meminfo.bank[0].start = PHYS_OFFSET;
//defined in asm/arch/memory.h
54           meminfo.bank[0].size = MEM_SIZE;
55     }
56
```

每个任务都对应了一个 mm_struct 结构来管理任务内存空间，而 init_mm 是内核的 mm_struct。代码第 57～60 行代码初始化 init_mm 结构，第 57 行代码对应内核代码段的开始。

```
57    init_mm .start_code = (unsigned long)&_text;
```

第 58 行代码对应内核代码段的结束。

```
58    init_mm .end_code = (unsigned long)&_etext;
```

第 59 行代码对应内核数据段的开始。

```
59    init_mm .end_data = (unsigned long)&_edata;
```

第 60 行代码对应内核数据段的结束。

```
60    init_mm .brk          = (unsigned long)&_end;
61
```

第 62 行代码清除内核命令行参数。

```
62    memcpy(save_command_line，from,COMMAND_LINE_SIZE);
```

第 63 行代码设置内核命令行参数的结束标志。

```
63    saved_command_line[COMMAND_LINE_SIZE -1] =\ 0;
```

第 64 行代码中的函数 parse_cmdline 将 bootloader 的参数拷贝到 cmdline_p。

```
64    parse_cmdline(&meminfo,cmdline_p,from);
```

第 65 行代码中的函数 bootmem_init 定义在 arm/mm/init.c 中，它在内核结尾分一页出来作位图，根据具体系统的内存大小映射整个 RAM。

```
65   bootmem_init(&meminfo);
```

第 66 行代码调用的函数定义在 arm/mm/init.c 中，用于创建内核页表，映射所有物理内存和 IO 空间。同时分配 3 个分页出来，用于处理异常过程，详细参考函数 pagin_init()的源代码。

```
66    pagin_init(&meminfo，mdesc);
67   request_standard_resources(&meminfo，mdesc);
68
69    /*
70       * Set up various architecture – specific pointers
71       */
72    init_arch_irq = mdesc - >init_irq;
73
74    # ifdef CONFIG_VT
75    # if defined(CONFIG_VGA_CONSOLE)
76    conswitchp = &vga_con;
77    # elif defined(CONFIG_DUMMY_CONSOLE)
78    conswitchp = &dummy_con;
79    # endif
80    # endif
81    }
```

到此为止，整个内核的所有底层初始化工作已经完成，内核的进程调度机制也正常运转起来了。下面简单说明内核调度。内核调度的主要职责之一就是决定该哪个任务运行。多数实时内核是基于优先级调度的，也就是说，CPU 总是让处于就绪态的、优先级较高的任务先运行。每个任务根据其重要程度的不同，被赋予一定的优先级。对该程序而言，此时内核就绪的进程只有在 start_kernel()中创建的 init，因此，init 占有了 CPU 的执行权。起始内核线程 init()的任务依然是初始化，只不过是一种更高层次的初始化，代码如下：

```
01    static int init(void * unused)
02    {
03    lock_kernel();
```

第 4 行代码的 do_basic_setup()函数是 init 进程最重要的函数，而 do_basic_setup()函数中和嵌入式系统中关系最紧密的是 do_initcalls()，此函数对了解驱动程序的加载有非常重要的意义。后面对这个函数进行分析。

```
04    do_basic_setup( );
05
```

第 6 行代码的 prepare_namespace()函数主要目的是准备系统的命名空间，其中最重要的函数是 mount_root()，其功能是挂载根文件系统。

```
06    prepare_namespace( );
07
08    /*
09      * Ok,we have completed the initial bootup,and
10      * we 're essentially up and running.Get rid of the
11      * initmem segments and start the user – mode stuff . .
12      */
13      free_initmem( );
14      unlock_kernel( );
15
16      if(open( "/dev/console" ,0_RDWR,0) < 0)
17          printk( "Warning: unable to open an initial console.\n" );
18
19       (void) dup(0);
20       (void) dup(0);
21
22      /*
23       * We try each of these until one succeeds.
24       *
25       * The Bourne shell can be used instead of init if we are
26       * trying to recover a really broken machine.
27       */
28
29      if (execute_command)
30          execve(execve_command,argv_init,envp_init);
```

第 31～34 行中，在根文件系统中的/sbin、/etc、/bin 目录下查找 init 程序并尝试执行。

```
31 execve("/sbin/init", argv_init,envp_init);
32 execve("/etc/init", argv_init,envp_init);
33 execve("/bin/init", argv_init,envp_init);
34 execve("/bin/sh", argv_init,envp_init);
```

如果没有找一个可以正常执行的 init 程序，则报告错误“No init found”，具体如下：

```
35 panic("No init found. Try passing init = option to kernel. ");
36 }
```

do_initcalls()函数的代码很短，但是却有着异常重要的功能，与嵌入式系统关系最紧密的驱动程序的入口函数的初始化调用就是通过这里开始的。代码如下：

```
01 static void_init do_initcalls(void)
02 {
03 initcall_t * call;
04
05 call = &_initcall_start;
06 do {
07     ( * call) ( );
08       call + + ;
09 } while (call < &_initcall_end);
10
11 / * Make sure there is no pending stuff from the initcall sequence * /
12 flush_scheduled_tasks();
13 }
```

这里需要说明的是：内核代码函数前有关键词 _init 的函数，表明该函数只在系统初始化的时候调用一次，以后不再调用了。同时，为了保证这些函数初始化后能够将所占用的空间再次利用，在编译、链接的时候，这些函数全部放在“初始化代码段”中。而对于驱动程序这样的具有入口函数的模块，通常在这样的模块代码文件中有这样的代码：

```
module_init(asp_init);        /*asp 驱动程序的初始化入口函数*/
```

或

```
-initcall(chr_dev_init);        /*一般字符设备的初始化入口函数*/
```

这样，这些函数在编译、链接后都会放在“初始化代码段”中。这也就不难理解 do_initcalls()函数的第 6～9 行代码的含义：遍及“初始化代码段”，执行各种需要初始化的入口函数等等。实际上，在内核文件 inciude/linux/init.h 中有这么一行：

```
# defined module_init(x) _initcall()
```

即静态链接到内核的所有模块都是通过_initcall()说明的。嵌入式 Linux 下常用设备的初始化入口有以下几种：

(1) 普通的字符设备：调用 drivers/char/mem.c 中的_initcall(chr_dev_init)。

(2) 块设备：调用 drivers/block/genhd.c 中的_initcall(device_init)。而初始化函数 device_init()则调用了 drivers/block/ll_rw_blk.c 中的 blk_dev_init()初始化。

(3) 网络设备。调用 drivers/block/genhd.c 中的_ initcall(device_init)。device_init()调用了 net_dev_init()。

由上述分析可以了解当内核挂载了根文件系统后，内核的启动工作全部结束，但是系统还不能正常启动，因为还需要通过根文件系统上的 init 程序来完成最后的设置工作。这个 init 程序一般在 /sbin、/etc 或 /bin 目录下，init 的执行过程的特点如下：

- init 从/etc/inittab 中获取所有信息。
- inittab 中会定义启动脚本，如 sysinit、rc、rcS 等。

对于每个允许用户使用的控制台，inittab 文件里都有一个 getty。getty 启动/bin/login 验证用户口令。在嵌入式 Linux 中，login 程序是指向 tinylogin 的符号链接；同时，如果不想用 tinylogin 的话，也可以不用 getty，直接在 inittab 中指定，运行 shell 也可以：

```
# Start an "askfirst"shell on the consol
: :askfirst:/bin/sh
# Start an "askfirst"shell on /dev/tty2
tty2:askfirst:/bin/sh
```

其中，以“#”开头的行表示注释，可忽略。

如果使用 tingLogin 的话，tingLogin 将安装下列工具：/bin/addgroup、/bin/adduser、/bin/delgroup、/bin/deluser、/bin/login、/bin/su、/sbin/getty、/sbin/sulogin 和/usr/bin/passwd。

inittab 是个简单却很有用的配置文件，inittab 文件中的每一个条目有如下的格式：

id:runlevels:action:process

这四个域的含义分别为：

id 域用单个或两个字符序列来作为本行标识，这个标识在此文件中是唯一的。文件中的某些记录必须使用特定的 id 才能使系统工作正常。

runlevels 域给出的是本行的运行级别。Linux 系统运行在一定的级别下，当 inittab 文件指定了某一特定的运行级别时，该记录行包含的命令将被执行。各运行级别的说明包含在 inittab 文件的开头中。

action 域指出的是 init 程序执行 process 命令方式。例如：只执行 process 一次，还是在退出时重启。

process 域给出相应记录行要执行的命令。

第 7 章　嵌入式文件系统

与通用 PC 机不同，嵌入式系统一般不使用硬盘这样的存储设备，而是采用 Flash 闪存芯片、小型闪存卡等专为嵌入式系统设计的存储装置。本章分析了嵌入式系统中常用的存储设备及其管理机制、常用的基于 Flash 的文件系统类型，并介绍了 Busybox 工具的相关概念及应用。

7.1　文件系统基本概念

Linux 的一个最重要特点就是可以支持许多不同的文件系统。这使 Linux 非常灵活，能够与许多其他的操作系统共存。Linux 支持的常见的文件系统有：JFS、ReiserFS、Ext、Ext2、Ext3、ISO9660、XFS、Minx、MSDOS、UMSDOS、VFAT、NTFS、HPFS、NFS、SMB、SysV、PROC 等。随着时间的推移，Linux 支持的文件系统数还会增加。

Linux 是通过把系统支持的各种文件系统链接到一个单独的树形层次结构中，来实现对多文件系统的支持。该树形层次结构把文件系统表示成一个整个的独立实体。无论什么类型的文件系统，都被装配到某个目录上，由被装配的文件系统的文件覆盖该目录原有的内容。该目录被称为装配目录或装配点。在文件系统卸载时，装配目录中原有的文件才会显示出来。

7.1.1　嵌入式根文件系统

Linux 下的根文件系统目录结构如下：

目录	习惯用法
bin	用户命令所在目录
dev	硬件设备文件及其他特殊文件
etc	系统配置文件，包括启动文件等
home	多用户主目录
lib	链接库文件目录
mnt	装配点，用于装配临时文件系统或其他的文件系统
opt	附加的软件套件目录
proc	虚拟文件系统，用来显示内核及进程信息
root	root 用户主目录
sbin	系统管理员命令目录
tmp	临时文件目录

usr　　　　用户命令目录
var　　　　监控程序和工具程序所存放的可变数据

对于用途单一的嵌入式系统，上述的一些用于多用户的目录可以省略，例如/home、/opt、/root 目录等。而/bin、/dev、/etc、/lib、/proc、/sbin 和/usr 目录，几乎是每个系统必备的目录，也是不可或缺的目录。

7.1.2　嵌入式系统存储设备及其管理机制分析

构建适用于嵌入式系统的 Linux 文件系统，必然会涉及到两个关键问题，一是文件系统类型的选择，关系到文件系统的读/写性能、大小；另一个是根文件系统内容的选择，关系到根文件系统所能提供的功能及文件大小。

1．闪存技术

目前在嵌入式系统应用的 Flash 存储器从结构上大体可以分为 AND、NAND、NOR 和 DiNOR 等几种。其中 NOR 和 DiNOR 的特点为相对电压低、随机读取快、功耗低、稳定性高，而 NAND 和 AND 的特点为容量大、回写速度快、芯片面积小。NOR 和 NAND Flash 的应用最为广泛，除了在嵌入式设备上得到广泛的应用外，在 Compact Flash、Secure Digital、PC Cards、MMC 存储卡以及 USB 闪盘存储器市场都占用较大的份额。

NOR 型闪存可以直接读取芯片内储存的数据，因而速度比较快，但是价格较高。NOR 型芯片，地址线与数据线分开，所以 NOR 型芯片可以像 SRAM 一样连在数据线上，对 NOR 芯片可以“字”为基本单位操作，因此传输效率很高，应用程序可以直接在 Flash 内运行，不必再把代码读到系统 RAM 中运行。NOR 型闪存与 SRAM 的最大不同在于写操作需要经过擦除和写入两个过程。

NAND 型闪存芯片共用地址线与数据线，内部数据以块为单位进行存储，直接将 NAND 芯片做启动芯片比较难。NAND 闪存是连续存储介质，适合存放大文件。擦除 NOR 器件时是以 64～128 KB 的块进行的，执行一个写入/擦除操作的时间为 5 s；擦除 NAND 器件是以 8～32 KB 的块进行的，执行相同的操作最多只需要 4 ms。NAND Flash 的单元尺寸几乎是 NOR 器件的一半，由于生产过程更为简单，NAND 结构可以在给定的模具尺寸内提供更高的容量，也就相应地降低了价格。NOR Flash 占据了小容量闪存市场的大部分，而 NAND Flash 只是用在大容量产品当中，这也说明 NOR 主要应用在代码存储介质中，NAND 适合于数据存储。在 NAND 闪存中每个块的最大擦/写次数是一百万次，而 NOR 的擦/写次数是十万次。NAND 存储器除了具有 10 : 1 的块擦除周期优势，典型的 NAND 块尺寸是 NOR 器件的 1/9，每个 NAND 存储器块在给定的时间内的删除次数要少一些。

这两种结构性能上的异同(见表 7-1)分析如下：

(1) NOR 的读取速度比 NAND 稍快一些。
(2) NAND 的写入速度比 NOR 快很多。
(3) NAND 的擦除速度远比 NOR 快。
(4) NAND 的擦除单元更小，相应的擦除电路也更加简单。
(5) NAND 闪存中每个块的最大擦/写次数是一百万次，而 NOR 的擦/写次数是十万次。

此外，NAND 的实际应用方式要比 NOR 复杂得多。NOR 可以直接使用，并在上面直接运行代码。而 NAND 需要 I/O 接口，因此使用时需要驱动程序。不过，当今流行的操作系统对 NAND Flash 都提供驱动支持，Linux 内核也对 NAND Flash 提供了很好的支持。由于以上 Flash 的特性，在嵌入式设备中，一般会把只读属性的映像文件，如启动引导程序 Blob、内核、文件系统文件存放在 NOR Flash 中，而把一些读/写类的文件，如用户应用程序等存放在 NAND Flash 中。出于成本的考虑，很多厂家会选用低容量、昂贵的 NOR Flash 存储启动引导程序和内核，而把文件系统存放在 NAND Flash 中。

表 7-1　NOR 闪存与 NAND 闪存的比较

NOR Flash	NAND Flash
接口时序同 SRAM，易使用	地址/数据线复用，数据位较窄
读取速度较快	读取速度较慢
擦除速度慢，以 64～128 KB 的块为单位	擦除速度快，以 8～32 KB 的块为单位
写入速度慢(因为一般要先擦除)	写入速度快
随机存取速度较快，支持 XIP(eXecute In Place，芯片内执行)，适用于代码存储。在嵌入式系统中，常用于存放引导程序、根文件系统等	顺序读取速度较快，随机存取速度慢，适用于数据存储(如大容量的多媒体应用)。在嵌入式系统中，常用于存放用户文件系统等
单片容量较小，1～32 MB	单片容量较大，8～128 MB，提高了单元密度
最大擦/写次数为十万次	

2. 驱动

所有嵌入式系统的启动都至少需要使用某种形式的永久性存储设备，需要合适的驱动程序，当前在嵌入式 Linux 中有三种常用的块驱动程序可以选择。

1) Blkmem 驱动层

Blkmem 驱动是为μCLinux 专门设计的，也是最早的一种块驱动程序，现在仍然有很多嵌入式 Linux 操作系统选用它作为块驱动程序，尤其是在μCLinux 中。Blkmem 相对来说是最简单，而且只支持建立在 NOR 型 Flash 和 RAM 中的根文件系统。使用 Blkmem 驱动，建立 Flash 分区配置比较困难，这种驱动程序为 Flash 提供了一些基本擦除/写入操作。

2) RAMdisk 驱动层

RAMdisk 驱动层通常应用在标准 Linux 中无盘工作站的启动，对 Flash 存储器并不提供任何的直接支持，RAMdisk 就是在开机时，把一部分的内存虚拟成块设备，并且把之前所准备好的档案系统映像解压缩到该 RAMdisk 环境中。当在 Flash 中放置压缩的文件系统时，可以将文件系统解压到 RAM，使用 RAMdisk 驱动层支持保持在 RAM 中的文件系统。

3) MTD 驱动层

Linux 内核纳入了 MTD(Memory Technology Device) 子系统，从而提供了统一的接口，让底层的 MTD 芯片驱动程序无缝地与较高层接口组合在一起。

7.1.3　嵌入式 Linux 中的 MTD 驱动层

要在 Flash 存储器中使用 CramFS 或 YAFFS 文件系统，就离不开 MTD 驱动程序层的支持。MTD 是 Linux 中的一个存储设备通用接口层，虽然也可以建立在 RAM 上，但是专为基于 Flash 的设备而设计的。MTD 包含特定 Flash 芯片的驱动程序，并且越来越多的芯片驱动正被添加进来。用户要使用 MTD，首先要选择适合的 Flash 芯片驱动。Flash 芯片驱动向上层提供读、写、擦除等基本的 Flash 操作方法。MTD 对这些操作进行封装后向用户层提供 MTD char 和 MTD block 类型的设备。MTD char 类型的设备包括/dev/mtd0、/dev/mtd1 等，这些设备文件提供对 Flash 的原始字符访问；MTD block 类型的设备包括/dev/mtdblock0、/dev/ mtdblockl 等，这些设备是将 Flash 模拟成块设备，因此可以在这些模拟的块设备上创建 YAFFS 或 CramFS 等格式的文件系统。

另外，MTD 支持 CFI(Common Flash Interface)接口，利用 CFI 接口可以在一块 Flash 存储芯片上创建多个 Flash 分区。每一个分区作为一个 MTD block 设备，可以把系统软件和数据等分配到不同的分区上，同时可以在不同的分区上采用不同的文件系统格式。

1．Linux MTD 介绍

MTD 内存技术设备是用于访问 Memory 设备(ROM、Flash)的 Linux 子系统。MTD 的主要目的是为了使新的存贮设备的驱动更加简单，在硬件和上层之间提供了一个抽象的接口。MTD 的所有源代码在/drivers/mtd 子目录下。一般可将 CFI 接口的 MTD 设备分为四层(从设备节点直到底层硬件驱动)，这四层从上到下依次是：设备节点层(包括字符设备节点层和块设备节点层)、MTD 设备层(包括 MTD 块设备层和 MTD 字符设备层)、MTD 原始设备层和 Flash 硬件驱动层，见图 7-1。

文件系统层
根文件系统层
字符设备节点层
MTD字符设备层
MTD块设备层
MTD块原始设备层
Flash硬件驱动层
块设备节点层

图 7-1　MTD 设备层

1) Flash 硬件驱动层

Flash 硬件驱动层负责在 init 时驱动 Flash 硬件，Linux MTD 设备的 NOR Flash 芯片驱动遵循 CFI 接口标准，其驱动程序位于 drivers/mtd/chips 子目录下。NAND Flash 的驱动程序则位于/drivers/mtd/nand 子目录下。

2) MTD 原始设备层

MTD 原始设备层由两部分组成，一部分是 MTD 原始设备的通用代码，另一部分是各个特定的 Flash 数据，例如分区。

用于描述 MTD 原始设备的数据结构是 mtd_info，其中定义了关于 MTD 的数据和操作函数。mtd_table(mtdcore.c)是所有 MTD 原始设备的列表，mtd_part(mtd_part.c)是用于表示 MTD 原始设备分区的结构，其中包含了 mtd_info。因为每一个分区都是被看成一个 MTD 原始设备加在 mtd_table 中的，所以 mtd_part.mtd_info 中的大部分数据都从该分区的主分区 mtd_part->master 中获得。

在 drivers/mtd/maps/子目录下存放的是特定的 Flash 数据，每一个文件都描述了一块开发板上的 Flash。其中调用 add_mtd_device()、del_mtd_device()建立/删除 mtd_info 结构并将其加入/删除 mtd_table(或者调用 add_mtd_partition()、del_mtd_partition()(mtdpart.c)建立/删除 mtd_part 结构并将 mtd_part.mtd_info 加入/删除 mtd_table)。

3) MTD 设备层

基于 MTD 原始设备层，Linux 系统可以定义 MTD 的块设备(主设备号 31)层和字符设备(设备号 90)层。MTD 字符设备的定义在 mtdchar.c 中实现，通过注册一系列 file operation 函数(lseek、open、close、read、write)完成。MTD 块设备则是定义了描述 MTD 块设备的结构 mtdblk_dev，并声明了名为 mtdblks 的指针数组，该数组中的每个 mtdblk_dev 和 mtd_table 中的 mtd_info 一一对应。

4) 设备节点层

通过 mknod 在/dev 子目录下建立 MTD 字符设备节点(主设备号为 90)层和 MTD 块设备节点(主设备号为 31)层，通过访问此设备节点即可访问 MTD 字符设备和块设备。

5) 根文件系统层

在 Bootloader 中将 JFFS(或 JFFS2)的文件系统映像 jffs.image(或 jffs2.img)烧写到 Flash 的某一个分区中，在/arch/arm/mach-your/arch.c 文件的 your_fixup 函数中将该分区作为根文件系统挂载。

6) 文件系统层

内核启动后，通过挂载命令可以将 Flash 中的其余分区作为文件系统挂载到挂载点上。

设备层和原始设备层的函数调用关系如下：

一个 MTD 原始设备可以通过 mtd_part 分割成数个 MTD 原始设备，并注册进 mtd_table，mtd_table 中的每个 MTD 原始设备都可以被注册成一个 MTD 设备，其中字符设备的主设备号为 90，次设备号为 0、2、4、6…(奇数次设备号为只读设备)，块设备的主设备号为 31，次设备号为 0、1、2、3…。代码如下：

```
mtd_notifier     mtd_notifier        字符设备
mtd_fops              块设备
mtd_fops(mtdchar.c)    (mtdblock.c) mtdblks           设备层
register_mtd_user()
get_mtd_device()
unregister_mtd_user()
put_mtd_device()
erase_info
mtd_notifiers
mtd_table
```

mtd_info

mtd_part

(mtdcore.c)

(mtdpart.c)

Your Flash

(your-flash.c)

add_mtd_partitions()

del_mtd_partitions()

原始设备层

add_mtd_device()

del_mtd_device()

mtd_partition

NOR 型 Flash 芯片驱动与 MTD 原始设备

所有的 NOR 型 Flash 的驱动(探测)程序在 drivers/mtd/chips 目录下，一个 MTD 原始设备可以由一块或者数块相同的 Flash 芯片组成。假设由 4 块 devicetype 为 x8 的 Flash，每块大小为 8 MB，interleave 为 2，起始地址为 0x01000000，地址相连，则构成一个 MTD 原始设备(0x01000000～0x03000000)，其中两块 interleave 构成一个 chip，其地址为 0x01000000～0x02000000，另两块 interleave 构成一个 chip，其地址为 0x02000000～0x03000000。

所有组成一个 MTD 原始设备的 Flash 芯片必须是同类型的(无论是 interleave 还是地址相连)，在描述 MTD 原始设备的数据结构中也只是采用了同一个结构来描述组成它的 Flash 芯片，例如：

0x03000000

0x02000000

0x01000000

每个 MTD 原始设备都有一个 mtd_info 结构，其中的 priv 指针指向一个 map_info 结构，map_info 结构中的 fldrv_priv 指向一个 cfi_private 结构，cfi_private 结构的 cfiq 指针指向一个 cfi_ident 结构，chips 指针指向一个 flchip 结构的数组。其中 mtd_info、map_info 和 cfi_private 结构用于描述 MTD 原始设备；因为组成 MTD 原始设备的 NOR Flash 相同，所以 cfi_ident 结构用于描述 Flash 芯片的信息；而 flchip 结构用于描述每个 Flash 芯片的专有信息(比如起始地址)。

驱动还用于对 DiskOnChip 产品进行仿真和 NAND 闪存的管理，包括纠错、坏块处理和损耗平衡。

2. Linux 下的文件系统结构

Linux 启动时，第一个必须挂载的是根文件系统；若系统不能从指定设备上挂载根文件系统，则系统会出错而退出启动，之后可以自动或手动挂载其他的文件系统。因此，一个系统中可以同时存在不同的文件系统。

不同的文件系统类型有不同的特点，因而根据存储设备的硬件特性、系统需求等有不同的应用场合。在嵌入式 Linux 应用中，主要的存储设备为 RAM(DRAM, SDRAM)和 ROM(常采用 Flash 存储器)，常用的基于存储设备的文件系统类型包括：JFFS2、YAFFS、

CramFS、ROMFS、RAMdisk、Ramfs/Tmpfs 等。

在 Linux 文件系统中，文件用 i 节点来表示，目录只是包含有一组目录条目列表的简单文件，而设备可以通过特殊文件上的 I/O 请求被访问。

1) 节点(Inodes)

每个文件都是由被称为 i 节点的一个结构来表示的。每个 i 节点都含有对特定文件的描述：文件类型、访问权限、属主、时间戳、大小、指向数据块的指针。分配给一个文件的数据块的地址也存储在该文件的 i 节点中。当一个用户在该文件上请求一个 I/O 操作时，内核代码将当前偏移量转换成一个块号，并使用这个块号作为块地址表中的索引来读/写实际的物理块。图 7-2 表示了一个 i 节点的结构。

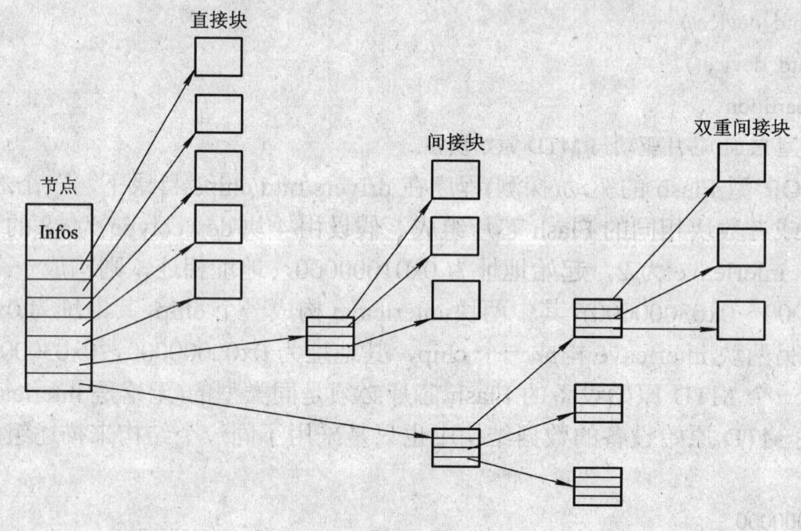

图 7-2 i 节点的结构

2) 目录

目录是一个分层的树结构。每个目录可以包含文件和子目录。目录是作为一个特殊的文件实现的。实际上，目录是一个含有目录条目的文件，每个条目含有一个 i 节点号和一个文件名。当进程使用一个路径名时，内核代码就会在目录中搜索以找到相应的 i 节点号，在文件名被转换成了一个 i 节点以后，该 i 节点就被加载到内存中并被随后的请求所使用。图 7-3 表示了一个目录结构。

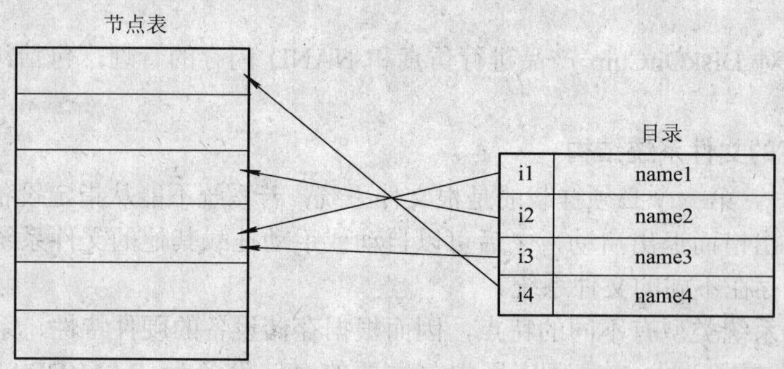

图 7-3 目录结构

3) 链接

Linux 文件系统实现了链接(Links)的概念。几个文件名可以与一个 i 节点相关联。i 节点含有一个字段，其中含有与文件的关联数目。要增加一个链接只需简单地建立一个目录项，该目录项的 i 节点号指向该 i 节点并增加该 i 节点的链接数即可。但删除一个链接时，也即当使用 rm 命令删除一个文件名时，内核会递减 i 节点的链接计数值，如果该计数值等于零的话，就会释放该 i 节点。

这种类型的链接称为硬链接(Hard Link)，并且只能在单独的文件系统内使用，也即不可能创建一个跨越文件系统的硬链接。而且，硬链接只能指向文件，为了防止目录树的循环，不能创建目录的硬链接。

在大多数 Linux 文件系统中还有另外一种链接，即符号链接(Symbolic Link)。符号链接仅是含有一个文件名的简单文件。在从路径名到 i 节点的转换中，当内核遇到一个符号链接时，就用该符号链接文件的内容替换链接的文件名，也即用目标文件的名称来替换，并重新开始路径名的翻译工作。由于符号链接并没有指向 i 节点，因此就有可能创建一个跨越文件系统的符号链接。符号链接可以指向任何类型的文件，甚至是一个不存在的文件。由于没有与硬链接相关的限制，因此符号链接非常有用。然而，符号链接会占用一部分磁盘空间，并且需要为它们分配 i 节点和数据块。由于内核在遇到一个符号链接时需要重新开始路径名到 i 节点的转换工作，因此会造成路径名到 i 节点转换的额外负担。

4) 设备特殊文件

在 Linux 类操作系统中，设备是可以通过特殊的文件进行访问的。设备特殊文件(Device Special Files)不会占用文件系统上的任何空间，它只是设备驱动程序的一个访问点。

存在两类设备特殊文件：字符设备特殊文件和块设备特殊文件。前者允许以字符模式进行 I/O 操作，而后者需要通过高速缓冲功能以块模式写数据的方式进行操作。当对设备特殊文件进行 I/O 请求操作时，就会传递到(虚拟的)设备驱动程序中。对特殊文件的引用是通过主设备号和次设备号进行的，主设备号确定了设备的类型，而次设备号指明了设备单元。

5) 虚拟文件系统

Linux 内核有虚拟文件系统(Virtual File System，VFS)层，用于系统调用操作文件。VFS 层是一个间接层，用于处理涉及文件的系统调用，并调用物理文件系统代码中的必要功能来进行 I/O 操作。该间接机制常用于 Unix 类操作系统中，以利于集成和使用几种类型的文件系统。

当处理器发出基于文件的系统调用时，内核就会调用 VFS 函数处理与结构无关的操作，并且把调用重新转到与结构相关的物理文件系统代码中的函数。文件系统代码使用高速缓冲功能来请求对设备进行 I/O 操作。

6) VFS 的结构

VFS 定义了每个文件系统必须实现的函数集。该接口由一组操作集组成，涉及三类对象：文件系统、i 节点和打开文件。

VFS 知道内核所支持的文件系统的类型，使用在内核配置时定义的表来获取这些信息。该表中的每个条目均描述了一个文件系统类型：含有文件系统类型的名称以及在加载操作时调用函数的指针。当需要加载一个文件系统时，就会调用相应的加载函数。该函数负责从磁盘上读取超级块、初始化内部变量，并且向 VFS 返回被加载文件系统的描述符。在文件系统已被加载以后，VFS 函数就可以使用这个描述符来访问物理文件系统的子程序。

被加载文件系统的描述符含有如下几类数据：每个文件系统类型常用的信息、物理文件系统内核代码提供的函数指针以及物理文件系统代码私有数据。文件系统描述符中所包含的函数指针使得 VFS 能访问文件系统的内部函数。

VFS 还使用了另外两类描述符：i 节点描述符和打开文件描述符。每个描述符含有与所使用文件相关的信息以及物理文件系统代码提供的操作集。i 节点描述符含有用于任何文件操作(例如 create、unlink)的函数指针集，而文件描述符含有操作已被打开文件的函数的指针(例如 read、write)。

7.1.4　常见的嵌入式文件系统

文件系统都会被烧录在某一存储设备上。嵌入式设备上很少使用大容量的 IDE 硬盘作为自己的存储设备，嵌入式设备往往选用 ROM、闪存等作为主要存储设备。在嵌入式设备上选用哪种文件系统格式与闪存的特点是相关的。

Linux 支持多种文件系统，包括 Ext2、Ext3、VFAT、NTFS、ISO9660、JFFS、JFFS、Romfs 和 NFS 等，为了对各类文件系统进行统一管理，Linux 引入了虚拟文件系统，为各类文件系统提供一个统一的操作界面和应用编程接口。

Linux 下的文件系统结构如图 7-4 所示。

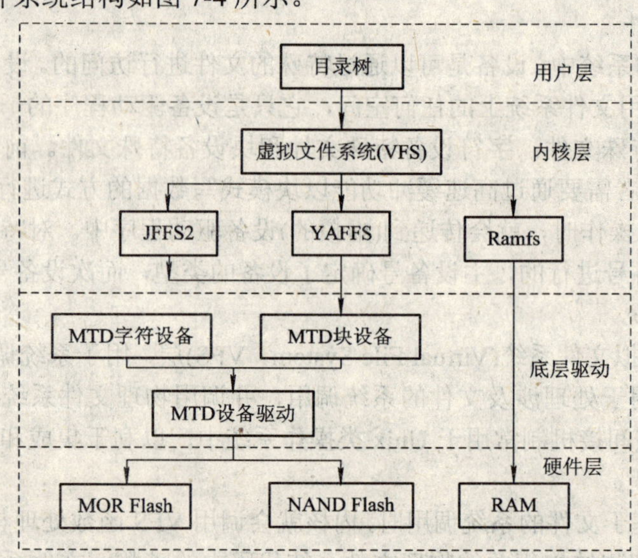

图 7-4　Linux 下的文件系统结构

Linux 启动时，第一个必须挂载的是根文件系统；若系统不能从指定设备上挂载根文件系统，则系统会出错而退出启动，之后可以自动或手动挂载其他的文件系统。因此，一个系统中可以同时存在不同的文件系统。

1．Ext2fs 文件系统

Ext2fs 是 Linux 事实上的标准文件系统，已经取代了扩展文件系统(或 Extfs)。Extfs 支持的文件大小最大为 2 GB，支持的最大文件名称大小为 255 个字符，而且不支持索引节点(包括数据修改时间标记)。Ext2fs 的功能更强，优点包括：

(1) Ext2fs 支持达 4 TB 的内存。

(2) Ext2fs 文件名称最长可以到 1012 个字符。

(3) 当创建文件系统时，管理员可以选择逻辑块的大小(通常大小可选择 1024 B、2048 B 和 4096 B)。

(4) Ext2fs 实现了快速符号链接，不需要为此分配数据块，并且将目标名称直接存储在索引节点表中。这使 Ext2fs 的性能有所提高，特别是在速度上。

因为 Ext2fs 文件系统的稳定性、可靠性和健壮性，所以几乎在所有基于 Linux 的系统(包括台式机、服务器和工作站，甚至一些嵌入式设备)上都使用 Ext2fs 文件系统。然而，在嵌入式设备中使用 Ext2fs 时有一些缺点，表现如下：

(1) Ext2fs 是为类 IDE 块设备设计的，这些设备的逻辑块大小是 512 B、1 KB 等的倍数。不适合扇区大小因设备不同而不同的闪存设备。

(2) Ext2fs 文件系统没有提供对基于扇区的擦除/写入操作的良好管理。在 Ext2fs 中，为了在一个扇区中擦除单个字节，必须将整个扇区复制到 RAM，擦除后再重新写入。

(3) 考虑到闪存设备具有有限的擦除寿命(大约能进行 100 000 次擦除)，在此之后就不能使用，所以这不是一个特别好的方法。

(4) 在出现电源故障时，Ext2fs 不是防崩溃的。

(5) Ext2fs 文件系统不支持损耗平衡，因此缩短了扇区/闪存的寿命。(损耗平衡确保将地址范围的不同区域轮流用于写和/或擦除操作以延长闪存设备的寿命。)

(6) Ext2fs 没有特别完美的扇区管理，这使设计块驱动程序十分困难。

由于这些原因，通常相对于 Ext2fs，在嵌入式环境中使用 MTD/JFFS2 组合是更好的选择。

2. 基于 Flash 的文件系统

Flash(闪存)作为嵌入式系统的主要存储媒介，有其自身的特性。Flash 的写入操作只能把对应位置的 1 修改为 0，而不能把 0 修改为 1(擦除 Flash 就是把对应存储块的内容恢复为 1)，因此，一般情况下，向 Flash 写入内容时，需要先擦除对应的存储区间，这种擦除是以块(Block)为单位进行的。

闪存主要有 NOR 和 NAND 两种技术。Flash 存储器的擦/写次数是有限的，NAND Flash 还有特殊的硬件接口和读/写时序。因此，必须针对 Flash 的硬件特性设计符合应用要求的文件系统；传统的文件系统(如 Ext2 等)用作 Flash 的文件系统时会有诸多弊端。

在嵌入式 Linux 下，MTD(存储技术设备)为底层硬件(闪存)和上层(文件系统)之间提供统一的抽象接口，即 Flash 的文件系统都是基于 MTD 驱动层的(参见图 7-4)。使用 MTD 驱动程序的主要优点在于，它是专门针对各种非易失性存储器(以闪存为主)而设计的，因而对 Flash 有更好的支持、管理和基于扇区的擦除、读/写操作接口。

一块 Flash 芯片可以被划分为多个分区，各分区可以采用不同的文件系统；两块 Flash 芯片也可以合并为一个分区使用，采用同一文件系统。文件系统是针对于存储器分区而言的，而非存储芯片。

1) JFFS2

瑞典的 Axis Communications 开发了最初的 JFFS，Red Hat 的 David Woodhouse 进行了改进，推出了第二个版本 JFFS2，用于微型嵌入式设备的原始闪存芯片的实际文件系统。JFFS2 文件系统是日志结构化的，这意味着是一长列节点。每个节点包含有关文件的信息，可能是文件的名称，也可能是一些数据。相对于 Ext2fs，JFFS2 因为有以下优点而在无盘嵌入式设备中得到更多应用：

(1) JFFS2 在扇区级别上执行闪存擦除/写/读操作要比 Ext2 文件系统好。

(2) JFFS2 提供了比 Ext2fs 更好的崩溃/掉电安全保护。当需要更改少量数据时，Ext2 文件系统将整个扇区复制到内存(DRAM)中，在内存中合并新数据，并写回整个扇区。这意味着为了更改单个字，必须对整个扇区(64 KB)执行读/擦除/写例程。这样做的效率非常低。如果在 DRAM 中合并数据时，发生了电源故障或其他事故，那么将丢失整个数据，这是因为在将数据读入 DRAM 后就擦除了闪存扇区。JFFS2 附加文件而不是重写整个扇区，而且具有崩溃/掉电安全保护这一功能。

这可能是最重要的一点：JFFS2 是专门为像闪存芯片的嵌入式设备创建的，所以整个设计提供了更好的闪存管理。当文件系统已满或接近满时，因为垃圾收集问题 JFFS2 会大大放慢运行速度。

2) YAFFS(Yet Another Flash File System)

YAFFS/YAFFS2 是专为嵌入式系统使用 NAND 型闪存而设计的日志型文件系统。与 JFFS2 相比，它减少了一些功能(例如不支持数据压缩)，所以速度更快，挂载时间很短，对内存的占用较小。另外，它还是跨平台的文件系统，除了 Linux 和 eCos，还支持 Windows CE、pSOS 和 ThreadX 等。

YAFFS/YAFFS 自带 NAND 芯片驱动，并且为嵌入式系统提供了直接访问文件系统的 API，用户可以不使用 Linux 中的 MTD 与 VFS，直接对文件系统进行操作。当然，YAFFS 也可与 MTD 驱动程序配合使用。

YAFFS 与 YAFFS2 的主要区别在于，前者仅支持小页(512 B)NAND 闪存，后者则可支持大页(2 KB)NAND 闪存。同时，YAFFS2 在内存空间占用、垃圾回收速度、读/写速度等方面均有大幅提升。

3) CramFS(Compressed RAM File System)

CramFS 是 Linux 的创始人 Linus Torvalds 参与开发的一种基于 MTD 驱动程序只读的压缩文件系统。

CramFS 文件系统中，每一页(4 KB)被单独压缩，可以随机页访问，其压缩比高达 2 : 1，为嵌入式系统节省大量的 Flash 存储空间，使系统可通过更低容量的 Flash 存储相同的文件，从而降低了系统成本。

CramFS 文件系统以压缩方式存储，在运行时解压缩，所以不支持应用程序以 XIP(eXecute In Place，片内运行)方式运行，所有的应用程序要求被拷到 RAM 里去运行，但这并不代表要比 Ramfs 需求的 RAM 空间大一点，因为 CramFS 是采用分页压缩的方式存放文件，在读取文件时，不会马上就耗用过多的内存空间，只针对目前实际读取的部分分配内存，尚没有读取的部分不分配内存空间，当读取的档案不在内存时，CramFS 文件系统自动计算压缩后的资料所存的位置，再即时解压缩到 RAM 中。

另外，CramFS 的速度快，效率高，其只读的特点有利于保护文件系统免受破坏，提高了系统的可靠性。

由于以上特性，CramFS 在嵌入式系统中应用广泛。但是它的只读属性同时又是它的一大缺陷，使得用户无法对其内容进行扩充。

CramFS 映像通常放在 Flash 中，但是也能放在别的文件系统里，使用 loopback 设备可以把它安装到别的文件系统里。

4) Romfs

传统型的 Romfs 文件系统是一种简单、紧凑、只读的文件系统，不支持动态擦/写保存，按顺序存放数据，因而支持应用程序以 XIP 方式运行，在系统运行时可节省 RAM 空间。μCLinux 系统通常采用 Romfs 文件系统。

其他文件系统：FAT/FAT32 也可用于实际嵌入式系统的扩展存储器(例如 PDA、Smartphone、数码相机等的 SD 卡)，这主要是为了更好地与最流行的 Windows 桌面操作系统相兼容。

3．基于 RAM 的文件系统

1) RAMdisk

RAMdisk 是将一部分固定大小的内存当作分区来使用。它并非实际的文件系统，而是一种将实际的文件系统装入内存的机制，并且可以作为根文件系统。将一些经常被访问而又不会更改的文件(如只读的根文件系统)通过 RAMdisk 放在内存中，可以明显地提高系统的性能。

在 Linux 的启动阶段，Initrd 提供了一套机制，可以将内核映像和根文件系统一起载入内存。

2) Ramfs/Tmpfs

Ramfs 是 Linux Torvalds 开发的一种基于内存的文件系统，工作于虚拟文件系统(VFS)层，不能格式化，可以创建多个，在创建时可以指定其最大能使用的内存大小。(实际上，VFS 本质上可看做一种内存文件系统，它统一了文件在内核中的表示方式，并对磁盘文件系统进行缓冲。)

如果 Linux 已经将 Ramfs 编译进内核，就可以很容易地使用 Ramfs。只要创建一个目录，加载 Ramfs 到该目录即可。

```
# mkdir -p /RAM1
# mount -t ramfs none /RAM1
```

缺省情况下，Ramfs 被限制最多可使用内存大小的一半，可以通过 maxsize(以 KB 为单位)选项来改变。

```
# mkdir -p /RAM1
# mount -t ramfs none /RAM1 -o maxsize=10000
```

以上即创建了一个限定了最大使用内存大小为 10 MB 的 RAMdisk。

Tmpfs 是一个虚拟内存文件系统，它不同于传统的用块设备形式来实现的 RAMdisk，也不同于针对物理内存的 Ramfs。Tmpfs 可以使用物理内存，也可以使用交换分区。在 Linux 内核中，虚拟内存资源由物理内存(RAM)和交换分区组成，这些资源由内核中的虚拟内存子系统负责分配和管理。Tmpfs 就是和虚拟内存子系统“打交道”的，向虚拟内存子系统请求页存储文件，同 Linux 的其他请求页的部分一样，不知道分配给自己的页是在内存中还是在交换分区中。Tmpfs 同 Ramfs 一样，其大小也不是固定的，而是随着所需要的空间而动态地增减。使用 Tmpfs，首先在编译内核时需选择“虚拟内存文件系统支持(Virtual Memory File System Support)”，然后才能加载 Tmpfs 文件系统。

```
# mkdir -p /mnt/tmpfs
# mount tmpfs /mnt/tmpfs -t tmpfs
```

为了防止 Tmpfs 使用过多的内存资源而造成系统的性能下降或死机，可以在加载时指定 Tmpfs 文件系统大小的最大限制。

```
# mount tmpfs /mnt/tmpfs -t tmpfs -o size=32m
```

以上创建的 Tmpfs 文件系统规定了其最大为 32 MB。不管是使用 Ramfs 还是 Tmpfs，必须指出的是，一旦系统重启，它们中的内容将会丢失。所以哪些内容可以放在内存文件系统中需根据系统的具体情况而定。

Ramfs/Tmpfs 文件系统把所有的文件都放在 RAM 中，所以读/写操作发生在 RAM 中，可以用 Ramfs/Tmpfs 存储一些临时性或经常要修改的数据，例如/tmp 和/var 目录，这样既避免了对 Flash 存储器的读/写损耗，也提高了数据读/写速度。

Ramfs/Tmpfs 相对于传统的 RAMdisk 的不同之处主要在于：不能格式化，文件系统大小可随所含文件内容大小变化。

Tmpfs 的另一个缺点是当系统重新引导时会丢失所有数据。

4．网络文件系统

网络文件系统(Network File System，NFS)是由 Sun 公司开发并发展起来的一项在不同机器、不同操作系统之间通过网络共享文件的技术。在嵌入式 Linux 系统的开发调试阶段，可以利用该技术在主机上建立基于 NFS 的根文件系统，挂载到嵌入式设备，从而可以很方便地修改根文件系统的内容。

以上讨论的都是基于存储设备的文件系统(Memory-based File System)，它们都可用作 Linux 的根文件系统。实际上，Linux 还支持逻辑的或伪文件系统(Logical or Pseudo File System)，例如 PROCFS(PROC 文件系统)用于获取系统信息，而 DEVFS(设备文件系统)和 SYSFS 用于维护设备文件。

7.2 虚拟文件系统

Linux 引入了虚拟文件系统(VFS)，为各类文件系统提供一个统一的操作界面和应用编程接口。

Linux 的文件系统部分中，以下分析源代码基于 2.4.20 内核。Linux 中的文件系统主要可分为三大块：一是上层的文件系统的系统调用，二是虚拟文件系统，三是挂载到 VFS 中的各实际文件系统，例如 Ext2、JFFS 等。通过具体的代码分析来解释 Linux 内核中 VFS 的内在机制，在此过程中会涉及到上层文件系统调用和下层实际文件系统如何挂载的问题。本节内容从一个较高的角度描述 Linux 下的 VFS 文件系统机制，所以在叙述中更侧重于整个模块的主脉络，而不拘泥于细节。相对来说，VFS 部分的代码比较繁琐复杂，若要对 Linux 下的 VFS 整体运作机制有个清楚的理解，建议学习本节前，先阅读文件系统的源代码，以便建立起 Linux 中文件系统最基本的概念，至少应熟悉 super、block、dentry、inode、vfsmount 等数据结构所表示的意义。

7.2.1　VFS 概述

VFS 是一种软件机制，称为 Linux 的文件系统管理者似乎更确切些。与 VFS 相关的数据结构只存在于物理内存当中，所以在每次系统初始化期间，Linux 都首先要在内存当中构造 VFS 的目录树(在 Linux 的源代码里称之为 namespace)，实际上便是在内存中建立相应的数据结构。VFS 目录树在 Linux 的文件系统模块中是很重要的概念，不要将其与实际文件系统目录树相混淆。VFS 中的各目录其主要用途是用来提供实际文件系统的挂载点，当然在 VFS 中也会涉及到文件级的操作，此处不涉及这种情况。下文提到的目录树或目录，如果不特别说明，均指 VFS 的目录树或目录。图 7-5 是一种可能的目录树在内存中的映像。

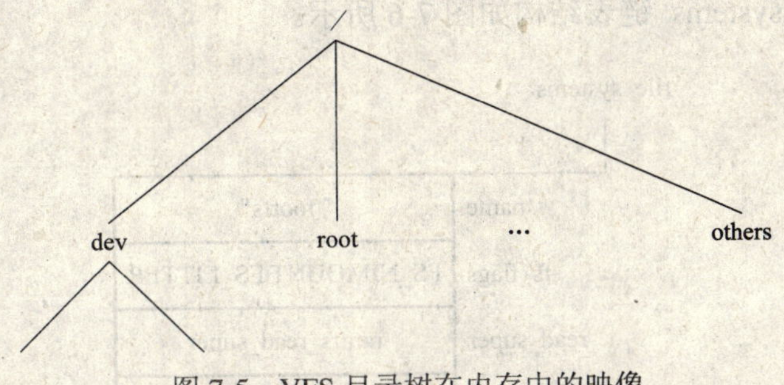

图 7-5　VFS 目录树在内存中的映像

7.2.2　文件系统的注册

文件系统是指会被挂载到目录树中的各个实际文件系统。所谓实际文件系统，即是指 VFS 中的实际操作最终要通过它们来完成，并不意味着一定要存在于某种特定的存储设备上。比如在 Linux 下可注册“rootfs”、“proc”、“ext2”、“sockfs”等十几种文件系统。

1．数据结构

在 Linux 源代码中，每种实际的文件系统用以下的数据结构表示：

```
struct file_system_type {
const char *name;
int fs_flags;
struct super_block *(*read_super) (struct super_block *, void *, int);
struct module *owner;
struct file_system_type * next;
struct list_head fs_supers;
};
```

注册过程实际上是将表示各实际文件系统的 struct file_system_type 数据结构实例化，然后形成一个链表，内核中用 file_systems 的全局变量来指向该链表的表头。

2．注册 rootfs 文件系统

在众多的实际文件系统中，之所以单独介绍 rootfs 文件系统的注册过程，是因为该文件系统与 VFS 的关系密切，rootfs 文件系统是 VFS 存在的基础。一般文件系统的注册都是通过 module_init 宏以及 do_initcalls() 函数完成的(可参考 module_init 宏的声明及

arch\i386\vmlinux.lds 文件来理解这一过程)，但是 rootfs 的注册是通过 init_rootfs()这一初始化函数来完成的，这意味着 rootfs 的注册过程是 Linux 内核初始化阶段不可分割的一部分。init_rootfs()通过调用 register_filesystem(&rootfs_fs_type)函数完成 rootfs 文件系统注册，其中 rootfs_fs_type 定义如下：

```
struct file_system_type rootfs_fs_type = { \name:"rootfs", \
read_super:ramfs_read_super, \
fs_flags:FS_NOMOUNT|FS_LITTER, \
owner:THIS_MODULE, \
}
```

注册之后的 file_systems 链表结构如图 7-6 所示。

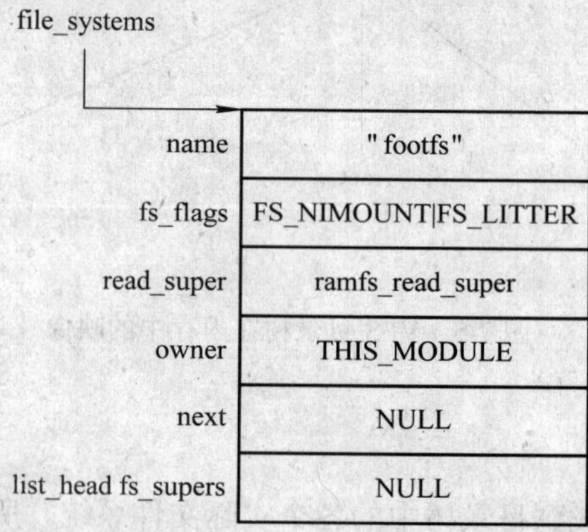

图 7-6　file_systems 链表结构

7.2.3　VFS 目录树的建立

本节阐述 Linux 在初始化阶段如何建立根节点，即“/”目录，其中包括挂载 rootfs 文件系统到根目录“/”的具体过程。构造根目录的代码在 init_mount_tree()函数(fs\namespace.c)中。

首先，init_mount_tree()函数调用 do_kern_mount("rootfs", 0, "rootfs", NULL)来挂载已经注册的 rootfs 文件系统。根据前面的说法，应该先有挂载目录，然后在其上挂载相应的文件系统，然而此时 VFS 并没有建立其根目录。这是因为这里调用的 do_kern_mount()函数内部自然会创建关键的根目录(在 Linux 中，目录对应的数据结构是 struct dentry)。

在这种情况下，do_kern_mount() 做的工作主要如下：

(1) 调用 alloc_vfsmnt()函数在内存里申请一块该类型的内存空间(struct vfsmount *mnt)，并初始化其部分成员变量。

(2) 调用 get_sb_nodev()函数在内存中分配一个超级块结构(struct super_block)sb，并初始化其部分成员变量，将成员 s_instances 插入到 rootfs 文件系统类型结构中 fs_supers 指向的双向链表中。

(3) 通过 rootfs 文件系统中的 read_super 函数指针调用 ramfs_read_super()函数。当初注册 rootfs 文件系统时，其成员 read_super 指针指向了 ramfs_read_super()函数，参见图 7-7。

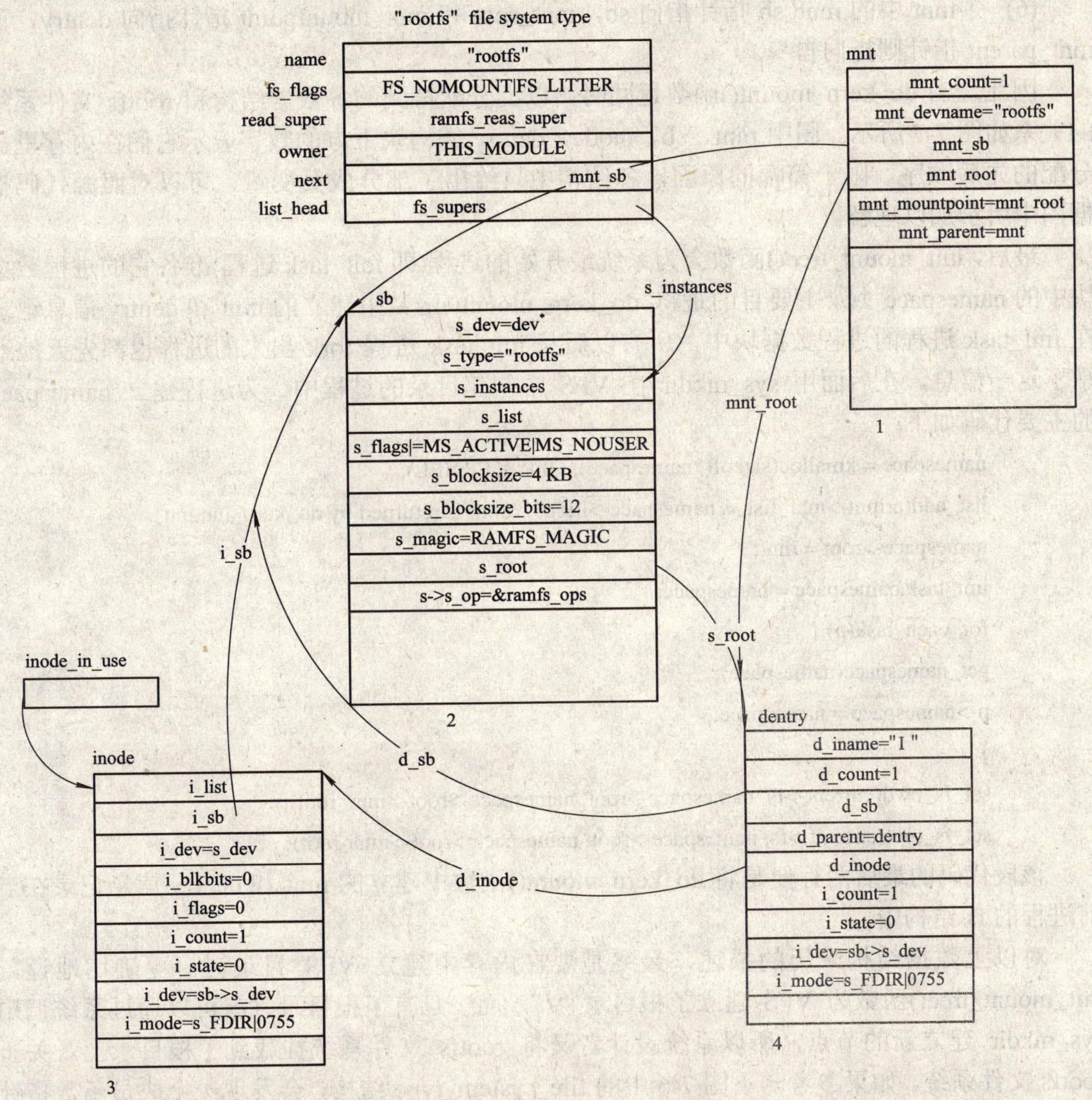

图 7-7　分配各种数据结构和 rootfs 文件系统的关系

(4) ramfs_read_super()函数调用 ramfs_get_inode()在内存中分配了一个 inode 结构(Struct Inode)，并初始化其部分成员变量，其中比较重要的有 i_op、i_fop 和 i_sb：

```
inode->i_op = &ramfs_dir_inode_operations;
inode->i_fop = &dcache_dir_ops;
inode->i_sb = sb;
```

这使得将来通过文件系统调用对 VFS 发起的文件操作等指令将被 rootfs 文件系统中相应的函数接口所接管。

(5) ramfs_read_super()函数在分配和初始化了 inode 结构之后，调用 d_alloc_root()函数为 VFS 的目录树建立起关键的根目录(struct dentry)dentry，并将 dentry 中的 d_sb 指针指向 sb，d_inode 指针指向 inode。

(6) 将 mnt 中的 mnt_sb 指针指向 sb，mnt_root 和 mnt_mountpoint 指针指向 dentry，而 mnt_parent 指针则指向自身。

因此，当 do_kern_mount()函数返回时，以上分配得到的各数据结构和 rootfs 文件系统的关系如图 7-7 所示。图中 mnt、sb、inode、dentry 结构块下方的数字表示它们在内存里被分配的先后顺序。限于篇幅的原因，各结构中只给出了部分成员变量，可以对照源代码根据图中所示加以理解。

最后，init_mount_tree()函数会为系统最开始的进程(即 init_task 进程)准备它的进程数据块中的 namespace 域，主要目的是将 do_kern_mount()函数中建立的 mnt 和 dentry 信息记录在 init_task 进程的进程数据块中，所有以后从 init_task 进程 fork 出来的进程也都先天地继承了这一信息，在后面用 sys_mkdir 在 VFS 中创建目录的过程中，为进程建立 namespace 的主要代码如下：

```
namespace = kmalloc(sizeof(*namespace), GFP_KERNEL);
list_add(&mnt->mnt_list, &namespace->list);   //mnt is returned by do_kern_mount()
namespace->root = mnt;
init_task.namespace = namespace;
for_each_task(p) {
get_namespace(namespace);
p->namespace = namespace;
}
set_fs_pwd(current->fs, namespace->root, namespace->root->mnt_root);
set_fs_root(current->fs, namespace->root, namespace->root->mnt_root);
```

该段代码的最后两行便是将 do_kern_mount()函数中建立的 mnt 和 dentry 信息记录在当前进程的 fs 结构中。

对以上数据结构来历的描述，最终是要在内存中建立 VFS 目录树。更确切地说，init_mount_tree()函数为 VFS 建立了根目录“/”，而一旦有了根目录，就可以通过系统调用 sys_mkdir 建立新的节点，所以系统设计者又将 rootfs 文件系统挂载到了根目录上。关于 rootfs 文件系统，如果参考一下图 7-6 中的 file_system_type 结构，会发现一个成员函数指针 read_super 指向的是 ramfs_read_super，单从这个函数名称中的 Ramfs，这个文件所涉及的文件操作都是针对内存中的数据对象。从另一个角度而言，VFS 本身就是内存中的一个数据对象，在其上的操作仅限于内存。在接下来的章节中，将通过具体的例子讨论如何利用 rootfs 所提供的函数为 VFS 增加一个新的目录节点。

VFS 中各目录的主要用途是为以后挂载文件系统提供挂载点，所以真正的文件操作还是通过挂载后的文件系统提供的功能接口来进行。

7.2.4 VFS 下目录的建立

为了更好地理解 VFS，下文通过实例描述 Linux 如何在 VFS 的根目录下建立新的目录“/dev”。

要在 VFS 中建立新的目录，首先对该目录进行搜索，搜索的目的是找到将要建立的目录其父目录的相关信息。比如要建立目录/home/ricard，那么首先必须沿目录路径进行逐层搜索。本例先从根目录找起，然后在根目录下找到 home 目录，然后再往下，便是要新建的目录名 ricard，那么前面提到的要先对目录搜索，在该例中便是要找到 ricard 这个新目录的父目录，也就是 home 目录所对应的信息。

当然，如果搜索的过程中发现错误，比如要建立目录的父目录并不存在，或者当前进程并无相应的权限等等，这种情况下系统必然会调用相关的过程进行处理。

Linux 下用系统调用 sys_mkdir 在 VFS 目录树中增加新节点。同时，为了配合路径搜索，引入了下面一个数据结构：

```
struct nameidata {
struct dentry *dentry;
struct vfsmount *mnt;
struct qstr last;
unsigned int flags;
int last_type;
};
```

这个数据结构在路径搜索的过程中用来记录相关信息，起着类似“路标”的作用。其中前两项中的 dentry 记录的是要建立目录的父目录信息，mnt 成员接下来会予以解释。后三项记录的是所查找路径的最后一个节点(即待建目录或文件)信息。现在为建立目录“/dev”而调用 sys_mkdir("/dev", 0700)，其中参数 0700 不需关注，只是限定将要建立目录的某种模式。sys_mkdir 函数首先调用 path_lookup("/dev", LOOKUP_PARENT, &nd)对路径查找，其中 nd 为 struct nameidata nd 声明的变量。在接下来的叙述中，因为函数调用关系较繁琐，为了突出过程主线，将不再严格按照函数的调用关系来描述。

path_lookup 发现“/dev”是以“/”开头，所以从当前进程的根目录开始往下查找，具体代码如下：

```
nd->mnt = mntget(current->fs->rootmnt);
nd->dentry = dget(current->fs->root);
```

在 init_mount_tree()函数的后半段曾经将新建立的 VFS 根目录相关信息记录在了 init_task 进程的进程数据块中，于是 nd->mnt 便指向了图 7-7 中的 mnt 变量，nd->dentry 便指向了图 7-7 中的 dentry 变量。

然后调用函数 path_walk 接着查找，运行一次最后通过变量 nd 返回的信息是 nd.last.name="dev"，nd.last.len=3，nd.last_type=LAST_NORM，至于 nd 中 mnt 和 dentry 成员，此时还是前面设置的值，并无变化。这样运行一次，只是用 nd 记录了相关信息，实际的目录建立工作并没有真正展开，但是前面所做的工作却为接下来建立新节点收集了必要的信息。

到此为止，真正建立新目录节点的工作即将展开，由函数 lookup_create 来完成，调用这个函数时会传入两个参数：lookup_create(&nd, 1)。其中参数 nd 便是前面提到的变量，参数 1 表明要建立一个新目录。

建立新目录节点的过程如下：新分配了一个 struct dentry 结构的内存空间，用于记录 dev 目录所对应的信息，该 dentry 结构将会挂接到其父目录中，也就是图 7-7 中“/”目录对应的 dentry 结构中，由链表实现这一关系。接下来再分配一个 struct inode 结构。inode 中的 i_sb 和 dentry 中的 d_sb 分别都指向图 7-7 中的 sb，在同一文件系统下建立新的目录时并不需要重新分配超级块结构，因为它们都属于同一文件系统，所以一个文件系统只对应一个超级块。

当调用 sys_mkdir 成功地在 VFS 的目录树中新建立一个目录“/dev”之后，在图 7-7 的基础上，新的数据结构之间的关系如图 7-8 所示。图 7-8 中两个矩形块 new_inode 和 new_dentry 便是在 sys_mkdir()函数中新分配的内存结构，至于图中的 mnt、sb、dentry、inode 等结构，仍为图 7-7 中相应的数据结构，其相互之间的链接关系不变(图中为避免过多的链接曲线，忽略了一些链接关系，如 mnt 和 sb、dentry 之间的链接，可在图 7-7 的基础上参看图 7-8)。

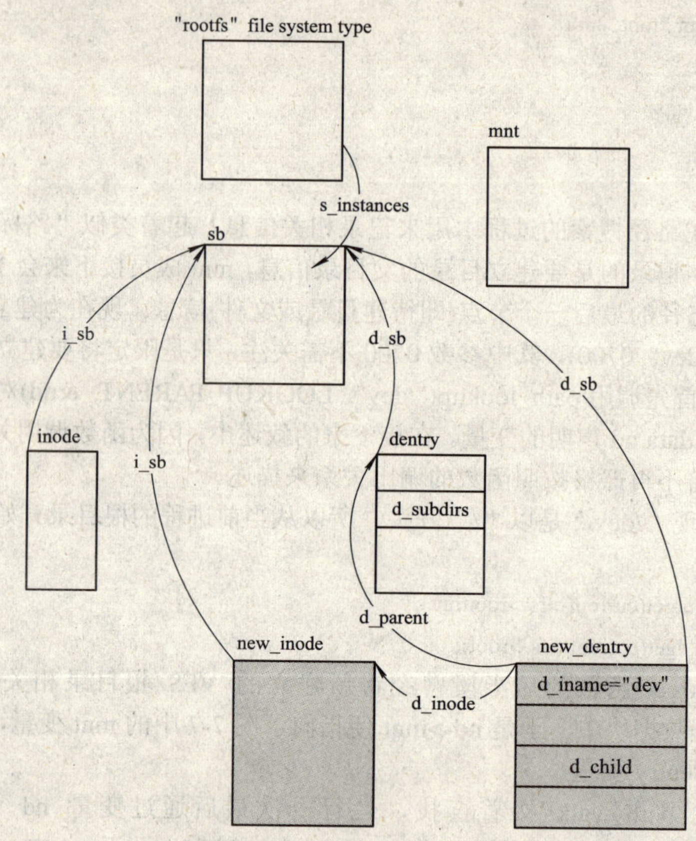

图 7-8　在 VFS 树中新建一目录“dev”

既然 rootfs 文件系统被挂载到了 VFS 树上，rootfs 在 sys_mkdir 的过程中必然会参与进来，在整个过程中，rootfs 文件系统中的 ramfs_mkdir、ramfs_lookup 等函数都曾被调用过。

7.2.5　在 VFS 树中挂载文件系统

在本节中，将描述在 VFS 的目录树中向其中某个目录(安装点(Mount Point))上挂载

(Mount)一个文件系统的过程。

将某一设备(dev_name)上某一文件系统(file_system_type)安装到 VFS 目录树上的某一安装点(dir_name)。要解决的问题是：将对 VFS 目录树中某一目录的操作转化为具体安装到其上的实际文件系统的对应操作。比如说，如果将 hda2 上的根文件系统(假设文件系统类型为 Ext2)安装到了前一节中新建立的“/dev”目录上(此时，“/dev”目录就成为了安装点)，那么安装成功之后应达到这样的目的，即对 VFS 文件系统的“/dev”目录执行 ls 指令，该条指令应能列出 hda2 上 Ext2 文件系统的根目录下所有的目录和文件。这里的关键是如何将对 VFS 树中“/dev”的目录操作指令转化为安装在其上的 Ext2 这一实际文件系统中的相应指令。对目录或文件的操作将最终由目录或文件所对应的 inode 结构中的 i_op 和 i_fop 所指向的函数表中对应的函数来执行。通过将对“/dev”目录所对应的 inode 中 i_op 和 i_fop 的调用转换到 hda2 上根文件系统 ext2 中根目录所对应的 inode 中 i_op 和 i_fop 的操作。

初始过程由 sys_mount()系统调用函数发起，该函数原型声明如下：

```
asmlinkage long sys_mount(char * dev_name, char * dir_name, char * type,
unsigned long flags, void * data);
```

其中，参数 char *type 为标识将要安装的文件系统类型字符串，对于 Ext2 文件系统而言，就是“ext2”。参数 flags 为安装时的模式标识数，和接下来的 data 参数一样。

为了更好地理解这一过程，下面列举一个具体实例，将来自主硬盘第 2 分区(hda2)上的 Ext2 文件系统安装到前面创建的“/dev”目录中，那么对于 sys_mount()函数的调用具体为

```
sys_mount("hda2","/dev ","ext2",…);
```

该函数在将这些来自用户内存空间(User Space)的参数拷贝到内核空间后，便调用 do_mount()函数开始真正的文件系统安装。

do_mount()函数首先调用 path_lookup()函数得到安装点的相关信息，如同创建目录过程所述，该安装点的信息最终记录在 struct nameidata 类型的变量中，为叙述方便，记该变量为 nd。在本例中，当 path_lookup()函数返回时，nd 中记录的信息如下：nd.entry = new_entry; nd.mnt = mnt;，变量如图 7-7 和图 7-8 中所示。

然后，do_mount()函数根据调用参数 flags 决定调用以下四个函数之一：do_remount()、do_loopback()、do_move_mount()、do_add_mount()。

在当前的例子中，系统会调用 do_add_mount()函数来向 VFS 树中的安装点“/dev”安装一个实际的文件系统。在 do_add_mount()中，主要完成了两件重要事情：一是获得一个新的安装区域块，二是将该新的安装区域块加入安装系统链表。分别调用 do_kern_mount()函数和 graft_tree()函数完成。

do_kern_mount()函数建立新的安装区域块，具体内容在前面 VFS 目录树的建立中已经叙述。

graft_tree()函数将 do_kern_mount()函数返回的 struct vfsmount 类型的变量加入到安装系统链表中，同时 graft_tree()将新分配的 struct vfsmount 类型的变量加入到一个 hash 表中。

当 do_kern_mount()函数返回时，在图 7-8 的基础上，新的数据结构间的关系将如图 7-9 所示。其中，圆圈区域里面的数据结构便是安装区域块的内容，其中可以称 e2_mnt 为安装区域块的指针，始于 e2.mnt 的三条箭头曲线即构成了安装系统链表。

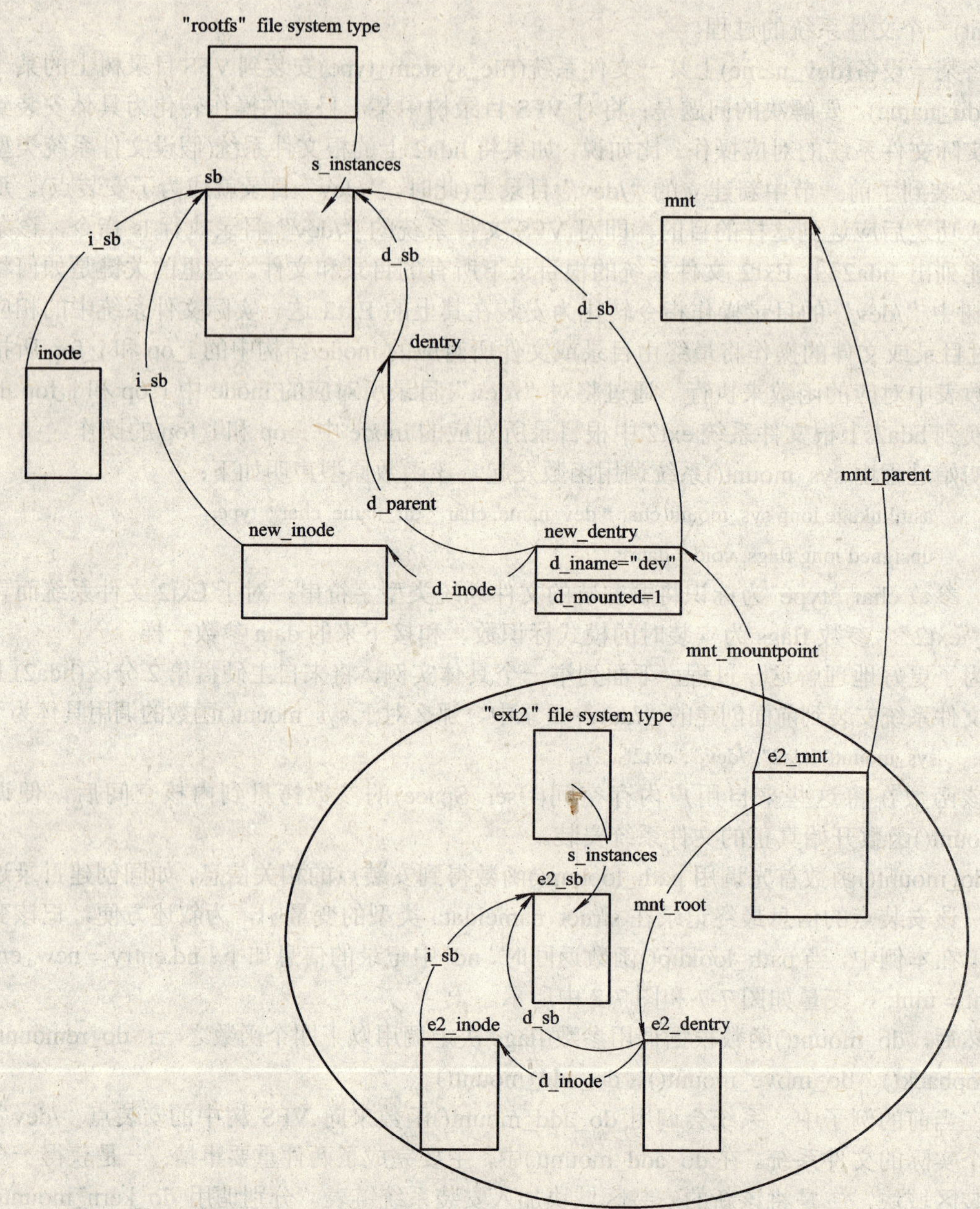

图 7-9　安装 ext2 类型根文件系统到“/dev”目录上

在把这些函数调用后形成的数据结构关系理清之后，再回到本节开始提到的问题，即将 ext2 文件系统安装到了“/dev”上之后，对该目录上的操作如何转化为对 ext2 文件系统相应的操作。从图 7-9 上可看到，对 sys_mount()函数的调用并没有直接改变“/dev”目录所对应的 inode(即图中的 new_inode 变量)结构中的 i_op 和 i_fop 指针，而且“/dev”所对应的 dentry(即图中的 new_dentry 变量)结构仍然在 VFS 的目录树中，并没有被隐藏。相应地，来自 hda2 上的 ext2 文件系统的根目录所对应的 e2_entry 也不是将 VFS 目录树中的 new_dentry 取而代之，那么这之间的转化如何实现？

请注意下面的这段代码：

```
while (d_mountpoint(dentry) && __follow_down(&nd->mnt, &dentry));
```

这段代码在 link_path_walk()函数中被调用，而 link_path_walk()最终又会被 path_lookup()函数调用，如果阅读过 Linux 关于文件系统部分的代码，就可以了解 path_lookup()函数在整个 Linux 繁琐的文件系统代码中属于一个重要的基础性的函数。这个函数用于解析文件路径名，这里的文件路径名和在应用程序中所涉及到的概念相同，比如在 Linux 的应用程序中打开或读取一个文件/home/windfly.cs时，这里的/home/windfly.cs就是文件路径名，path_lookup()函数的责任就是对文件路径名进行搜索，直到找到目标文件所属目录对应的 dentry 或者将目标直接作为一个目录，只要记住 path_lookup()会返回一个目标目录即可。

上面的代码在总体中不很显著，以至于初次阅读文件系统的代码时会忽略掉，但是前文所提到从 VFS 的操作到实际文件系统操作的转化却由它完成，对 VFS 中实现的文件系统的安装十分重要。仔细剖析该段代码：d_mountpoint(dentry)的作用很简单，只是返回 dentry 中 d_mounted 成员变量的值。这里的 dentry 仍然是在 VFS 目录树上。如果 VFS 目录树上某个目录被安装过一次，那么该值为 1。对 VFS 中的目录可进行多次安装，后面会有例子说明。“/dev”所对应的 new_dentry 中 d_mounted=1，所以 while 循环中第一个条件满足。在_follow_down(&nd->mnt, &dentry)代码中，nd 中的 dentry 成员就是图 7-9 所示的 new_dentry，nd 中的 mnt 成员就是图 7-9 所示的 mnt，所以可以把_follow_down(&nd->mnt, &dentry)改写成_follow_down(&mnt, &new_dentry)。接下来将_follow_down()函数的代码改写(只是去除掉一些不太相关的代码，并且为了便于说明，在部分代码行前加上了序号)如下：

```
static inline int __follow_down(struct vfsmount **mnt, struct dentry **dentry)
{
struct vfsmount *mounted;
[1]mounted = lookup_mnt(*mnt, *dentry);
if (mounted) {
[2]*mnt = mounted;
[3]*dentry = mounted->mnt_root;
return 1;
}
return 0;
}
```

代码行[1]中的 lookup_mnt()函数用于查找 VFS 目录树下某一目录最近一次被挂载时的安装区域块的指针，在本例中最终会返回图 7-9 中的 e2_mnt。查找的原理如下：当在安装 ext2 文件系统到“/dev”时，在后期会调用 graft_tree()函数，在这个函数里会把图 7-9 中的安装区域块指针 e2_mnt 挂到 hash 表(Linux 2.4.20 源代码中称之为 mount_hashtable)中的某一项，而该项的键值由被安装点所对应的 dentry(本例中为 new_dentry)和 mount(本例中为 mnt)所共同产生。当知道 VFS 树中某一 dentry 被安装过(该 dentry 变成为一安装点)，而要去查找其最近一次被安装的安装区域块指针时，同样由该安装点所对应的 dentry 和 mount 产生一键值，以此值去索引 mount_hashtable，可找到该安装点对应的安装区域块指针形成链表的头指针。然后遍历该链表，当发现某一安装区域块指针，记为 p，满足条件

```
(p->mnt_parent == mnt && p->mnt_mountpoint == dentry)
```

时，p 便为该安装点所对应的安装区域块指针。当找到该指针后，便将 nd 中的 mnt 成员换成该安装区域块指针，同时将 nd 中的 dentry 成员换成安装区域块中的 dentry 指针。图 7-9 中，e2_mnt->mnt_root 成员指向 e2_dentry，也就是 ext2 文件系统的“/”目录。这样，当 path_lookup()函数搜索到“/dev”时，nd 中的 dentry 成员为 e2_dentry，而不再是原来的 new_dentry，同时 mnt 成员被换成 e2_mnt，转化便在不知不觉中完成了。

下来考虑对某一安装点多次安装的情况，假设在“/dev”上安装完 ext2 文件系统后，再在其上安装 ntfs 文件系统。在安装之前，同样会对安装点所在的路径调用 path_lookup()函数进行搜索，但是由于在“/dev”目录上已经安装过了 ext2 文件系统，因此搜索到最后，由 nd 返回的信息是：nd.dentry = e2_dentry, nd.mnt = e2_mnt。由此可见，在第二次安装时，安装点已经由 dentry 变成了 e2_dentry。接下来，系统会再分配一个安装区域块，假设该安装区域块的指针为 ntfs_mnt，区域块中的 dentry 为 ntfs_dentry。ntfs_mnt 的父指针指向了 e2_mnt，mnfs_mnt 中的 mnt_root 指向了代表 ntfs 文件系统根目录的 ntfs_dentry。然后，系统通过 e2_dentry 和 e2_mnt 来生成新的 hash 键值，利用该值作为索引，将 ntfs_mnt 加入到 mount_hashtable 中，同时将 e2_dentry 中的成员 d_mounted 值设定为 1。安装过程结束。

对同一安装点上的最近一次安装会隐藏起前面的若干次安装，下面详细解释该过程。

在先后将 Ext2 和 ntfs 文件系统安装到“/dev”目录之后，再调用 path_lookup()函数来对“/dev”进行搜索，函数首先找到 VFS 目录树下的安装点“/dev”所对应的 dentry 和 mnt，此时发现 dentry 成员中的 d_mounted 为 1，于是知道已经有文件系统安装到该 dentry 中，于是通过 dentry 和 mnt 来生成 hash 值，通过该值来对 mount_hashtable 进行搜索，根据安装过程，应该能找到 e2_mnt 指针并返回之，同时原先的 dentry 也已经被替换成 e2_dentry。再看一下前面已经提到的下列代码：

```
while(d_mountpoint(dentry)&&_follow_down(&nd->mnt, &dentry));
```

当第一次循环结束后，nd->mnt 已经是 e2_mnt，而 dentry 则变成 e2_dentry。此时，因为 e2_dentry 中的成员 d_mounted 值为 1，所以 while 循环的第一个条件满足，要继续调用_follow_down()函数，这个函数已经剖析过，当它返回后，nd->mnt 变成了 ntfs_mnt，dentry 则变成了 ntfs_dentry。此时 ntfs_dentry 没有被安装过其他文件，所以它的成员 d_mounted 应该为 0，循环结束。对“/dev”发起的 path_lookup()函数最终返回了 ntfs 文件系统根目录所对应的 dentry。这就是为什么“/dev”本身和安装在其上的 Ext2 都被隐藏的原因。如果此时对“/dev”目录执行一个 ls 命令，将返回安装上的 ntfs 文件系统根目录下所有的文件和目录。

7.3 基于 Flash 的文件系统

7.3.1 JFFS2

JFFS v1 最初由瑞典的 Axis CommunicationsAB 公司开发并使用在他们开发的嵌入式设备中，并且在 1999 年末基于 GNU GPL 发布出来。最初的发布版本基于 Linux 内核 2.0，后来 RedHat 将它移植到 Linux 内核 2.2，做了大量的测试和软件完善的工作使它稳定下来，并且对签约客户提供商业支持。但是在使用过程中，JFFS v1 设计中的局限性不断暴露出来。

于是在 2001 年初的时候，RedHat 决定实现一个新的闪存文件系统，这就是现在的 JFFS2。下面详细介绍 JFFS2 设计中主要的思想、关键的数据结构和垃圾收集机制。这将为实现一个闪存上的文件系统提供很好的启示。首先，JFFS2 是一个日志结构(Log-structured)的文件系统，包含数据和原数据(Meta-data)的节点在闪存上顺序存储。JFFS2 之所以选择日志结构的存储方式，是因为对闪存的更新应该是 out-of-place 的更新方式，而不是对磁盘的 in-place 的更新方式。

1. JFFS2 节点的头部定义和兼容性

JFFS2 将文件系统的数据和原数据以节点的形式存储在闪存上，具体来说节点头部的定义如图 7-10 所示。

幻数屏蔽位 0X19　　0X85	节点类型
节点总长度	
节点头部CRC校验码	

幻数屏蔽位：0X19OX85 用来标识 JFFS2 文件系统。

节点类型：JFFS2 自身定义了三种节点类型，但是考虑到文件系统的可扩展性和兼容性，JFFS2 从 Ext2 借鉴了经验，节点类型的最高两位被用来定义节点的兼容属性。具体分为下面几种兼容属性：

- JFFS2_FEATURE_INCOMPAT：如果 JFFS2 发现了一个不能识别的节点类型，并且它的兼容属性是 JFFS2_FEATURE_INCOMPAT，那么 JFFS2 必须拒绝挂载文件系统。
- JFFS2_FEATURE_ROCOMPAT：如果 JFFS2 发现了一个不能识别的节点类型，并且它的兼容属性是 JFFS2_FEATURE_ROCOMPAT，那么 JFFS2 必须以只读的方式挂载文件系统。
- JFFS2_FEATURE_RWCOMPAT_DELETE：如果 JFFS2 发现了一个不能识别的节点类型，并且它的兼容属性是 JFFS2_FEATURE_RWCOMPAT_DELETE，那么在垃圾回收的时候，这个节点可以被删除。
- JFFS2_FEATURE_RWCOMPAT_COPY：如果 JFFS2 发现了一个不能识别的节点类型，并且它的兼容属性是 JFFS2_FEATURE_RWCOMPAT_COPY，那么在垃圾回收的时候，这个节点要被拷贝到新的位置。

节点总长度：包括节点头和数据的长度。

节点头部 CRC 校验码：为文件系统的可靠性提供了支持。

2. JFFS2 节点类型

JFFS2 定义了以下三种节点类型：

- JFFS2_NODETYPE_INODE：INODE 节点包含了 i 节点的原数据(i 节点号、文件组 ID、所有者 ID、访问时间、偏移、长度等)，文件数据被附在 INODE 节点之后。除此之外，每个 INODE 节点还有一个版本号，被用来维护属于一个 i 节点的所有 INODE 节点的全序关系。下面举例来说明这个全序关系在 JFFS2 中的使用，见图 7-11。

当文件系统从闪存上读取节点信息后，会生成图 7-12 所示的映射信息。

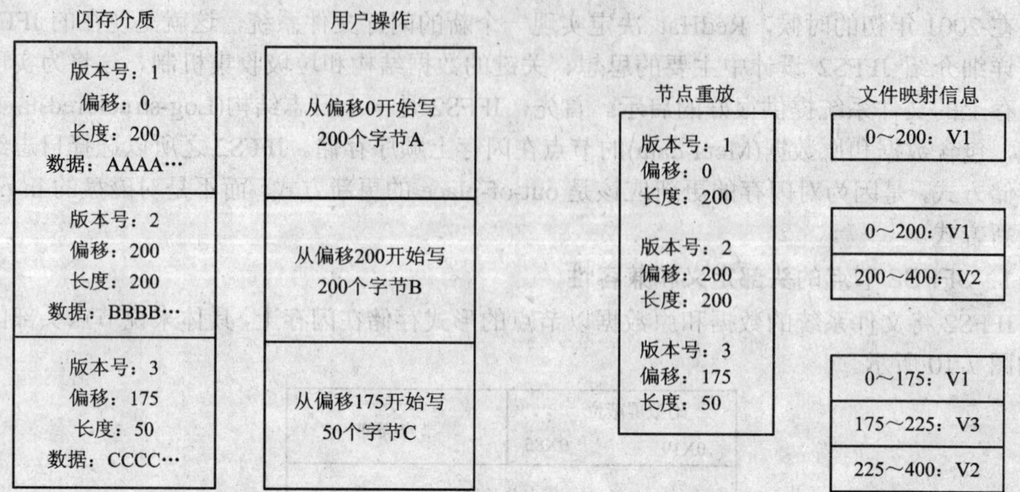

图 7-11　JFFS2 的全序关系　　　　图 7-12　映射信息

根据映射信息表，文件系统就会到相应的 INODE 节点读取相应的文件内容。JFFS2 支持文件数据的压缩存储，因此在 INODE 节点中还包含了所使用的压缩算法，在读取数据的时候选择相应的压缩算法来解压缩。

- JFFS2_NODETYPE_DIRENT：DIRENT 节点就是把文件名与 i 节点对应起来。在 DIRENT 节点中也有版本号，版本号的作用主要是用来删除一个 dentry。具体来说，当要从一个目录中删除一个 dentry 时，要写一个 DIRENT 节点，节点中的文件名与被删除的 dentry 中的文件名相同，i 节点号置为 0，同时设置一个更高的版本号。
- JFFS2_NODETYPE_CLEANMARKER：当一个擦写块被擦/写完毕后，CLEANMARKER 节点会被写在 NOR Flash 的开头或 NAND Flash 的 OOB(Out-Of-Band)区域来表明这是一个干净、可写的擦写块。在 JFFS v1 中，如果扫描到开头的 1 KB 都是 0XFF，就认为这个擦写块是干净的。但是在实际的测试中发现，如果在擦/写的过程中突然掉电，擦写块上也可能会有大块连续的 0XFF，但是这并不表明这个擦写块是干净的。于是需要 CLEANMARKER 节点来确切地标识干净的擦写块。

3. JFFS2 节点擦写块在内存中的表示和操作

JFFS2 维护了几个链表来管理擦写块，根据擦写块上的内容，一个擦写块会在不同的链表上。当一个擦写块上都是合法(Valid)的节点时，节点会在 clean_list 上；当一个擦写块包含至少一个过时(Obsolete)的节点时，节点会在 dirty_list 上；当一个擦写块被擦/写完毕并被写入 CLEANMARKER 节点后，节点会在 free_list 上。

通常情况下，JFFS2 顺序地在擦写块上写入不同的节点，直到一个擦写块被写满。此时 JFFS2 从 free_list 上取下一个擦写块，继续从擦写块的开头开始写入节点。当 free_list 上擦写块的数量逐渐减少到一个预先设定的阈值时，垃圾回收就被触发了，为文件系统清理出更多的可用擦写块。为了减少对内存的占用，JFFS2 并没有把 i 节点所有的信息都保留在内存中，而只是把那些在请求到来时不能很快获得的信息保留在内存中。具体来说，对于在闪存上的每个 i 节点，在内存里都有一个 struct jffs2_inode_cache 与之对应，这个结构里保存了 i 节点号，指向 i 节点的连接数，以及一个指向属于这个 i 节点的物理节点链表的指针。

所有的 struct jffs2_inode_cache 存储在哈希表中。闪存上的每个节点在内存中由一个 struct jffs2_raw_node_ref 表示，这个结构里保存了此节点的物理偏移、总长度以及两个指向 struct jffs2_raw_node_ref 的指针。一个指针指向此节点在物理擦写块上的下一个节点，另一个指针指向属于同一个 i 节点的物理节点链表的下一个节点，如图 7-13 所示。

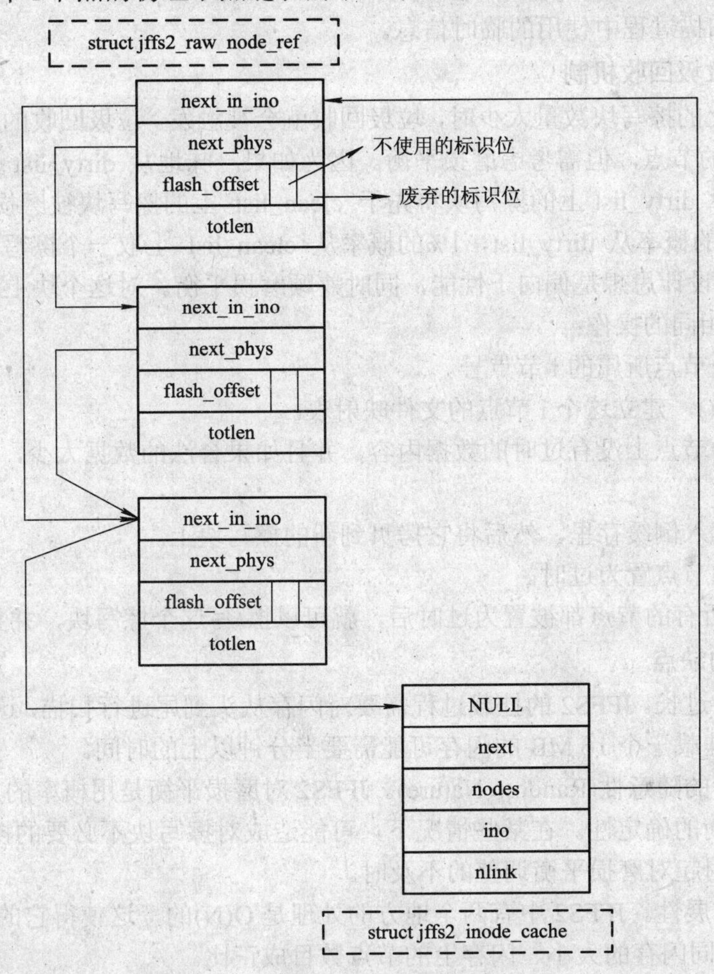

图 7-13　结构图

在闪存上节点的起始偏移都是 4 字节对齐的，所以 struct jffs2_inode_cache 中 flash_offset 的最低两位没有被用到。JFFS2 正好利用最低位作为此节点是否过时的标记。

下例说明 JFFS2 是如何使用这些数据结构的。VFS 调用 iget()得到一个 i 节点的信息，当这个 i 节点不在缓存中的时候，VFS 就会调用 JFFS2 的 read_inode()回调函数得到 i 节点信息。传给 read_inode()的参数是 i 节点号，JFFS2 利用这个 i 节点号从哈希表中查找相应的 struct jffs2_inode_cache，然后利用属于这个 i 节点的节点链表从闪存上读入节点信息，建立映射信息。

4．JFFS2 挂载过程

JFFS2 的挂载过程分为以下四个阶段：

(1) JFFS2 扫描闪存介质，检查每个节点 CRC 校验码的合法性，同时分配 struct

jffs2_inode_cache 和 struct jffs2_raw_node_ref

(2) 扫描每个 i 节点的物理节点链表，标识出过时的物理节点；对每一个合法的 dentry 节点，将相应的 jffs2_inode_cache 中的 nlink 加 1。

(3) 找出 nlink 为 0 的 jffs2_inode_cache，释放相应的节点。

(4) 释放在扫描过程中使用的临时信息。

5．JFFS2 垃圾回收机制

当 free_list 上的擦写块数量太少时，垃圾回收就会被触发。垃圾回收的主要任务就是回收那些已经过时的节点，但需考虑磨损平衡。因为如果一味地从 dirty_list 上选取擦写块进行垃圾回收，那么 dirty_list 上的擦写块将先于 clean_list 上的擦写块被磨损坏。JFFS2 的处理方式是以 99%的概率从 dirty_list，1%的概率从 clean_list 上取一个擦写块下来。由此可以看出 JFFS2 的设计思想是偏向于性能，同时兼顾磨损平衡。对这个块上每一个没有过时的节点执行如下相同的操作：

(1) 找出这个节点所属的 i 节点号。

(2) 调用 iget()，建立这个 i 节点的文件映射表。

(3) 找出这个节点上没有过时的数据内容，并且如果合法的数据太少，JFFS2 还会合并相邻的节点。

(4) 将数据读入倒缓存里，然后将它拷贝到新的擦写块上。

(5) 将回收的节点置为过时。

当擦写块上所有的节点都被置为过时后，就可以擦/写这个擦写块，并且回收使用它。

6．JFFS2 的缺点

(1) 挂载时间过长。JFFS2 的挂载过程需要对闪存从头到尾进行扫描，这个过程很缓慢，在测试中发现，挂载一个 16 MB 的闪存可能需要半分钟以上的时间。

(2) 磨损平衡的随意性(Random Nature)。JFFS2 对磨损平衡是用概率的方法来解决，这很难保证磨损平衡的确定性。在某些情况下，可能造成对擦写块不必要的擦/写操作；在某些情况下，又会引起对磨损平衡调整的不及时。

(3) 很差的扩展性。JFFS2 中有两个地方的处理是 O(N)的，这使得它的扩展性很差。

① 挂载时间同闪存的大小、闪存上的节点数目成正比。

② 虽然 JFFS2 尽可能地减少内存的占用，但通过上面对 JFFS2 的介绍可以知道，实际上它对内存的占用量是同 i 节点数和闪存上的节点数成正比的。

7．JFFS2 的新特性

JFFS2 中的补丁程序分别解决了上面提到的挂载时间过长和磨损平衡随意性的问题。

(1) 磨损块小结补丁程序(Erase Block Summary Patch)。这个补丁程序最基本的思想就是用空间来换取时间。具体来说，就是将每个擦写块每个节点的原数据信息写在这个擦写块的最后，当 JFFS2 挂载的时候，对每个擦写块只需要读一次即可读取这个小结节点，因此减少了挂载时间。使用了磨损块小结补丁程序后，一个擦写块的结构如图 7-14 所示。

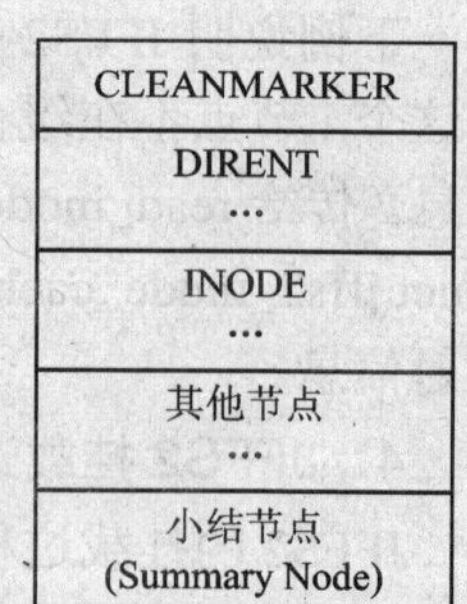

图 7-14　擦写块的结构

(2) 改进的磨损平衡补丁程序。这个补丁程序的基本思想是，记录每个擦写块的擦/写次数，当闪存上各个擦写块的擦/写次数的差距超过某个预定的阈值时，开始进行磨损平衡的调整。调整的策略是，在垃圾回收时将擦/写次数小的擦写块上的数据迁移到擦/写次数大的擦写块上。这样提高了磨损平衡的确定性，可以知道开始磨损平衡的调整时机，也可以知道选取哪些擦写块进行磨损平衡的调整。

(3) 擦写块头部补丁程序。在编写改进的磨损平衡补丁程序的过程之中，需要记录每个擦写块的擦/写次数，这个信息需要记录在各自的擦写块上。可是发现 JFFS2 中缺少一种灵活的对每个擦写块的信息进行扩展的机制。于是为每个擦写块引入了擦写块头部(Header)，这个头部负责记录每个擦写块的信息(比如说擦/写次数)，并且提供了灵活的扩展机制，将来如果有新的信息需要记录，可以很容易地加入到头部中。

8．JFFS3 简介

虽然不断有新的补丁程序来提高 JFFS2 的性能，但是不可扩展性是其最大的问题，这是自身设计的先天缺陷，是没有办法靠后天来弥补的。因此需要一个全新的文件系统。而 JFFS3 就是这样的一个文件系统。JFFS3 的设计目标是支持大容量闪存(大于 1 TB)的文件系统。JFFS3 与 JFFS2 在设计上根本的区别在于，JFFS3 将索引信息存放在闪存上，而 JFFS2 将索引信息保存在内存中。比如说，由给定的文件内的偏移定位到存储介质上的物理偏移地址所需的信息，查找某个目录下所有的目录项所需的信息都是索引信息的一种。JFFS3 现在还处于设计阶段，文件系统的基本结构借鉴了 Reiser4 的设计思想，整个文件系统就是一个 B+ 树。JFFS3 的发起者正工作于垃圾回收机制的设计，这是 JFFS3 中最复杂、也是最富有挑战性的部分。

目前 JFFS3 正在开发中。关于 JFFS 系列文件系统的使用文档，可参考 MTD 补丁包中的 mtd-jffs-HOWTO.txt。

JFFSX 不适合用于 NAND 闪存主要是因为 NAND 闪存的容量一般较大，这样导致 JFFS 为维护日志节点所占用的内存空间而迅速增大，另外，JFFSX 文件系统在挂载时需要扫描整个 Flash 的内容，以找出所有的日志节点，建立文件结构，对于大容量的 NAND 闪存会耗费大量时间。

7.3.2 YAFFS

1．YAFFS 文件系统介绍

YAFFS 意为“Yet Another Flash File System”，是目前唯一专门为 NAND Flash 设计的文件系统。JFFS2 文件系统能够很好地运行于 NOR Flash 设备中，而 YAFFS 则是特别为 NAND Flash 设计的，类似于 JFFS2 的日志型文件系统。YAFFS 相对于 JFFS2 减少了一些功能，因此速度更快、占用内存更少，并且对 NAND Flash 具有很好的保护机制，能够延长 NAND Flash 的使用寿命。因此，YAFFS 文件系统的出现，使得价格低廉的 NAND FLASH 芯片具有高效性和健壮性。目前，大容量的 NAND Flash 器件和基于它的 YAFFS/YAFFS2 文件系统正越来越广泛地运用在嵌入式系统中。基于 NAND Flash 的 YAFFS 文件系统原理框图如图 7-15 所示。

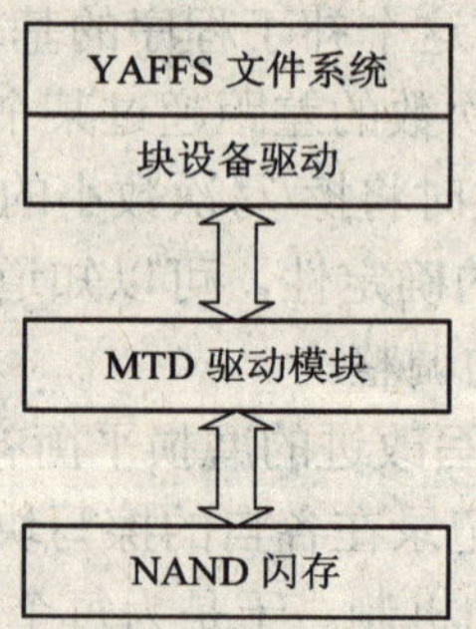

图 7-15　基于 NAND Flash 的 YAFFS 文件系统原理框图

2．构建支持 YAFFS 文件系统的 Linux 内核

嵌入式 Linux 内核本身并不支持 YAFFS 文件系统，实现 Linux 内核支持 YAFFS 文件系统的方法有两种：一种是直接把 YAFFS 编译到内核，另一种是将 YAFFS 编译成单独的模块来加载。嵌入式系统中使用 NAND Flash 器件时通常都采用 YAFFS 作为根文件系统，所以可以将对 YAFFS 的支持直接编译到内核；若想采用多文件系统进行试验，则可以将 YAFFS 文件系统作为模块进行加载，这样可以精简编译内核的大小，提高内核的运行速度。嵌入式 Linux 系统将 YAFFS 编译到内核并作为根文件系统，下面阐述将 YAFFS 直接编译到内核的方法。首先需要将 YAFFS 源代码复制到内核 fs 目录下，进行必要的配置后，重新编译得到一个能够支持 YAFFS 文件系统的 Linux 内核。YAFFS 源代码可以从 http://www.aleph1.co.uk/cgi-bin/viewcvs.cgi/yaffs/上免费下载。

YAFFS 源代码主要包括 yaffs_ecc.c、yaffs_fileem.c、yaffs_fs.c、yaffs_guts.c、yaffs_mtdif.c、yaffs_ramem.c 等文件，各文件的主要功能如下：

yaffs_ecc.c：ECC 校验算法。

yaffs_fileem.c：实现 NAND Flash 文件层仿真。

yaffs_fs.c：YAFFS 与虚拟文件系统的接口。

yaffs_guts.c：YAFFS 文件系统的主要算法。

yaffs_mtdif.c：NAND MTD 封装函数。

yaffs_ramem.c：NAND Flash 的 RAM 块仿真实现。

下面详细描述实现支持 YAFFS 文件系统的 Linux 内核的具体步骤：

(1) 在内核源代码 fs 目录下建立 YAFFS 目录，并把下载的 YAFFS 源代码复制到该目录下面。

(2) 修改 fs/config.in，添加配置 yaffs 文件系统选项：

```
if [ "CONFIG_MTD_NAND" = "y" ]; then
tristate "Yaffs filesystem on NAND" CONFIG_YAFFS_FS
fi
```

(3) 修改 fs/Makefile，添加如下内容：

```
subdir-$(CONFIG_YAFFS_FS) += yaffs
```

(4) 在 fs/yaffs/目录下，生成 Makefile 和 Kconfig 文件。Makefile 内容为

```
obj-$(CONFIG_YAFFS_FS) += yaffs.o
yaffs-y := yaffs_ecc.o yaffs_fs.o yaffs_guts.o
```

```
yaffs-$(CONFIG_YAFFS_MTD_ENABLED) += yaffs_mtdif.o
yaffs-$(CONFIG_YAFFS_RAM_ENABLED) += yaffs_ramem.o
```

Kconfig 文件是 YAFFS 文件系统的详细配置文件，其内容可参考下载的源代码中/linux-kernel/fs/yaffs/Kconfig 文件。YAFFS 文件系统的主要的配置选项及默认设置如表 7-2 所示。

表 7-2 YAFFS 文件系统主要配置选项说明

配 置 选 项	说 明	默认设置
YAFFS_MTD_ENABLED	支持工作于 NAND MTD 分区	Y
YAFFS_RAM_ENABLED	支持 YAFFSRAM 文件系统	N
YAFFS_USE_OLD_MTD	支持旧的 MTD	N
YAFFS_USE_NANDECC	支持 NAND 驱动中的 ECC 功能	Y
YAFFS_USE_GENERIC_RW	通过 Linux 文件缓冲层读/写文件	Y
YAFFS_USE_HEADER_FILE_SIZE	扫描目标头文件大小	N
YAFFS_DISABLE_CHUNK_ERASED_CHECK	禁止块擦除校验	Y

(5) 修改内核源代码中关于 NAND 的分区设置。NAND 闪存支持两种分区形式，一种是 MTD 分区格式，另一种是 BON 分区格式。MTD 技术实现对内存设备支持的统一接口，提供 Flash 设备到字符设备和块设备的驱动转换，包含对各种不同类型 NOR、NAND Flash 等的支持。BON 文件系统是韩国 mizi 公司提供的 NAND Flash 块设备驱动，通常采用 MTD 分区格式。对 NAND 设备分区可通过 Bootloader 完成，如常用的 mizi 公司的 ViVi 可用 part 相关命令进行分区，并可用 part show 查看 mtdpart 信息，如图 7-16 所示。

```
vivi> part show
mt dpart info. (4 partitions)
name     offset          size          flag
------------------------------------------------------------
vivi   : 0x00000000     0x00020000     0   128k
param  : 0x00020000     0x00010000     0   64k
kernel : 0x00030000     0x00100000     0   1M
root   : 0x00130000     0x03ec8000     0   62M+800k
```

图 7-16 在 ViVi 中查看 NAND 闪存的 MTD 分区信息

该分区信息将和 Linux 系统中/dev/mtd 目录下的分区信息相对应，其中 vivi、param、kernel、root 分区分别依次对应为 mtd/0、mtd/1、mtd/2、mtd/3。编译内核时，内核源代码中 NAND 分区信息必须和实际的 NAND 设备分区信息一致，否则 YAFFS 文件系统移植后将无法正确挂载。内核源代码中关于 NAND 设备的 MTD 分区信息在/drivers/mtd/nand/smc_s3c2410.c 中。根据 Bootloader 中查看的信息修改 smc_s3c2410.c 的 MTD 分区信息如下：

```
static struct mtd_partition smc_partitions[] =
…
name: "vivi",
size: 0x20000, //0x000c0000,
```

```
…
name: "param",
size: 0x10000, //0x00a00000,
…
name: "kernel",
size: 0x100000, //0x000c0000,
…
name: "root",
size: 0x03ec8000, //0x00a00000,
…
```

完成以上步骤的修改后，即可编译内核。编译内核时，在配置内核时需要选择 YAFFS、NAND、MTD 等相关支持选项。编译成功后得到的是支持 YAFFS 文件系统的新内核，最后将新内核下载到 NAND 闪存中的 Kernel 分区即可。

3．制作和下载 YAFFS 文件系统映像

NAND Flash 芯片的一页大小为 512+16=528 字节，前 512 字节用来存放数据，后 16 字节是备用空间(SpareData,OOB)，用来存储 ECC 校验/坏块标志等信息。YAFFS 文件系统是针对 NAND 设备的文件系统，所以制作出来的 YAFFS 映像文件与通常的文件系统的映像文件不同。因为除了以 512 字节为单位的一个页面的数据外，还包括以 16 字节为单位的 NAND 备份数据区(OOB)的数据，所以实际上是以 528 个字节为单位的。因此，通常下载其他类型 image 的工具无法正常下载 YAFFS image，需要使用专门 YAFFS 映像打包和下载工具，或者修改所使用的下载工具的代码，使其能将 YAFFS image 中的额外数据也写入 NAND Flash OOB 中。

本节使用 YAFFS 源代码中 utils 文件夹下的 mkyaffsimage 和 mkyaffs 两个工具来打包和下载 YAFFS 映像到 NAND Flash 中。其中 mkyaffsimage 是制作 YAFFS 映像文件的工具，mkyaffs 可以用来擦除 NAND 分区并将制作好的映像文件下载。

(1) 制作 YAFFS 映像文件(假定用户文件存放在 usr 文件夹中)，例如：

```
./mkyaffsimage usr usr_yaffs.img
```

(2) 下载 YAFFS 映像文件(假定用来存放 YAFFS 文件系统的 MTD/3 分区)，例如：

```
./mkyaffs /dev/mtd/3 usr_yaffs.img
```

下载完成后，重新启动系统，在 ViVi 中修改 Linux 的启动参数，以修改挂载根文件系统的路径：

```
param set linux_cmd_line "noinitrd root=/dev/mtdblock/3 init=/linuxrc console=Stty0"
```

再次重新启动后，当出现如下信息，表明系统已经从 NAND Flash 中正确挂载 YAFFS 根文件系统了：

```
mount_root, trying yaffs filesystem...
yaffs: Attempting MTD mount on 31.3, dev is 7939 "1f:03"
VFS: Mounted root (yaffs filesystem).
Mounted devfs on /dev
…
```

按照这种方法，用户可以根据自身系统需要实现的功能将程序和相关文件放在某个文件夹下，使用上述两个工具将其打包、下载即可。

YAFFS/YAFFS2 自带 NAND 芯片的驱动，并且为嵌入式系统提供了直接访问文件系统的 API，用户可以不使用 Linux 中的 MTD 与 VFS，直接对文件系统进行操作。当然，YAFFS 也可与 MTD 驱动程序配合使用。

YAFFS 与 YAFFS2 的主要区别在于，前者仅支持小页(512 B)NAND 闪存，后者则可支持大页(2 KB)NAND 闪存。同时，YAFFS 在内存空间占用、垃圾回收速度、读/写速度等方面均有大幅提升。

YAFFS 类似于 JFFS/JFFS2，是专门为 NAND 闪存设计的嵌入式文件系统，适用于大容量的存储设备。它是日志结构的文件系统，提供了损耗平衡和掉电保护，可以有效地避免意外掉电对文件系统一致性和完整性的影响。YAFFS 文件系统是按层次结构设计的，分为文件系统管理层接口、YAFFS 内部实现层和 NAND 接口层，这样就简化了其与系统的接口设计，可以方便地集成到系统中去。与 JFFS 相比，YAFFS 减少了一些功能，因此速度更快，占用内存更少。

YAFFS 充分考虑了 NAND 闪存的特点，根据 NAND 闪存以页面为单位存取的特点，将文件组织成固定大小的数据段。利用 NAND 闪存提供的每个页面 16 字节的备用空间来存放 ECC(Error Correction Code)和文件系统的组织信息，不仅能够实现错误检测和坏块处理，也能够提高文件系统的加载速度。YAFFS 采用一种多策略混合的垃圾回收算法，结合了贪心策略的高效性和随机选择的平均性，达到了兼顾损耗平均和系统开销的目的。YAFFS 有以下几个特点。

1) YAFFS 文件组织结构

YAFFS 将文件组织成固定大小(512 B)的数据段。每个文件都有一个页面专门存放文件头，文件头保存了文件的模式、所有者 ID、组 ID、长度、文件名等信息。为了提高文件数据块的查找速度，文件的数据段被组织成树形结构。YAFFS 在文件进行改写时总是先写入新的数据块，然后将旧的数据块从文件中删除。YAFFS 使用存放在页面备用空间中的 ECC 进行错误检测，出现错误后会进行一定次数的重试，多次重试失败后，该页面就被停止使用。

2) YAFFS 物理数据组织

YAFFS 充分利用了 NAND 闪存提供的每个页面 16 字节的备用空间，参考了 SmartMedia 的设定，备用空间中 6 个字节被用作页面数据的 ECC，2 个字节分别用作块状态字和数据状态字，其余的 8 字节(64 位)用来存放文件系统的组织信息，即元数据。由于文件系统的基本组织信息保存在页面的备份空间中，因此，在文件系统加载时只需要扫描各个页面的备份空间，即可建立起整个文件系统的结构，而不需要像 JFFS 那样扫描整个介质，从而大大加快了文件系统的加载速度。

3) YAFFS 擦除块和页面分配

YAFFS 中用数据结构来描述每个擦除块的状态。该数据结构记录了块状态，并用一个 32 位的位图表示块内各个页面的使用情况。在 YAFFS 中，有且仅有一个块处于“当前分配”状态。新页面从当前进行分配的块中顺序进行分配，若当前块已满，则顺序寻找下一个空闲块。

4) YAFFS 垃圾收集机制

YAFFS 使用一种多策略混合的算法来进行垃圾回收，将贪心策略和随机选择策略按一定比例混合使用：当满足特定的小概率条件时，垃圾回收器会试图随机选择一个可回收的页面；而在其他情况下，则使用贪心策略回收最“脏”的块。通过使用多策略混合的方法，YAFFS 能够有效地改善贪心策略造成的不平均；通过不同的混合比例，则可以控制损耗平均和系统开销之间的平衡。考虑到 NAND 的擦除很快(和 NOR 相比可忽略不计)，YAFFS 将垃圾收集的检查放在写入新页面时进行，而不是采用 JFFS 那样的后台线程方式，从而简化了设计。

7.3.3 CramFS

1. CramFS 文件系统简介

CramFS(Compressed Rom File System)是 Linux Torvalds 在 Transmeta 任职时所参与开发的文件系统。它是针对 Linux 内核 2.4 之后的版本所设计的一种新型只读文件系统，采用了 zlib 压缩，压缩比一般可以达到 1 : 2，但仍可以实现高效的随机读取。在 Linux 系统中，通常把不需要经常修改的目录压缩存放，并在系统引导的时候再将压缩文件解开。由于 CramFS 不会影响系统读取文件的速度，而且是高度压缩的文件系统，因此非常广泛地应用于嵌入式系统开发。

嵌入式开发环境中，内存和外存资源都比较有限。如果使用 RAMdisk 方式来使用文件系统，那么在系统运行之后，首先把 Flash 上的映像文件解压缩到内存中，构造起 RAMdisk 环境，才可以开始运行程序。同样的代码不仅在 Flash 中占据空间(以压缩后的形式存在)，而且还在内存中占用更大的空间(以解压缩之后的形式存在)，这便违背了嵌入式环境下尽量节省资源的要求。

使用 CramFS 文件系统可以解决这个问题。CramFS 是一个压缩格式的文件系统，并不需要一次性地将文件系统中的所有内容都解压缩到内存，而只是在系统需要访问某个位置的数据的时候，马上计算出该数据在 CramFS 中的位置，将它实时地解压缩到内存，然后通过对内存的访问来获取文件系统中需要读取的数据。CramFS 中的解压缩以及解压缩之后的内存中数据存放位置都是由 CramFS 文件系统本身进行维护，用户并不需要了解具体的实现过程，因此这种方式增强了透明度，对开发人员来说，既方便，又节省了存储空间。

一个完整的 CramFS 文件系统通常包含以下几个目录：

/linuxrc：启动脚本文件，由 Bootloader 核心命令行确定 init=/linuxrc，加载/etc 目录为 ramfs(cramfs 为只读文件系统)，拷贝/mnt/etc 到/etc，配置文件目录重新加载根文件系统和/etc 文件系统，执行 init 进程。

/bin：引导启动所需的命令或用户可能用到的命令。

/sbin：系统管理员服务程序，其中最重要的是供内核初始化之后执行的/sbin/init 进程，系统启动时由 init 解释并运行/etc/inittab, inittab 将指导 int 调用系统初始化程序/etc/init.d/rcS。

/etc：特定机器的配置文件以及用户数据存放目录，其中的所有内容是在内核运行后，由 linuxrc 从/mnt/etc 拷贝得到的。

/lib：文件系统程序所需的动态库。

/dev：驱动程序存放目录，可以在这里存放所开发的驱动程序。

/usr：用于存放用户程序和配置文件的目录，可以根据需要进行设置。目录下的/usr/etc/rc.local 执行本地所需要的初始化，如安装核心模块、运行网络、运行应用程序、启动图形界面等。/etc/modules.conf 在系统运行期间自动加载模块。

/mnt：用于设备安装的目录。/mnt/etc/init.d/rcS 完成各个文件系统的挂载，执行/usr/etc/rc.local；通过 rcS 可以调动 dhcp 程序配置网络。rcS 执行完以后，就会打开 shell。

/proc：系统状态文件目录，目录中的文件可以用于访问有关内核的状态、计算机的属性、正在运行的进程状态等信息。尽管/proc 中的文件是虚拟的，但仍可以使用任何文件编辑器以及像"more"、"less"或"cat"来查看。

2. CramFS 文件系统的移植过程

文件系统紧跟系统内核放置，由内核加载，主要存放用户应用程序和配置信息。CramFS 文件系统的基本组成：初始化程序、shell 程序以及其他 Linux 常用工具、配置文件、链接库、图形界面程序和用户应用程序等。下面将介绍移植 CramFS 文件系统的具体操作方法。

1) 在内核中加入对 CramFS 文件系统的支持

在编辑系统内核时加入支持 CramFS 的选项。尽管μCLinux 可以以模块的形式加载至各种类型的设备驱动，但一般选择直接把设备驱动及 CramFS 文件系统静态地编译进内核。

(1) 在 Memory Technology Devices (MTD)选项中进行如下配置：

Memory Technology Device (MTD) support[Y/M/N/?]：内存技术设备支持，此项选 Y。

MTD partitioning support [Y/M/N/?]：支持 MTD 分区。此项选 Y。

Direct char device access to MTD devices[Y/M/N/?]：MTD 字符设备直接访问。此项选 Y。

Caching block device access to MTD devices[Y/M/N/?]：MTD 块设备缓冲访问。此项选 Y。

(2) 在 File Systems 选项中进行如下配置：

Compressed ROM file system support [Y/M/N/?]：ROM 文件系统的支持。此项选 Y。

完成上述修改并编译后，即可实现 Liunx 内核对 CramFS 文件系统的支持。

2) 拷贝需要加入的其他文件和链接库

(1) Busybox 是 Debian GNU/Linux 的 Bruce Perens 开发的。Busybox 编译出一个单个的独立执行程序，就叫做 Busybox。可以根据配置执行 ash shell 的功能，以及几十个各种小应用程序的功能。这其中包括一个迷你的 Vi 编辑器、系统不可或缺的/sbin/init 程序，以及诸如 ifconfig、halt、reboot、mkdir、mount、ln、ls、echo、cat 等等。而所有这一切功能却只有 1 MB 左右的大小。Busybox 已经成为构建嵌入式 Linux 文件系统的必备软件。在后面将详细介绍 Busybox 的相关技术。

下面是需要编译进 Busybox 的功能选项，其他的可以根据需要自选。

```
Build Options
[*] Build BusyBox as a static binary (no shared libs)
```

这个选项是一定要选择的，这样才能把 Busybox 编译成静态链接的可执行文件，运行时才独立于其他函数库，否则必须要其他库文件才能运行，在单个 Linux 内核中则不能正常工作。

[*] Do you want to build BusyBox with a Cross Compiler，即选择自定义的交叉编译环境。

Installation Options

[*] don't use /usr

这个选项也一定要选，否则执行 make install 后 Busybox 将安装在原系统的/usr 下，这将覆盖系统原有的命令。选择这个选项后，执行 make install 后会在 Busybox 目录下生成一个叫_install 的目录，里面有 Busybox 和指向它的链接。

其他选项都是一些 Linux 基本命令选项，可根据自己的需要来编译，一般用默认的就可以了，配置好后退出并保存。将编译好的 Busybox 复制到 CramFS 文件系统的/bin 目录下，然后创建常用命令的快捷方式。建立快捷方式很简单，只要建立一个符号链接，如 ln -s /bin/busybox /bin/ls，那么，执行/bin/ls 的时候，Busybox 就会执行 ls 的功能，也会按照 ls 的方式处理命令行参数。

(2) 拷贝一些管理员控制程序到/sbin 目录下，最重要的就是要包含一个 init 命令，可以使用 Busybox 提供的系统工具，比如 ln -s /bin/busybox /sbin/init，这样就有了系统运行不可或缺的/sbin/init 程序。

(3) 将应用程序运行时所需要的库拷贝到/lib，库文件可以从 PC 机上的交叉编译工具安装目录下拷贝，如 libc-2.2.2.so、libcryt-2.2.2.so、libm-2.2.2.so、libutil-2.2.2.so 等，为部分相应库建立快捷方式，提供一些按快捷方式名称调用的应用程序。值得注意的是，C 库要采用 C 库的版本 glibc，glibc 位于/lib/libc.so.6。

3) 利用 mkcramfs 工具生成 CramFS 压缩文件系统

一般情况下都要把已经规划好的目录结构转换成映像文件，创建 CramFS 文件系统需要 mkcramfs 工具，mkcramfs 能把相应的 CramFS 目录树压缩成为单一的映像文件，这个映像文件就是需要移植的文件系统。mkcramfs 的命令格式为

```
mkcramfs [-h] [--e edition] [-I file] [-n name] DirName OutFile
#mkcramfs root cramfs.Img
```

用以上的命令就可以生成需要的 CramFS 文件系统映像文件，可以发现原本为 2.36 MB 大小的目录内容被压缩成一个 1.08 MB 的 CramFS 文件系统映像文件，通过 ViVi 或测试程序将其写入 Flash 中就可以验证是否移植成功。

CramFS 是一个压缩格式的文件系统，如果系统存储资源比较紧张的话，采用 CramFS 作为嵌入式 Linux 系统的根文件系统是一个不错的选择。

7.4　基于 RAM 的文件系统机理

RAMdisk 是将固定大小的内存当作分区来使用的。它并非一个实际的文件系统，而是一种将实际的文件系统装入内存的机制，并且可以作为根文件系统。它可将一些经常被访问而又不会更改的文件(如只读的根文件系统)通过 RAMdisk 放在内存中，明显地提高系统的性能。

在 Linux 的启动阶段，Initrd 提供了一套机制，可以将内核映像和根文件系统一起载入内存。

1．Initrd 简介

Initrd 的英文含义是“Bootloader initialized RAM disk”，就是由 Bootloader 初始化的内存盘。在 Linux 内核启动前，Bootloader 会将存储介质中的 Initrd 文件加载到内存，内核启动时会在访问真正的根文件系统前先访问该内存中的 Initrd 文件系统。在 Bootloader 配置了 Initrd 的情况下，内核启动被分成了两个阶段，第一阶段先执行 Initrd 文件系统中的“某个文件”，完成加载驱动模块等任务，第二阶段才会执行根文件系统中的/sbin/init 进程。这里提到的“某个文件”，Linux 2.6 内核会与以前版本内核不同，所以这里暂时使用了“某个文件”这个称呼，后面会详细讲到。第一阶段启动的目的是为第二阶段的启动做好准备，最主要的是加载根文件系统存储介质的驱动模块。如果将这些设备的驱动都编译进内核，内核会变得很庞大。

Initrd 的用途主要有以下四种：

(1) Linux 发行版的必备部件。Linux 发行版必须适应各种不同的硬件架构，将所有的驱动编译进内核是不现实的，Initrd 技术是解决该问题的关键技术。Linux 发行版在内核中只编译基本的硬件驱动，在安装过程中通过检测系统硬件，生成包含安装系统硬件驱动的 Initrd，是一种既可行又灵活的解决方案。

(2) livecd 的必备部件。同 Linux 发行版相比，livecd 可能会面对更加复杂的硬件环境，所以也必须使用 Initrd。

(3) 制作 Linux USB 启动盘必须使用 Initrd。USB 设备启动比较慢，从驱动加载到设备真正可用大概需要几秒钟时间。如果将 USB 驱动编译进内核，内核通常不能成功访问 USB 设备中的文件系统。因为在内核访问 USB 设备时，USB 设备通常没有初始化完毕。所以常规的做法是，在 Initrd 中加载 USB 驱动，然后休眠几秒钟，等待 USB 设备初始化完毕后再挂载 USB 设备中的文件系统。

(4) 在 linuxrc 脚本中可以很方便地启用个性化 bootsplash。

2．Linux 2.4 内核对 Initrd 的处理流程

为了清晰地了解 Linux 2.6 内核 Initrd 机制的变化，在重点介绍 Linux 2.6 内核 Initrd 之前，先对 Linux 2.4 内核的 Initrd 简单描述。Linux 2.4 内核的 Initrd 格式是文件系统镜像文件，称为 Image-initrd，以区别于后面介绍的 Linux 2.6 内核的 cpio 格式的 Initrd。Lnux 2.4 内核对 Initrd 的处理流程如下：

(1) Bootloader 把内核以及/dev/initrd 的内容加载到内存。/dev/initrd 是由 Bootloader 初始化的设备，存储着 Initrd。

(2) 在内核初始化过程中，内核把/dev/initrd 设备的内容解压缩并拷贝到/dev/ram0 设备上。

(3) 内核以可读/写的方式把 /dev/ram0 设备挂载为原始的根文件系统。

(4) 如果/dev/ram0 被指定为真正的根文件系统，那么内核将跳至最后一步正常启动。

(5) 执行 Initrd 上的/linuxrc 文件，linuxrc 通常是一个脚本文件，负责加载内核访问根文件系统必需的驱动，以及加载根文件系统。

(6) /linuxrc 执行完毕，真正的根文件系统被挂载。

(7) 如果真正的根文件系统存在/initrd 目录，那么/dev/ram0 将移动到/initrd；否则，如

果/initrd 目录不存在，/dev/ram0 将被卸载。

(8) 在真正的根文件系统上进行正常启动过程，执行/sbin/init。Linux2.4 内核的 Initrd 执行是作为内核启动的一个中间阶段，也就是说 Initrd 的/linuxrc 执行以后，内核会继续执行初始化代码，后面会看到这是 Linux2.4 内核同 Linux2.6 内核的 Initrd 处理流程的一个显著区别。

3. Linux 2.6 内核对 Initrd 的处理流程

Linux 2.6 内核支持两种格式的 Initrd，一种是前面介绍的 Linux 2.4 内核传统格式的文件系统镜像——image-initrd，制作方法同 Linux 2.4 内核的 Initrd 一样，其核心文件就是/linuxrc。另外一种 Initrd 是 cpio 格式的，这种格式的 Initrd 从 Linux 2.5 起开始引入，使用 cpio 工具生成，其核心文件不再是/linuxrc，而是/init，这种 Initrd 称为 cpio-initrd。尽管 Linux 2.6 内核对 cpio-initrd 和 image-initrd 这两种格式的 Initrd 均支持，但对其处理流程有着显著的区别，下面分别介绍 Linux 2.6 内核对这两种 Initrd 的处理流程。

1) cpio-initrd 的处理流程

(1) Bootloader 把内核以及 Initrd 文件加载到内存的特定位置。

(2) 内核判断 Initrd 的文件格式，如果是 cpio 格式，将其作为 cpio-initrd 处理。

(3) 将 Initrd 的内容释放到 rootfs 中。

(4) 执行 Initrd 中的/init 文件，执行到此，内核的工作全部结束，完全交给/init 文件处理。

2) image-initrd 的处理流程

(1) Bootloader 把内核以及 Initrd 文件加载到内存的特定位置。

(2) 内核判断 Initrd 的文件格式，如果不是 cpio 格式，将其作为 image-initrd 处理。

(3) 内核将 Initrd 的内容保存在 rootfs 下的/initrd.image 文件中。

(4) 内核将/initrd.image 的内容读入/dev/ram0 设备，也就是读入一个内存盘中。

(5) 内核以可读/写的方式把/dev/ram0 设备挂载为原始的根文件系统。

(6) 如果/dev/ram0 被指定为真正的根文件系统，那么内核跳至最后一步正常启动。

(7) 执行 Initrd 上的/linuxrc 文件，linuxrc 通常是一个脚本文件，负责加载内核访问根文件系统必需的驱动，以及加载根文件系统。

(8) /linuxrc 执行完毕，常规根文件系统被挂载。

(9) 如果常规根文件系统存在/initrd 目录，那么/dev/ram0 将移动到/initrd；否则，如果/initrd 目录不存在，/dev/ram0 将被卸载。

(10) 在常规根文件系统上进行正常启动过程，执行/sbin/init。

通过上面的流程可知，Linux 2.6 内核对 image-initrd 的处理流程同 Linux 2.4 内核相比并没有显著的变化，cpio-initrd 的处理流程相比于 image-initrd 的处理流程却有很大的区别，流程非常简单，在后面的源代码分析中，读者更能体会到这种处理的简捷。

4. cpio-initrd 与 image-initrd 的区别与优势

cpio-initrd 与 image-initrd 有如下三方面的区别，这些区别也正是 cpio-initrd 的优势所在：

(1) cpio-initrd 的制作方法更加简单。它通过两个命令就可以完成整个制作过程

#假设当前目录位于准备好的 Initrd 文件系统的根目录下：

```
bash# find . | cpio -c -o > ../initrd.img
bash# gzip ../initrd.img
```

而传统 Initrd 的制作过程比较繁琐，需要如下六个步骤：

```
bash# dd if=/dev/zero of=../initrd.img bs=512k count=5
bash# mkfs.ext2 -F -m0 ../initrd.img
bash# mount -t ext2 -o loop ../initrd.img   /mnt
bash# cp -r   * /mnt
bash# umount /mnt
bash# gzip -9 ../initrd.img
```

这里不对上面命令的含义作详细解释，可以参考相关文档来理解。

(2) cpio-initrd 的内核处理流程更加简化。通过上面 Initrd 处理流程的介绍，cpio-initrd 的处理流程显得格外简单，通过对比可知，cpio-initrd 的处理流程在如下两个方面得到了简化：

① cpio-initrd 没有使用额外的 RAMdisk，而是将其内容输入到 rootfs 中，其实 rootfs 本身也是一个基于内存的文件系统。这样就省掉了 RAMdisk 的挂载、卸载等步骤。

② cpio-initrd 启动完/init 进程，内核的任务就结束了，剩下的工作完全交给/init 处理；而对于 image-initrd，内核在执行完/linuxrc 进程后，还要进行一些收尾工作，并且要负责执行真正的根文件系统的/sbin/init。通过图 7-17 可以更加清晰地看出二者处理流程的区别。

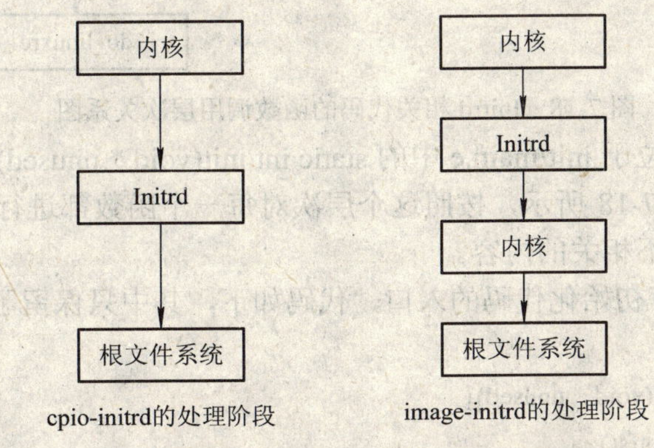

图 7-17　内核对 cpio-initrd 和 image-initrd 处理流程示意图

(3) cpio-initrd 的功能更加重要。如图 7-17 所示，cpio-initrd 不再像 image-initrd 那样作为 Linux 内核启动的中间步骤，而是作为内核启动的终点，内核将控制权交给 cpio-initrd 的/init 文件后，内核的任务就结束了，所以在/init 文件中，cpio-initrd 可以做更多的工作，而不必担心其与内核后续处理的衔接问题。虽然目前 Linux 发行版的 cpio-initrd 的/init 文件的内容还没有本质的改变，但是相信 Initrd 功能会逐步增加。

5. Linux 2.6 内核 Initrd 处理的源代码分析

上面简要介绍了 Linux 2.4/2.6 内核的 Initrd 的处理流程，为了对 Linux 2.6 内核的 Initrd 的处理有更加深入的认识，下面详细分析 Linux 2.6 内核初始化部分和 Initrd 密切相关的代码，首先分析几个代码中使用的概念：

- rootfs：一个基于内存的文件系统，是 Linux 在初始化时加载的第一个文件系统。
- initramfs：initramfs 与本节内容的关系不是很大，但是代码中涉及到了 initramfs，为了更好地理解代码，对其进行简单的介绍。initramfs 是在 Kernel 2.5 中引入的技术，实际上它的含义是：在内核镜像中附加一个 cpio 包，这个 cpio 包中包含了一个小型的文件系统，当内核启动时，内核将 cpio 包解开，并且将其中包含的文件系统释放到 rootfs 中，内核中的一部分初始化代码会放到这个文件系统中，作为用户层进程来执行。这样带来的明显的好处是精简了内核的初始化代码，而且使得内核的初始化过程更容易定制。

- cpio-initrd：前面已经定义过，指 Linux 2.6 内核使用的 cpio 格式的 Initrd。
- image-initrd：前面已经定义过，专指传统的文件镜像格式的 Initrd。
- realfs：用户最终使用的真正的文件系统。

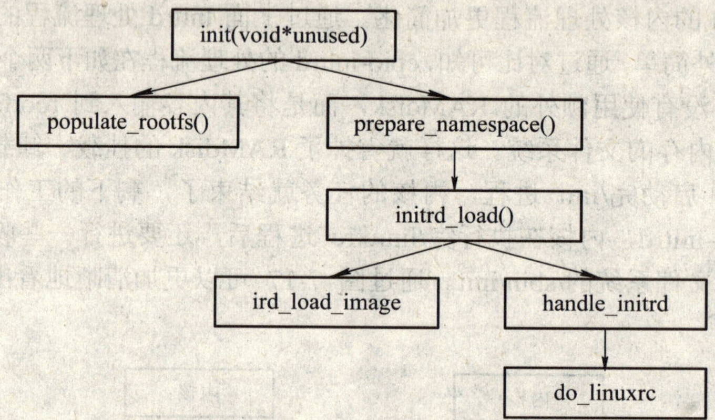

图 7-18　Initrd 相关代码的函数调用层次关系图

内核的初始化代码位于 init/main.c 中的 static int init(void * unused)函数中。Initrd 相关代码的函数调用层次如图 7-18 所示，按照这个层次对每一个函数都进行详细的分析。下面列出的代码中删除了部分不相关的内容。

init 函数是内核所有初始化代码的入口，代码如下，其中只保留了同 initrd 相关部分的代码。

```
01    static int init(void * unused){
02    populate_rootfs();
      if (sys_access((const char __user *) "/init", 0) == 0)        execute_command = "/init";
03    else    prepare_namespace();
      if (sys_open((const char __user *) "/dev/console", O_RDWR, 0) < 0)
      printk(KERN_WARNING "Warning: unable to open an initial console.\n");
04    (void) sys_dup(0);      (void) sys_dup(0);
      if (execute_command)          run_init_process(execute_command);run_init_process("/sbin/init");
      run_init_process("/etc/init"); run_init_process("/bin/init"); run_init_process("/bin/sh");
      panic("No init found.   Try passing init= option to kernel.");}
```

代码 01：populate_rootfs 函数负责加载 initramfs 和 cpio-initrd，对于 populate_rootfs 函数的细节后面会有描述。

代码 02：如果 rootfs 的根目录下包含/init 进程，则赋予 execute_command，在 init 函数的末尾会被执行。否则执行 prepare_namespace 函数，initrd 是在该函数中被加载的。

代码 03：将控制台设置为标准输入，后续的两个 sys_dup(0)则复制标准输入为标准输出和标准错误输出。

代码 04：如果 rootfs 中存在 init 进程，就将后续的处理工作交给该 init 进程。其实这段代码的含义是如果加载了 cpio-initrd 则交给 cpio-initrd 中的/init 处理，否则会执行 realfs 中的 init。

如果加载了 cpio-initrd，那么内核就不负责执行 realfs 的 init 进程，而是将这个执行任务交给 cpio-initrd 的 init 进程。解开 fedora core4 的 Initrd 文件，会发现根目录下的 init 文件是一个脚本，在该脚本的最后一行有这样一段代码：

```
..switchroot --movedev /sysroot
```

即 switchroot 语句负责加载 realfs，以及执行 realfs 的 init 进程。

对 cpio-initrd 的处理位于 populate_rootfs 函数中。例如：

```
01  void _init populate_rootfs(void){
02  char *err = unpack_to_rootfs(_initramfs_start, _initramfs_end - _initramfs_start, 0);
03  if (initrd_start) {
04  err = unpack_to_rootfs((char *)initrd_start,      initrd_end - initrd_start, 1);
     if (!err) {printk(" it is\n");unpack_to_rootfs((char *)initrd_start, initrd_end - initrd_start, 0);
     free_initrd_mem(initrd_start, initrd_end);
05  return; }
     fd = sys_open("/initrd.image", O_WRONLY|O_CREAT, 700);
     if (fd >= 0) {                    sys_write(fd, (char *)initrd_start,
          initrd_end - initrd_start);
          sys_close(fd);
          free_initrd_mem(initrd_start, initrd_end);      }}
```

代码 01：加载 initramfs，initramfs 位于地址_initramfs_start 处，是内核在编译过程中生成的。initramfs 是作为内核的一部分而存在的，不是 Bootloader 加载的。

代码 02：判断是否加载了 Initrd。无论哪种格式的 Initrd，都会被 Bootloader 加载到地址 initrd_start 处。

代码 03：判断加载的是不是 cpio-initrd。实际上 unpack_to_rootfs 有两个功能一个是释放 cpio 包，另一个就是判断是不是 cpio 包，这是通过最后一个参数来区分的，其中 0 表示释放，1 表示查看。

代码 04：如果是 cpio-initrd，则将其内容释放到 rootfs 中。

代码 05：如果不是 cpio-initrd，则认为是一个 image-initrd，将其内容保存到/initrd.image 中。在后面的 image-initrd 的处理代码中会读取/initrd.image。

对 image-initrd 的处理在 prepare_namespace 函数里，包含了对 image-initrd 处理的代码，相关代码如下：

```
01  void __init prepare_namespace(void){
02  if (initrd_load())    goto out;out:    umount_devfs("/dev");
    sys_mount(".", "/", NULL, MS_MOVE, NULL);     sys_chroot(".");
    security_sb_post_mountroot();       mount_devfs_fs ();}
```

代码 01：执行 initrd_load 函数，将 Initrd 载入，如果载入成功，initrd_load 函数会将 realfs 的根设置为当前目录。

代码 02：将当前目录即 realfs 的根挂载为 Linux VFS 的根。initrd_load 函数执行完后，将真正的文件系统的根设置为当前目录。

initrd_load 函数负责载入 image-initrd，代码如下：

```
01  int __init initrd_load(void){
02  if (mount_initrd) {    create_dev("/dev/ram", Root_RAM0, NULL);
    if (rd_load_image("/initrd.image") && ROOT_DEV != Root_RAM0) {
    sys_unlink("/initrd.image");   handle_initrd();   return 1;}  }
    sys_unlink("/initrd.image");   return 0;}
```

代码 01：如果加载 Initrd，则建立一个 ram0 设备 /dev/ram。

代码 02：/initrd.image 文件保存的就是 image-initrd，rd_load_image 函数执行具体的加载操作，将 image-nitrd 的文件内容释放到 ram0 里。判断 ROOT_DEV!=Root_RAM0 的含义是，如果在 grub 或者 lilo 里配置 root=/dev/ram0，则实际上真正的根设备就是 Initrd，所以就不把它作为 Initrd 处理，而是作为 realfs 处理。

handle_initrd()函数负责对 Initrd 具体处理，代码如下：

```
01  static void __init handle_initrd(void){
02  real_root_dev= new_encode_dev(ROOT_DEV);
    create_dev("/dev/root.old", Root_RAM0, NULL);
    mount_block_root("/dev/root.old",
03  root_mountflags & ~MS_RDONLY);
    sys_mkdir("/old", 0700);
    root_fd = sys_open("/", 0, 0);
    old_fd = sys_open("/old", 0, 0);
04  * move initrd over / and chdir/chroot in initrd root */
    ys_chdir("/root");
    sys_mount(".", "/", NULL, MS_MOVE, NULL);
    sys_chroot(".");
05  mount_devfs_fs ();
    pid = kernel_thread(do_linuxrc, "/linuxrc", SIGCHLD);
    if (pid > 0)
    {
    while (pid != sys_wait4(-1, &i, 0, NULL))
       yield();
    }
    /* move initrd to rootfs' /old */
    sys_fchdir(old_fd);
    sys_mount("/", ".", NULL, MS_MOVE, NULL);
06  /* switch root and cwd back to / of rootfs */
    sys_fchdir(root_fd);
    sys_chroot(".");
```

```
        sys_close(old_fd);
        sys_close(root_fd);
07      umount_devfs("/old/dev");
        if (new_decode_dev(real_root_dev) == Root_RAM0)
        {sys_chdir("/old");
08      return;         }
09      ROOT_DEV = new_decode_dev(real_root_dev);
10      mount_root();
        printk(KERN_NOTICE "Trying to move old root to /initrd ... ");
        error = sys_mount("/old", "/root/initrd", NULL, MS_MOVE, NULL);
        if (!error)   printk("okay\n");
        else {int fd = sys_open("/dev/root.old", O_RDWR, 0);
        printk("failed\n");
        printk(KERN_NOTICE "Unmounting old root\n");
        sys_umount("/old", MNT_DETACH);
        printk(KERN_NOTICE "Trying to free ramdisk memory ... ");
            if (fd < 0) {           error = fd;         }
        else {error = sys_ioctl(fd, BLKFLSBUF, 0);
            sys_close(fd);          }
        printk(!error ? "okay\n" : "failed\n");     }
```

handle_initrd 函数的主要功能是执行 Initrd 的 linuxrc 文件，并且将 realfs 的根目录设置为当前目录。

代码 01：real_root_dev 是一个全局变量，保存的是 realfs 的设备号。

代码 02：调用 mount_block_root 函数，将 initrd 文件系统挂载到 VFS 的/root 目录下。

代码 03：提取 rootfs 的根的文件描述符并将其保存到 root_fd。作用为切换根文件系统到 Initrd 的文件系统，处理完 Initrd 之后，返回 rootfs。。

代码 04：chroot 进入 Initrd 的文件系统。前面 Initrd 已挂载到 rootfs 的/root 目录。

代码 05：执行 Initrd 的 Linuxrc 文件，等待其结束。

代码 06：Initrd 处理完之后，重新切换根文件系统进入 rootfs。

代码 07：如果 real_root_dev 在 linuxrc 中重新设成 Root_RAM0，则 Initrd 就是最终的 realfs，改变当前目录到 Initrd 中，不做后续处理直接返回。

代码 08：在 linuxrc 执行完后，realfs 设备已经确定，调用 mount_root 函数将 realfs 挂载到 root_fs 的 /root 目录，并将当前目录设置为/root。

代码 09：后面的代码主要是做收尾工作，将 Initrd 的内存盘释放。到此代码分析完毕。

通过对 cpio-initrd 和 imag-initrd 的阐述与对比以及后半部分的代码分析，可全面地了解 Linux 2.6 内核的 Initrd 技术。

(1) Linux 2.6 既支持 cpio-initrd，也支持 image-initrd，但是 cpio-initrd 有着更大的优势，在使用中应该优先考虑使用 cpio 格式的 Initrd。

(2) cpio-initrd 相对于 image-initrd 承担了更多的初始化责任，这种变化也可以看做是内核代码的用户层化的一种体现，在其他的诸如 FUSE 等项目中也看到了将内核功能扩展到用户层实现的尝试。精简内核代码，将部分功能移植到用户层必然是 Linux 内核发展的一个趋势。

以上讨论的都是基于存储设备的文件系统，它们都可用作 Linux 的根文件系统。实际上，Linux 还支持逻辑的或伪文件系统，例如 procfs(proc 文件系统)用于获取系统信息，devfs(设备文件系统)和 sysfs 用于维护设备文件。

7.5 Busybox

Busybox 被非常形象地称为嵌入式 Linux 系统中的“瑞士军刀”，因为它将许多常用的 UNIX 命令和工具结合到了一个单独的可执行程序中。虽然与相应的 GNU 工具比较起来，Busybox 所提供的功能和参数略少，但在比较小的系统(例如启动盘)或者嵌入式系统中，这已经足够了。

Busybox 在设计上充分考虑了硬件资源受限的特殊工作环境。它采用一种很巧妙的办法减小自己的体积：所有的命令都通过“插件”的方式集中到一个可执行文件中，在实际应用过程中通过不同的符号链接来确定到底要执行哪个操作。例如最终生成的可执行文件为 Busybox，当为它建立一个符号链接 ls 的时候，就可以通过执行这个新命令实现列目录的功能。采用单一执行文件的方式最大限度地共享了程序代码，甚至连文件头、内存中的程序控制块等其他操作系统资源都共享，对于资源比较紧张的系统十分适合。

Busybox 是很多标准 Linux 工具的一个单个可执行实现包。Busybox 包含了很多简单的工具，例如 cat 和 echo，还包含了一些更大、更复杂的工具，例如 grep、find、mount 以及 telnet(不过它的选项比传统的版本要少)。

Busybox 最初是由 Bruce Perens 在 1996 年为 Debian GNU/Linux 安装盘编写的。其目标是在一张软盘上创建一个可引导的 GNU/Linux 系统，这可以用作安装盘和急救盘。一张软盘可以保存大约 1.4～1.7 MB 的内容，因此没有多少空间留给 Linux 内核及相关的用户应用程序。

Busybox 是按照 GNU General Public License(GPL)许可证发行的。这意味着如果在一个项目中使用 Busybox，就必须遵守这个许可证。可以在 Busybox Web 站点上看到该许可证的内容。Busybox 团队监视违反这个许可证的情况，他们维护了一个“Hall of Shame”页面来说明违反者的情况。

很多标准 Linux 工具都可以共享很多共同的元素。例如，很多基于文件的工具(比如 grep 和 find)都需要在目录中搜索文件的代码。当这些工具被合并到一个可执行程序中时，就可以共享这些相同的元素，这样可以产生更小的可执行程序。实际上，Busybox 可以将大约 3.5 MB 的工具压缩成大约 200 KB 大小。这就为可引导的磁盘和使用 Linux 的嵌入式设备提供了更多功能，并且可以对 2.4 和 2.6 版本的 Linux 内核使用 Busybox。

7.5.1 Busybox 命令的工作原理

为了使一个可执行程序看起来就像是很多可执行程序一样，Busybox 为传递给 C 语言的 main 函数的参数开发了一个很少使用的特性。C 语言的 main 函数定义如下：

```
int main( int argc, char *argv[] )
```

在这个定义中，argc 表示传递进来的参数的个数(参数数量)；而 argv 表示字符串数组，代表从命令行传递进来的参数(参数向量)。argv 的索引 0 是从命令行调用的程序名。

下面的 C 程序展示了 Busybox 的调用过程，尽管代码只简单地打印 argv 向量的内容。Busybox 使用 argv[0]来确定调用哪个应用程序。

```
// test.c
#include <stdio.h>
int main( int argc, char *argv[] )
{
  int i;
  for (i = 0 ; i < argc ; i++) {
    printf("argv[%d] = %s\n", i, argv[i]);
  }
  return 0;
}
```

调用这个程序显示所调用的第一个参数是该程序名字。可以对这个可执行程序重新进行命名，此时再调用就会得到该程序的新名字。另外，可以创建一个到可执行程序的符号链接，在执行这个符号链接时，就可以看到这个符号链接的名字。

在使用新命令更新 Busybox 之后的命令测试如下：

```
$ gcc -Wall -o test test.c
$ ./test arg1 arg2
argv[0] = ./test
argv[1] = arg1
argv[2] = arg2
$ mv test newtest
$ ./newtest arg1
argv[0] = ./newtest
argv[1] = arg1
$ ln -s newtest linktest
$ ./linktest arg
argv[0] = ./linktest
argv[1] = arg
```

Busybox 使用了符号链接，对于 Busybox 中包含的每个工具来说，都会创建一个符号链接，这样就可以使用这些符号链接调用 Busybox。Busybox 可以通过 argv[0]调用内部工具。

7.5.2 配置并编译 Busybox

从 Busybox 的 Web 站点上下载最新版本的 Busybox。与大部分开放源码程序一样，它是以一个压缩的 tarball 形式发布的，可以使用 tar 命令将其转换成源代码树。

1. Busybox 源代码树

Busybox 的源代码树中，工具基于用途进行分类，并存储在单独的子目录中。例如，网络工具和守护进程(如 httpd、ifconfig 等)都在 ./networking 目录中；标准的模块工具(包括 insmod、rmmod 和 lsmod)都在 ./modutils 目录中；编辑器(例如 Vi 和流编辑器、awk 和 sed)都在 ./editors 目录中。Makefile 配置、编译和安装所使用的各个文档都在这个目录树的根目录中。

展开 Busybox，代码如下：

```
$ tar xvfz busybox-1.1.1.tar.gz
$
```

生成一个目录 busybox-1.1.1，其中包含了 Busybox 的源代码。当编译默认的配置(其中包含了几乎所有的内容，并禁用了调试功能)时，需使用 defconfigmake 目标。

编译默认的 Busybox 配置如下：

```
$ cd busybox-1.1.1
$ make defconfig
$ make
$
```

编译结果是一个相当大的 Busybox 映像，不过这是最简单的 make 方法。直接调用这个新映像，会产生一个简单的 Help 页面，其中包括当前配置的命令。要对这个映像进行测试，也可以对一个命令调用 Busybox 来执行。

Busybox 命令的执行情况和 Busybox 中的 ash shell，代码如下：

```
$ ./busybox pwd
/usr/local/src/busybox-1.1.1
$ ./busybox ash
/usr/local/src/busybox-1.1.1 $ pwd
/usr/local/src/busybox-1.1.1
/usr/local/src/busybox-1.1.1 $ exit
$
```

在这个例子中，调用了 pwd(打印工作目录)命令，使用 Busybox 进入 ash shell，并在 ash 中调用 pwd。

2. 手工配置 Busybox

如果构建具有特殊需求的嵌入式设备，那么可以手工使用 menuconfig make 目标来配置 Busybox 的内容。如果熟悉 Linux 内核的编译过程，就会注意到 menuconfig 与配置 Linux 内核的内容所使用的目标相同。实际上，它们都采用了相同的基于 ncurses 的应用程序。

使用手工配置，可以指定在最终的 Busybox 映像中包含的命令。也可以对 Busybox 环境进行配置，例如包括对 NSA(美国国家安全代理)的安全增强 Linux(SELinux)，指定要使用的编译器(用来在嵌入式环境中进行交叉编译)以及 Busybox 应该静态编译还是动态编译。图 7-20 给出了 menuconfig 的主界面。在这里可以看到可以为 Busybox 配置的不同类型的应用程序(applet)。

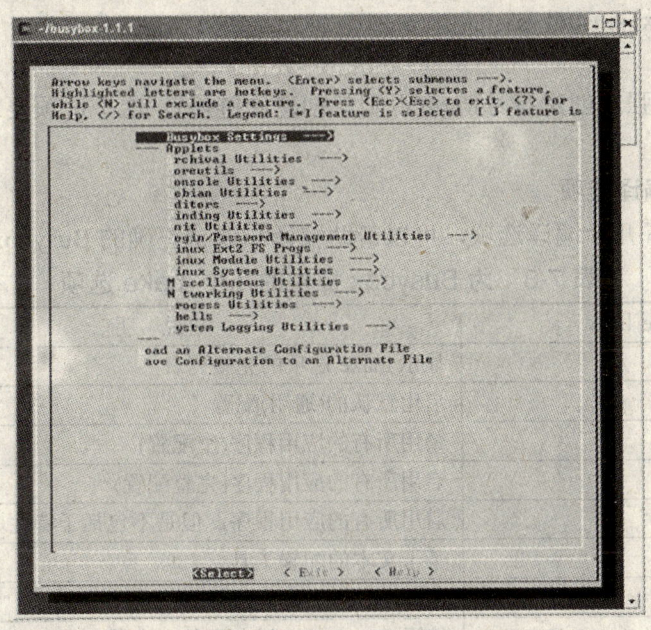

图 7-20　使用 menuconfig 配置 Busybox

可以使用下面的命令手工配置 Busybox：

```
$ make menuconfig
$ make
$
```

这里提供了可以调用的 Busybox 的二进制文件。下一个步骤是围绕 Busybox 构建一个环境，包括将标准 Linux 命令重定向到 Busybox 二进制文件的符号链接。可以使用下面命令简单地完成这个过程：

```
$ make install
$
```

默认情况下，这会创建一个本地子目录_install，其中包含了基本的 Linux 环境。在这个根目录中，可找到一个链接到 Busybox 的 linuxrc 程序。这个 linuxrc 程序在构建安装盘或急救盘(允许提前进行模块化的引导)时非常有用。同样是在这个根目录中，还有一个包含操作系统二进制文件的/sbin 子目录，以及一个包含用户二进制文件的/bin 目录。在构建软盘发行版或嵌入式初始 RAM 磁盘时，可以将这个_install 目录迁移到目标环境中。还可以使用 make 程序的 PREFIX 选项将安装目录重新定向到其他位置。例如，下面的代码就使用/tmp/newtarget 根目录来安装这些符号链接，而不是使用 ./_install 目录：

```
$ make PREFIX=/tmp/newtarget install
$
```

使用 install make 目标创建的符号链接都来自于 busybox.links 文件。这个文件是在编译 Busybox 时创建的，包含已经配置的命令清单。在执行 install 命令时，就会检查 busybox.links 文件确定要创建的符号链接。

到 Busybox 的命令行链接也可以使用 Busybox 在运行时动态创建。CONFIG_FEATURE_INSTALLER 选项就可以启用这个特性，在运行时可以执行如下代码：

```
$ ./busybox --install -s
$
```

其中，-s 选项表示强制创建符号链接(否则就创建硬链接)。这个选项要求系统中存在 /proc 文件系统。

3. Busybox 编译选项

Busybox 包括了几个编译选项，可以帮助编译和调试正确的 Busybox，见表 7-3。

表 7-3　为 Busybox 提供的几个 make 选项

make 目标	说　明
help	显示 make 选项的完整列表
defconfig	启用默认的(通用)配置
allnoconfig	禁用所有的应用程序(空配置)
allyesconfig	启用所有的应用程序(完整配置)
allbareconfig	启用所有的应用程序，但是不包括子特性
config	基于文本的配置工具
menuconfig	N-curses(基于菜单的)配置工具
all	编译 Busybox 二进制文件和文档(./docs)
busybox	编译 Busybox 二进制文件
clean	清除源代码树
distclean	彻底清除源代码树
sizes	显示所启用的应用程序的文本/数据大小

在定义配置时，只需要输入 make 就可以真正编译 Busybox 二进制文件。例如，要为所有的应用程序编译 Busybox，可以执行下面的命令：

```
$ make allyesconfig
$ make
$
```

对 Busybox 映像的压缩需要把握两个原则：不能编译为静态二进制文件(这会将所有需要的库都包含到映像文件中)；相反，如果是编译为一个共享映像，那么会使用其他应用程序使用的库(例如 /lib/libc.so.X)。

一般应使用 uClibc 进行编译，这是一个对大小进行过优化的 C 库，是为嵌入式系统而开发的；不要使用标准的 glibc(GNU C 库)来编译。

Busybox 中的命令并不支持所有可用选项，不过这些命令都包含了常用的选项。如果需要知道一个命令支持哪些选项，可以使用--help 选项来调用这个命令的帮助信息。例如：

```
$ ./busybox wc --help
BusyBox v1.1.1 (2006.04.09-15:27+0000) multi-call binary

Usage: wc [OPTION]... [FILE]...

Print line, word, and byte counts for each FILE, and a total line if
more than one FILE is specified. With no FILE, read standard input.
```

```
Options:
  -c print the byte counts
  -l print the newline counts
  -L print the length of the longest line
  -w print the word counts

$
```

以上这些特定的数据只有在启用了 CONFIG_FEATURE_VERBOSE_USAGE 选项时才可以使用。如果没有这个选项，就无法获得这些详细数据，但是这样可以节省大约 13 KB 的存贮空间。

向 Busybox 中添加一个新命令非常简单，因为它具有良好定义的体系结构。为新命令的源代码选择一个位置，要根据命令的类型(网络、shell 等)来选择位置，并与其他命令保持一致。这一点非常重要，因为这个新命令最终会在 menuconfig 的配置菜单中出现(在下例中，为 Miscellaneous Utilities 菜单)。

下例中将这个新命令称为 newcmd，并将它放到了 ./miscutils 目录中。集成到 Busybox 中的新命令的源代码如下：

```
#include "busybox.h"
int newcmd_main( int argc, char *argv[] )
{
  int i;
  printf("newcmd called:\n");
  for (i = 0 ; i < argc ; i++) {
    printf("arg[%d] = %s\n", i, argv[i]);
  }
  return 0;
}
```

将这个新命令的源代码添加到所选子目录的 Makefile.in 中。在本例中，更新 ./miscutils/Makefile.in 文件。按照字母顺序来添加新命令，以便维持与现有命令的一致性。

将命令添加到 Makefile.in 中的代码如下：

```
MISCUTILS-$(CONFIG_MT)          += mt.o
MISCUTILS-$(CONFIG_NEWCMD)      += newcmd.o
MISCUTILS-$(CONFIG_RUNLEVEL)    += runlevel.o
```

接下来再次更新 ./miscutils 目录中的配置文件，以使新命令在配置过程中可见。这个文件名为 config.in，新命令是按照字母顺序添加的。

将命令添加到 config.in 中的代码如下：

```
config CONFIG_NEWCMD
 bool "newcmd"
 default n
```

```
help
newcmd is a new test command.
```

这个结构定义了一个新配置项(通过 config 关键字)以及一个配置选项(CONFIG_NEWCMD)。新命令可以启用，也可以禁用，因此对配置的菜单属性使用了 bool (Boolean)值。这个命令默认是禁用的(n 表示 No)，可在最后加上一个简短的 Help 描述。在源代码树的 ./scripts/config/Kconfig-language.txt 文件中，可以看到配置语法的完整文法。

接下来需要更新 ./include/applets.h 文件，使其包含新命令。将下面这行内容添加到这个文件中，注意要按照字母顺序。维护这个次序非常重要，否则命令就会查找不到。将命令添加到 applets.h 中的代码如下：

```
USE_NEWCMD(APPLET(newcmd, newcmd_main, _BB_DIR_USER_BIN, _BB_SUID_NEVER))
```

上述代码定义了命令名(newcmd)，在 Busybox 源代码中的函数名(newcmd_main)为命令创建链接的位置(在这种情况下，它在 /usr/bin 目录中)，以及命令是否有权设置用户 ID(在本例中是 no)。

下来是向./include/usage.h 文件中添加详细的帮助信息。该信息可能非常详细。在本例中，只添加了少量信息，这样就可以编译新命令。

向 usage.h 添加帮助信息的代码如下：

```
#define newcmd_trivial_usage "None"
#define newcmd_full_usage "None"
```

最后一个步骤是启用命令(通过 make menuconfig，在 Miscellaneous Utilities 菜单中启用这个选项)，使用 make 编译 Busybox。

使用新的 Busybox，可以对新命令进行测试，代码如下：

```
$ ./busybox newcmd arg1
newcmd called:
arg[0] = newcmd
arg[1] = arg1
$ ./busybox newcmd --help
BusyBox v1.1.1 (2006.04.12-13:47+0000) multi-call binary

Usage: newcmd None

None
```

第 8 章 ARM-Linux 串行接口通信程序设计

串行接口是一种广泛应用的 I/O 接口，其数据和控制信息是一位接一位串行地传送。在通信和工业控制领域，由于通过 AT 指令集可以方便地控制串口设备，很多传输和监控设备的外部接口均采用串行接口，如串行接口的无线通信模块(蓝牙模块、ZigBee 模块等)，很多其他形式的接口设备也均由串口设备转换而来，因此嵌入式系统的开发与应用对于串口的开发与应用具有很强的实践意义。

8.1 串 行 接 口

8.1.1 串行接口的原理

串行接口是一种广泛应用的I/O接口，其数据和控制信息是一位接一位串行地传送。串行通信是指将构成字符的每个二进制数据位，依据一定的顺序逐位进行传送的通信方法。在串行通信中，有两种基本的通信方式：同步串行通信和异步串行通信。

(1) 同步串行通信方式。同步串行通信是以数据块(字符块)为信息单位传送，每帧信息可以包含很多字符。同步通信要求通信双方以相同的速率进行，而且要准确协调，通常通过共享一个时钟或定时脉冲源保证发送方和接收方准确同步。这种通信方式的效率较高，但是对时钟同步要求非常严格，成本较高。

(2) 异步串行通信方式。异步串行通信以字符为信息单位传送。双方需要遵守异步通信协议，以字符为数据单位，发送方传送字符的时间间隔不确定。每个字符传输都以起始位开始，以停止位结束。通信双方所指定的字符的数据位数、奇偶校验方法和停止位数必须相同。其传输效率比同步通信方式低，但是成本较低。异步通信是在以起始位开始、停止位结束的一个字符内按约定的频率进行同步接收。各个字符之间允许有间隙，而且两个字符之间的间隔是不固定的。在同步通信方式中，不仅同一字符中的相邻两位间的时间间隔要相等，而且相邻字符间的时间间隔也要求相等，这也是同步通信和异步通信方式的主要差别所在。

异步串行通信一般用在数据传送时间不能确知、发送数据不连续、数据量较少和数据传输速率较低的场合；而同步串行通信则用在要求快速、连续传输大批量数据的场合。当前嵌入式开发设计中主要采用异步串行通信方式。

异步串行 I/O 方式是将传输数据的每个字符一位接一位(例如先低位、后高位)地传送。数据的各不同位可以分时使用同一传输通道，因此串行 I/O 可以减少信号连线，最少用一对线即可进行。接收方对于同一根线上一连串的数字信号，首先要分割成位，再按位组成字符。为了恢复发送的信息，双方必须协调工作。在微型计算机中大量使用异步串行 I/O 方式，双方使用各自的时钟信号，而且允许时钟频率有一定误差，因此实现较容易。但是由于每个字符都要独立确定起始和结束(即每个字符都要重新同步)，字符和字符间还可能有长度不定的空闲时间，因此效率较低。

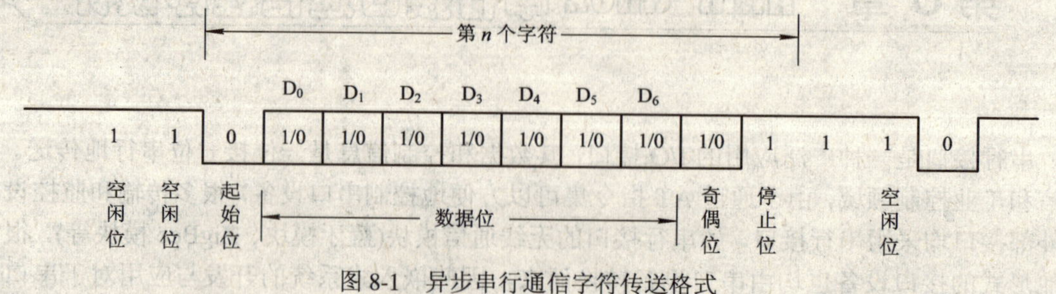

图 8-1　异步串行通信字符传送格式

图 8-1 给出异步串行通信中一个字符的传送格式。开始通信前，线路处于空闲状态，送出连续“1”。传送开始时首先发一个“ 0 ”作为起始位，然后出现在通信线上的是字符的二进制编码数据。每个字符的数据位长可以约定为 5 位、6 位、7 位或 8 位，一般采用 ASCII 编码。后面是奇偶校验位，根据约定，用奇偶校验位将所传字符中为“1”的位数凑成奇数个或偶数个。也可以约定不要奇偶校验，这样就取消了奇偶校验位。最后是表示停止位的“1”信号，这个停止位可以约定持续 1 位、1.5 位或 2 位的时间宽度。至此一个字符传送完毕，线路又进入空闲，持续为“1”。经过一段随机的时间后，下一个字符开始传送才又发出起始位。每一个数据位的宽度等于传送波特率的倒数。微机异步串行通信中，常用的数据传输率为 50、95、110、150、300、600、1200、2400、4800、9600 bps 等。

接收方按约定的格式接收数据，并进行检查，可以查出以下三种错误：

- 奇偶错：在约定奇偶检查的情况下，接收到的字符奇偶状态和约定不符。
- 帧格式错：一个字符从起始位到停止位的总位数不对。
- 溢出错：若先接收的字符尚未被微机读取，后面的字符又传送过来，则产生溢出错误。

每一种错误都会给出相应的出错信息，提示用户处理。

目前广泛使用的 9 针 DB-9 串行口与 25 针串行口信号线定义如表 8-1 所示。

表 8-1　串行接口信号线定义

DB9	DB25	标记	功　能
1	8	DCD	载波检测
2	3	RXD	接收数据
3	2	TXD	发送数据
4	20	DTR	数据终端准备好
5	7	GND	信号地
6	6	DSR	数据准备好
7	4	RTS	发送请求
8	5	CTS	发送清除
9	22	RI	振铃指示

在 ARM 系统中，要完成最基本的串行通信功能，实际上只需要 RXD、TXD 和 GND 即可，这样的连接只要三根线；如果需要进行数据流控制，将需要采用七线式接法，其连接方式如图 8-2 所示。

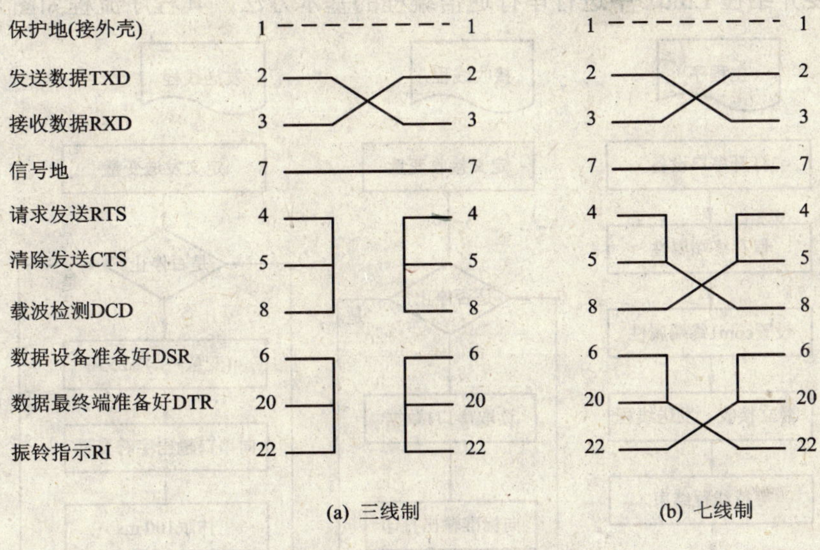

图 8-2 串行通信连接方式

PC 串口采用 RS232 电平，即标准逻辑“1”对应−5～−15 V 电平，标准逻辑“0”对应+5～+15 V 电平，而在 ARM 系统中标准逻辑“1”对应 2～3.3 V 电平，标准逻辑“0”对应 0～0.4 V 电平。显然，两者间要进行通信就必须经过信号电平的转换，通常使用 MAX232/MAX3232 等专用集成电路进行电平转换，典型电路如图 8-3 所示。

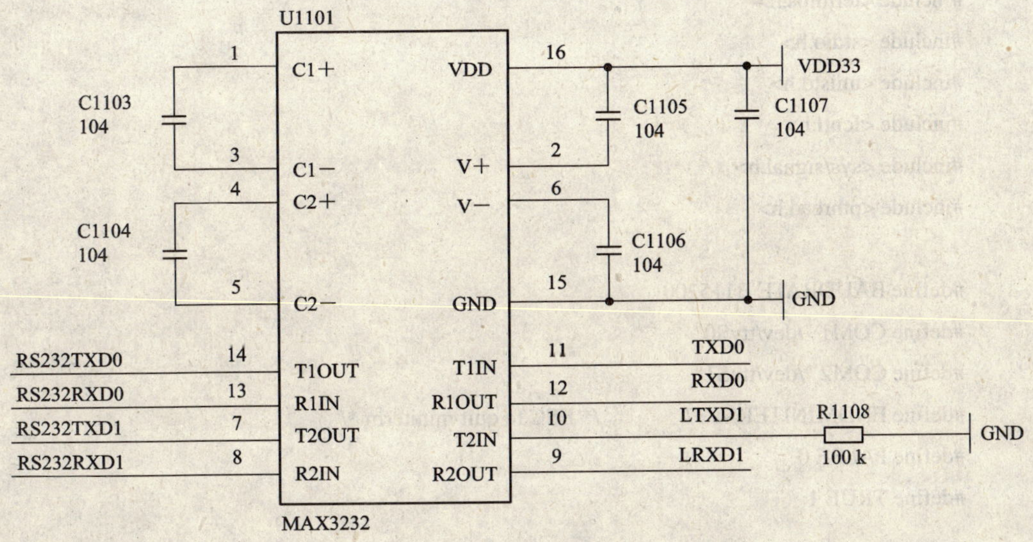

图 8-3 MAX3232 典型电路

8.1.2　程序分析

Linux 操作系统从一开始就对串行口提供了很好的支持，为串行通信提供了大量的函数，本节主要介绍在 Linux 中进行串行通信编程的基本方法，其程序流程如图 8-4 所示。

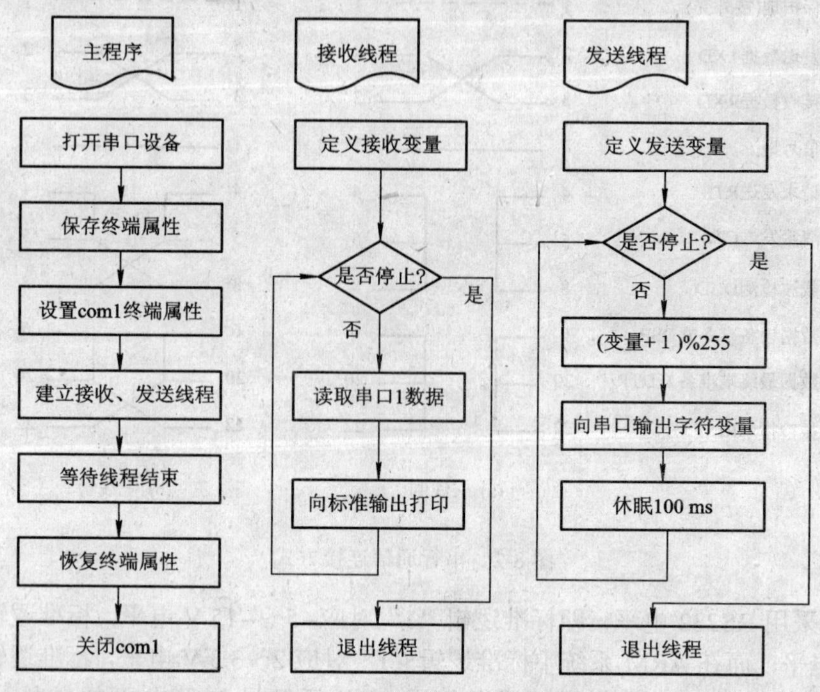

图 8-4　串口通信实验流程图

串行通信的代码如下：

```
#include <termios.h>
#include <stdio.h>
#include <unistd.h>
#include <fcntl.h>
#include <sys/signal.h>
#include <pthread.h>

#define BAUDRATE B115200
#define COM1 "/dev/ttyS0"
#define COM2 "/dev/ttyS1"
#define ENDMINITERM 27          /* ESC to quit miniterm */
#define FALSE 0
#define TRUE 1

volatile int STOP=FALSE;
volatile int fd;
```

```
void child_handler(int s)
{
  printf("stop!!!\n");
   STOP=TRUE;
}
/*--------------------------------------------------------*/
void* keyboard(void * data)
{
      int c;
 for (;;){
       c=getchar();
             if( c== ENDMINITERM){
             STOP=TRUE;
             break ;
             }
 }
      return NULL;
}
/*--------------------------------------------------------*/
/* modem input handler */
void* receive(void * data)
{
        int c;
        printf("read modem\n");
        while (STOP==FALSE)
        {
        read(fd,&c,1); /* com port */
        write(1,&c,1); /* stdout */
        }
        printf("exit from reading modem\n");
        return NULL;
 }
/*--------------------------------------------------------*/
void* send(void * data)
{
        int c='0';
        printf("send data\n");
        while (STOP==FALSE) /* modem input handler */
        {
```

```
        c++;
        c %= 255;
        write(fd,&c,1); /* stdout */
        usleep(100000);
        }
        return NULL; }
/*-----------------------------------------------------------*/
int main(int argc,char** argv)
{
struct termios oldtio,newtio,oldstdtio,newstdtio;
struct sigaction sa;
int ok;
        pthread_t th_a, th_b, th_c;
        void * retval;

if( argc > 1)
        fd = open(COM2, O_RDWR );
        else
                fd = open(COM1, O_RDWR ); //| O_NOCTTY |O_NONBLOCK);
if (fd <0) {
        error(COM1);
        exit(-1);
        }
        tcgetattr(0,&oldstdtio);
        tcgetattr(fd,&oldtio);              /* save current modem settings */
        tcgetattr(fd,&newstdtio);           /* get working stdtio */
newtio.c_cflag = BAUDRATE | CRTSCTS | CS8 | CLOCAL | CREAD;    /*ctrol flag*/
newtio.c_iflag = IGNPAR;                    /*input flag*/
newtio.c_oflag = 0;                         /*output flag*/
        newtio.c_lflag = 0;
        newtio.c_cc[VMIN]=1;
newtio.c_cc[VTIME]=0;
/* now clean the modem line and activate the settings for modem */
        tcflush(fd, TCIFLUSH);
tcsetattr(fd,TCSANOW,&newtio);                         /*set attrib*/
        sa.sa_handler = child_handler;
        sa.sa_flags = 0;
        sigaction(SIGCHLD,&sa,NULL);                   /* handle dying child */
        pthread_create(&th_a, NULL, keyboard, 0);
```

```
    pthread_create(&th_b, NULL, receive, 0);
    pthread_create(&th_c, NULL, send, 0);
    pthread_join(th_a, &retval);
    pthread_join(th_b, &retval);
    pthread_join(th_c, &retval);
    tcsetattr(fd,TCSANOW,&oldtio);              /* restore old modem setings */
    tcsetattr(0,TCSANOW,&oldstdtio);            /* restore old tty setings */
    close(fd);
    exit(0);
}
```

下面简单地分析上述程序的主要组成部分。

(1) 头文件包括以下部分：

```
#include        <stdio.h>           /*标准输入输出定义*/
#include        <stdlib.h>          /*标准函数库定义*/
#include        <unistd.h>          /*linux 标准函数定义*/
#include        <sys/types.h>
#include        <sys/stat.h>
#include        <fcntl.h>           /*文件控制定义*/
#include        <termios.h>         /*PPSIX 终端控制定义*/
#include        <errno.h>           /*错误号定义*/
#include        <pthread.h>         /*线程库定义*/
```

(2) 打开串口操作。在 Linux 中串口文件位于/dev 下，一般在老版本的内核中串口 1 为/dev/ttyS0，串口 2 为/dev/ttyS1。首先要为 ttyS0 设备建立连接(以串口设备位于/dev/tts/下为例)，方法如下：

```
[/mnt/yaffs] cd /dev
[/dev] ln –sf   /dev/tts/0   ttyS0
```

打开串口是通过标准的文件打开函数来实现的，代码如下：

```
int fd;
fd = open( "/dev/ttyS0", O_RDWR);        /*以读写方式打开串口*/
if (-1 == fd){                           /*不能打开串口 1*/
    perror(" 提示错误！ ");
}
```

(3) 串口设置。最基本的设置串口包括波特率设置、校验位设置和停止位设置。串口的设置主要是设置 struct termio 结构体的各成员值，该结构体的定义如下：

```
struct termio
{
  unsigned short   c_iflag;              /* 输入模式标志 */
  unsigned short   c_oflag;              /* 输出模式标志 */
  unsigned short   c_cflag;              /* 控制模式标志 */
```

```
    unsigned short   c_lflag;        /* local mode flags */
    unsigned char    c_line;         /* line discipline */
    unsigned char    c_cc[NCC];      /* control characters */
};
```

设置这个结构体很复杂，可以参考 man 手册或者由赵克佳、沈志宇编写的《UNIX 程序编写教程》，这里仅考虑常见的基本设置。

- 波特率设置。下面是修改波特率的代码：

```
struct  termios Opt;
tcgetattr(fd, &Opt);
cfsetispeed(&Opt,B19200);            /*设置为 19200 b/s*/
cfsetospeed(&Opt,B19200);
tcsetattr(fd,TCANOW,&Opt);
```

- 校验位设置。

无校验(8 位)：

```
Option.c_cflag &= ~PARENB;
Option.c_cflag &= ~CSTOPB;
Option.c_cflag &= ~CSIZE;
Option.c_cflag |= ~CS8;
```

奇校验(7 位)：

```
Option.c_cflag |= ~PARENB;
Option.c_cflag &= ~PARODD;
Option.c_cflag &= ~CSTOPB;
Option.c_cflag &= ~CSIZE;
Option.c_cflag |= ~CS7;
```

偶校验(7 位)：

```
Option.c_cflag &= ~PARENB;
Option.c_cflag |= ~PARODD;
Option.c_cflag &= ~CSTOPB;
Option.c_cflag &= ~CSIZE;
Option.c_cflag |= ~CS7;
```

Space 校验(7 位)：

```
Option.c_cflag &= ~PARENB;
Option.c_cflag &= ~CSTOPB;
Option.c_cflag &= &~CSIZE;
Option.c_cflag |= CS8;
```

- 停止位设置。

1 位：

```
options.c_cflag &= ~CSTOPB;
```

2 位:

```
options.c_cflag |= CSTOPB;
```

注意：如果不是开发终端之类的数据，只是串口传输数据，就不需要串口来处理，那么使用原始模式(Raw Mode)方式来通信，设置方式如下：

```
options.c_lflag  &= ~(ICANON | ECHO | ECHOE | ISIG);      /*Input*/
options.c_oflag  &= ~OPOST;                               /*Output*/
```

(4) 读/写串口。设置好串口之后，读/写串口很容易，把串口当作文件读/写即可。

- 发送串口数据的代码如下：

```
char    buffer[1024];
int     Length＝1024;
int     nByte;
nByte = write(fd, buffer ,Length)
```

- 读取串口数据：使用文件操作 read 函数来读取，如果设置为原始模式传输数据，那么 read 函数返回的字符数是串口实际收到的字符数。可以使用操作文件的函数来实现异步读取，如用 fcntl 或者 select 等来操作。读取串口数据的代码如下：

```
char  buff[1024];
int   Len＝1024;
int   readByte = read(fd, buff, Len);
```

(5) 关闭串口操作。关闭串口就是关闭文件，命令如下：

```
close(fd);
```

8.2 A/D 接 口

8.2.1 A/D 接口原理

1. A/D 转换器

A/D 转换器是模拟信号源和 CPU 之间联系的接口，它的任务是将连续变化的模拟信号转换为数字信号，以便计算机和数字系统进行处理、存储、控制和显示。在工业控制和数据采集及许多其他领域中，A/D 转换是不可缺少的。

A/D 转换器有以下类型：逐位比较型、积分型、计数型、并行比较型、电压-频率型。主要应根据使用场合的具体要求，按照转换速度、精度、价格、功能以及接口条件等因素来决定选择何种类型的 A/D 转换器。常用的有以下两种。

1) 双积分型 A/D 转换器

双积分式也称二重积分式，其实质是测量和比较两个积分的时间，一个是对模拟输入电压积分的时间 T_0，此时间往往是固定的；另一个是以充电后的电压为初值，对参考电源 V_{Ref} 反向积分，积分电容被放电至零所需的时间 T_1。模拟输入电压 V_i 与参考电压 V_{Ref} 之比，等于上述两个时间之比。由于 V_{Ref}、T_0 固定，而放电时间 T_1 可以测出，因而可计算出模拟输入电压的大小(V_{Ref} 与 V_i 符号相反)。

由于 T_0、V_{Ref} 为已知的固定常数，因此反向积分时间 T_1 与输入模拟电压 V_i 在 T_0 时间内的平均值 V_A 成正比。输入电压 V_i 愈高，V_A 愈大，T_1 就愈长。在 T_1 开始时刻，控制逻辑同时打开计数器的控制门开始计数，直到积分器恢复到零电平时，计数停止，则计数器所计出的数字即正比于输入电压 V_i 在 T_0 时间内的平均值，于是完成了一次 A/D 转换。

由于双积分型 A/D 转换是测量输入电压 V_i 在 T_0 时间内的平均值，因此对常态干扰(串摸干扰)有很强的抑制作用，尤其对正负波形对称的干扰信号，抑制效果更好。

双积分型的 A/D 转换器电路简单，抗干扰能力强，精度高，这是它突出的优点。但转换速度比较慢，常用的 A/D 转换芯片的转换时间为毫秒级。例如 12 位的积分型 A/D 芯片 ADCET12BC，其转换时间为 1 ms。因此适用于模拟信号变化缓慢、采样速率要求较低，而对精度要求较高或现场干扰较严重的场合，例如数字电压表。

2) 逐次逼近型 A/D 转换器

逐次逼近型(也称逐位比较式)A/D 转换器，应用比积分型更为广泛，其原理框图如图 8-5 所示，主要由逐次逼近寄存器(SAR)、D/A 转换器、比较器以及时序和控制逻辑等部分组成。它的实质是逐次把设定的 SAR 寄存器中的数字量经 D/A 转换后得到的电压 V_c 与待转换模拟电压 V_x 进行比较。比较时，先从 SAR 的最高位开始，逐次确定各位的数码应是“1”还是“0”。

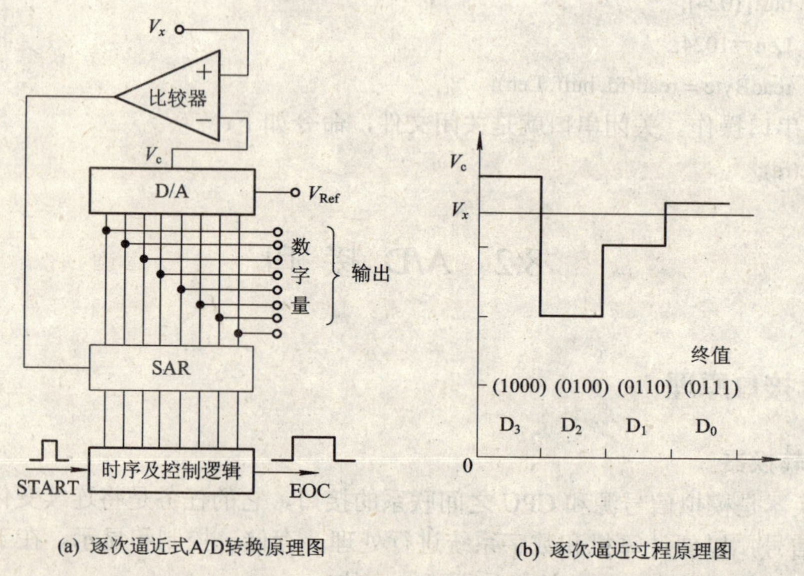

图 8-5　逐次逼近式 A/D 转换器

逐次逼近型 A/D 转换器的工作过程如下：转换前，先将 SAR 寄存器各位清零。转换开始时，控制逻辑电路先设定 SAR 寄存器的最高位为“1”，其余位为“0”，此试探值经 D/A 转换成电压 V_c，然后将 V_c 与模拟输入电压 V_x 比较。如果 $V_x \geq V_c$，说明 SAR 最高位的“1”应予保留；如果 $V_x < V_c$，则说明 SAR 位应予以清零。然后再对 SAR 寄存器的次高位置“1”，依上述方法进行 D/A 转换和比较。如此重复上述过程，直至确定 SAR 寄存器的最低位为止。过程结束后，状态线改变状态，表明已完成一次转换。最后，逐次逼近寄存器 SAR 中的内容就是与输入模拟量 V 相对应的二进制数字量。显然 A/D 转换器的位数 N 决定于 SAR 的位数和 D/A 的位数。图 8-5(b)表示四位 A/D 转换器的逐次逼近过程。转换结果能否准确逼

近模拟信号，主要取决于 SAR 和 D/A 的位数。位数越多，越能准确逼近模拟量，但转换所需的时间也越长。

逐次逼近式 A/D 转换器的主要特点是：转换速度较快，在 1～100 μs 以内，分辨率可以达 18 位，特别适用于工业控制系统；转换时间固定，不随输入信号的变化而变化；抗干扰能力相对积分型的差。例如，对模拟输入信号采样过程中，若在采样时刻有一个干扰脉冲叠加在模拟信号上，则采样时，包括干扰信号在内，都被采样和转换为数字量，这就会造成较大的误差，所以有必要采取适当的滤波措施。

2. A/D 转换的重要指标

(1) 分辨率(Resolution)。分辨率反映 A/D 转换器对输入微小变化响应的能力，通常用数字输出最低位(LSB)所对应的模拟输入的电平值表示。n 位 A/D 能反映 $1/2^n$ 满量程的模拟输入电平。因为分辨率直接与转换器的位数有关，所以一般也可简单地用数字量的位数来表示分辨率，即 n 位二进制数，最低位所具有的权值就是它的分辨率。

值得注意的是，分辨率与精度是两个不同的概念，不要把两者相混淆。即使分辨率很高，也可能由于温度漂移、线性度等原因，而使其精度不够高。

(2) 误差。误差有绝对误差和相对误差两种表示方法。

● 绝对误差。在一个转换器中，对应于一个数字量的实际模拟输入电压和理想的模拟输入电压之差并非是一个常数，把它们之间差的最大值定义为“绝对误差”。通常以数字量的最小有效位(LSB)的分数值来表示绝对误差，如±1 LSB 等。绝对误差包括量化误差和其他所有误差。

● 相对误差。相对误差是指整个转换范围内，任一数字量所对应的模拟输入量的实际值与理论值之差，用模拟电压满量程的百分比表示。

例如，满量程为 10 V，10 位 A/D 芯片，若其绝对精度为±1/2 LSB，则其最小有效位的量化单位为 9.77 mV，其绝对精度为 4.88 mV，其相对精度为 0.048%。

(3) 转换时间(Conversion Time)。转换时间是指完成一次 A/D 转换所需的时间，即由发出启动转换命令信号到转换结束信号开始有效的时间间隔。转换时间的倒数称为转换速率。例如 AD570 的转换时间为 25 μs，其转换速率为 40 kHz。

(4) 电源灵敏度(Power Supply Sensitivity)。电源灵敏度是指 A/D 转换芯片的供电电源的电压发生变化时产生的转换误差。一般用电源电压变化 1%时相当的模拟量变化的百分数来表示。

(5) 量程。量程是指所能转换的模拟输入电压范围，分单极性、双极性两种类型。

例如，单极性量程为 0～+5 V，0～+10 V，0～+20 V；双极性量程为−5～+5 V，−10～+10 V。

(6) 输出逻辑电平。多数 A/D 转换器的输出逻辑电平与 TTL 电平兼容。在考虑数字量输出与微处理的数据总线接口时，应注意是否要三态逻辑输出，是否要对数据进行锁存等。

(7) 工作温度范围。由于温度会对比较器、运算放大器、电阻网络等产生影响，故只在一定的温度范围内才能保证额定精度指标。一般 A/D 转换器的工作温度范围为 0～70℃，军用品的工作温度范围为−55～+125℃。

8.2.2　ARM 自带的 10 位 A/D 转换器

ARM S3C2410 芯片自带一个 8 路 10 位 A/D 转换器，并且支持触摸屏功能。ARM2410

开发板只用作 3 路 A/D 转换器，其最大转换率为 500K，非线性度为正负 1.5 位，其转换时间可以通过下式计算：如果系统时钟为 50 MHz，比例值为 49，则

$$\text{A/D 转换器频率} = \frac{50\ \text{MHz}}{49+1} = 1\ \text{MHz}$$

$$\text{转换时间} = \frac{1}{1\,\text{MHz/5cycles}} = \frac{1}{200\ \text{kHz}} = 5\ \mu\text{s}$$

A/D 转换器的采样控制寄存器设置及位描述如表 8-2 和表 8-3 所示。

表 8-2　采样控制寄存器的设置

寄存器	地　址	读/写	描　述	复位值
ADCCON	0x58000000	R/W	ADC控制寄存器	0x3FC4

表 8-3　采样控制寄存器的位描述

ADCCON	位	描　述	初始设置
ECFLG	[15]	End of conversion flag (read only). 0 = A/D conversion in process 1 = End of A/D conversion	0
PRSCEN	[14]	A/D converter prescaler enable. 0 = Disable 1 = Enable	0
PRSCVL	[13:6]	A/D converter prescaler value. Data value: 1 ~ 255 Note that division factor is (N+1) when the prescaler value is N.	0xFF
SEL_MUX	[5:3]	Analog input channel select. 000 = AIN 0 001 = AIN 1 010 = AIN 2 011 = AIN 3 100 = AIN 4 101 = AIN 5 110 = AIN 6 111 = AIN 7 (XP)	0
STDBM	[2]	Standby mode select. 0 = Normal operation mode 1 = Standby mode	1
READ_START	[1]	A/D conversion start by read. 0 = Disable start by read operation 1 = Enable start by read operation	0
ENABLE_START	[0]	A/D conversion starts by setting this bit. If READ_START is enabled, this value is not valid. 0 = No operation 1 = A/D conversion starts and this bit is cleared after the start-up.	0

该寄存器的 0 位是转换使能位，写 1 表示转换开始。1 位是读操作使能转换，写 1 表示转换在读操作时开始。[5:3]位是通道号。[13:6]位为 AD 转换比例因子。14 位为比例因子有效位，15 位为转换标志位(只读)。

A/D 转换结果数据寄存器设置如表 8-4 所示。

表 8-4　A/D 转换结果数据寄存器的设置

寄存器	地　址	读/写	描　述	复位值
ADCDAT0	0x5800000C	R	ADC转换数据寄存器	—

ADCDAT0：转换结果数据寄存器。该寄存器的十位表示转换后的结果，全为 1 时为满量程 3.3 V。

A/D 转换器在扩展板上的接法如图 8-6 所示，前三路通过电位器接到 3.3 V 电源上。

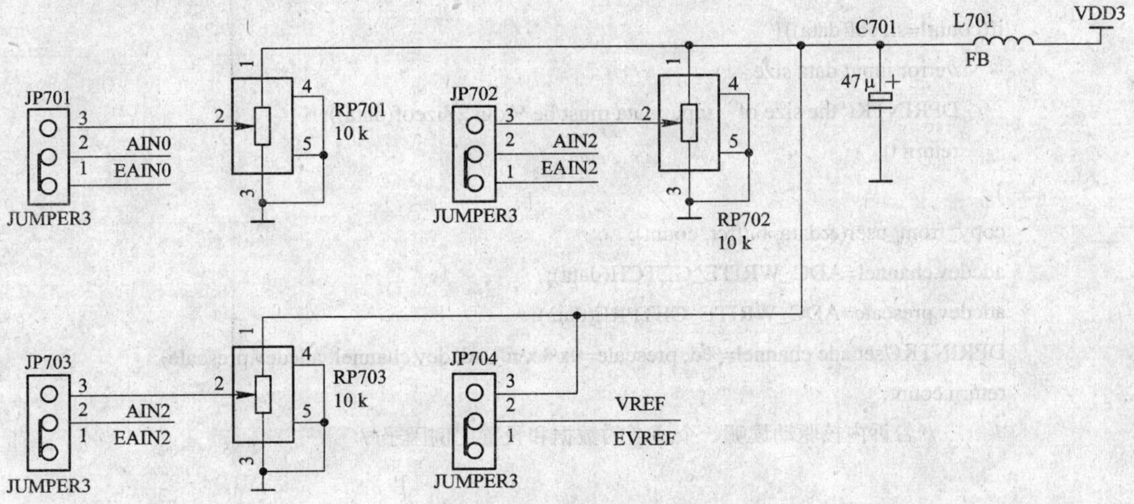

图 8-6　A/D 转换器在扩展板上的接法

8.2.3　程序分析

通常编译内核时直接把 ad 驱动加入到内核里面，对用户可见的只是下面的一个文件结构。在用户程序里只需要用到 open、read、write、release 等内核函数即可。例如：

```
static struct file_operations s3c2410_fops = {
  owner:    THIS_MODULE,
  open:     s3c2410_adc_open,
  read:     s3c2410_adc_read,
  write:    s3c2410_adc_write,
  release:  s3c2410_adc_release,
};
```

以下是驱动部分的重要函数定义：

```
static int s3c2410_adc_open(struct inode *inode, struct file *file)
{
init_MUTEX(&adcdev.lock);
```

```
  init_waitqueue_head(&(adcdev.wait));
  adcdev.channel=0;
  adcdev.prescale=0xff;
  MOD_INC_USE_COUNT;
  DPRINTK( "adc opened\n");
  return 0;
}           /*AD 通道和比例因子初始化*/

static ssize_t s3c2410_adc_write(struct file *file, const char *buffer, size_t count, loff_t * ppos)
{
  int data;
  if(count!=sizeof(data)){
      //error input data size
      DPRINTK("the size of   input data must be %d\n", sizeof(data));
      return 0;
  }
  copy_from_user(&data, buffer, count);
  adcdev.channel=ADC_WRITE_GETCH(data);
  adcdev.prescale=ADC_WRITE_GETPRE(data);
  DPRINTK("set adc channel=%d, prescale=0x%x\n", adcdev.channel, adcdev.prescale);
  return count;
}         /*告诉内核驱动读哪一个通道的数据和设置比例因子*/

#define START_ADC_AIN(ch, prescale) \
  do{ \
      ADCCON = PRESCALE_EN | PRSCVL(prescale) | ADC_INPUT((ch)) ; \
      ADCCON |= ADC_START; \
  }while(0)
/*PRESCALE_EN 左移 14 位使比例因子有效；PRSCVL 左移 6 位设置比例因子*/
/*ADC_INPUT 左移 3 位选择通道*/
/*ADCCON |= ADC_START;   ADCCON 0 置 1，准备采集数据*/

static ssize_t s3c2410_adc_read(struct file *filp, char *buffer, size_t count,       loff_t *ppos)
{
  int ret = 0;
  if (down_interruptible(&adcdev.lock))
      return -ERESTARTSYS;
  START_ADC_AIN(adcdev.channel, adcdev.prescale);
  interruptible_sleep_on(&adcdev.wait);
  ret = ADCDAT0;
```

```
    ret &= 0x3ff;                          /*把数据寄存器内容放入变量 ret*/
    DPRINTK("AIN[%d] = 0x%04x, %d\n", adcdev.channel, ret, ADCCON & 0x80 ? 1:0);
    copy_to_user(buffer, (char *)&ret, sizeof(ret));   /*把 ret 变量的内容传给用户缓冲区*/
    up(&adcdev.lock);
    return sizeof(ret);
}                                          /*由内核采集通道数据后把数据放回用户区*/
```

main.c 的代码如下：

```
/***********************************************/
*           by threewater<threewater@up-tech.com>          *
*                   2004.06.18                              *
/***********************************************/
#include <stdio.h>
#include <unistd.h>
#include <sys/types.h>
#include <sys/ipc.h>
#include <sys/ioctl.h>
#include <pthread.h>
#include <fcntl.h>
#include "s3c2410-adc.h"
#define ADC_DEV             "/dev/adc/0raw"
static int adc_fd = -1;
static int init_ADdevice(void)
{
        if((adc_fd=open(ADC_DEV, O_RDWR))<0){
                printf("Error opening %s adc device\n", ADC_DEV);
                return -1;
        }
}
static int GetADresult(int channel)
{
        int PRESCALE=0XFF;
        int data=ADC_WRITE(channel, PRESCALE);
        write(adc_fd, &data, sizeof(data));
        read(adc_fd, &data, sizeof(data));
        return data;
}
static int stop=0;
static void* comMonitor(void* data)
```

```
{
        getchar();
        stop=1;
        return NULL;
}
int main(void)
{
        int i;
        float d;
        pthread_t th_com;
        void * retval;
        /*set s3c44b0 AD register and start AD*/
        if(init_ADdevice()<0)
                return -1;

        /* Create the threads */
        pthread_create(&th_com, NULL, comMonitor, 0);
        printf("\nPress Enter key exit!\n");
        while( stop==0 ){
                for(i=0; i<=2; i++){/*采样 0~2 路 A/D 值*/
                        d=((float)GetADresult(i)*3.3)/1024.0;
                        printf("a%d=%8.4f\t",i,d);
                }
                usleep(1);
                printf("\r");
        }
        /* Wait until producer and consumer finish. */
        pthread_join(th_com, &retval);
        printf("\n");
        return 0;
}
```

8.3　瓦斯信息采集系统应用实例

图 8-7 所示为煤矿井下瓦斯信息采集系统串口应用实例。

瓦斯信息采集系统主要包括两个部分：信息采集前端和手持终端。信息采集前端通过瓦斯传感器实时采集所处环境的瓦斯浓度信息，打包数据，通过 ZigBee 模块无线发送；手持终端则建立与采集前端的无线通信，接收瓦斯浓度信息，实时显示存储。

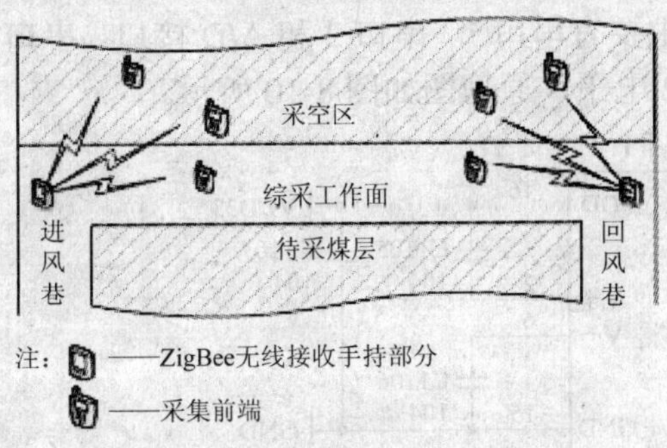

图 8-7　瓦斯信息采集系统原理框图

8.3.1　瓦斯信息采集系统硬件设计

以采集前端为例，采集前端采用核心板+底板模式，核心板完成核心功能，底板提供电源及 I/O 接口支持，此种设计模式大大增强了采集前端的可扩展性，其硬件原理框图如图 8-8 所示。

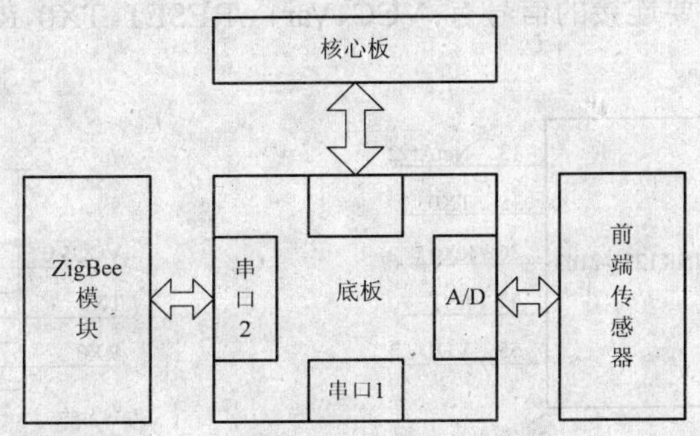

图 8-8　采集前端原理框图

底板电源输入为 5 V 直流电压，输出为 3.3 V 和 1.8 V 直流电压，原理图如图 8-9 所示。

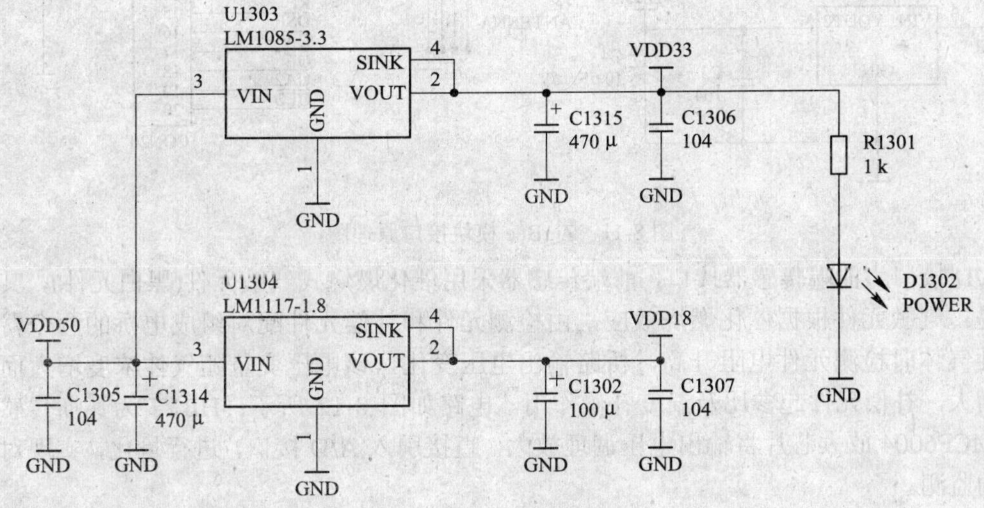

图 8-9　底板电源原理图

底板扩展的 I/O 接口主要有串口 1、串口 2 和 A/D 接口。串口 1 为控制接口，可直接与 PC 串口连接，采用 RS232 电平，原理图如图 8-10 所示。

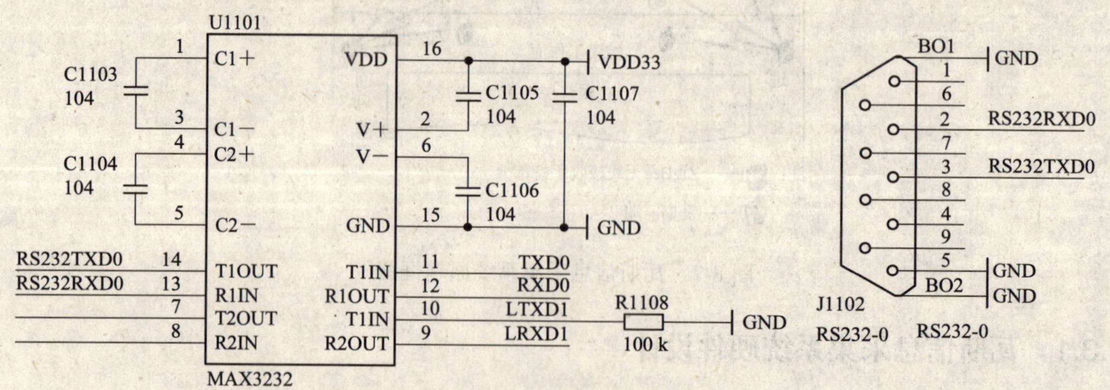

图 8-10　底板串口 1 原理图

串口 2 为 ZigBee 模块的接口。ZigBee 模块选用 Helicomm 的 IP-LINK1221-2163，通过串口 2 接入采集前端，需要连接的信号有：VCC、Var+、/RESET、TX0、RX0、GND 和 RF_GND，其原理图如图 8-11 所示。

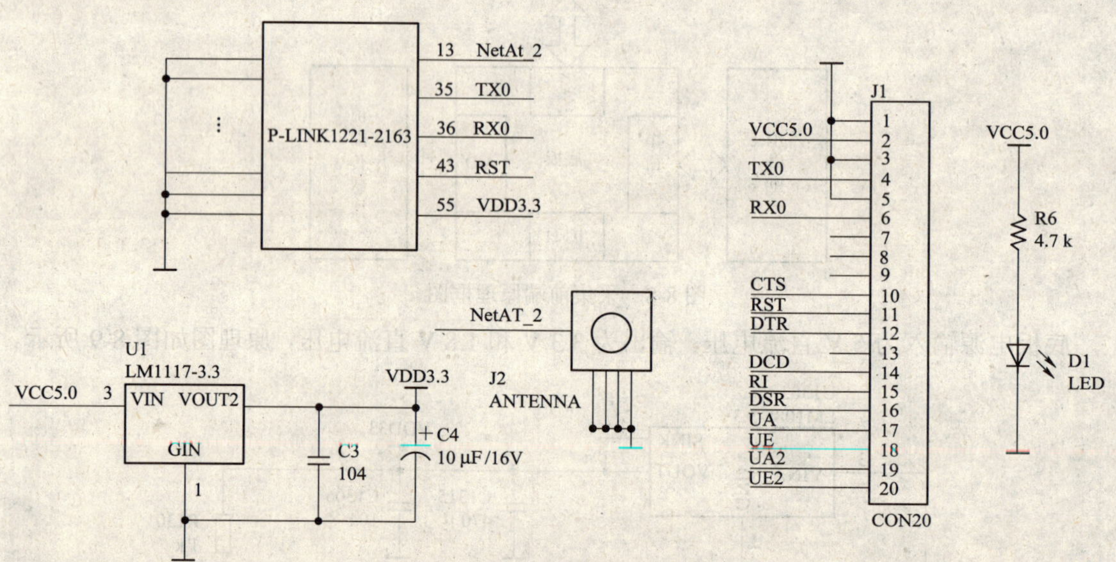

图 8-11　ZigBee 模块接口原理图

A/D 接口为前端传感器接口，前端传感器采用催化燃烧式气敏元件(黑白元件)，其工作原理是：气敏元件根据催化燃烧效应，由检测元件和补偿元件配对组成电桥的两个臂，遇可燃性气体时检测元件电阻升高，桥路输出电压变化，该电压变量随气体浓度增大而成正比例增大，补偿元件起参比及温度补偿作用。电路如图 8-12 所示：HBYJ 为瓦斯传感器，通过 MCP6004 放大芯片将输出电压调理放大，直接引入 A/D 接口，进行量化，实现对瓦斯信息的监测。

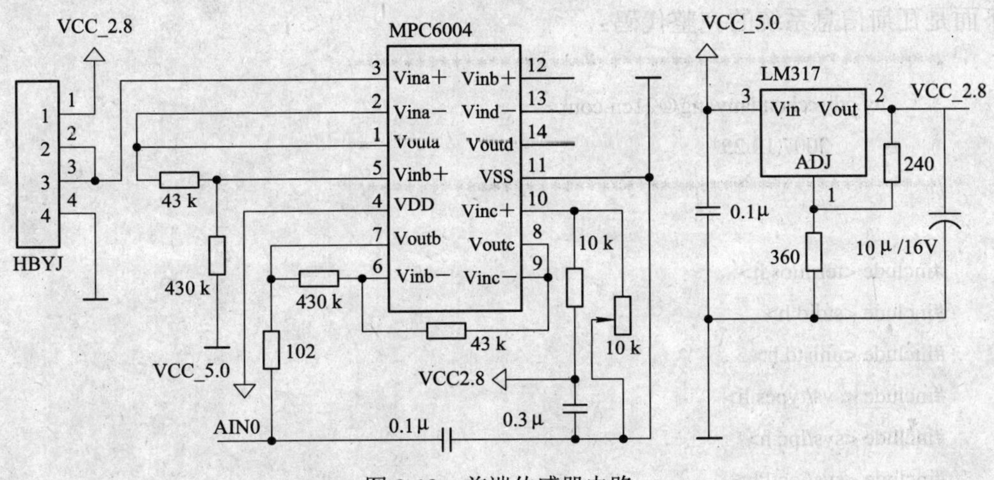

图 8-12　前端传感器电路

8.3.2　瓦斯信息采集系统软件设计

采集前端采用 ViVi 作为 BootLoader 引导嵌入式 Linux 操作系统(内核版本为 2.4.18)。根文件系统采用 Cramfs 文件系统，主要用来存放系统文件；用户文件系统采用专为 NAND Flash 开发的 YAFFS 文件系统，存放用户应用程序。

采集前端工作流程如下：主程序启动后，当串口 1 检测到采集指令时，通过串口 2 配置 Zigbee 模块以建立无线通信链路；启动 A/D 转换器，将前端传感器反馈的与瓦斯浓度信息对应的模拟电压信号转换为可以直接处理的数字信息；通过 GetADresult()函数来获取这些信息，并将这些信息写入串口 com2 进行无线传输，写入串口 com1 以进行跟踪测试。软件流程如图 8-13 所示。

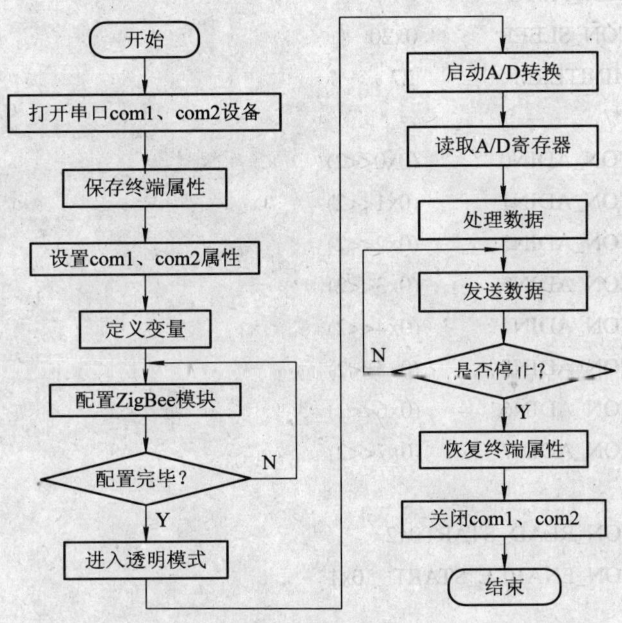

图 8-13　采集前端软件流程

下面是瓦斯信息系统的完整代码：

```
/**********************************************/
*     by cdy<chendanyang@21cn.com>
*           2007.10.25*                      *
/**********************************************/

#include <termios.h>
#include <stdio.h>
#include <unistd.h>
#include <sys/types.h>
#include <sys/ipc.h>
#include <sys/ioctl.h>
#include <pthread.h>
#include "hardware.h"
#include <sys/signal.h>
#include <fcntl.h>
#include <string.h>

#define BAUDRATE1 B115200    /*设置串口速率(控制台)*/
#define BAUDRATE2 B9600      /*设置串口速率(ZigBee)*/
#define COM1 "/dev/ttyS0"
#define COM2 "/dev/ttyS1"
#define ADCCON_FLAG          0x40
#define ADCCON_SLEEP         0x20
#define ENDMINITERM          27
/*寄存器设置*/
#define ADCCON_ADIN0         (0x0<<2)
#define ADCCON_ADIN1         (0x1<<2)
#define ADCCON_ADIN2         (0x2<<2)
#define ADCCON_ADIN3         (0x3<<2)
#define ADCCON_ADIN4         (0x4<<2)
#define ADCCON_ADIN5         (0x5<<2)
#define ADCCON_ADIN6         (0x6<<2)
#define ADCCON_ADIN7         (0x7<<2)

#define ADCCON_READ_START0x2
#define ADCCON_ENABLE_START    0x1

static int stop=0;
```

```
void child_handler(int s)
{
  printf("stop!!!\n");
   stop=1;
}

void init_ADdevice(void)   /*初始化 AD*/
{
ADCPSR=20;
ADCCON=ADCCON_SLEEP;
}

int GetADresult(int channel)   /*读取 AD 数据*/
{
int i=0;
ADCCON=(channel<<2)|ADCCON_ENABLE_START;
//To avoid The first FLAG error case.
//(The START bit is cleared in one ADC clock.)
for(;i<100;i++);
//To avoid The second FLAG error case
while(!( (ADCCON) & ADCCON_FLAG));
return ADCDAT;
}

int main(void)     /*主程序*/
{
        struct termios oldtio1,newtio1,oldstdtio,newstdtio1,oldtio2,newtio2,newstdtio2;
        struct sigaction sa;

        int i,c;                    /*设变量*/
        float d,u,f;                /*设变量*/
        pthread_t th_com;           /*设变量*/
        void * retval;
        int fd1,fd2;                /*设变量*/
        char k[]="Connecting..................\n\r";
 char l[]="+++";
 char m[]="AT@0\r";
```

```
        char n[]="AT#0\r";
        char o[]="ATW\r";
        char p[]="ATS150=0\r";
        char r[]="---1-";
        char x[5],y[5],q[10];
        char b[]="The CH4 density is lower than 0.1%.\n\r";       /*设变量*/
        char m[]="Warning! The CH4 density is over the safe line!\r\n";

        fd1=open(COM1, O_RDWR );      /*打开串口 1*/
        fd2=open(COM2, O_RDWR );      /*打开串口 2*/
/*保存 modem 属性*/
tcgetattr(0,&oldstdtio);
tcgetattr(fd1,&oldtio1); /* save current modem settings */
tcgetattr(fd2,&oldtio2); /* save current modem settings */
tcgetattr(fd1,&newstdtio1); /* get working stdtio */
tcgetattr(fd2,&newstdtio2); /* get working stdtio */
newtio1.c_cflag = BAUDRATE1 | CRTSCTS | CS8 | CLOCAL | CREAD;/*ctrol flag*/
newtio2.c_cflag = BAUDRATE2 | CRTSCTS | CS8 | CLOCAL | CREAD;/*ctrol flag*/
newtio1.c_iflag = IGNPAR; /*input flag*/
newtio2.c_iflag = IGNPAR; /*input flag*/
newtio1.c_oflag = 0;          /*output flag*/
newtio2.c_oflag = 0;          /*output flag*/
newtio1.c_lflag = 0;
newtio2.c_lflag = 0;
newtio1.c_cc[VMIN]=1;
newtio2.c_cc[VMIN]=1;
newtio1.c_cc[VTIME]=0;
newtio2.c_cc[VTIME]=0;
/* now clean the modem line and activate the settings for modem */
tcflush(fd1, TCIFLUSH);
tcflush(fd2, TCIFLUSH);
tcsetattr(fd1,TCSANOW,&newtio1);/*set attrib     */
tcsetattr(fd2,TCSANOW,&newtio2);/*set attrib     */

sa.sa_handler = child_handler;
sa.sa_flags = 0;
sigaction(SIGCHLD,&sa,NULL); /* handle dying child */

write(fd1,&k,31); /* stdout */
```

```
write(fd2,&k,31);                /* stdout */
sleep(1);
write(fd2,&l,3);                 /*ZigBee 进入 AT 指令模式*/
sleep(1);
write(fd2,&m,5);                 /*配置 ZigBee 节点号*/
sleep(1);
write(fd2,&n,5);                 /*配置 ZigBee 网络号*/
sleep(1);
write(fd2,&p,9);                 /*配置 ZigBee 为 master*/
sleep(1);
write(fd2,&o,4);                 /*write 确认*/
sleep(1);
write(fd2,&r,5);                 /*进入透明传输模式*/
sleep(1);
/*read(fd2,&c,3);*/
/*printf("c=%s\r\n",&c);*/

/*set s3c2410x AD register and start AD*/
init_ADdevice();
usleep(1);

while( stop==0 ){
    for(i=0; i<=100; i++)
{   //等待数据稳定
    d=((float)GetADresult(0)*2.5)/1024.0; /*取 AD 数据*/
    }
    printf("d=%f\r\n",d);
    sprintf(x,"%.2f",d);
    printf("x=%s\r\n",&x);
          //f=(16700*d)/(2.09*6.7);
          //printf("f=%f\r\n",f);
          //u=((167*d)/(2*2.09*6.7))-1;
          u=((d-0.51)*1961)/200-1;          /*计算浓度值*/
          if   (d<=0.63)                    /*最低电压值*/
          {
          printf("The CH4 density is lower than 0.1%.\n\r");
              write(fd1,b,38);
              write(fd2,b,38);              }
          else
```

```
                {
                    printf("u=%f\r\n",u);
                    sprintf(y,"%.2f",u);
                    printf("y=%s\r\n",&y);
                        q[0]='z',q[1]='=',q[2]=y[0],q[3]=y[1],q[4]=y[2];
                        q[5]=y[3],q[6]='\n',q[7]='\n',q[8]='\r',q[9]='\0';
                        if (u>=1.5)   /*判断浓度是否大于 1.5%*/
                            {
                              printf("Warning! The CH4 density is over the safe line!\r\n");
                              write(fd1,&m,50);
                              write(fd2,&m,50);     /*向串口 2 发送(ZigBee)*/
                              write(fd1,q,8);
                              write(fd2,q,8);       /*向串口 2 发送(ZigBee)*/
                              }
                        else
                            {write(fd1,q,8);
                             write(fd2,q,8);}
                            }
                sleep(1);
            }
        printf("\r");

    tcsetattr(fd1,TCSANOW,&oldtio1); /* restore old modem setings */
    tcsetattr(fd2,TCSANOW,&oldtio2); /* restore old modem setings */
    tcsetattr(0,TCSANOW,&oldstdtio); /* restore old tty setings */
        close(fd1);
        close(fd2);
        exit(0);
}
```

参考文献

[1] 赵炯. Linux 内核完全注释. 北京：机械工业出版社，2007

[2] 范永开，杨爱林. Linux 应用开发技术详解. 北京：人民邮电出版社，2006

[3] 毛德操，胡希明. Linux 内核源代码情景分析. 杭州：浙江大学出版社，2001

[4] 张晓林，崔迎炜，等. 嵌入式系统设计与实践. 北京：北京航空航天大学出版社，2006

[5] JONAN Corbet, Alessandro Rubini, Greg Kroah-Hartman. Linux 设备驱动程序. 魏永明，耿岳，钟书毅，译. 北京：人民邮电出版社，2006

[6] 魏洪兴. 嵌入式系统设计师教程. 北京：清华大学出版社，2006

[7] 许信顺，贾智平. 嵌入式 Linux 应用编程. 北京：机械工业出版社，2007

[8] 孙天泽，袁文菊，张海峰. 嵌入式设计及 Linux 驱动开发指南. 北京：电子工业出版社，2005

[9] 北京博创兴业科技有限公司. up-netarm2410 经典板(Linux)嵌入式系统实验指导书. 北京博创兴业科技有限公司，2008

[10] 陈赜，秦贵和，徐华中 .ARM9 嵌入式技术及 Linux 高级实践教程. 北京：北京航空航天大学出版社，2005

[11] SAMSUNG 公司. S3C2410X RISC Microprocessor Reference Manual. 2003

[12] 马忠梅，马广云，徐英慧. ARM 嵌入式处理器结构与应用基础. 北京：北京航空航天大学出版社，2002

[13] Andrew N.SLOSS，等. ARM 嵌入式系统开发——软件设计与优化. 沈建华，译. 北京：北京航空航天大学出版社，2005

[14] 三恒星科技公司 ARM 嵌入式系统入门. 北京：中国电力出版社，2008

[15] 李亚锋，欧文盛，等. ARM 嵌入式 Linux 系统开发从入门到精通. 北京：清华大学出版社，2007

[16] 范圣一. ARM 原理与嵌入式系统实战. 北京：机械工业出版社，2007

[17] 徐英慧，等. ARM9 嵌入式系统设计：基于 S3C2410 与 Linux. 北京：北京航空航天大学出版社，2007

[18] 张绮文，谢建雄，谢劲心. ARM 嵌入式常用模块与综合系统设计精讲. 北京：电子工业出版社，2006

[19] 丁峰，徐靖，鲁立. ARM 系统开发从实践到提高. 北京：中国电力出版社，2007

[20] 及力. Protel99 SE 原理图和 PCB 设计教程. 2 版. 北京：电子工业出版社，2007

[21] 刘淼. 嵌入式系统接口设计与 Linux 驱动程序开发. 北京：北京航空航天大学出版社，2006

[22] Michael Beck，et al. Linux 内核编程指南. 张瑜，等译. 北京：清华大学出版社，2004

[23] David A. Rusling. Linux 编程白皮书. 朱珂，等译. 北京：机械工业出版社，2000

[24] 陈育智. 嵌入式系统中的 Flash 文件系统. 单片机与嵌入式系统应用，2002

[25] 罗苑棠，杨宗德. 嵌入式 Linux 应用系统开发实例精讲. 北京：电子工业出版社，2007